山区城市复杂成因堆积体高边坡稳定性分析

陈正峰　符文熹　郑立宁　等◎著

中国建筑工业出版社

图书在版编目（CIP）数据

山区城市复杂成因堆积体高边坡稳定性分析 / 陈正
峰等著. -- 北京：中国建筑工业出版社，2024.8.
ISBN 978-7-112-30130-0

Ⅰ. TU457

中国国家版本馆 CIP 数据核字第 2024560EC3 号

本书深入剖析了山区城市边坡失稳的破坏模式，系统总结了山区城市边坡破坏类型、力学参数、变形破裂机制评价方法。从边坡岩体的破坏类型及其影响因素入手，探讨了影响边坡岩体力学特性的内在本质，提出了主应力空间外凸形强度准则塑性回映精确描述算法。依托贵阳红岩地块的复杂成因堆积体边坡，结合该边坡的岩体结构特征和变形破坏模式，采取分级开挖、地表-地下联动监测及其动态反馈，较好地对边坡稳定性和岩体力学响应进行了一致性检验。本书成果为山区城市边坡稳定性评价和工程治理提供了理论支撑和实践参考。

本书是对山区城市高边坡稳定性控制理论及其应用的全面研究，适合作为工程技术人员、科研人员以及相关专业的参考用书。

责任编辑：辛海丽

文字编辑：王　磊

责任校对：李美娜

山区城市复杂成因堆积体高边坡稳定性分析

陈正峰　符文熹　郑立宁　等◎著

*

中国建筑工业出版社出版、发行（北京海淀三里河路9号）

各地新华书店、建筑书店经销

国排高科（北京）信息技术有限公司制版

建工社（河北）印刷有限公司印刷

*

开本：787毫米×1092毫米　1/16　印张：18½　字数：434千字

2024年8月第一版　　2024年8月第一次印刷

定价：**78.00**元

ISBN 978-7-112-30130-0

（43051）

本书作者名单

陈正峰　　符文熹　　郑立宁

杨东帆　　沈　泽　　黎　鸿

王　洋　　叶　飞　　王者涛

人类工程活动对地表岩石圈的改造越发强烈。人类对待山区城市不良地质体的观念，已经逐渐从主动避让转变为改造利用。山区城市复杂成因高边坡稳定性分析理论与实践，是对当前工程领域中关键问题的深入研究和全面探讨。本书系统总结了山区城市高边坡失稳破坏模式，探讨了高边坡稳定性分析方法，依托贵阳红岩地块复杂成因堆积体边坡，模拟了不同开挖条件下边坡岩土体力学响应，并结合原位监测进行一致性检验，为山区城市复杂成因堆积体边坡稳定性评价与安全治理提供了重要支撑。

本书的题目《山区城市复杂成因堆积体高边坡稳定性分析》准确地概括了研究的范围和内容。作者以严谨的态度和深入的思考，系统地探讨了边坡岩体的破坏类型及影响因素、岩体力学参数评价方法、边坡岩体变形破裂机制，依托贵阳红岩地块边坡实例，深入剖析了红岩地块边坡地质条件与变形特征，采用极限平衡法分析、数值仿真分析、原位监测反馈，开展了一致性检验。本书主要特色与创新性体现在：一是详细阐述了边坡岩体变形破裂机制；二是提出了主应力空间外凸形强度准则塑性回映精确描述方法；三是建立了 Hoek-Brown 岩体的等效 Mohr-Coulomb 强度参数求解方法。研究成果为高边坡稳定性分析提供了新的思路和解决方案。

本书的编写旨在通过理论研究与工程实践，为山区城市复杂堆积体高边坡稳定性评价与安全高效治理提供技术支撑，促进山区城市基础设施建设发展。本书不仅适用于相关专业的工程技术人员，也能为相关方向的科研人员、本科生和研究生提供研究参考，是一部具有理论深度和指导意义的著作。

黄练红

勘察大师

前　言

随着城镇化进程的推进，山区城市地质环境改造活动日益增加，由此引发的地质灾害也不断涌现，这给山区城市的安全和发展带来挑战。本书旨在为读者提供一个综合的研究视角，解决与城市边坡稳定性相关的实际问题，汇聚多位专家的知识和经验，以期实现理论分析与案例实践的有机结合。

本书作者及其团队长期从事边坡稳定等方面的工作，书中从边坡岩体的破坏类型及其影响因素入手，深入探讨了边坡岩体稳定性研究的各个方面，包括岩体力学参数评价方法、边坡岩体变形破裂机制评价方法、主应力空间外凸形强度准则塑性回映精确描述以及具体的工程案例分析。结合最新研究成果和技术进展，为读者提供全面、深入的理论知识和实践指导，研究特色主要体现在：一是结合岩石力学、地质学、工程地质和数值模拟等多个学科的最新理论与技术进展，通过这种多学科综合方法，提升了边坡稳定性评价的准确性和可靠性；二是基于 Hoek-Brown 破坏准则的岩体力学参数评价方法，通过结构面网络模拟和波速评价等技术手段，对岩体强度和变形参数进行了更为精确的评估；三是深入探讨了有限变形理论、离散元法及拉格朗日差分法的基本原理和应用；四是提出了主应力空间外凸形强度准则塑性回映的精确描述方法，丰富了岩石强度理论的内涵，也为岩体强度的评价和边坡稳定性分析提供了新的理论工具；五是依托贵阳红岩地块复杂成因堆积体边坡，为山区城市复杂成因堆积体边坡的稳定性评价和治理提供了理论支撑和实践指南。

本书旨在通过理论分析与工程实践相结合，为山区城市边坡稳定性评价与综合治理提供理论依据和技术支撑，从而促进山区城市城镇化建设安全发展。

目 录

第 1 章

绪　论

1.1　工程背景与挑战

现代化建设蓬勃发展，人类对自然的改造活动快速扩张，越来越多的工程活动需要扰动城市不良地质体，以满足人类对住房、基础设施和矿产资源的需求。然而，人类活动对地球的改造也诱发了大量滑坡地质灾害，如：2016 年 7 月深圳光明新区渣土受纳场重大滑坡，2019 年 8 月重庆城口山体滑坡，2024 年 1 月云南镇雄山体滑坡。

山区城市不良地质体的安全稳定严重威胁人类的生命财产安全。山区城市滑坡成因机理、潜在风险预测评估、抗滑结构和工程措施等内容成为学术界和工程界关注的热点和难点。有别于山地滑坡，人类工程活动在城市滑坡孕育发展过程中扮演更加重要的角色。尽管研究城市滑坡的方法与山地滑坡的研究方法大体类似，但是需着重考虑人类活动、土地利用、建筑物分布和结构情况等因素。

贵阳市南明区红岩地块（以下简称红岩地块），北侧为南明河，南侧为山地，北侧紧邻水东路，西侧邻近中环路，交通便利。红岩三号路位于场地南侧紧靠南侧原建设规划红线自西向东通过。2017 年 3 月，武汉和纵盛地产有限公司和贵阳南明中天城投房地产开发有限公司（建设单位）通过公开招、拍、挂取得贵阳红岩地块的开发权，用于项目建设。2018年 7—9 月，红岩地块南侧红岩三号路市政道路（建设规划调整前的原建设规划道路）边坡抗滑桩顶冠梁出现不断发展的斜裂缝，部分冠梁沿斜裂缝被剪断，部分桩前发生土体开裂下沉、桩后坡体出现台阶式张拉裂缝。红岩地块场地内已开挖边坡坡体出现不同程度开裂、垮塌和变形，各地块坡体上多处裂缝不断发展扩大，坡体存在严重安全隐患。

通过场地稳定性勘察评价，贵州有色地质工程勘察公司于 2019 年 3 月完成红岩地块场地稳定性评价工程地质勘察报告，并通过专家委员会审查，给出的主要结论有以下三点：

（1）在红岩地块范围内广泛分布了厚度较大的老滑坡堆积体；

（2）场地存在滑坡地质灾害隐患，整个场地为稳定性差及不稳定场地，整个场地为工程建设适宜性差及不适宜场地；

（3）建议采用"避让放弃场地建设"或"清除场地老滑坡堆积体消除场地安全隐患后再进行工程建设"的方案。鉴于按原建设规划建设场地内仍存在厚度较大的老滑坡堆积体，场地存在地质灾害安全隐患，武汉和纵盛地产有限公司和贵阳南明中天城投房地产开发有限公司作为建设单位，确定采用"通过调整整体规划、清除场地老滑坡堆积体消除场地安全隐患"的方案对场地进行治理后再进行工程建设。根据工程区总平面图，红岩地块所在红岩三号路（里程 K1＋280～K1＋870）修建过程中会在道路南侧开挖形成工程边坡。根据开挖边坡高度、岩土组成和结构特征，将边坡自左向右（东向西、大里程向小里程）分段。各段边坡相对位置、周边环境和特征见表 1.1-1。

工程区各段边坡特征　　　　　　　　表 1.1-1

序号	里程位置	分段编号	边坡类型	边坡主要岩土构成（坡体厚度）	坡向（°）	长度（m）	坡高（m）	坡顶环境	安全等级
1	K1＋870～K1＋830	AB	土岩混合边坡	碎石土（12.0～13.9m） 破碎石英砂岩（5.9～14.7m） 较破碎石英砂岩（7.3～15.0m） 泥灰岩（7.7m）	333	40	40.7～43.7	无重要建筑	一级
2	K1＋830～K1＋790	BC	土岩混合边坡	碎石土（10.2～17.7m） 破碎石英砂岩（5.5～5.8m） 较破碎石英砂岩（8.7～14.6m） 泥灰岩（3.3～8.4m）	333	40	35.5～39.1	无重要建筑	一级
3	K1＋790～K1＋690	CD	土岩混合边坡	碎石土（6.5～14.9m） 破碎石英砂岩（9.3～16.1m） 较破碎石英砂岩（4.3～12.0m） 泥灰岩（7.8～8.9m）	333	100	36.9～42.6	无重要建筑	一级
4	K1＋690～K1＋610	DE	土岩混合边坡	碎石土（9.6～14.1m） 破碎石英砂岩（10.0～17.0m） 较破碎石英砂岩（13.3～18.9m） 泥灰岩（7.4～7.7m）	350	80	46.5～51.2	无重要建筑	一级
5	K1＋610～K1＋570	EF	土岩混合边坡	碎石土（20.7～30.5m） 破碎石英砂岩（5.8～11.1m） 较破碎石英砂岩（0～2.9m） 泥灰岩（7.1～9.5m）	350	40	43.3～46.4	无重要建筑	一级
6	K1＋570～K1＋530	FG	土岩混合边坡	碎石土（17.1～20.3m） 破碎石英砂岩（7.8～12.5m） 较破碎石英砂岩（2.8～4.7m） 泥灰岩（5.86～7.0m）	350	40	38.1～40.0	无重要建筑	一级
7	K1＋530～K1＋490	GH	土岩混合边坡	碎石土（30.3～33.0m） 破碎石英砂岩（0～2.7m） 泥灰岩（4.3～5.1m）	350	40	37.6～38.6	无重要建筑	一级
8	K1＋490～K1＋350	HI	土岩混合边坡	碎石土（9.5～18.7m） 破碎石英砂岩（6.6～11.6m） 较破碎石英砂岩（5.5～15.9m） 泥灰岩（4.1～7.0m）	9	40	34.9～41.2	无重要建筑	一级
9	K1＋350～K1＋280	IJ	土岩混合边坡	碎石土（9.3～17.7m） 破碎石英砂岩（6.2～11.7m） 较破碎石英砂岩（0～3.7m） 泥灰岩（7.2～8.2m）	9	80	26.1～31.7	无重要建筑	一级

本书基于现场地质调查，厘清了贵阳红岩地块城市边坡的孕灾成灾演化历史，结合开挖过程中监测到的变形破坏迹象，揭示了边坡在开挖卸荷期间的应力调整情况；选取研究区三个地质条件相似的试验点进行原位剪切试验，获得了岩土体力学参数；采用基于

FLAC3D 的数值模拟方法开展数值仿真计算，为实际工程提出了两套开挖方案，并进行监测资料对比验证，最终确定了优化开挖方式和动态加固方案。研究成果为红岩地块边坡治理以及类似城市不良地质体的稳定评价与安全治理提供参考。

1.2 边坡岩体稳定性研究回顾

纵观国内外对边坡岩体稳定性研究的历史，可大致分为三个阶段，简述如下。

20 世纪 70 年代以前，研究主要从高陡岸坡崩塌、滑坡造成的地质灾害出发，定性分析边坡岩体失稳的地质环境条件，进而利用类比法对稳定性进行初步评价。特点是以崩塌、滑坡重力地质现象为主要研究内容，以崩塌、滑坡特征与地形地貌、地层岩性、地质构造和人类活动相互之间的关系为研究重点，研究方法主要为定性描述和分析。

20 世纪 70 年代到 80 年代初，为了适应山区交通、水电工程建设的需要，在大量野外实地调研基础上，总结分析各类边坡岩体的工程地质条件与工程地质问题的空间分布规律，解决了许多与交通、水利、水电等有关的高陡边坡的重大工程地质问题。研究的特点为：

（1）理论更先进，开始引入断裂力学、弹塑性力学、流变力学、现代测试技术和计算机技术等；

（2）研究内容更广泛，除重点研究边坡的地形地貌、地层岩性、地质构造、岩体结构等地质条件外，还广泛研究了与边坡岩体变形破坏有关的应力场，从地质历史的观点出发，在深入研究边坡岩体（石）力学特性时间效应的基础上，对高陡边坡变形破坏进行动态分析和动态跟踪监测；

（3）研究方法更先进，广泛应用物理模拟和数值模拟方法，使研究的深度不仅限于边坡的变形破坏现象；而且，从边坡的变形破坏过程、动力源方面去探讨变形破坏机制，总结归纳出了边坡变形破坏的类型和模式，在此基础上进行有效的评价和预测。

20 世纪 80 年代至今，一方面，根据水能资源开发规划与水系特征进行了流域性的边坡工程地质条件的研究；另一方面，结合特大型工程论证，开展了大型河谷高陡边坡的专题研究。本阶段是在前两个阶段研究的基础上，从系统论的观点出发，将边坡岩体的变形破坏视为河谷演变地质历史过程的一部分，更广泛地考虑边坡的地质环境效应，并将交通、市政、水利、水电和矿山等工程活动作为人类施予的附加作用，置于上述地质过程中进行系统性分析，研究它们之间的相互作用。研究方法上，广泛引入现代数学力学、分形几何学、损伤力学、测试分析技术、岩土体改造加固技术和"空-天-地"立体化动态监测预警等领域的最新成果。

1.3 研究现状及发展趋势

随着基础设施建设等人类工程活动规模的日益增大，所面临的边坡岩体稳定性问题越来越多。近年来，对边坡岩体和稳定性的研究有了很大进展，取得了丰硕的成果，现状和发展趋势主要特点有：

（1）地质原型调研在研究工作中的基础地位继续被人们所重视，在继承传统工程地质研究方法和重视实际地质条件调研的同时，不断引入相关学科先进的调查、测量和分析方法，促进了对高陡边坡稳定性的研究从定性向定量化发展，大大提高了地质基础资料的有效利用率，研究成果的实用性不断增强；

（2）有关的基础理论和边坡岩体介质基本性质的研究不断加强和深化，边坡岩体力学参数、本构关系、变形破坏机制等方面的研究有了进一步发展，现代统计数学、模糊教学、计算数学、弹塑性力学、断裂力学、流变力学、损伤力学的理论和方法逐步应用于高陡边坡岩体的稳定性研究，有力地促进了边坡岩体研究的发展；

（3）系统论、协同论和突变论的引入，对边坡岩体认识的思想方法发生了根本性变化，使高陡边坡岩体的研究深度和广度有了突破性进展；

（4）学科综合的优势在高陡边坡岩体的稳定性研究中越来越明显，经过这几十年来的发展，岩体工程成功与失误的实例逐步使人们认识到，只有与岩体工程有直接或间接关系的学科紧密结合，才能真正解决工程岩体实际问题，促进工程岩体研究在理论和实践两个方面的发展；

（5）岩体工程结构和工程岩体相互作用效应的研究得到进一步重视，人们逐步认识到岩土体介质物理力学性质的突变必将导致某些物理量（应力、应变）或几何量的不连续变化，只有深刻认识到这一点，才能解决不同介质结构变形之间的协调性；

（6）地质力学定性（概念）模型分析与数值模拟、物理模拟、现代测试方法的有机结合得到进一步加强，人们逐渐意识到只有将上述几种方法相互结合、补充和完善，才能为解决复杂工程岩体的重大工程地质问题提供有力的工具，使分析模型和计算结果更符合客观实际；

（7）工程实例的总结和分析继续得到重视，工程实例为工程岩体研究理论和新技术开发提供了条件，实际监测资料也是验证和完善工程岩体研究新理论、新方法、新技术正确与否的标准，是提高人们对岩体工程的认识水平和判断能力的前提条件；

（8）引进岩土工程学的最新研究成果，使工程岩土体研究的实用性不断增强，岩土体自身的承载能力得到进一步发挥，随着对边坡岩体物理力学特性认识的深入、岩体改造技术的提高，在对待工程特性较差的岩体，必会产生从"如何除掉"到"如何保护和利用"的飞跃。

岩体赋存于特定的地质环境中，其形成和演化历经了地质历史时期中各种内、外营力作用的改造和影响，是一种受多重因素制约的最复杂材料[1-2]。复杂性主要表现在岩体的不连续性、非均质性、各向异性和赋存条件的差异性，制约因素以不同方式的组合，构成了工程岩体的复杂模式。在人类工程活动或工程荷载作用下，岩体的力学特性、破坏形式和演化机制等则显示出极大的差异性。因此，要正确认识边坡岩体的环境条件和物理力学特性，达到客观、合理、定量的分析研究，并充分利用这种天然建筑材料，还有一个漫长的过程。总体看，现有的理论、方法和技术还远远不能圆满地解决岩体工程实践中面临的重大工程地质和岩体力学问题。

目前，关于边坡坡体结构的研究可以分为坡体结构的概念和类型、坡体结构特征分析两个方面。坡体结构这一概念在提出之初是针对具体边坡工程的[3-10]，对工程边坡而言并没有系统进行坡体结构的分类与研究[11]。周德培等（2008）对比了坡体结构和岩体结构的不同之处，并对坡体结构进行了分类研究，在此基础上提出基于坡体结构的岩质边坡稳定性分析方法[12]。朱虹宇（2008）根据层状结构面与坡面的组合关系，将层状岩质边坡划分为层状同向结构、层状反向结构、层状斜向结构和层状平叠结构共四种坡体结构类型，是对岩体结构认识的深化[13]。钟卫（2009）对坡体结构的概念进行了完善，以深切河谷地区边坡的坡体结构特征为主要依据，建立了较为完善的坡体结构分类方法，为工程边坡的失稳破坏模式判断和稳定性分析提供了理论基础[14]。宋胜武和严明（2011）提出了基于边坡稳定性评价的坡体结构概念，结合我国水电岩质边坡工程实践，以边坡主控结构面和潜在变形失稳模式为核心，总结提出了坡体结构类型划分体系[4]。郝立新等（2014）通过对我国西南地区已建与在建工程中边坡地质条件的总结分析，划分了 6 类 10 型坡体结构类型，建立了坡体结构的分类体系[11]。王云（2012）提出了坡体结构特征分析方法，即在分析边坡地质特征和主要影响因素的基础上，建立坡体地质结构模型，预测边坡变形破坏的可能性[15]。

坡体结构特征分析的核心就是研究控制性结构面与坡面的组合关系，特别是对于节理岩质边坡而言，结构面的测量和分析更为重要，坡体结构分析的重点就是确定潜在不稳定块体。通过采用一定的理论和方法分析结构面和坡面的组合特征，可以确定潜在不稳定性块体[16]。块体理论是目前最经典和常用的方法。20 世纪 80 年代初，Goodman 和 Shi（1985）合著的《块体理论及其在岩石工程中的应用》一书[17]，标志着块体理论作为一种有效的分析方法已经趋于成熟[18-19]。Wibowo（1997）在块体理论的基础上考虑第二级块体的识别，第二级块体的识别与传统方法类似，只是在首批关键块体被移除后，利用新的表面进行关键块体的识别[20]。Bafghi 和 Verdel（2003）提出了关键块体群理论，考虑了块体移除对相邻块体的作用[21]。郭建峰等（2006）将矢量分析与赤平投影相结合，利用 Matlab 软件编制了相应的计算机程序，并将其应用于潜在不稳定块体的识别中[22]。安玉科和佴磊（2011）基于块体理论和关键块体群理论，提出了确定边坡关键块体和关键块体系统的几何分析法和矢量分析法[23]。Fu 和 Ma（2014）在关键块体群理论的基础上，考虑了不同批次块体之间相互作用力，提出了扩展关键块体理论[24]。Zhang 等（2014）考虑结构面在岩体中分布的随机性，提出了随机块体识别的统计分析方法[25]。Zheng 等（2014）提出了实现概率块体理论分析的新构想，设计了能够同时进行可能性和确定性块体理论分析的计算机代码 PBTAC[26]。

块体理论目前主要是二维平面分析为主，随着计算机技术的发展，已经实现了边坡和结构面的三维建模，从而更直观地进行潜在不稳定性块体的搜索。邬爱清和张奇华（2005）运用地质统计学与计算机技术随机模拟生成三维结构面网络，运用交点组合法建立了搜索三维随机块体的方法[27]。余先华和聂德新（2007）将野外测量的结构面植入三维地形模型中，从而直观地显示结构面的空间组合关系，再根据赤平投影理论确定潜在不稳定块体[28]。张奇华和邬爱清（2008）提出了边坡、洞室岩体的全空间块体拓扑搜索技术，结合块体理论，实现块体的渐进失稳分析[29]。张勇等（2010）基于 AutoCAD 平台的可视化操作，建立了边坡结构面与开挖地形实体模型，从而分析边坡可能存在的不稳定性块体[30]。王述红等

（2011）在结构面现场采集的基础上，通过基于虚拟网格、随机结构面切割岩体的方法，建立了岩质边坡空间块体模型，并利用三维数值分析系统 GeoSMA-3D，实现了关键块体搜索和分析[31]。杨超等（2013）在结构面野外调查的基础上，结合计算机技术与地质统计学生成了结构面三维网络图，提出通过对坡面迹线三角形进行随机块体类型匹配的方法，可以快速搜索出坡面随机块体[32]。

从研究现状可以看出，坡体结构的概念和分类研究已经趋于成熟，依托众多工程实例，提出了多种分类方法，但是各自都有一定的侧重点和差异性。对于节理岩质边坡而言，不稳定块体的搜索非常重要，块体理论仍然是搜索关键块体最常用的方法，关键块体的识别已经从二维发展到了三维分析。研究人员通过开发程序和软件已经实现三维空间关键块体的自动搜索，比如全空间块体拓扑搜索技术、基于 CAD 平台的可视化搜索和不稳块体快速识别分析系统 GeoSMA-3D。

边坡稳定性评价方法主要有两大类，即基于极限平衡理论的分析方法和基于数值模拟的分析方法。极限平衡法是稳定性评价中应用最为广泛的方法，但是该方法未考虑岩石材料的应力-应变关系，对边坡破坏机理的解释相对简单[33]。通常，将边坡的破坏模式假设为平面滑动破坏模型、楔形体破坏模型和倾倒破坏模型等[34]。数值模拟法则考虑了岩石材料的应力-应变关系，在边坡稳定性分析中得到了快速的发展和应用。一般可将数值模拟方法分为连续变形分析法与非连续变形分析法两种。其中，连续变形分析法主要包括有限差分法、有限元法、无限元法、边界元法等；非连续变形分析法主要包括 DDA 方法、刚体元法、界面元法、离散元法等[35]。

徐廷甫等（2011）从滑面形态变化的角度，分析了地下采煤对顺层岩质边坡稳定性的影响，并运用极限平衡理论建立了采动影响下的顺层岩质边坡稳定性系数的计算公式[36]。熊立勇和肖泽林（2012）采用极限平衡法，对岩质边坡发生楔形四面体破坏模式的边坡稳定性进行了分析计算[37]。卢海峰等（2012）在悬臂梁弯曲极限平衡分析模型的基础上，建立了改进的悬臂梁极限平衡模型，提出了以各层位剩余不平衡力作为分析反倾岩质边坡稳定性的方法[38]。陈建宏等（2013）考虑岩土体参数的不确定性和边坡稳定性的模糊性，将模糊数学中的上、下限法应用到平面滑动型岩质边坡极限平衡分析[39]。段永伟等（2013）对比分析了不平衡推力法、Sarma 法和直线型分析法这三种边坡稳定性分析方法，发现 Sarma 法更适合用于节理裂隙发育的顺层岩质边坡的稳定性分析[40]。郑允等（2014）针对岩块长细比较大的情况，引入块体极限平衡分析理论，推导出了地震作用下岩质边坡倾倒破坏的一般解析解，为反倾边坡的抗震支护设计提供了理论基础[41]。

林杭等（2010）采用 FLAC3D 软件模拟了层状岩质边坡的破坏模式，并应用强度折减法分析了结构面倾角与稳定性之间的关系[42]。魏翠玲等（2012）采用有限元强度折减法对具有硬性贯通结构面的岩质边坡进行了数值模拟[43]。王宇等（2013）采用基于强度折减法的节理有限元法（JFEM-SSR）对反倾层状边坡的变形破坏机制进行了研究[44]。宋杰等（2013）基于地面 LiDAR 扫描技术和有限元强度折减法确定岩质边坡潜在滑裂面位置和相应的安全系数[45]。李少华等（2014）在有限元程序中引入了材料强度退化模型，从而实现对岩质边坡时效稳定性的数值模拟研究[46]。阎石等（2014）采用基于强度折减法的边坡安全系数作为边坡稳定性的评价指标，使用 FLAC3D 软件对顺层岩质高边坡稳定性进行了非线性有限元分析[47]。李馨馨等（2014）采用有限单元法结合强度折减法，对含节理岩体边坡进行应力、应变及稳定性分析[48]。许军（2014）应用 midas GTS 数值模拟软件对爆破荷载作用下岩质边坡动力稳定性进行了分析[49]。杨秀贵等（2013）利用 midas GTS 数值模拟软件对顺层岩质边坡隧道开挖过程中的稳定性变化规律进行了数值模拟[50]。

Hatzor 等（2004）将非连续数值分析方法 DDA 成功用于一个真实岩质边坡的动力稳定性分析评价[51]。Choi 和 Chung（2004）采用 Barton-Bandis 本构模型，将离散元方法 UDEC 应用于岩质边坡稳定性分析中[52]。Kim 和 Yang（2005）将离散元方法 PFC 用于评价岩质边坡的稳定性和破坏模式[53]。李连崇等（2006）利用基于强度折减法的 RFPA-Slope 软件，对节理岩质边坡的稳定性进行了数值模拟分析，不仅直观地得出边坡的滑移破坏面，而且还同时获得安全系数[54]。赵红亮等（2007）采用 UDEC 数值模拟软件，研究了裂隙岩体节理网络的渗流特性，并结合强度折减法分析了边坡的稳定性[55]。巨能攀等（2009）采用 3DEC 数值模拟软件，研究了节理化岩质边坡块体的失稳破坏及相互关系，并以此确定关键块体[56]。贺续文等（2011）采用离散元软件 PFC 对含密集节理的岩质边坡进行了数值模拟分析，研究了节理连通率对边坡破坏模式的影响[35]。He 等（2013）将数值流形法发展到了三维模式，并将其应用于岩质边坡稳定性分析[57]。王培涛等（2013）基于颗粒流离散单元法，将强度折减法引入边坡稳定性研究中[58]。An 等（2014）将数值流形法与 Mohr-Coulomb 准则相结合，对具非贯通节理岩质边坡的渐进破坏过程进行了模拟[59]。

从研究现状可以看出，基于极限平衡理论的分析方法受假设条件的限制，不能反映节理岩体边坡（特别是断续节理控制下）的渐进破坏过程。数值模拟方法考虑了岩石、结构面和岩体的应力-应变关系，对边坡破坏机理的解释能更贴近实际。但是，其中的连续变形分析法（特别是有限元法）采用基于完整岩石的应力-应变本构模型，在模拟大尺度节理岩体时存在困难[60]。虽然目前数值分析软件中也有模拟节理裂隙的"节理单元"，但是节理裂隙较多时，可能造成系统逻辑关系混乱，无法自动识别新的接触面，通常存在无转动和小位移的限制。离散元法在这方面具有明显的优势，特别是在断续节理的模拟上明显优于连续变形分析法。在边坡安全系数定量计算方面，无论是连续变形分析法还是非连续变形分析法，强度折减法都是最常用的方法。

危岩崩塌分类主要有失稳模式与成因两种分类依据。重庆市地方标准《地质灾害防治工程设计标准》DBJ50/T-029—2019 根据危岩的失稳模式，将危岩分为滑塌式危岩、倾倒式危岩和坠落式危岩共三类[61]。对应的危岩崩塌破坏模式则为滑移式崩塌、倾倒式崩塌和坠落式崩塌这三类。陈洪凯等（2005）建立了崩塌源危岩的成因分类模式，将单体危岩分为拉剪倾倒型危岩、压剪滑动型危岩、拉剪坠落型危岩和拉裂-压剪坠落型危岩共四类，对应的破坏模式即为拉剪倾倒型崩塌、压剪滑动型崩塌、拉剪坠落型崩塌和拉裂-压剪坠落型崩塌[62]。胡厚田（1989）在《崩塌与落石》一书中，根据崩塌的形成机理，把崩塌划分为五个类型：倾倒式崩塌、滑移式崩塌、鼓胀式崩塌、拉裂式崩塌和错断式崩塌[63]。王根龙等（2013）从受力机制的角度按形成原因将崩塌划分为 3 大类和 6 亚类，第一个大类是因为合力矩不为零而导致的倾倒式崩塌；第二个大类是因为受力不平衡导致的拉裂式崩塌，又分为 4 个亚类，分别是卸荷-拉裂式崩塌、塑流-拉裂式崩塌、滑移-压致拉裂式崩塌和悬臂-拉裂式崩塌；第三个大类是因受力不平衡导致的剪切-滑移式崩塌[64]。

危岩变形预测的模型有多种。朱大鹏等（2008）基于危岩裂缝变形的渐变性及随机性，将径向基网络（RBF）预测模型与马尔科夫（Markov）概率转移模型结合起来，建立危岩裂缝变形的 BF-Markov 串联预测模型[65]。伍仁杰和陈洪凯（2013）根据卡尔曼滤波法的基本模型及其在变形监测数据处理中的特点，基于危岩变形体的状态向量，建立了危岩预测模型[66]。王洪兴等（2004）应用斜坡变形破坏预测的一种新方法——指数趋势模型，预测了链子崖危岩体 G 监测点的位移[67]。王高峰等（2012）采用指数平滑法预测模型，以危岩的变形值和变形速率为判据，对重庆巫山县望霞危岩体的再次失稳时间进行了动态跟踪预报[68]。张玉萍和唐红梅（2008）将灰色预测理论应用于危岩变形监测，建立了危岩变形灰色预测模型及残差修正灰色预测模型[69]。彭正明等（2012）以重庆南川地区甄子岩崩塌为例，建立了灰色多重修正模型对危岩裂缝累计位移值进行了模拟和预测[70]。

陈洪凯等（2004）根据危岩的失稳模式，将危岩分为了滑塌式、倾倒式和坠落式这三种类型，并根据岩体结构理论和极限平衡理论建立了这三类危岩的稳定性计算方法[71]。陈佳等（2009）采用极限分析上限法推导出来危岩体崩塌的稳定系数计算公式[72]。陈洪凯等（2009）将主控结构面类比为宏观裂纹，运用断裂力学方法提出了基于主控结构面联合断裂强度因子和危岩完整岩石断裂韧度的危岩稳定系数断裂力学表达式[73]。王林峰等（2013）从能量的角度出发，建立了考虑地震震动效应的危岩稳定系数计算方法[74]。王林峰等（2013）基于断裂力学和可靠度理论对危岩稳定可靠度进行了研究，建立了危岩稳定可靠度的优化求解方法[75]。欧武涛和王伟（2011）选择岩组类型、地形地貌、主控结构面、水文地质条件、降雨强度、地震烈度和人类工程活动这七个因素作为评价指标，建立了危岩稳定性评价的层次分析综合指数法[76]。赵航（2011）采用 ANSYS LS-DYNA 有限元分析软件，研究了爆炸冲击荷载作用下的危岩体稳定性[77]。王林峰（2012）基于有限元方法分析了危岩的稳定性，获取了危岩的应力、应变以及位移的分布和变化规律[78]。

根据研究现状可以看出，崩塌源危岩有多种分类结果，但是各自都有一定的侧重点和差异性。危岩变形预测的方法也有多种，但是还是主要基于常规方法，人工智能方法应用较少，灰色预测模型中仍然以 GM（1，1）模型为主。对于崩塌源危岩稳定性评价，已经发展出了多种方法。其中，断裂力学分析法和可靠度分析法都是近几年来发展起来的新方法。随着系统科学理论的发展，系统科学评价方法也应用于危岩稳定性评价中，但是评价结果只能作为定性评价依据。断裂力学分析法和静力分析法都可以得到定量评价结果，但是两者都是采用静力学分析，地震作用考虑为拟静力，不能进行动力响应分析。数值模拟仍然是研究危岩稳定性的一个重要方向。但是目前主要采用有限元数值模拟，以位移场及应力场等作为稳定性评价依据，不能很好地得出具体的稳定性量化值（结合断裂力学分析法除外）。随着离散元数值模拟的发展，也将更加广泛地应用到危岩稳定性评价中，强度折减法、重度加载法等也可用于数值模拟中计算危岩稳定性系数。

第 2 章

边坡岩体的破坏类型及影响因素

控制边坡岩体稳定性和变形失稳破坏机理的主要因素有以下几方面的内容：岩体结构特征、岩体应力和地下水条件、岩体（包括不连续面和完整岩石）的力学参数、地形地貌特征和边坡几何形状、动荷载（如地震和爆破效应）、气候条件（如温度和降雨）、时间（如流变效应）。尽管这些内容实际上并不全面，但是却可以看出，要全面分析边坡岩体稳定性和变形失稳破坏机理是非常困难的。下面重点介绍影响大型岩质边坡的最主要因素，随后介绍有关边坡中常有的破坏模式和相应的形成演化机制。

2.1 影响岩质高边坡的主要因素

2.1.1 岩体应力

岩体应力是影响边坡稳定和破坏机理的一个重要内在因素。对于岩体中初始地应力或天然地应力分布理论，长期以来一直为人们所关注，并且出现较多的学说或观点[2]，如静水应力式的观点、垂直应力为主的观点、水平应力为主的观点。最早且引用最多的是 Heim（1908）的静水应力式的观点[79]，即地壳岩体某点的垂直地应力为上覆岩体厚度的积分形式：

$$\sigma_{\mathrm{V}} = \int_0^h \rho g \, \mathrm{d}h \tag{2.1-1}$$

即：

$$\sigma_{\mathrm{V}} = \gamma h \tag{2.1-2}$$

假设岩体为完全弹性体，水平地应力可写为：

$$\sigma_{\mathrm{H}} = \frac{\mu}{1-\mu} \sigma_{\mathrm{V}} \tag{2.1-3}$$

式中　　σ_{V}——垂直地应力（MPa）；

σ_{H}——水平地应力（MPa）；

ρ——岩石密度（kg/m³）；

g——重力加速度（m/s²）；

h——上覆岩体厚度（m）；

γ——岩石重度（MN/m³）；

μ——泊松比（无量纲）。

进入 20 世纪 50 年代，人们开始测量地壳岩体的应力。Hast（1967）在北欧、西欧、北非获得的众多地应力成果发现，地壳岩体不少地方水平地应力高于垂直地应力一倍至数倍[80]。其他学者在他们的研究或文献中，也发现地壳岩体内的水平应力大于垂直应力的情况，并分别给出了平均水平应力与深度之间的关系式[81-85]。我国的金川矿区、二滩水电站、拉西瓦水电站等的地应力研究成果也存在这种现象。各国地应力的测试资料表明，地壳岩体垂直应力随深度的增加而增加（图 2.1-1a），不少地区的水平应力高于垂直应力（图 2.1-1b）。因此，地壳岩体中的天然地应力除了岩体自重引起的自重应力外，还有构造活动引起的构造应力。

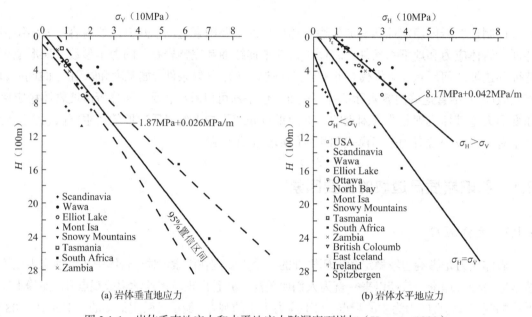

图 2.1-1　岩体垂直地应力和水平地应力随深度而增加（Herget，1988）

在以往有关岩质边坡稳定性的文献中经常提到边坡岩体应力很低。实际上，边坡岩体应力分布极其复杂，既有低应力区也有高应力区。假定边坡为均质、各向同性、弹性体材料，在边坡坡面附近应力一般很低，而在坡顶附近通常为拉应力集中区，在坡脚附近却为剪应力集中区。由于岩体常包含有大量的不连续面，受结构面切割，应力分布会更复杂。就像完整岩石一旦局部出现破坏和屈服时应力会重新分布，岩体中已有的结构面若发生破坏和屈服则局部应力也会重新分布。对于人工开挖边坡而言，由于开挖面形成后，边坡初始应力释放同样会导致边坡应力重分布。因此，边坡岩体的变形失稳破坏与岩体应力密不可分。

2.1.2　地下水及有效应力

边坡岩体的应力状态也与地下水赋存条件及相应的水压力有关。岩体中的地下水分布取决于以下几方面：①雨水和融雪的渗透；②周围的地形；③附近的河流和湖泊；④岩体的水文地质特征；⑤岩体开挖条件。因此，边坡岩体中的地下水通常是随时间变化而变化的[86]（图 2.1-2）。岩体开挖（如边坡开挖）会迅速导致地下水失去平衡，加速地下水渗流并产生动水压力。另外，由于地下水的存在会导致岩体（尤其是含泥不连续面或软弱夹层等）的力学参数明显降低，从而成为诱发岩体失稳破坏的一个重要外在因素。

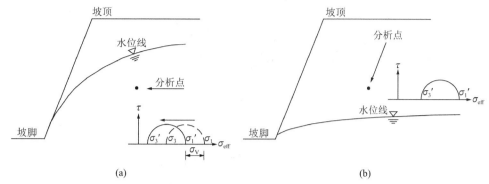

(a)　　　　　　　　　　　　　　　　(b)

图 2.1-2　由于地下水位线的变化导致边坡中同一点的应力状态的差异（Sjöberg，1999）

边坡中地下水位线的实际位置和形状与边坡的几何形状、渗透特性、周围的补给和岩体开挖条件有关。因此，位于边坡不同位置的岩体，所受到的水压力条件是不一样的。如位于地下水位线下的岩体会受到水压力的作用，从而会降低其有效应力；而位于地下水位线上的岩体却并没有水压力的作用，如图 2.1-2 所示。

有效应力减小，一方面会由于作用在潜在破坏面上的法向应力降低而导致抗剪力降低，另外也会导致岩体的强度降低（尤其是含泥质物的软弱夹层和断层等）；另一方面，由于岩体中地下水的存在通常会引起一些矿物与水会发生不利反应，当岩体中的不连续面（如软弱夹层和断层等）有充填物时，常会导致材料抗剪强度降低。地下水渗流产生的淘蚀作用以及渗流中细粒物质被带走，也会降低岩体的强度[83,87]。

岩体的渗透率或水力传导率决定了地下水运移的能力。与颗粒材料（如土体）相比，完整岩石的渗透率相对很低。岩体中包含有大量的不连续面，其渗透率明显比完整岩石高。所有的不连续面的渗透性对节理的开度极其敏感，反过来也取决于作用在节理面上的法向压应力的大小。Saeidi 等（2013）和孙广忠（1988）研究发现，当最大主应力垂直结构面时，结构面闭合，裂隙水渗流减弱；当最大主应力平行结构面时，结构面张开，裂隙水渗流增强[88-89]。因此，边坡岩体具有应力场与渗流场耦合效应。要定量评价应力场与渗流场耦合是比较困难的，尤其是要精确确定边坡岩体的地下水压力极其困难。因各种因素的影响，地下水压力在三维空间变化很大。对于节理岩体，Louis（1969）曾指出地下水的三维渗流问题理论上分析起来很困难[90]。因此，常用数值分析方法来评价地下水渗流和地下水压力效应。

2.1.3　岩体结构

岩体结构特征是控制岩体稳定和破坏机理的极其重要的因素之一。Nordlund 等（1992）指出，长大贯通性的不连续面（如软弱层带、断层、夹层）常是控制岩体稳定和变形破坏的重要边界条件[91]，不同类型的不连续面如图 2.1-3 所示。对于大型岩质边坡而言，重要的不连续面有：①与坡体尺寸相接近的不连续面（如断层、剪切带或挤压带）；②形成岩体结

11

构面网络的相对较小的结构面。

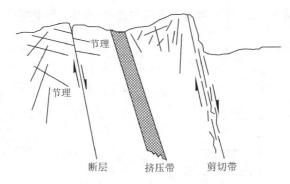

图 2.1-3　不同类型的不连续面（Nordlund 等，1992）

传统假设中认为，边坡岩体处于低应力状态，隐含着边坡岩体以结构控制性破坏为主，如平面剪切破坏或楔形体破坏。对于有大型结构体（如断层、挤压带、剪切带）的边坡而言，发生平面剪切破坏或楔形体破坏确实存在。对于只分布有比较小的不连续面的边坡，却并不一定如此。下面以一个简单例子来说明。

设有两组节理分布于边坡岩体中，它们的几何参数见表 2.1-1。当边坡高度较小时（图 2.1-4a 中 $H = 30m$），不连续面的迹长与边坡高度相差不明显，潜在破坏以结构控制性破坏为主。当边坡高度逐渐增大时（图 2.1-4b 中 $H = 90m$），因岩体结构尺寸效应，边坡岩体节理化程度高，节理较密集，此时潜在破坏方式类似于土体的圆弧破坏。当边坡高度进一步增大时（图 2.1-4c 中 $H = 500m$），边坡岩体表现出高度节理化，结构破碎，类似于土质边坡，此时完全可以按均质材料介质考虑，潜在破坏方式应遵循土体的圆弧破坏。实际上，边坡岩体一般情况下远不止分布两组节理，而节理的间距和迹长也可能比图 2.1-4 中的小。

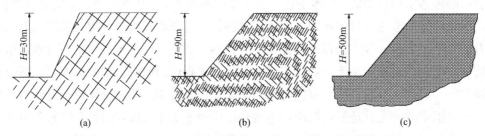

(a)　　　　　　　　　　(b)　　　　　　　　　　(c)

图 2.1-4　不同高度边坡受两组不连续面切割时结构面网络图

图 2.1-4 中不连续面的几何参数　　　　　　　　　　表 2.1-1

几何参数	节理 A		节理 B	
	均值	方差	均值	方差
倾角（°）	60	0	135	0
迹长（m）	10	1	8	2
岩桥（m）	3	1	5	2
间距（m）	3	0	7	0

虽然图 2.1-4 中边坡的岩石质量指标 RQD 为 100%，岩体完整性好，然而因边坡大小和高度不同，却表现出显著的差异，相应地，发生的破坏方式也就不同。因此，对于大型岩质高边坡而言，节理密集程度应当与边坡高度和尺寸大小结合起来。

应当指出，图 2.1-4 中的不连续面几何参数并没有结合其在边坡岩体中分布的实际规律来考虑，而仅是一种理想假设情况。实际工程勘探调查表明，大多数边坡岩体通常由外向里、由上至下，除了大的软弱层带（断层、夹层、挤压带等）外，因岩体的风化程度减弱，地应力逐渐提高，岩体结构越完整，相应地，节理的间距和迹长也分别增大和减少。

2.1.4　地形地貌特征

地形地貌特征对边坡岩体的稳定和破裂失稳的影响，通常是与岩体应力和岩体结构等结合在一起的。边坡高度和尺寸规模越小，通常只发生小规模的表层破坏。对于高陡的大型岩质边坡而言，其发生大型深层的失稳破裂可能性就越大。深入分析现今的地形地貌特征，可以了解边坡岩体曾经发生的失稳破坏机制并预测未来发生发展演化的运动过程。图 2.1-5 是大型边坡岩体发生失稳破裂的典型地形特征[92]。

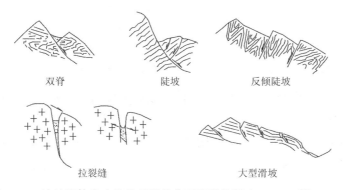

双脊　　　　　　　　陡坡　　　　　　反倾陡坡

拉裂缝　　　　　　　　　　大型滑坡

图 2.1-5　边坡岩体发生失稳破裂的典型地形特征（Agliardi 等，2001）

2.1.5　岩体强度

1. 不连续面和完整岩石的强度

不连续面和完整岩石的强度在许多岩石力学文献中都有介绍。平直的不连续面强度很容易用 Mohr-Coulomb 强度准则来描述。对于粗糙的不连续面强度，则可以用 Barton（1976）提出的经验公式来描述[93]。

在边坡岩体中，完整岩石通常是指不连续面间的岩桥。尽管人们对完整岩石的破坏特性进行了深入、广泛的研究，并取得了众多的成果，但是对于不连续面之间岩桥的力学特性理解并不深入。一种广泛接受的观点就是不连续面间的岩桥发生破裂主要以拉破坏为主[94-95]。剪切引起的破裂通常只是一种次生现象。一旦剪切面贯通，则导致不连续面之间相互连接起来。已有物理模型试验和数值模拟分析证实了这一观点[96]。有关这类破坏机理的强度准则并没有完全发展起来，尚需引起更多的注意。就岩体工程而言，更多关心的是大型尺寸岩体的强度，下面作一简要介绍，在第 3 章中有关岩体的强度特性再作详细说明。

2. 大型尺寸岩体的强度

复杂岩体的强度不像不连续面和完整岩石强度那样研究深入。众所周知，岩体的强度随试件尺寸的增大而减小。室内岩石试验以及现场岩体试验都证实了这种尺寸效应[97-98]。岩体强度的尺寸效应如图 2.1-6 所示。由图 2.1-6 可以看出，随试件体积增大，强度逐渐降低。这主要由于试件体积增大，所包括的不连续面（从小型的节理到更大的断层）增多[99-100]。对于更大体积的试样，强度会趋于常数[98]。Hoek 和 Brown（1997）也赞成这一观点，他们认为当每一岩石块体的尺寸相对于结构体（如边坡等）而言很小时，随着岩体尺寸的增大，岩体强度会逐渐减小并最终趋于常数[101]。

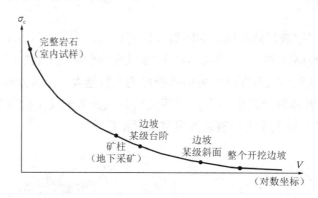

图 2.1-6 强度σ_c和试件体积V之间的关系（Bieniawaski，1968）

从上面的讨论可以看出，室内岩石试件的强度高于现场大型岩体试验获得的强度几倍。关于评价岩体的强度，Krauland 等（1989）列出了四种主要方法：数值模拟法、岩体分类法、大型试验法和已发生破坏的反分析法[100]。然而，实际中确定岩体的强度仍很困难，并且要考虑诸多因素，有关岩体强度参数的评价在第 3 章中再详细论述。

2.2 岩质边坡破坏模式和破坏机理

下面对现场观察到的边坡岩体破坏模式加以介绍，并初步分析其发生条件。重点描述大型岩质高边坡最可能发生的破坏模式。另外，对出现在一般边坡中的典型破坏模式也作简单介绍。同时，根据现场观测、室内模型试验和数值分析，对控制大型高边坡的失稳破坏机理作比较详细的阐述。

2.2.1 平面剪切和楔形破坏

此类破坏模式指的是由结构面形成的块体和楔形体。从运动学角度看，它们可以自由地运动，典型的破坏类型如图 2.2-1 所示[102-103]。

图 2.2-1 所示破坏模式的破坏面可以是单一不连续面（平面破坏，图 2.2-1a），两组结构面相交（楔形破坏，图 2.2-1d）和多组不连续面的组合（图 2.2-1b、c）。它们的共同特点就是在坡顶附近通常有拉裂缝存在。此类破坏通常出现在中小型边坡中。对于大型高边坡，要出现此类破坏必须有与边坡尺寸相近的长大贯通性不连续面存在。

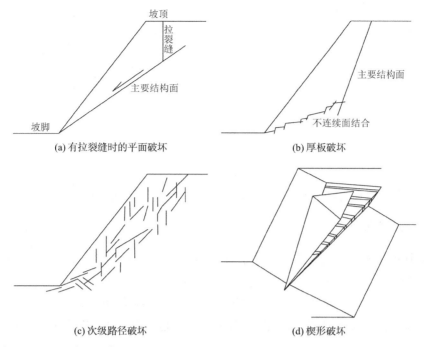

(a) 有拉裂缝时的平面破坏　　　　　(b) 厚板破坏

(c) 次级路径破坏　　　　　(d) 楔形破坏

图 2.2-1　不连续面组合形成破坏面（Azarfar 等，2019；Sjöberg 和 Notstrom，2001）

2.2.2　圆弧形破坏

与平面破坏有关的另一类破坏就是圆弧形破坏[83]（图 2.2-2）。对于岩质边坡而言，圆弧形破坏模式中除了沿圆弧形发生破坏外，主要是指曲线型破坏模式（也包括部分沿直线和部分沿曲线发生的破坏）。通常，圆弧形破坏主要出现在土坡中。对于密集节理化岩质边坡，也会发生此类破坏。

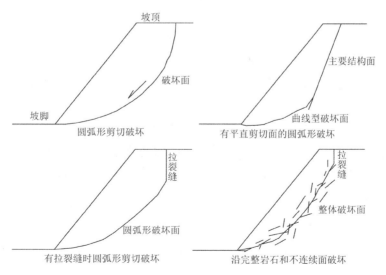

圆弧形剪切破坏　　　　　有平直剪切面的圆弧形破坏

有拉裂缝时圆弧形剪切破坏　　　　　沿完整岩石和不连续面破坏

图 2.2-2　圆弧形破坏以及圆弧形剪切和平直型剪切破坏的组合（Hoek 和 Bray，1981）

图 2.2-2 中仅示意了平面上的形态特征，其三维的表现形式通常呈勺形[83]（图 2.2-3）。

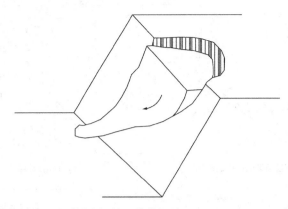

图 2.2-3 圆弧形破坏的三维特征（Hoek 和 Bray，1981）

2.2.3 块体流动破坏

此类破坏的基本特征就是在边坡中有连续的溃屈带出现。通常，在坡脚地带由于受到强烈的挤压作用而激发这种破坏。反过来，当塑性区出现后会因应力迁移而导致邻近区也发生破坏[104]（图 2.2-4）。显然，出现此类破坏除了与坡体应力分布特征和岩体强度有关外，还有就是时间导致的累进渐进性破坏。一旦坡脚挤压区出现，会引起多种次一级破坏发生。

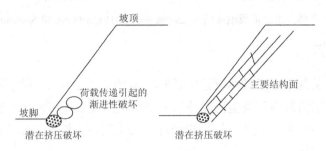

图 2.2-4 块体流动破坏（Coates，1977）

2.2.4 倾倒型破坏

对于发育近直立或陡倾坡内的不连续面的边坡，平面剪切和楔形破坏一般不可能发生。相反，却主要出现倾倒型破坏[83,105-107]，国内一些学者也称其为"弯曲拉裂"和"点头哈腰"破坏[108]。

Goodman 和 Bray（1976）将倾倒型破坏分为两类[106]。一种就是由自重应力和构造应力作用下引起的倾倒破坏（图 2.2-5），称为原生的倾倒破坏（primary topping）；另一种就是由其他因素引起的倾倒破坏（图 2.2-6），称为次生的倾倒破坏（secondary topping）。

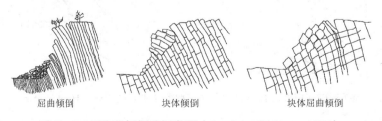

图 2.2-5 原生的倾倒破坏类型（Goodman 和 Bray，1976）

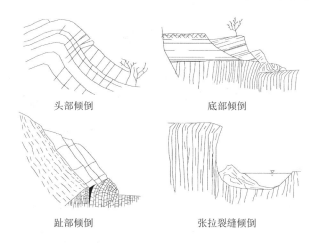

头部倾倒　　　　　　　底部倾倒

趾部倾倒　　　　　　　张拉裂缝倾倒

图 2.2-6　次生的倾倒破坏类型（Goodman 和 Bray，1976）

弯曲倾倒（flexual topping）型破坏可以出现在仅有一组不连续面的坡体中，而块体倾倒（block topping）和块体弯曲倾倒（block flexual topping）除了必须有一组陡倾坡内的不连续面外，通常还需要一组缓倾坡外的不连续面（图 2.2-5）。倾倒破坏也可以是由其他变形破坏引起的次生倾倒破坏，如图 2.2-6 所示。Glawe（1991）曾描述了大型斜坡坡脚遭受强烈挤压变形而产生的次生倾倒破坏[109]。

然而，在一些大型人工岩质边坡中，深层倾倒型破坏也有出现[110-114]。在这种类型的倾倒破坏中，由于沿陡倾结构面的旋转和剪切，从而在深部形成贯通的剪切面而发生滑动。破坏面有时与开挖面近乎平行，而有时却近于圆弧（图 2.2-7）。

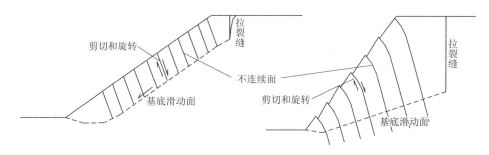

图 2.2-7　人工开挖边坡出现的大型倾倒破坏（Daly 等，2022）

2.2.5　滑移型破坏

对于滑移型破坏，与之有关的坡体结构就是通常发育有倾向坡外的不连续面，见图 2.2-8。Kieffer（1998）称这类破坏为滑移破坏，并按照 Goodman 和 Bray（1976）对倾倒型破坏分类的方式，也对滑移破坏进行了分类[115]。图 2.2-8 中的弯曲型、块体弯曲型和滑移型，它们的共同特征就是在坡体中必须有缓倾坡外的不连续面存在。图 2.2-8（d）中的滑移弯曲破坏，贯通滑动面通常出现在弯曲带的"波峰"和"波谷"位置。对于这种类型的破坏，国内一些学者常称它们为溃屈型破坏[28]。但是，Zischinsky 早在 1996 年却把这种类型的破坏称为 Sackungen 型破坏的一种[116]。Sackungen 型破坏通常是指由于长期荷载作用（主要是重力作用）下山区斜坡出现的一种变形破坏（图 2.2-9）。

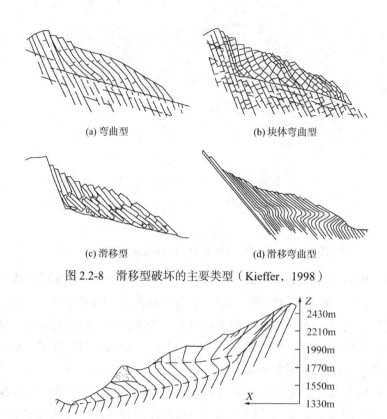

(a) 弯曲型　　　　　　　　　(b) 块体弯曲型

(c) 滑移型　　　　　　　　　(d) 滑移弯曲型

图 2.2-8　滑移型破坏的主要类型（Kieffer，1998）

图 2.2-9　典型 Sackungen 型破坏（Zischinsky，1996）

2.2.6　滑移压致拉裂破坏

这类变形破坏主要发育在平缓层状岩体结构的边坡岩体中[2]。坡体沿缓倾坡外或近水平的不连续面向坡外临空方向产生缓慢的蠕变滑移。在滑移面的锁固点或错列点附近，因拉应力集中常生成与滑移面大角度相交的张开裂隙，通常向上扩展（个别情况向下），其延伸方向则渐转成坡体内与最大主应力方向趋于一致（图 2.2-10）。滑移和拉裂变形是沿边坡岩体中的软弱面位置自下而上发展起来的。

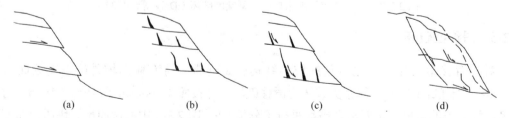

(a)　　　　　　(b)　　　　　　(c)　　　　　　(d)

图 2.2-10　滑移压致拉裂变形破坏的形成演化过程示意图（张倬元等，1981）

滑移面附近拉裂面的扩展，使这一带常常成为地下水的活跃带。因此，地下水也是促进这类变形进一步发展的主要因素之一。这类变形破裂的演变过程可分为三个阶段：①卸荷回弹滑移阶段（图 2.2-10a）；②压致拉裂面自下而上扩展阶段（图 2.2-10b、c）；③滑移面贯通阶段（图 2.2-10d）。

2.2.7　其他破坏类型

除了上述破坏类型外，还有其他一些破坏类型，如 Piteau 和 Martin（1982）报道的薄板破坏（thin slab failure）[117]和 Nilsen（1987）报道的翘曲破坏（buckling failure）[118]，如图 2.2-11 所示。

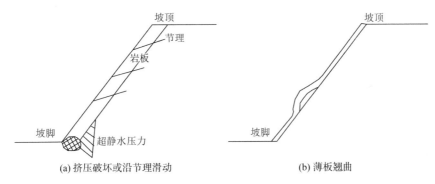

(a) 挤压破坏或沿节理滑动　　　　　　(b) 薄板翘曲

图 2.2-11　薄板破坏和翘曲破坏（Piteau 和 Martin，1982；Nilsen，1987）

也有学者还对图 2.2-11 所示的薄板破坏和翘曲破坏进行了力学机制的分析[117-120]。图 2.2-11 所示这种斜坡破坏类型，通常有平行于坡面的连续的层面或节理。坡脚的挤压作用和沿节理的剪切作用可以诱发初始薄板破坏。而较高的地下水位产生的水压力也可以激发这种破坏。对于翘曲破坏而言，如果薄层岩板的轴向压应力很高、薄板的厚度相对于长度而言很小，则可能发生翘曲破坏。

第 3 章

岩体力学参数评价方法

虽然控制边坡岩体变形破坏的因素很多，但是岩体力学参数的准确选取也是合理评价边坡稳定性的重要前提之一。岩体力学参数的评价主要包括强度和变形两方面的内容。随着现代科学技术的发展和进步，各种计算方法和技术手段在解决复杂节理岩体的分析计算中得以应用并取得进步。数值分析计算的准确性取决于本构模型选取的正确性和岩体力学参数取值的可靠性[121-122]。当前大量的数值分析方法，已有十分友好且易操作的程序设计界面及高效率、高精度的计算机设备。然而，计算的可靠性和准确性却仍较差，最根本的原因之一就是岩体力学参数取值不准和模型抽象不合理。因此，岩体力学参数的准确评价和计算模型的合理抽象直接影响到岩体工程评价的准确性和可靠性。

3.1 岩体强度参数评价

岩体强度是决定岩体工程稳定性评价的重要参数，同时，也是岩体工程特性中最难决定的参数之一。小尺寸岩样的室内试验成果通常不能表征现场大型尺寸岩体的特性。相反，考虑到一般岩体工程的实用性和经济性，大型现场强度试验却很少开展甚至没有开展。虽然对现场已观测发生破坏的岩体工程进行反分析，能对大型岩体强度参数提供代表性的值，但是这仅仅适用于破坏已经发生的情况。目前评价岩体强度参数的方法有很多，除了室内剪切试验和现场大剪试验外，还有一些经验分析方法，如 Hoek-Brown 强度准则、岩体（围岩）分类方法、结构面网络模拟方法、数值分析方法等。

3.1.1 Hoek-Brown 破坏准则

1. 早期的 Hoek-Brown 准则

Hoek-Brown 破坏准则是由 Hoek 和 Brown（1980）提出的[97]。Hoek 和 Brown 对岩体强度准则提出了三个基本要求：①能描述完整岩石试件在不同应力条件下（从单向受拉到三向受压）的特性；②能预测不连续面对岩石试件特性的影响；③能对有几组不连续面切割的岩体的特性提供一定的近似估计。他们发现当时还没有一种准则能够满足这三个条件。因此，提出了这种新的经验破坏准则。Hoek-Brown 准则最早是基于脆性破坏的 Griffith 理论，该准则在不断的、反复的试验中得到完善。

早期的 Hoek-Brown 准则描述如下[97]：

$$\sigma_1 = \sigma_3 + (m\sigma_c\sigma_3 + s\sigma_c^2)^{1/2} \tag{3.1-1}$$

式中　σ_1——岩体破坏时的最大主应力（MPa）；

　　　σ_3——岩体破坏时的最小主应力（MPa）；

　　　σ_c——完整岩石的单轴抗压强度（MPa）；

　m、s——岩体性质材料常数。

设岩体的单轴抗压强度为σ_{cm}，并令式(3.1-1)中的$\sigma_3 = 0$，得到：

$$\sigma_{cm} = \sigma_c s^{1/2} \tag{3.1-2}$$

同样，设岩体的单轴抗拉强度为σ_{tm}，且令式(3.1-1)中的$\sigma_1 = 0$，得到：

$$\sigma_{tm} = \frac{\sigma_c}{2}\left[m - (m^2 + 4s)^{1/2}\right] \tag{3.1-3}$$

由于 Hoek 和 Brown 对岩石开挖工程设计非常熟悉，因此用主应力来表达该破坏准则。然而，该准则在某些方面的应用也还存在问题。如在边坡稳定性分析中，破坏面的剪切强度通常是以法向应力来表达的。在τ-σ_n空间的 Mohr-Coulomb 强度外包络线却可以通过式(3.1-1)计算出一系列的应力对(τ, σ_n)后，通过如下的关系曲线拟合获得 Mohr-Coulomb 外包络线：

$$\tau = A\sigma_c\left(\frac{\sigma_n - \sigma_{tm}}{\sigma_c}\right)^B \tag{3.1-4}$$

式中　A、B——定义 Mohr-Coulomb 外包络线的材料常数；

　　　其余符号意义同前。

式(3.1-1)中有两个重要的材料常数m、s。对于完整岩石，$s = 1$、$m = m_i$，m_i可以通过完整岩石试件在不同围压下的室内三轴试验计算获得。对于节理岩体，$0 \leqslant s < 1$，$m < m_i$。若岩体的m、s参数也通过室内三轴试验来获得，则m、s参数的评价比较困难。Hoek 和 Brown 在完成大量的试验成果基础上，建议采用岩体（围岩）分类的方法来评价这两个参数，如用 Bieniawski（1979）的RMR分类[123]和 Barton（1998）的Q分类[124]。

随后，Hoek（1983）进一步将式(3.1-1)引入有效应力的概念[125]。即式(3.1-1)中的主应力应该用有效应力$\sigma' = \sigma - p_w$表达更为合理。Priest 和 Brown（1983）对m、s参数计算提出了经验公式[126]，这在解决岩体工程问题（如边坡稳定性分析评价）的理论意义和实用价值方面得到人们的广泛一致认识。为了把现场测量和观测结果同该准则联系起来，Hoek 和 Brown 提出用下面关系式来估计材料常数m、s。

对于未扰动岩体：

$$m/m_i = e^{(RMR-100)/28} \tag{3.1-5}$$

$$s = e^{(RMR-100)/9} \tag{3.1-6}$$

对于扰动岩体：

$$m/m_i = e^{(RMR-100)/14} \tag{3.1-7}$$

$$s = e^{(RMR-100)/6} \tag{3.1-8}$$

式中　m、s——岩石性质材料常数；

　　　m_i——完整岩石的m值；

RMR——Bieniawski（1979）提出的RMR分类评分值（RMR为 Rock Mass Rating 的缩写）[123]；

　　　　其余符号意义同前。

2. 修正的 Hoek-Brown 准则

1992 年，Hoek 等研究分析发现，早期的 Hoek-Brown 准则只有当最小主应力为显著压应力条件时，式(3.1-1)才能应用于节理岩体[127]。在低围压条件下，用早期的 Hoek-Brown 准则预测的单轴抗拉强度通常是较高的。而对于节理岩体，即使真实的抗拉强度不为 0，通常也是很低的。为了满足岩体在低围压条件时抗拉强度为 0 的条件，Hoek 等（1992）对 Hoek-Brown 准则作了进一步的修正，给出了更一般的表达式[127]：

$$\sigma_1' = \sigma_3' + \sigma_c \left(m_b \frac{\sigma_3'}{\sigma_c} \right)^a \tag{3.1-9}$$

式中　σ_1'——岩体破坏时的最大有效主应力（MPa）；

　　　σ_3'——岩体破坏时的最小有效主应力（MPa）；

　　　σ_c——岩石的单轴抗压强度（MPa）；

　　　m_b——破坏岩石的材料常数；

　　　a——破坏岩石的材料常数。

3. 通用的 Hoek-Brown 准则

1995 年，Hoek 等对 Hoek-Brown 破坏准则提出了更为通用的表达式[128]：

$$\sigma_1' = \sigma_3' + \sigma_c \left(m_b \frac{\sigma_3'}{\sigma_c} + s \right)^a \tag{3.1-10}$$

式中，符号意义同前。

对于完整岩石（即 $s = 1$，$m_b = m_i$），式(3.1-10)可以写为

$$\sigma_1' = \sigma_3' + \sigma_c \left(m_1 \frac{\sigma_3'}{\sigma_c} + 1 \right)^{1/2} \tag{3.1-11}$$

对于岩体质量和完整性好的岩体，常数 $a = 1/2$，式(3.1-10)则退化为式(3.1-1)，即早期的 Hoek-Brown 破坏准则。对于岩体质量极差且极不完整的岩体，修改的 Hoek-Brown 破坏准则更为可靠。设式(3.1-10)中 $s = 0$，则式(3.1-10)退化为式(3.1-9)。

1997 年 Hoek 和 Brown 对室内进行三轴试验获得常数 m_i 提供了一些建议[101]。为了与早期的发展演化一致，在进行单轴试验时，围压应力需控制在 $0 < \sigma_3 < 0.5\sigma_c$ 的范围。若没有进行三轴试验，m_i 可以参照 Hoek 和 Brown（1997）提供的建议值[101]，见表 3.1-1。室内试验中，也需确定岩石的单轴抗压强度 σ_c；当无试验值，σ_c 可以参照一些用简单指标获得的经验关系进行估计。

不同岩石类型 m_i 的近似值（Hoek 和 Brown，1997）　　　　表 3.1-1

岩石类别	m_i
具有充分发育的结晶节理的碳酸盐类岩石（白云岩、石灰岩、大理岩）	7
岩化的泥质岩石［泥岩、页岩和板岩（垂直于节理）］	10
强烈结晶、结晶节理不发育的砂质页岩（砂岩和石英岩）	15

岩石类别	m_i
细砂、多矿物火成结晶岩（安山岩、辉绿岩、玄武岩和流纹岩）	17
粗粒、多矿物火成岩和变质岩（角闪岩、辉长岩、片麻岩、花岗岩和花岗闪长岩）	25

为了估计准则中其他的相关参数，可以用下列一些关系来获得[101,128]。参数m_b用下式计算：

$$m_b = m_i \mathrm{e}^{(GSI-10)/28} \tag{3.1-12}$$

参数s、a的确定略有不同，它们取决于岩体质量的好坏。Hoek 引入新的指标GSI（Geological Strength Index）来计算参数s、a的值。

对于GSI > 25（未扰动岩体）：

$$s = \mathrm{e}^{(GSI-100)/9} \tag{3.1-13}$$

$$a = 0.5 \tag{3.1-14}$$

对于GSI < 25（未扰动岩体）：

$$s = 0.5 \tag{3.1-15}$$

$$a = 0.65 - (GSI/200) \tag{3.1-16}$$

通过对式(3.1-13)～式(3.1-16)的进一步验证发现，当GSI > 25 时，早期的 Hoek-Brown 破坏准则适用；当GSI < 25 时，修改的破坏准则适用。虽然界限值GSI = 25 带有一定的偶然性，但是 Hoek 和 Brown（1997）指出，界限值GSI的准确位置有不可忽略的实际重要性[101]。GSI与 Bieniawski 提出的RMR分类系统中早期的RMR指标（1976）和更新的指标RMR（1989）的关系如下。

对于RMR_{76} > 18 时有：

$$GSI = RMR_{76} \tag{3.1-17}$$

对于RMR_{89} > 23 时有：

$$GSI = RMR_{89} - 5 \tag{3.1-18}$$

Hoek 和 Brown（1997）指出，用RMR确定GSI只适合于岩体质量较好的岩体（即GSI > 25 时）；对于岩体质量差的岩体，用 Bieniawski 的RMR分类系统很难确定出RMR值[101]。Hoek 和 Brown（1997）建议在岩体质量差的情况下，即不在式(3.1-17)和式(3.1-18)所包括的范围时，用 Barton 的Q分类系统[101]。此时，节理的地下水折减系数J_w和应力折减系数SRF都必须按 0 考虑。修改的隧道围岩质量指数Q'用$Q' = (RQD/J_n) \cdot (J_r/J_a)$评价，其中，$J_n$、$J_r$和$J_a$分别为节理组数、节理粗糙系数和节理蚀变系数。$Q'$与GSI的关系如下：

$$GSI = 9\ln Q' + 44 \tag{3.1-19}$$

Hoek 和 Brown（1997）并没有特别建议一定使用 Barton 的Q分类指数，而是建议直接用GSI分类系统确定[101]。上面的简单分类在大多数情况下是适用的，尤其在初期对岩体质量评价时。Hoek 和 Brown（1997）也指出在对岩体进行分类时，岩体是未扰动的或未遭受外界因素破坏的（如爆破等），否则对所获得的较低GSI值要作一定的弥补[101]。

4. 用 Hoek-Brown 准则评价正交各向异性岩体的强度

具有层状正交各向异性的岩体（如片岩、页岩等），随荷载方向与片理或层理方向的变化，其表现出的工程特性也会随之变化。直接应用 Hoek-Brown 准则来评价强度将会出现一些困难。Hoek 和 Brown（1980）曾建议对 Hoek-Brown 准则进行一定的扩展以解决这一问题，但需要一套经验关系来修改准则中的m、s参数[97]。这一方法虽然与实际试验数据有很好的一致性，但是最大的问题是，在用 Hoek-Brown 准则前必须通过一系列的室内试验来确定大量的常数（共六个）。与此相比，Hoek（1983）用了一种稍微不同的方式，其假定已经获得不连续面的内摩擦角φ_j和内聚力c_j，则三轴试验中包含倾角为β的不连续面的岩样的最大主应力σ_1可以通过下式给出[125]：

$$\sigma_1 = \sigma_3 + \frac{2c_j + 2\sigma_3 \tan \varphi_j}{(1 - \tan \varphi_j \tan \beta) \sin 2\beta} \tag{3.1-20}$$

式(3.1-20)定义了节理的强度，但它必须结合式(3.1-1)一起使用，以获得完整岩石的强度，并能完全描述层状正交各向异性岩体在不同层理倾向条件下的强度。当β较小时，用式(3.1-20)获得的强度会高于用式(3.1-1)获得的强度。同样，当β较大时，也会如此。而当β很大时，用式(3.1-20)会出现强度为负的情况。对于这两种情况（图 3.1-1 虚线所示）的物理意义，实际是由于强度是按式(3.1-1)的完整岩石强度所控制的。

为了获得图 3.1-1 中的强度外包络线，必须知道不连续面的内摩擦角和内聚力。Hoek（1983）也建议用早期的式(3.1-1)来描述不连续面的强度，但是完整岩石的m、s需用节理的m_j、s_j替换[125]。如果这些参数能够获得（如室内剪切试验），则内摩擦角和内聚力可以根据作用在不连续面上的法向应力计算获得，法向应力的计算如下式：

$$\sigma_n = \frac{1}{2}(\sigma_1 + \sigma_3) - \frac{1}{2}(\sigma_1 - \sigma_3) \cos 2\beta \tag{3.1-21}$$

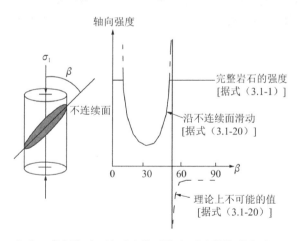

图 3.1-1　包含一条倾角为β的不连续面的岩石试样的强度（Hoek，1983）

由于σ_1是要确定的强度，需要进行迭代。一般包括以下几个步骤：

（1）根据式(3.1-1)计算轴向强度σ_1；

（2）用式(3.1-21)计算法向应力σ_n；

（3）用式(3.1-20)计算层状正交各向异性的轴向强度σ_1；

（4）用计算获得的σ_1，再次用式(3.1-21)计算新的法向应力σ_n；

（5）重复上述过程，直到前后两次的σ_1差值小于1%。

通常，以上过程需要迭代3～4次，这一处理方式也与层状正交各向异性岩体的室内试验成果有很好的一致性[125]。最大的麻烦就是迭代处理减慢了计算。除此之外，还必须预先确定不连续面的m_j、s_j参数，这会要求更多的试验成果，尤其是直剪试验或三轴试验成果。显然，如果不连续面的内摩擦角和内聚力已知或可以确定的话，这些参数值可直接应用于式(3.1-20)，从而避免了迭代问题。

值得注意的是，根据式(3.1-20)和图3.1-1，最小的强度值是荷载方向斜交于不连续面时。已有的其他成果表明荷载方向垂直于层理时（$\beta = 90°$）的强度比荷载方向平行于层理时（$\beta = 0°$）的强度要高[101]。

尽管人们已经意识到强度随着荷载方向的变化而变化，但是要用这样一种强度外包络线仍很困难。最大主应力的方向相对于层理的方向正常情况呈"斜坡"型变化，且受岩石特性（指固有的层理方向）影响。结果在"斜坡"的不同位置会出现不同的强度。岩石的综合强度估计可以选择最具有"代表性"的单轴抗压强度。但是要评价究竟哪一个强度才最具有代表性仍很困难。Hoek和Brown（1997）建议σ_c的最大值适用于坚硬致密的岩体，而最低值适用于岩体质量差的岩体，这是一个非常简单适用且易于操作的办法[101]。

3.1.2 Hoek-Brown 破坏准则的应用

1. 岩体尺寸效应

岩体强度参数很大程度上取决于岩体尺寸大小，尺寸越大，强度会显著降低。这是由于岩体中常包含有不连续面。若每一块体相对于所研究工程的总体尺寸很小，Hoek-Brown破坏准则为大型岩体试件的强度评价提供了一种行之有效的解决办法[101]。Hoek等（1995）概括了Hoek-Brown破坏准则所能应用的岩体条件[128]，如图3.1-2所示。

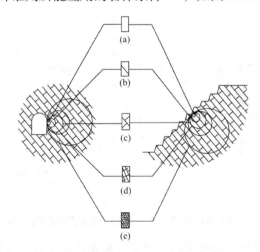

图 3.1-2 Hoek-Brown 破坏准则所能应用的岩体条件（Hoek 等，1995）

(a) 完整岩石用式(3.1-11)；(b) 单组节理时分别用适合完整岩石和节理的准则；(c) 两组节理时准则的选取要极其谨慎；(d) 多组节理时用式(3.1-10)；(e) 严重节理化岩体用式(3.1-10)

Hoek-Brown破坏准则的基本假设是各向同性岩石和岩体的特性。严格来讲，仅适于完整岩石和节理化程度很高的岩体。对于只受单一不连续面或节理控制的岩体，稳定性分析应主要集中在不连续面切割形成块体的特性，且需用描述节理抗剪强度的准则来代替（如 Barton-Bandis 准则和 Mohr-Coulomb 准则）。

然而，关于 Hoek-Brown 破坏准则什么情况下可以应用，并没有明确的界定。这需要对岩体的各向异性和块体尺寸相对于工程单元的大小及破坏模式（结构体对岩体破坏的控制），做出合理判断后才能应用。评价各向异性岩体强度的已有方法也存在明显的不足，实际应用十分困难，有关这方面的分析很少；相反，在获得材料的 m、s 参数后，早期的 Hoek-Brown 破坏准则却能应用。但是需要获得能包括完整岩石和不连续面的等效强度。

对于人工开挖边坡稳定性问题，应用 Hoek-Brown 破坏准则必须谨慎。用数值分析模型计算表明，与边坡的初始应力相比，位于开挖面附近的较大区域有明显的应力降低区。而整个边坡的应力状态从坡顶到坡脚有明显的差异。坡顶附近为低应力区，最大和最小主应力均很小。坡脚附近为高应力区，最大和最小主应力相对较高。因此，应力大小决定了破坏面的位置和破坏区所占的比例（图 3.1-3）。

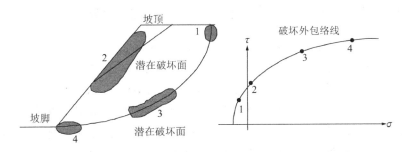

图 3.1-3　岩质边坡中沿两个潜在破坏面不同点应力状态和相应的破坏外包络线示意

2. Hoek-Brown 破坏准则的实用性和基础

尽管 Hoek-Brown 破坏准则并没有明确的理论依据，却是评价节理岩体强度的最为广泛使用的破坏准则。岩石力学领域已逐渐接受 Hoek 和 Brown 所提出的这些近似方程。这的确让人有些惊讶，就像 Hoek（1994）曾提到的那样，最初提出这一准则仅仅是为了对岩体强度做出初始和近似的估计[129]。可能正是由于缺乏这类准则，才使得 Hoek-Brown 破坏准则被广泛接受。即使今天，在实际工程设计中也还没有更好的准则来替换它，试图发展一套全新的经验准则并没有多大的意义。相反，应该尽量把 Hoek-Brown 准则预测的强度与现场测试的强度和对已发生破坏的工程反分析计算的强度结合起来。

3. 早期 Hoek-Brown 破坏准则与修改准则的对比

早期的 Hoek-Brown 破坏准则式(3.1-1)和修改的破坏准则式(3.1-9)预测的岩体强度值有一些差异。以一典型岩体质量很差的岩体为例，主要指标为 $\sigma_c = 25\text{MPa}$、$m_i = 10$、GSI = 20、$m_b = 0.5743$。对应的强度外包络线见图 3.1-4、图 3.1-5。从前面介绍情况看，对于岩体质量较差的岩体，修改的 Hoek-Brown 破坏准则更适合。参数值 m_b、s、a 用式(3.1-12)～式(3.1-16)计算。于是，对于早期的 Hoek-Brown 破坏准则式(3.1-1)有：$s = 0.018$，$a = 0.5$；对于修改的 Hoek-Brown 破坏准则式(3.1-9)有：$s = 0.0$，$a = 0.55$。

通常，这两种准则的破坏外包络线相互之间没有显著的区别（图 3.1-4）。但是在低压应力和拉应力状态，它们之间的差异是很显著的。图 3.1-5 是图 3.1-4 在应力状态较低状态时的放大图。

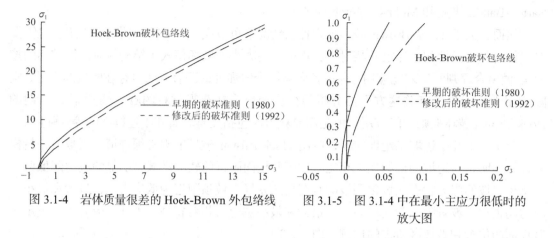

图 3.1-4　岩体质量很差的 Hoek-Brown 外包络线　　图 3.1-5　图 3.1-4 中在最小主应力很低时的放大图

3.1.3　用 Hoek-Brown 破坏准则确定等效内聚力和内摩擦角

当前岩体力学分析中，大多数设计、分析方法（如极限平衡分析法和数值模拟法）常需要通过线性 Mohr-Coulomb 破坏准则来表达。数值模拟中很少能解决非线性 Hoek-Brown 破坏准则的塑性计算问题。Pan 和 Hudson（1988）将 Hoek-Brown 破坏准则作为屈服函数引入有限元分析中[130]。然而，为了能模拟非关联流动（剪胀角 ≠ 内摩擦角），Hoek-Brown 破坏准则需要进行一定的简化。其他方法（如显式差分法 FLAC 和离散元法 UDEC）却能将非线性 Hoek-Brown 外包络线转换为 Mohr-Coulomb 线性外包络线。具体转换时是根据每一单元的每一计算时步下的应力对应于 Hoek-Brown 外包络线的切线来确定。这样的话，Mohr-Coulomb 准则内聚力和内摩擦角在模拟过程中是不断变化的。这一方法的缺陷就是在模拟中计算时步会显著增大。在极限平衡分析中很少将 Hoek-Brown 破坏准则引入。因此，大多数方法和软件都是建立在 Mohr-Coulomb 破坏准则基础上的。

鉴于此，实际应用中需要一套简单的强度参数来将非线性 Hoek-Brown 破坏外包络线转换为线性 Mohr-Coulomb 破坏准则。对于 Hoek-Brown 破坏外包络线，需要一种方法来确定等效的内聚力和内摩擦角。实际应用中，需认识到最大和最小主应力以及它们与岩石强度的关系很重要。等效内聚力和内摩擦角可以通过给定最小主应力下对应于 Hoek-Brown 破坏外包络线的切线值来确定。另外一种方法就是，按一定间距的最小主应力对应的内聚力和内摩擦角进行线性回归，计算出平均内聚力和内摩擦角。这两种方法在下面具体介绍。

在其他应用中，如用极限平衡方法进行边坡稳定性分析，需要用到特定法向应力下破坏面的剪切强度。对于这种情况，则需要根据剪切应力和法向应力来表达 Hoek-Brown 破坏准则。一旦 Hoek-Brown 破坏准则确定，便可以获得等效内聚力和内摩擦角。对于早期的 Hoek-Brown 破坏准则和修改的 Hoek-Brown 破坏准则，在将其转为等效内聚力和内摩擦角时有一定的差异，需分别对待。

1. Mohr-Coulomb 准则

Mohr-Coulomb 准则定义如下：

$$\tau_s' = c + \sigma_n' \tan \varphi \tag{3.1-22}$$

或：

$$\sigma_1' = \left(\frac{1+\sin\varphi}{1-\sin\varphi}\right)\sigma_3' + 2c\sqrt{\frac{1+\sin\varphi}{1-\sin\varphi}} \tag{3.1-23}$$

式中　τ_s'——发生破坏时破坏面上的有效剪应力（MPa）；

　　　σ_n'——发生破坏时破坏面上的有效法向应力（MPa）；

　　　c——内聚力（MPa）；

　　　φ——内摩擦角（°）；

　　　σ_c——岩体单轴抗压强度（MPa）；

　　　σ_1'——破坏时的最大有效主应力（MPa）；

　　　σ_3'——破坏时的最小有效主应力（MPa）。

与图 3.1-4 的 Hoek-Brown 破坏外包络线相比，式(3.1-22)和式(3.1-23)在τ_s-σ_n平面和σ_1-σ_3平面上均为直线（图 3.1-6）。

设单轴抗压强度和单轴抗拉强度分别为σ_c和σ_t，用 Mohr-Coulomb 准则可以表达为：

$$\sigma_c = \frac{2c\cos\varphi}{1-\sin\varphi} \tag{3.1-24}$$

$$\sigma_t = \frac{2c\cos\varphi}{1+\sin\varphi} \tag{3.1-25}$$

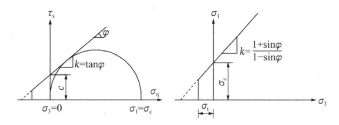

图 3.1-6　在τ_s-σ_n平面和σ_1-σ_3平面上 Mohr-Coulomb 破坏外包络线

通过式(3.1-25)计算的单轴抗拉强度通常很高，尤其是当内摩擦角很小时。而且，式(3.1-25)在法向压应力为负值时，会变得没有任何物理意义。基于此，习惯上通常在外包络线上给定一个"拉破坏"限定值来确定一个较低的抗拉强度。

2. 确定内聚力和内摩擦角的方法

为了从早期的 Hoek-Brown 准则来获得等效内聚力和内摩擦角，有 5 种方法来确定：

（1）通过给定法向压应力时对应的 Hoek-Brown 强度外包络线上的切线确定；

（2）通过给定最小主应力时对应的 Hoek-Brown 强度外包络线上的切线确定；

（3）通过 Hoek-Brown 和 Mohr-Coulomb 破坏准则的等效单轴抗压强度（最小主应力为 0 时对应的切线）来确定；

（4）在给定的应力范围内进行线性回归获得；

（5）在给定的应力范围内的线性回归以及 Hoek-Brown 和 Mohr-Coulomb 破坏准则的等效单轴抗压强度确定。

1）给定法向压应力时内聚力和内摩擦角的确定

对应于早期的 Hoek-Brown 破坏准则，Mohr-Coulomb 破坏准则可以表达为（Hoek，1994）：

$$\tau'_s = (\cot \varphi_i - \cos \varphi_i)\frac{m\sigma_c}{8} \tag{3.1-26}$$

式(3.1-26)中，φ_i 是给定的 τ'_s 和 σ'_n 对应的内摩擦角。Londe（1988）也曾给出了一种类似的解决方法，在给定的 τ'_s 和 σ'_n 对应的内摩擦角可以写为[131]：

$$\varphi_i = \tan^{-1}\left(\frac{1}{\sqrt{4h\cos^2\theta_i - 1}}\right) \tag{3.1-27}$$

$$\varphi_i = \frac{1}{3}\left[90 + \tan^{-1}\left(\frac{1}{\sqrt{h^3 - 1}}\right)\right] \tag{3.1-28}$$

$$h = 1 + \frac{16(m\sigma'_n + s\sigma_c)}{3m^2\sigma_c} \tag{3.1-29}$$

相应的内聚力可以通过下式计算获得

$$c_i = \tau'_s - \sigma'_n \tan \varphi_i \tag{3.1-30}$$

用式(3.1-30)计算获得的单轴抗拉强度与用式(3.1-25)计算的值略有一定的差异。这是由于 Mohr-Coulomb 包络线在拉应力一侧的曲率并不与定义单轴抗拉强度的 Mohr 应力圆完全相同。对于大多数实际应用中，这种差异很小可忽略。实际上，如果假定岩体的抗拉强度为 0，这种问题则会完全消失。

2）给定最小主应力下内聚力和内摩擦角的确定

在给定最小主应力 σ_3 后，对应破坏条件下，最大主应力 σ_1 可以通过早期的 Hoek-Brown 破坏准则式(3.1-1)求得。内摩擦角可以通过以下一系列换算求得：

$$\sigma'_n = \sigma'_3 + \frac{(\sigma'_1 - \sigma'_3)^2}{2(\sigma'_1 - \sigma'_3) + \frac{1}{2}m\sigma_c} \tag{3.1-31}$$

$$\tau'_s = (\sigma'_n - \sigma'_3)\sqrt{1 + \frac{m\sigma_c}{2(\sigma'_1 - \sigma'_3)}} \tag{3.1-32}$$

$$\varphi_i = 90 - \sin^{-1}\left(\frac{2\tau'_s}{\sigma'_1 - \sigma'_3}\right) \tag{3.1-33}$$

然后，内聚力可以通过式(3.1-30)求得。

3）通过等效抗压强度确定内聚力和内摩擦角

若 Hoek-Brown 破坏准则和 Mohr-Coulomb 破坏准则对应的单轴抗压强度相同时，内摩擦角可以通过下式求得：

$$\sigma'_n = \frac{2s}{4s^{1/2} + m} \tag{3.1-34}$$

$$\tau'_s = \sigma'_n\sqrt{1 + \frac{m}{2s^{1/2}}} \tag{3.1-35}$$

$$\varphi_i = 90 - \sin^{-1}\left(\frac{2\tau'_s}{\sigma_c s^{1/2}}\right) \tag{3.1-36}$$

最后，内聚力可以通过式(3.1-30)求得。这一方法实际上与$\sigma_3 = 0$时的切线相对应。

4）给定应力范围进行线性回归确定内聚力和内摩擦角

一旦确定一系列的主应力对(σ_3, σ_1)后，通过对这些点进行线性回归分析，也可以对最小主应力在较大范围内的等效内聚力和内摩擦角进行确定。用最小二乘法拟合获得的回归曲线的斜率k可以表示为：

$$k = \frac{n \sum \sigma_1' \sigma_3' - (\sum \sigma_1' \cdot \sum \sigma_3')}{n \sum (\sigma_3')^2 - (\sum \sigma_3')^2}$$

(3.1-37)

为了对比，在此写出 Mohr-Coulomb 准则σ_1-σ_3关系的斜率：

$$k = \frac{1 + \sin \varphi}{1 - \sin \varphi}$$

(3.1-38)

把式(3.1-37)代入式(3.1-38)，于是内摩擦角可以通过下式求得：

$$\varphi = \sin^{-1}\left(\frac{k - 1}{k + 1}\right)$$

(3.1-39)

截取σ_1轴部分，可以给出岩体的单轴抗压强度σ_{cm}：

$$\sigma_{cm} = \frac{\sum (\sigma_3')^2 \sum \sigma_1' - \sum \sigma_3' \sum \sigma_1' \sigma_3'}{n \sum (\sigma_3')^2 - (\sum \sigma_3')^2}$$

(3.1-40)

对于 Mohr-Coulomb 准则，岩体的单轴抗压强度可以表示为：

$$\sigma_{cm} = \frac{2c \cos \varphi}{1 - \sin \varphi}$$

(3.1-41)

把式(3.1-40)代入式(3.1-41)，据此等效内聚力可以通过下式计算：

$$c = \frac{\sigma_{cm}(1 - \sin \varphi)}{2 \cos \varphi}$$

(3.1-42)

通过式(3.1-40)进行线性回归也可以获得岩体的单轴抗压强度σ_{cm}，但是比 Hoek-Brown 准则预测的强度要高。另外一种通过曲线拟合的替代方法就是，在σ_1轴上固定截取 Hoek-Brown 准则给定的值，即 Hoek-Brown 准则或 Mohr-Coulomb 准则相应的等效抗压强度为：

$$\sigma_{cm} = \sigma_c s^{1/2}$$

(3.1-43)

于是，可以通过最小二乘法获得相应曲线的斜率：

$$k = \frac{\sum \sigma_1' \sigma_3' - \sigma_c s^{1/2} \sum \sigma_3'}{\sum (\sigma_3')^2}$$

(3.1-44)

相应的内摩擦角和内聚力可以通过式(3.1-39)和式(3.1-42)获得。

同样也可以获得在τ_s-σ_n平面上的回归结果。通过给定的法向压应力σ_n'，然后依次按照式(3.1-29)、式(3.1-28)、式(3.1-27)和式(3.1-26)求得剪切应力τ_s'。一旦求得一系列的应力对(τ_s', σ_n')后，回归分析方法与上面所提的是一致的。通过回归曲线的斜率就可以求得内摩擦角：

$$\varphi = \tan^{-1} k$$

(3.1-45)

截取垂直坐标轴的值即为内聚力。如果已知作用在破坏面上的法向压应力时，这一方法是非常方便的。

5）通过初始 Hoek-Brown 准则推求内聚力和内摩擦角

对于修改的 Hoek-Brown 准则，相应于 Mohr-Coulomb 外包络线的闭合解不可能推导出。对于 Mohr-Coulomb 外包络线，一种通用的解可以将法向应力和剪切应力表示为：

$$\sigma_n' = \sigma_3' + \frac{\sigma_1' - \sigma_3'}{\partial \sigma_1' / \partial \sigma_3' + 1} \tag{3.1-46}$$

$$\tau_s' = (\sigma_n' - \sigma_3')\sqrt{\partial \sigma_1' / \partial \sigma_3'} \tag{3.1-47}$$

通过 Hoek-Beown 准则的通用形式可以用下式求得偏导 $\partial \sigma_1' / \partial \sigma_3'$。

对于GSI > 25，并当 $\alpha = 0$ 时，有：

$$\frac{\partial \sigma_1'}{\partial \sigma_3'} = 1 + \frac{m_b \sigma_c}{2(\sigma_1' - \sigma_3')} \tag{3.1-48}$$

对于GSI < 25，并当 $s = 0$ 时，有：

$$\frac{\partial \sigma_1'}{\partial \sigma_3'} = 1 + a(m_b)^a \left(\frac{\sigma_3'}{\sigma_c}\right)^{a-1} \tag{3.1-49}$$

通过式(3.1-46)~式(3.1-49)获得一系列的应力对(σ_n', τ_s')后，在一定的法向应力范围的平均内聚力和内摩擦角可以通过线性回归分析计算获得。下面给出的是内摩擦角和内聚力的计算表达式：

$$\varphi = \tan^{-1}\left[\frac{n\sum \sigma_n'\tau_s' - (\sum \tau_s' \sum \sigma_n')}{n\sum (\sigma_n')^2 - (\sum \sigma_n')^2}\right] \tag{3.1-50}$$

$$c = \frac{\sum \tau_s'}{n} - \frac{\sum \sigma_n'}{n}\tan \varphi \tag{3.1-51}$$

相反，如果想在给定的最小主应力范围进行回归分析，可以用式(3.1-37)~式(3.1-42)来求得等效内聚力和等效内摩擦角。

某一最小主应力（不是应力范围）状态下对应的瞬态内聚力和内摩擦角可以通过修改的 Hoek-Brown 准则计算获得。即在 Hoek-Brown 准则外包络线上某一最小主应力对应的曲线斜率。曲线的斜率可以通过式(3.1-52)获得；反过来，也就等于式(3.1-48)和式(3.1-49)中的偏导，这与岩体质量指数GSI和RMR有关。

$$k = \frac{1 + \sin \varphi}{1 - \sin \varphi} = \frac{\partial \sigma_1'}{\partial \sigma_3'} \tag{3.1-52}$$

据此，可以计算出内摩擦角：

$$\varphi = \sin^{-1}\left(\frac{k-1}{k+1}\right) = \frac{\partial \sigma_1' / \partial \sigma_3' - 1}{\partial \sigma_1' / \partial \sigma_3' + 1} \tag{3.1-53}$$

然后，内聚力可以通过式(3.1-42)求得。

6）用 Hoek-Brown 准则评价内聚力和内摩擦角的对比

虽然利用上述不同方法评价岩体内聚力和内摩擦角有一定差异，但在没有太多勘查试验资料的基础上，根据岩体的实际情况，可以用它们来确定岩体的内聚力和内摩擦角[101]。不同方法评价内聚力和内摩擦角的对比见图 3.1-7。图 3.1-7 中，Hoek-Brown 准则的基本参数为：$\sigma_c = 200$MPa、$m_i = 25$、GSI = RMR = 80。

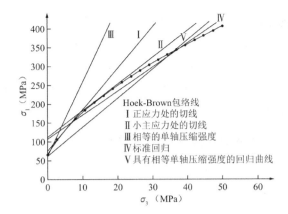

图 3.1-7　采用不同方法确定等效内聚力和内摩擦角的对比（Hoek 和 Brown，1997）

Ⅰ—σ_n = 15MPa 时的切线；Ⅱ—在σ_3 = 15MPa 的切线；Ⅲ—Hoek-Brown 破坏准则和 Mohr-Coulomb 破坏准则的等效单轴抗压强度；Ⅳ—在σ_3 = 0～50MPa 的范围内线性回归；Ⅴ—在σ_3 = 0～50MPa 范围内以及利用等效单轴抗压强度的线性回归

3. 应力范围和回归类型的选择

用 Hoek-Brown 准则对某一法向应力或最小主应力下的等效内聚力和内摩擦角，可以给出很准确的值，但是仅适合于给定的应力状态。对于较大应力范围，利用回归分析获得的等效内聚力和内摩擦角，则可以在较大应力范围接受，但是这会导致在低应力条件下强度偏低、在高应力条件下强度又偏高（图 3.1-7）。

任何情况下，评价等效内聚力和内摩擦角的应力状态都应当基于岩体中预估的地应力。不同类型的边坡岩体或地下洞室围岩，它们的应力范围也不相同。应力状态的上限估计可以按弹性分析获得。实际上（尤其是出现破坏时），实际的应力状态往往要比用弹性分析获得的应力低。根据 Hoek-Brown 准则的外包络线，用弹性应力范围评估等效内聚力和内摩擦角会导致内摩擦角略偏低、内聚力略偏高。

Hoek 和 Brown（1997）建议回归分析评估等效内聚力和内摩擦角的应力范围是[101]：

$$0 < \sigma_3 < 0.25\sigma_c \tag{3.1-54}$$

在式(3.1-54)这一范围，σ_3 按等间距方式通常取 8 组数据，这一经验纯粹是基于反复试验得出。Hoek 和 Brown（1997）建议[101]利用式(3.1-46)～式(3.1-53)来确定c和φ。与图 3.1-7 相同岩体的 Hoek-Brown 外包络线和 Mohr-Coulomb 外包络线见图 3.1-8。图 3.1-8 中 Hoek-Brown 准则的基本参数为：σ_c = 200MPa、m_i = 25、GSI = RMR = 80。

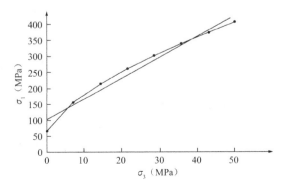

图 3.1-8　在 $0 < \sigma_3 < 0.25\sigma_c$ 内线性回归确定等效内聚力和内摩擦角的方法（Hoek 和 Brown，1997）

值得注意的是，图 3.1-7 中σ_3等间距取了 20 组数据进行回归分析。这两种方法获得的等效内聚力和内摩擦角没有显著的差异（表 3.1-2）。因此，回归点的数据对分析没有太大的影响。然而，若用式(3.1-2)的 Hoek-Brown 准则预测的岩体抗压强度对应的垂直轴上的斜距，会使内摩擦角略有偏低、内聚力略有偏高（表 3.1-2）。表 3.1-2 中，Hoek-Brown 准则的基本参数为：$\sigma_c = 200MPa$、$m_i = 25$、$GSI = RMR = 80$。

不同方法确定岩体的等效强度参数对比 表 3.1-2

回归方法	图 3.1-8 中的线性回归（Hoek 和 Brown，1997）	线性回归（图 3.1-7 中的线Ⅳ）	在σ_1轴上等间距时线性回归（图 3.1-7 中的线Ⅴ）
回归点数	8	20	20
内聚力c（MPa）	20.0	21.6	11.9
内摩擦角φ（°）	47.1	46.7	50.1
抗压强度σ_{cm}（MPa）	102	109	65.8

当然，在确定等效内聚力和内摩擦角前，需要预先获得岩体的应力。可以通过目前大量的数值分析软件按线弹性分析求得应力。

3.1.4 用结构面网络模拟评价岩体强度

1. 结构面网络模拟简介

岩体包含有大量的不连续面，不连续面的空间分布极其复杂。统计表明，反映结构面分布特征的结构面几何参数（间距、倾向、倾角、隙宽、迹长），在自然界中大多服从一定的概率密度分布规律。因此，可以在建立结构面实测统计资料的基础上，应用 Monte-Carlo 随机模拟的方法，在计算机上求得表征不连续面的结构面网络图像，为整体上把握岩体的力学特性提供理论依据。

结构面网络模拟过程是现场实测统计的逆过程。亦即，通过实测统计分析，建立各组结构面几何特征参数的概率密度函数，借助 Monte-Carlo 法，按已知密度函数进行"采样"，从而得出与实际分布函数相对应的人工随机变量（倾向、倾角、迹长、位于模拟区中点坐标），进而推算出每一条结构面的端点坐标，所有这些结构面的组合，即构成了岩体结构面网络图像。

运用生成的结构面网络图像，就可以获得不同剖面任意方向的岩体质量指标RQD、结构面密度λ、结构面连通率K等。在此基础上，将岩体的连通率与岩桥的破坏机理、剪切破坏方向及剪切带宽度结合起来，并进一步确定节理岩体的综合强度指标。

2. 结构面网络模拟的基本参数与步骤

结构面网络模拟的基本参数包括各组结构面的几何参数、结构面的抗剪强度参数和完整岩石的抗剪强度参数。对于结构面几何参数，一般根据现场路线精测或网络精测的样本，对各组结构面几何参数的统计密度分布函数及其相应的统计参量进行量化处理，从而获得各组结构面的概率密度函数。大量的实际工作经验和已有的研究成果表明，岩体中结构面的几何参数大致服从四种分布形式，即均匀分布、负指数分布、正态分布和对数正态分布。

结构面的强度参数可以通过现场携剪试验、纯摩试验或者 Barton-Bandis 剪切强度准则获得。岩石的强度参数可以通过室内抗剪试验获得，若无室内抗剪试验成果，可以按潘家铮（1984）提出的方法确定[121]。下面，先简述潘家铮（1984）针对完整岩石提出岩石强度参数取值准则[121]。

通常，在室内进行岩石试件抗压、抗拉试验时，还常进行一系列三轴试验，并将每一破坏应力状态绘成如图 3.1-9 所示的 Mohr 应力圆，圆的外包线就是完整岩石的强度包络线。

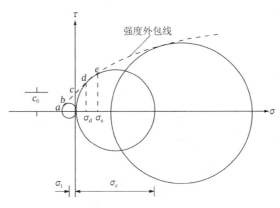

图 3.1-9　强度外包线的确定

潘家铮（1984）指出，如果在代表单纯受拉及单纯受压的两个 Mohr 应力圆作一公切线 bd，并用 ab 弧和直线 bd 来反映法向应力不大于 σ_d 的抗剪强度，是合理且稍偏安全的（σ_d 代表相应于 d 点的法向压力）[121]。于是可求得 bd 直线段斜率 f_0 和斜距 c_0：

$$f_0 = \tan\varphi = \frac{(1-k)}{2k^{1/2}} \tag{3.1-55}$$

$$c_0 = \frac{\sigma_t}{2k^{1/2}} = \frac{k^{1/2}}{2}\sigma_c \tag{3.1-56}$$

式(3.1-55)和式(3.1-56)中，$k = \sigma_t/\sigma_c$（σ_t 为抗拉强度，σ_c 为抗压强度），适用范围为法向压应力 $\sigma \leqslant \sigma_d$，且有：

$$\sigma_d = \frac{\sigma_t}{1+k} = \frac{k}{1+k}\sigma_c \tag{3.1-57}$$

相应的剪切强度为：

$$\tau_d = \frac{\sigma_t}{k^{1/2}(1+k)} = \frac{k^{1/2}}{1+k}\sigma_c \tag{3.1-58}$$

当 σ 超过 σ_d 后，如果没有三轴试验资料，则可用试验的 Mohr 应力圆作为强度的外包线。潘家铮（1984）指出，这肯定偏于安全[121]。如在 $\sigma_d \leqslant \sigma \leqslant 0.25\sigma_c$ 范围内，可用圆弧 de 作为强度的外包线，可得 $\tau = [\sigma(\sigma_c - \sigma)]^{1/2}$，将 $\sigma = \sigma_d = [k/(1+k)]\sigma_c$ 代入，则 $\tau = [k^{1/2}/(1+k)]\sigma_c$ 与切点值相符。$\tau = [k^{1/2}/(1+k)]\sigma_c$ 大致适用于 $\sigma \leqslant 0.25\sigma_c$，将 $\sigma = 0.25\sigma_c$ 代入 $\tau = [\sigma(\sigma_c - \sigma)]^{1/2}$ 得 $\tau = 0.433\sigma_c$。当然，当 $\sigma > 0.25\sigma_c$ 后，仍用 $\tau = [k^{1/2}/(1+k)]\sigma_c$ 估算剪切强度，就使之过低。但在多数实际问题中，岩体内的剪应力达到 $0.433\sigma_c$ 量级的可能性很小。当外包线为

圆弧时，每一点上的斜率*f*均不相同，且随法向压应力*σ*的增加而减小，即有：

$$f_0 = \frac{\sigma_c - 2\sigma}{2\sqrt{\sigma(\sigma_c - \sigma)}} \tag{3.1-59}$$

在准备好生成结构面网络图像的结构面几何参数、节理强度参数和岩石强度参数后，在模拟的网络图上确定一个范围，并选定一个剪切方向*S*。以*S*为轴，确定一个长*L*、宽*B*的剪切带（通常*B/L*的比值很小，一般取 1/10），将这个带中的结构面单独抽取出来。然后，以取样区中心为原点，搜索*S*方向上相交结构面的迹线，计算出*S*方向上每一组结构面的密度值，这样就可以得到结构面沿*S*方向的总体线密度值*λ*。在此基础上，根据结构面间距服从负指数分布的特点，导出RQD和结构面线密度*λ*的关系式：

$$RQD = 100e^{-0.2\lambda} \cdot (1 + 0.1\lambda) \tag{3.1-60}$$

根据式(3.1-60)，就可以计算出*S*方向的RQD值。对于结构面连通率的计算，考虑到节理和岩桥的复杂组合形式和相应的强度机制，在网络图中沿某一剪切方向*S*，应用动态规划原理，搜索节理-岩桥组合形式形成的破坏路径和抗剪力，最终按一定法向压力作用下提供最小抗剪力的组合来计算结构面的连通率，示意图见图 3.1-10。连通率的定义为岩体沿某一剪切方向*S*发生剪切破坏所形成的剪切破坏路径中节理面所占比例，即：

$$K = \frac{\sum JL}{\sum JL + \sum RBR} \tag{3.1-61}$$

式中　JL、RBR——分别代表在剪切破坏路径上节理面和岩桥的长度（m）。

图 3.1-10　结构面剪切方向连通率

同样，给定几组法向压力（一般 4～5 组），分别计算相应的最小抗剪力，然后绘出法向压力*σ*n与抗剪力*τ*s的关系，通过回归分析即可确定节理岩体的内摩擦角和内聚力。

3. 结构面网络模拟评价岩体强度参数的尺寸效应

由于室内岩石试件脱离了岩体的结构特征，用室内岩石试件所获得的成果不能反映岩体的强度参数。然而现场试验昂贵，加之也不能完全反映岩体的结构特征，要想完全反映出岩体的结构特征，在现场要做大型尺寸的剪切试验几乎是不可能的。于是，根据结构面网络模拟，可以比较方便地研究岩体强度参数的尺寸效应问题。

为了研究岩体因结构效应而导致的尺寸效应问题，下面以一高边坡为例来说明。现场统计的结构面几何参数、结构面强度参数和完整岩石的强度参数分别见表 3.1-3 和表 3.1-4。研究的尺寸分别为 2m×2m、4m×4m、7m×7m、11m×11m、16m×16m 和 22m×22m，剖面走向 SW195°，生成结构面的网络范围 30m×30m，见图 3.1-11。水平方向上不同尺寸模拟的强度成果见图 3.1-12。

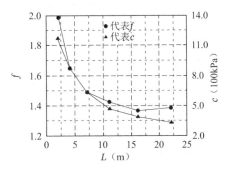

图 3.1-11　生成的结构面网络示意图　　图 3.1-12　水平方向岩体强度随尺寸变化

结构面几何参数的统计结果　　　　　　表 3.1-3

编号	间距（m）			倾向（°）			倾角（°）			迹长（m）		
	分布形式	均值	方差	分布形式	均值	方差	分布形式	均值	方差	分布形式	均值	方差
①	对数正态	0.76	0.78	正态	24.4	25.3	正态	61.7	12.9	正态	2.31	2.65
②	对数正态	1.13	1.19	正态	191.1	28.4	正态	59.5	17.5	正态	1.85	2.35
③	对数正态	0.57	0.73	正态	292.0	18.4	正态	68.2	14.2	正态	1.44	0.83

结构面网络模拟中岩石和结构面的强度　　　　表 3.1-4

岩石强度参数			结构面强度参数	
摩擦系数f	内聚力c（MPa）	抗拉强度σ_t（MPa）	摩擦系数f	内聚力c（MPa）
1.822	12.47	5.5	0.625	0.0

由图 3.1-12 可以清楚地看出岩体强度参数的尺寸效应。随尺寸增大，岩体强度参数逐渐减小，最终趋于稳定。

4. 结构面网络模拟评价岩体强度参数的各向异性效应

由于岩体中结构面发育的方向性，因此岩体的岩石质量指标RQD、结构面密度λ和连通率K具有各向异性特征，相应地，岩体的强度参数也具有各向异性特征。仍以前述高边坡为例，利用结构面网络模拟研究在剖面方向 SW195°生成的 10m×10m 范围内的RQD、λ、K和抗剪强度τ_s随角度的变化（图 3.1-13）。表 3.1-5 是在 SW195°剖面上沿水平方向逆时针转时，不同角度（角增量 10°）对应的强度参数（f、c）。由图 3.1-13 和表 3.1-5 可以清楚地看出岩体结构和强度的各向异性效应。因此，岩体强度参数取值时，除了按照岩体强度的正交各向异性特征来评价岩体的强度参数外，也要注重岩体在某一剖面方向上的低值效应。亦即，在进行边坡稳定性分析和评价中，岩体强度参数的选取应当注重边坡岩体中结构面的发育特征，充分合理地考虑边坡岩体强度参数的各向异性特征和低值效应。

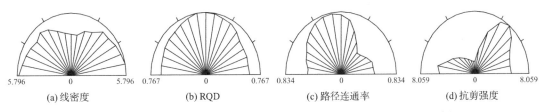

图 3.1-13　岩体的线密度、RQD、路径连通率和抗剪强度的各向异性特征

岩体强度参数的各向异性效应 表 3.1-5

剪切方向（°）	0	20	40	60	80	90	100	120	140	160
摩擦系数 f	1.47	1.76	2.46	1.93	0.95	0.84	0.95	1.30	1.91	2.21
内聚力 c（MPa）	5.05	5.00	6.60	7.24	3.03	1.62	1.40	1.84	2.84	3.96

5. 结构面网络模拟评价优势结构面的强度参数

在边坡失稳破坏的类型中，楔体滑动是常见的破坏类型之一。根据结构面组合形式及其发育规模，楔体滑动又可分为"定位楔体"和"随机楔体"两种形式。定位楔体系指那些由断层、软弱夹层或贯通性长大结构面（相对于工程尺寸而言）组合形成的楔体，对于此类楔体，在工程设计中已具备比较成熟的计算分析方法。对于那些由随机结构面（一般指 Ⅳ、Ⅴ 级结构面），或部分由随机结构面组合形成的楔体，称作"随机楔体"。随机楔体的组合结构面，因位置具有不确定性，同时结构面的延伸范围受其发育规模的限制而具有不连续性。

以往研究中，仅单独抽取构成随机楔体的结构面来分析其连通率和强度等，实际上随机楔体在空间发生破坏失稳的路径，除了沿优势组合结构面外，还可能追踪其他一些不连续的随机结构面，而且受岩桥的影响，相应发生剪切破坏的路径是有一定范围的。关于优势结构面的强度参数取值，可以从两个方面来考虑：一种是追踪各优势结构面的走向和倾向的强度，取两者之中的低值；另外一种是计算各组优势结构面沿走向和倾向的连通率，然后按连通率计算强度。具体流程是：

（1）首先，计算各优势结构面沿倾向和走向方向的连通率（分别用 K_l、K_d）随剪切长度 l 的变化规律；

（2）根据面连通率与线连通率的关系 $K_S = K_l \times K_d$ 推求结构面连通率，进而获得结构面连通率随结构面面积 S 的定量关系 $K_S = f(S)$，如图 3.1-14 所示；

（3）在随机楔体的稳定性分析中，根据随机楔体的规模，确定构成每一组结构面的面积，按 $K_S = f(S)$ 计算相应的连通率 K_S 或直接模拟出 K_S，然后按式(3.1-62)和式(3.1-63)确定优势结构面的强度指标：

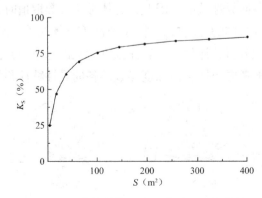

图 3.1-14 优势结构面连通率随面积的变化

$$f = (1 - K_S)f_r + K_S f_j \tag{3.1-62}$$
$$c = (1 - K_S)c_r + K_S c_j \tag{3.1-63}$$

式中　K_S——面连通率；

　　　c_r——岩石内聚力；

　　　f_r——岩石摩擦系数；

　　　c_j——结构面内聚力；

　　　f_j——结构面摩擦系数。

3.1.5　用波速评价岩体力学参数

岩体或岩石波速测试技术是一种地球物理勘探方法。它是以人工的方式向介质（岩体或岩石）发射声波或地震波，测试在介质中传播的情况和特征。由于介质的物理特征和环境条件的差异，声波或地震波传播速度也不相同。因此，应用这一方法，可以用来研究岩体或岩石的物理力学特性，并用作分析评价岩体或岩石物理力学参数的依据之一。

岩体波速测试技术主要有两方面的意义：一是岩体工程地质评价；二是岩体力学参数评价。前者对于解决岩体的完整程度、风化特征、工程地质单元的划分而在工程中广泛应用，尤其是对于了解深部岩体的结构特征和工程特性。后者是由于工程技术、环境条件、时间、经费和施工干扰等问题，致使许多工程无法开展应有的现场试验工作，或者试验项目和数量有限，或者深部无法开展试验。因此，应用波速测试技术就可以有效地弥补上述缺陷。

岩体波速测试的突出优点就是不破坏岩体的结构特征，利用低应力条件下弹性波的传播问题来解决一般的破坏试验才能解决的问题。另外，通过弹性波在岩体中的传播，与岩体材料的物理特性（如重度）、结构特征（如结构面或结构缺陷）、环境条件（如地应力、地下水、地温）发生直接的作用，得到的是一种反映上述特征的综合波速值。因此，波速测试技术作为一种现代物理技术，是物理方法，主要应用声学原理，采用声电转换的测试技术。它的基础是弹性波力学，反映介质质点运动的力学特性，因而对于解决岩体力学问题比较实用。

1. 基本理论

弹性波传播时，一方面使结构面产生不同形式的变形，并通过变形将弹性波继续向前传播，其能量在通过结构面后有不同程度的消耗，另一方面由于结构面的闭合、张开程度和充填物状态的不同而造成结构面的弹性参数与岩石的弹性参数之间的差异，使弹性波产生折射和反射或在一定条件下产生绕射。这样既使波幅衰减，又使波速下降。这种变化是岩体中结构面的存在造成的，是岩体中结构面的动态效应，实际上反映了岩体结构特征。岩体结构特征不同，对应的力学参数也随之发生变化。对于风化程度不同的岩体，纵波速度有较大变化，一是不同风化程度岩体中结构面的发育程度有明显差异，二是不同风化带中岩石受风化强弱的影响，岩石的松弛也有差异，因此密度相差较大。显然，随着岩石密度的减小、孔隙比的增加，纵波速度也相应减小。

纵波速度V_p为压缩波，能够表征岩体的变形特性。由纵波速度理论计算式(3.1-64)可知，波速V_p与动弹性变形参数E_d有对应关系。用纵波速度V_p求得的动弹性模量E_d和动泊松比μ_d是岩石或岩体在动荷载作用下主要的变形指标，它们之间的相互关系还可写为式(3.1-65)～式(3.1-67)：

$$V_p = \sqrt{\frac{E_d(1-\mu_d)}{\rho(1+\mu_d)(1-2\mu_d)}} \tag{3.1-64}$$

$$E_d = \frac{\rho V_p^2(1+\mu_d)(1-2\mu_d)}{(1-\mu_d)} \tag{3.1-65}$$

$$E_d = \frac{\rho V_s^2(3V_p^2-4V_s^2)}{V_p^2-V_s^2} \tag{3.1-66}$$

$$\mu_d = \frac{V_p^2-2V_s^2}{2(V_p^2-V_s^2)} \tag{3.1-67}$$

式中　V_p——纵波速度（m/s）；

　　　V_s——横波速度（m/s）；

　　　E_d——动弹性模量（MPa）；

　　　μ_d——动泊松比；

　　　ρ——岩石或岩体的密度（g/cm^3）。

用弹性波速度评价岩体的强度，能否用来评价岩体的强度必须做理论上的分析。国内外利用波速对岩体结构、岩体完整性进行分类和评价在工程中已有较多的应用。一方面，由于岩体结构反映了岩体的完整性，而岩体的完整性又反映了岩体的强度，因而能够用表征岩体结构类型的弹性波速度来反映岩体的强度。另一方面，弹性波在岩体中传播遇到结构面时，发生波速衰减，波速降低，而岩体的强度同样受结构面的切割程度所控制。这两种变化都是由于岩体中结构面的存在所致。因此，岩体弹性波速度的高低是可以表征岩体强度的高低的。

再从弹性波中的纵波和横波来分析。纵波为压缩波，能够表征岩体的变形特征；横波为剪切波，直接与岩体的强度有关。由于V_p-V_s、V_p-V_s-μ_d均有内在的联系，在横波速度不易获得的情况下可以用纵波速度及其他指标来获得岩体的强度特征。因此，岩体的强度与波速应存在较好的相关性。另外，通过波速除了可以获得岩体动力学参数（如弹性模量、泊松比）外，还可以得到岩体完整性系数、裂隙系数、风化系数及准抗压抗拉强度等指标。

2. 用纵波速度评价岩体的强度

在工程建设中，利用弹性波纵波速度对岩体质量类型或围岩类型进行分类，不仅在实际中取得较好的效果，而且与国内外选定的波速分类界限值基本一致或接近。表3.1-6为国内外用纵波速度V_p对岩体分类比较[132]。

国内外用纵波速度 V_p（km/s）对岩体分类比较　　　表 3.1-6

岩体质量围岩类型及等级	岩体质量或围岩分类标准							
	日本岩石力学委员会（1968）	日本铁路隧道（池田和彦）（1964）	中铁西南科学研究院（1978）	国家建委（1975）	中华人民共和国水利电力部（1996）	王思敬（1979）	中国电建集团成都勘测设计研究院（1975）	陶振宇（1981）
I 优	>5.0	>5.0	6.0～4.0	>5.5	>5.5	>5.5	>5.5	>5.0
II 良	5.0～4.0	5.0～4.2	4.0～3.0	5.5～4.5	4.5～5.5	4.0～5.5	4.5～5.5	4.0～5.0
III 中	4.0～3.0	4.6～2.0	3.5～2.0	4.5～3.5	3.5～4.5	3.0～4.0	3.5～4.5	3.0～4.0
IV 差	3.0～2.0	3.8～1.0	2.5～1.0	3.5～2.0	2.0～3.5	2.0～3.5	2.0～3.5	2.0～3.0
V 劣	<2.0	<1.0	<1.5	<2.0	<2.0	<2.0	<2.0	<2.0

为了获得岩体强度与纵波速度间的关系式，将国内外有关岩体质量、洞室围岩分类与规范中推荐的岩体质量分类结合起来，寻找分类的波速来对应规范中推荐的各类岩体的强度参数。国内外岩体质量分类、洞室围岩分类与规范中已广泛应用纵波速度作为定量分类指标之一，且大多将岩体类型分为优、良、中、差、劣 5 个等级。这些分类无论从定性描述、岩体结构，还是稳定性评价方面基本上是一致的。因此，可以将各分类中波速界限值与岩体强度参数结合起来，使之既有比较成熟的纵波速度界限值，又有较为可信的强度参数。这里选用表 3.1-7 中岩体质量分类的波速界限值来评价。

不同岩体质量类型分类的波速界限值和建议的力学参数　　　表 3.1-7

岩体质量围岩类型	纵波速度 V_p 界限值（km/s）	纵波速度 V_p 选择值（km/s）	强度参数界限值		强度参数选择值		变形模量 E_0 界限值（GPa）	变形模量 E_0 选择值（GPa）
			摩擦系数 f	内聚力 c（MPa）	摩擦系数 f	内聚力 c（MPa）		
I 优	>5.5	5.5	1.6～1.4	2.5～2.0	1.35	1.8	>20.0	20.0
II 良	5.5～4.5	5.0	1.4～1.2	2.0～1.5	1.25	1.55	10.0～20.0	15.0
III 中	4.5～3.5	4.0	1.2～0.8	1.5～0.7	0.95	0.8	5.0～10.0	7.5
IV 差	3.5～2.0	3.0	0.8～0.55	0.7～0.3	0.68	0.4	2.0～5.0	4.0
V 劣	<2.0	2.0	0.55～0.4	0.3～0.05	0.45	0.15	0.2～2.0	2.0

将表 3.1-7 中的纵波速度选择值与对应的岩体强度参数进行相关分析（图 3.1-15），可以得到岩体强度参数与波速的关系。

对于摩擦系数有：

$$f = 0.2637V_p - 0.093 \quad (r = 0.99) \tag{3.1-68}$$

对于内聚力有：

$$c = 3.79 \lg V_p - 1.193 \quad (r = 0.95) \tag{3.1-69}$$

式中　f——岩体摩擦系数（无量纲）；

　　　c——岩体内聚力（MPa）；

　　　V_p——纵波速度（km/s）；

　　　r——相关系数（无量纲）。

以上关系式(3.1-68)和式(3.1-69)之所以具有很好的相关性并非偶然,理论上前面已作了讨论。多年来,我国大量工程兴建积累了丰富的岩体力学基本参数,式(3.1-68)和式(3.1-69)是在大量的工程实践基础上取得的,有较高的可靠性和准确性。建立起上述关系式后,通过波速为岩体强度参数的评价和取值带来了方便。

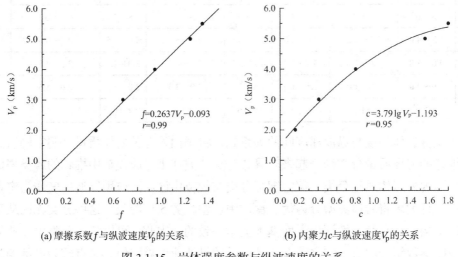

(a) 摩擦系数 f 与纵波速度 V_p 的关系   (b) 内聚力 c 与纵波速度 V_p 的关系

图 3.1-15　岩体强度参数与纵波速度的关系

3. 岩体抗压抗拉强度与纵波速度的关系

用纵波速度除了可以用来评价岩体的抗剪强度参数和变形参数外,还可以用它来评价岩体的抗压、抗拉强度。日本从 20 世纪 60 年代就开始用纵波速度对岩体进行分类,并在大量的工程实践中总结出用波速确定岩体的准抗压强度和准抗拉强度。具体关系如下:

$$\sigma_{cm} = \left(V_p/V_r\right)^2 \sigma_c \tag{3.1-70}$$

$$\sigma_{tm} = \left(V_p/V_r\right)^2 \sigma_t \tag{3.1-71}$$

式中　σ_{cm}——岩体准抗压强度（MPa）;

σ_{tm}——岩体准抗拉强度（MPa）;

σ_c——新鲜岩石抗压强度（MPa）;

σ_t——新鲜岩石抗拉强度（MPa）;

V_p——岩体纵波速度（km/s）;

V_r——新鲜岩石纵波速度（km/s）。

利用关系式(3.1-70)和式(3.1-71),只要测得新鲜岩石的强度和波速以及岩体的波速,就可以获得岩体的准抗压、抗拉强度,从而用于岩体稳定性分析计算中。

3.2　不连续面抗剪强度评价

当岩体的破坏明显与大型结构体或某一优势结构面有关时,破坏强度则主要受这些不连续面的抗剪强度控制。在 3.1.4 节中已经提到,可以通过结构面网络模拟的方法来获得优势结构面的抗剪强度。

除了用结构面网络模拟法来评价其抗剪强度参数外，人们通常通过室内试验来获得结构面的抗剪强度。小尺寸的结构面试验相对容易开展。问题在于如何描述和评价几米到几百米长的大型贯通性结构面的抗剪强度。人们也常用 Mohr-Coulomb 来描述不连续面的抗剪强度。但是 Mohr-Coulomb 准则主要适合于平直形的节理或有较厚泥质充填物的不连续面（软弱夹层和断层等）。对于有明显粗糙度的硬性结构面，则常用 Barton 的节理剪切强度准则。

3.2.1　硬性结构面抗剪强度的评估

Barton-Bandis 节理剪切强度准则可以写为[133]：

$$\tau_s = \sigma_n \tan\left[\mathrm{JRC} \cdot \ln\left(\frac{\mathrm{JCS}}{\sigma_n}\right) + \varphi_b\right] \tag{3.2-1}$$

式中　τ_s——剪切应力；

σ_n——法向应力；

JRC——节理粗糙系数（粗糙度常划分为 10 级，JRC 的变化范围在 0~20 之间）；

JCS——节理壁抗压强度（可用回弹仪在现场直接测定）；

φ_b——岩石基本内摩擦角（可用经验数据或在现场进行结构面的滑动或推拉试验测得，其与节理的残余内摩擦角 φ_{jres} 接近，在很多情况下，尤其对于坚硬岩体中的未风化节理，设 $\varphi_b = \varphi_{jres}$ 是可以接受的）。

虽然 Barton-Bandis 节理剪切强度准则太经验化且没有理论依据，但是用它来确定节理强度参数方便、快速且适用。在稳定性分析中，常常需要确定等效内聚力和内摩擦角。这可以通过 Barton 的剪切准则的外包络曲线获得。对于某一应力状态下的瞬态摩擦角可以通过下式求得[128]：

$$\varphi_j = \tan^{-1}\left(\frac{\partial \tau_s}{\partial \sigma_n}\right) \tag{3.2-2}$$

$$\frac{\partial \tau_s}{\partial \sigma_n} = \tan\left(\mathrm{JRC} \cdot \ln\frac{\mathrm{JCS}}{\sigma_n} + \varphi_b\right) - \frac{\mathrm{JRC}}{\ln 10}\left[1 + \tan^2\left(\mathrm{JRC} \cdot \ln\frac{\mathrm{JCS}}{\sigma_n} + \varphi_b\right)\right] \tag{3.2-3}$$

同样，对应的应力状态下的瞬态内聚力可以通过下式确定

$$c_j = \tau_s - \sigma_n \tan\varphi_b \tag{3.2-4}$$

类似于评价岩体的等效内聚力和内摩擦角的办法。在给定应力范围内获得一系列的应力对 (τ_s, σ_n) 后，进行回归分析同样可以获得节理的等效内聚力和内摩擦角。

3.2.2　软弱夹层抗剪强度的评价

位于地壳岩体中的软弱夹层，是工程地质性质最差的不连续面，常是控制岩体稳定性的重要边界。软弱夹层工程地质性质是物质基础与环境条件共同作用的结果。物质基础主要指颗粒组成、矿物成分和化学成分等。环境条件主要有地应力、地下水和地温等。而地应力是最积极、最活跃的因素，它不仅对软弱夹层的物理力学特性起决定性作用，而且对

另外两个因素也有一定的影响（尤其对地下水）。孙广忠（1988）和 Louis（1969）研究发现，当最大主应力垂直结构面时，结构面闭合、裂隙水的渗流减弱；当最大主应力平行结构面时，结构面张开、裂隙水的渗流增强[89-90]。

在软弱夹层形成后的地质历史中，由于地应力对它的压密、固结并延缓地下水的渗流，从而改善了工程地质性质。因此，研究软弱夹层的强度特性时，应充分考虑地应力这一环境因素。受降雨和水文地质条件的影响，软弱夹层的饱水状态是不一样的。在非雨季，地下水位线低，软弱夹层常处于非饱和状态；在雨季，地下水位线升高、地下水渗流加剧，软弱夹层多处于饱和状态。

1. 软弱夹层取样试验应注意的问题

由于软弱夹层常含有较多的黏土矿物。当将软弱夹层试样取出进行饱水时，因作用在软弱夹层上的岩体应力（围压）释放，常导致黏土矿物迅速吸水膨胀，从而引起天然孔隙比和密度发生变化，相应地，强度参数也随之改变。若在现场开展饱水条件的软弱夹层强度试验，则可以获得饱水状态下的力学特性。然而，软弱夹层的夹泥物质厚度通常仅数毫米到数厘米，太薄的试样在现场难以开展饱水条件的强度试验。

当前获取软弱夹层"原状"试样常在勘探平洞中进行。为了尽可能获取天然地应力下的试样，必须注意开挖的影响。由于开挖后岩体初始地应力释放、洞壁岩体回弹，形成松动圈，导致软弱夹层的夹泥物质迅速吸收空气中的水分并促使地下水的渗流加剧[134]。相应地，含水率、孔隙比和干密度等随之变化，见表 3.2-1。

软弱夹层泥质物的物理指标随取样深度的变化   表 3.2-1

距离 L（cm）	含水率 w（%）	密度 ρ（g/cm³）	干密度 ρ_d（g/cm³）	相对密度 G	孔隙比 e	塑限 w_P（%）	液限 w_L（%）
0	17.89	1.830	1.552	2.78	0.791	16.1	27.3
20	15.31	1.964	1.703	2.78	0.632	16.9	29.3
40	9.01	2.310	2.119	2.78	0.319	14.5	27.7
70	8.15	2.321	2.146	2.78	0.295	16.2	28.5
90	7.71	2.325	2.158	2.78	0.288	16.8	29.1
100	7.58	2.341	2.176	2.78	0.277	16.8	29.1

另外，取样时也需要避免对软弱夹层的人为扰动。Müller（1967）曾指出，沉积物一旦达到一定的积土负载，被压实的过程是不可逆的[135]。基于这一观点，采取特殊的取样方法可以使软弱夹层的扰动降低到最小。如图 3.2-1 所示，为了减少爆破影响，炸去软弱夹层上覆岩石时留一定厚度的围岩，该部分岩石由人工剥去，然后迅速切取试样并在现场快速蜡封。取样过程中软弱夹层围岩松弛的时间效应也须注意，见图 3.2-2。图 3.2-2 的试验成果反映了一天之内含水率的变化。这表明即使取样深度达到未受松弛影响的原岩位置，由于夹层一旦暴露，原岩应力松弛的时间效应对软弱夹层工程特性也会有显著的恶化作用。

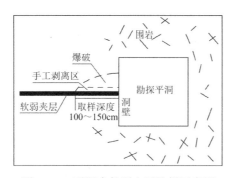

图 3.2-1　平洞中软弱夹层取样示意图
（聂德新等，1999）

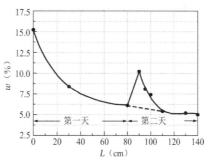

图 3.2-2　软弱夹层含水率在不同取样
阶段的变化（聂德新等，1999）

2. 软弱夹层强度参数与物理指标间的关系

从物质分布看，软弱夹层中的泥质物（常称为"夹泥"）大多分布在软弱夹层与围岩的交界面处且连续性好。这些连续分布的夹泥物质是强度最低的部分。因此，工程中所关心的重点其实是软弱夹层中夹泥物质的强度。对于成因相同、矿物成分一致、黏粒含量变化不大的软弱夹层而言，与其强度密切相关的主要物理指标是含水率、干密度和孔隙比等。因此，在现场对开挖暴露的软弱夹层进行取样时，通常仅取其中的夹泥成分。下面以一高边坡工程中的软弱夹层为例，来说明软弱夹层强度参数与物理指标之间的关系。

为了获得软弱夹层强度参数与物理指标之间的关系。在室内进行强度试验时，首先将现场取得的夹泥物质试样分别配制成不同含水率、孔隙比的扰动试样并压密。然后采用直剪试验法中的快剪法（又称不排水法），测得不同含水率和孔隙比下的软弱夹层强度参数见表 3.2-2。

软弱夹层试验成果　　　　　　　　　　　　　表 3.2-2

试验组数	密度 ρ（g/cm³）	含水率 w（%）	干密度 ρ_d（g/cm³）	相对密度 G	孔隙比 e	摩擦系数 f	内聚力 c（100kPa）
1	2.03	26.57	1.61	2.78	0.743	0.139	0.345
2	2.02	23.66	1.63	2.78	0.715	0.240	0.350
3	2.07	21.08	1.71	2.78	0.639	0.285	0.586
4	2.11	18.87	1.77	2.78	0.582	0.311	1.145
5	2.19	16.74	1.87	2.78	0.494	0.404	2.628
6	2.21	14.23	1.94	2.78	0.445	0.519	5.660

含水率、孔隙比和干密度等可以表征软弱夹层物理性质的好坏。在压应力作用下软弱夹层中的夹泥发生压缩、固结，含水率、孔隙比和干密度相应地随之发生变化。为了能方便地评价不同部位软弱夹层的强度参数，可以通过建立软弱夹层的强度参数与物理指标的关系来实现。根据表 3.2-2 的试验成果，获得含水率、孔隙比与摩擦系数的关系（图 3.2-3）：

$$f = 2.017 - 0.5698 \ln w \quad (r = 0.976) \tag{3.2-5}$$

$$f = -0.0122 - 0.629 \ln e \quad (r = 0.945) \tag{3.2-6}$$

式中　f——摩擦系数；

　　　w——含水率（%）；

　　　e——孔隙比；

　　　r——相关系数。

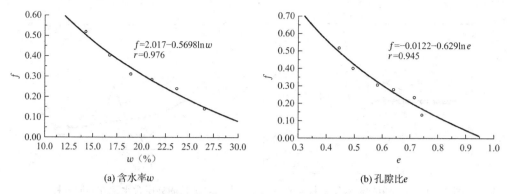

图 3.2-3　摩擦系数f与含水率w、孔隙比e的相关关系曲线

又因：

$$\rho_\mathrm{d} = \frac{G\rho_\mathrm{w}}{1+e} \qquad (3.2\text{-}7)$$

式中　ρ_d——干密度（g/cm³）；

　　　G——颗粒相对密度；

　　　ρ_w——水的密度（g/cm³）；

　　　e——孔隙比。

将式(3.2-7)代入式(3.2-6)中，则有：

$$f = -0.0122 - 0.629\ln\left(\frac{G\rho_\mathrm{w}}{\rho_\mathrm{d}} - 1\right) \qquad (3.2\text{-}8)$$

夹泥的内聚力反映了结构强度，理论上也与表征结构强度的干密度和孔隙比以及含水率有较好的关系。根据表 3.2-2 的试验成果，类似地，可以获得干密度、孔隙比和含水率与内聚力的关系（图 3.2-4）如下：

$$c = e^{(-0.241w+4.897)} \quad (r = 0.922) \qquad (3.2\text{-}9)$$

$$c = e^{(-9.44e+5.726)} \quad (r = 0.975) \qquad (3.2\text{-}10)$$

式中　c——内聚力（100kPa）；

　　　w——含水率（%）；

　　　e——孔隙比；

　　　r——相关系数。

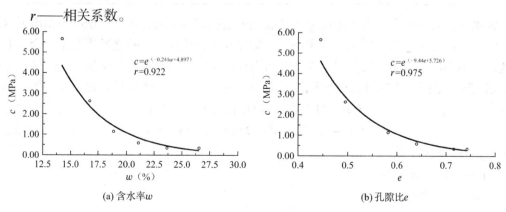

图 3.2-4　内聚力c与含水率w、孔隙比e的相关关系曲线

类似地，将式(3.2-7)代入式(3.2-10)中，则有：

$$c = e^{\left[-9.44\left(\frac{G\rho_{\mathrm{w}}}{\rho_{\mathrm{d}}}-1\right)+5.726\right]} \tag{3.2-11}$$

由图 3.2-3 可以看出，软弱夹层的摩擦系数与含水率、干密度和孔隙比有很好的关系。由图 3.2-4 也可以看出，软弱夹层的内聚力与含水率、干密度和孔隙比有很好的关系。因此，在获得上述关系后，只要获得不同部位软弱夹层夹泥物质的含水率、孔隙比和干密度等基本物理指标，便可以通过式(3.2-5)～式(3.2-11)来评价摩擦系数和内聚力。

具体评价软弱夹层的强度参数时，根据试验成果可以遵循的原则是：

（1）对于位于强风化带或开挖面附近受强烈卸荷作用影响的软弱夹层，其强度参数可以参照高含水率、高孔隙比条件下的试验成果；

（2）对于位于弱风化带或受开挖有一定影响的软弱夹层，其强度参数可以参照中等含水率和孔隙比条件下的试验成果；

（3）对于位于微风化～新鲜岩体部位且几乎不受开挖影响的地带，可以参照低含水率、低孔隙比条件下的试验成果。

3. 软弱夹层工程特性的室内模拟研究

研究表明，泥质沉积物在上覆荷载作用下发生脱水、压缩和固结，孔隙比随埋深加大而减小，干密度相应增大。由构造作用产生的软弱夹层，自形成到后期的压实、固结过程与泥质沉积物在本质上是一致的。室内土工压缩试验中，软弱夹层试样在压力作用下排水、压密和固结的过程也是如此，只是受岩体应力作用的时间远比室内压缩试验长。但是，同样可以用含水率、孔隙比和干密度来定量描述室内试验中压密的程度。

为了论证软弱夹层的强度参数与压应力存在一定的对应关系，可以将现场取得的软弱夹层扰动样重新进行饱水压密、固结，然后获得物理力学参数与压力的关系，从而评价软弱夹层在饱水条件下的强度特性。下面以高边坡的软弱夹层为研究对象，在室内进行不同压应力作用下的压密和剪切模拟试验，以揭示软弱夹层强度参数随压应力的变化规律。对于降雨集中区、雨量充沛地区，饱水条件下软弱夹层的工程地质性质是工程设计和分析计算中考虑的重点。

为了模拟软弱夹层在地应力作用下的压密、固结过程，将取自现场的软弱夹层扰动样配制成接近液限含水率，然后施加不同的压应力进行压缩，从而获得试样在不同压力下的含水率、干密度和孔隙比。

1）不同围压作用下软弱夹层的物理特性

室内模拟试验获得的软弱夹层的主要物理指标见表 3.2-3。其中，压应力为 0 是扰动试样的初始状态，即试样含水率接近液限时的物理指标。

不同压应力下软弱夹层室内试验成果　　　　　　　　表 3.2-3

压应力 P（100kPa）	含水率 w（%）	孔隙比 e	干密度 ρ_{d}（g/cm³）	相对密度 G	液限 w_{L}（%）	塑限 w_{P}（%）
0*	28.5	0.834	1.499	2.75	28.2	18.1
1	26.57	0.773	1.551	2.75	28.2	18.1

续表

压应力 P（100kPa）	含水率 w（%）	孔隙比 e	干密度 ρ_d（g/cm³）	相对密度 G	液限 w_L（%）	塑限 w_P（%）
2	23.66	0.693	1.624	2.75	28.2	18.1
3	21.08	0.639	1.698	2.75	28.2	18.1
4	18.87	0.582	1.749	2.75	28.2	18.1
6	16.74	0.494	1.841	2.75	28.2	18.1
8	14.23	0.445	1.903	2.75	28.2	18.1
10	11.59	0.398	1.967	2.75	28.2	18.1

注：0*是扰动试样的初始状态。

根据表 3.2-3 建立起室内试验的压应力与对应的孔隙比的关系（图 3.2-5）：

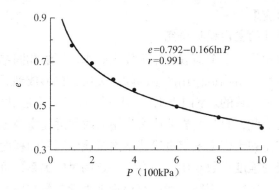

图 3.2-5　软弱夹层压密试验 P 与 e 的关系

$$e = 0.792 - 0.166 \ln P \quad (r = 0.991) \tag{3.2-12}$$

式中　P——压应力（100kPa）；

$\quad\quad r$——相关系数。

然后，将式(3.2-12)代入式(3.2-7)，则有：

$$\rho_d = \frac{G\rho_w}{1 + [0.792 - 0.166 \ln P]} \tag{3.2-13}$$

式中　P——压应力（100kPa）；

$\quad\quad \rho_d$——干密度（g/cm³）；

$\quad\quad \rho_w$——水的密度（g/cm³）；

$\quad\quad G$——颗粒相对密度。

式(3.2-12)和式(3.2-13)从本质上揭示了压应力作用下软弱夹层物理特性的变化。

2）不同围压作用下软弱夹层的强度特性

为了获得室内模拟试验软弱夹层的强度，在进行物理模拟时，每一级压力条件下都平行做了 5 个物理模拟的试件。当一组试件达到要求的压力时，卸去荷载，并将试件放在直剪仪上进行快剪。7 组物理模拟试样的抗剪强度对应的压力见表 3.2-4。

不同压应力下软弱夹层抗剪强度试验成果　　　　　　表 3.2-4

压应力P（100kPa）	孔隙比e	干密度ρ_d（g/cm³）	摩擦系数f	内聚力c（100kPa）
1.0	0.773	1.551	0.201	0.350
2.0	0.693	1.624	0.285	0.586
3.0	0.639	1.698	0.374	1.145
4.0	0.582	1.749	0.424	2.628
6.0	0.494	1.841	0.518	5.661
8.0	0.445	1.903	0.556	5.235
10.0	0.398	1.967	0.585	5.475

由表 3.2-4 的资料可以看出，软弱夹层的摩擦系数和内聚力随压应力的增加而呈递增关系。而软弱夹层的内聚力在压应力较低条件下也呈递增趋势，但是当压应力较高时，却出现稳定或略有降低的现象，这是由于当试样中含有少量粗颗粒，且剪切试验中粗颗粒正好处于剪切面位置，会导致内聚力有一定的变化。鉴于岩体工程稳定分析中多取内聚力为 0 以作为安全储备，在此仅研究夹泥的摩擦系数f与压应力P的相关性。

将表 3.2-4 的摩擦系数f与对应的压应力P进行相关分析（图 3.2-6），获得如下关系：

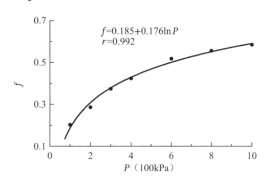

图 3.2-6　软弱夹层仿真试验P与f的关系

$$f = 0.185 + 0.176 \ln P \quad (r = 0.992) \tag{3.2-14}$$

式中　f——摩擦系数；

　　　P——压应力（100kPa）；

　　　r——相关系数。

式(3.2-14)反映了室内模拟条件下软弱夹层的抗剪强度参数与压应力的关系。同时，也预示了软弱夹层在未来饱水条件下的抗剪强度。在获得软弱夹层在不同部位的应力状态后，求得作用于软弱夹层上的法向压应力，便可用式(3.2-14)来评价其摩擦系数。

软弱夹层上的法向压应力P可以通过有限元等数值方法计算获得，具体计算时可以通过线弹性有限元获得不同深度或部位软弱夹层的应力分量σ_{ij}，再根据弹性力学理论按下式求得作用在软弱夹层上的法向压应力P：

$$P = n_i n_j \sigma_{ij} \quad (i, j = 1,2,3) \tag{3.2-15}$$

式中　P——斜截面法线方向的正应力；

n_i、n_j——方向余弦；

σ_{ij}——应力分量。

3.3　岩体变形参数评价

3.3.1　岩体变形参数研究的现状

对于岩体的变形参数，除了通过现场和室内试验获得外，一些学者常用岩体质量分类的办法建立岩体质量指标与岩体变形参数之间的关系[93,98,136-137]，然后按岩体质量评分评价变形参数；用监测岩体位移值反演变形模量[138]；用弹性波波速获得的动弹模与现场变形试验获得的静模量建立关系获得变形参数[139]，以及用模型试验或数值模拟等评价变形参数[140]。这些对岩体变形参数取值起到了推动作用。

岩体质量分类法是一种经验方法，作为初估或一般的岩体工程可按此选值进行计算分析。对于大型或技术复杂的岩体工程，常通过现场试验获得岩体变形参数，然后按不同风化带给定岩体模量。当前开展的岩体变形试验大多在勘探平洞中进行，平洞试验范围有限和试验环境的差异，在将平洞试验成果延拓到无平洞控制的岩体也还存在着一些问题。同分类体系中同类型岩体变形参数给定的范围太大，以及不同分类体系中同类型岩体变形参数差别也太多，如我国国标建议的 II 类岩体变形模量为 10～20GPa，而 Bieniawski 的 RMR 分类和 Barton 的 Q 分类却为 29～60GPa，工程中难以准确应用。用监测位移值反演变形模量的方法是比较流行的方法，按此获得的变形模量较为可靠，因已是工程建成后的资料，仅对工程的安全及参数取值的合理性起到后验作用，再难以用于本工程，并且也没有人用此方法对工程实践中反馈的资料进行系统地归类总结[122]。运用地球物理方法测定的弹性波速度评价岩体变形参数，多注重动、静力法测定结果的相关分析，而没有更深入地去研究波速与岩体结构面发育程度和岩体地应力之间的量化关系[141]，也没有明确指出不同环境条件下测试的弹性波波速评价岩体变形参数与岩体的环境场特征的对应。

3.3.2　影响岩体变形参数的主要因素

室内岩石试件的单轴抗压试验表明，在初始应力状态下变形量相对较大。此现象说明岩石的隐裂隙首先被压密，此后的变形主要是岩块的变形，但是岩块的变形值相对较小。相对于单轴抗压试验而言，在围压条件进行岩石的压缩试验时，在初始加载应力水平相同的条件下，由于侧向围压应力的作用，变形量也就相应减小。这预示赋存于地应力环境中的岩体，在工程荷载作用下变形量较小。显然，由于岩石试件脱离了原有的赋存环境和结构特征，以及岩石试件尺寸所限，室内测得的岩石变形参数直接用于评价岩体的变形参数存在困难。因此，用室内测定的岩石的变形参数不能代表岩体的变形参数。

由于岩体常包含有性质不同、大小不等和方向各异的不连续面以及复杂的环境场特征，使岩体表现出复杂的变形特性。总体而言，影响岩体变形特性主要有以下因素：

（1）岩石和结构面性质，包括决定岩石性质的矿物种类、风化和蚀变条件、粒径、颗粒间的粘结、造岩颗粒的形状和成分等，以及决定不连续面性质的结构面成因、走向、延伸、充填物性质、开度、间距和粗糙程度等；

（2）岩体的环境场特征，主要包括地应力特征（自重场或构造场）、大小和方向，温度（浅部岩体和深部岩体有很大差异），地下水活动状况及性质，地形特征（河谷底部和谷坡表部有差异），以及时间效应等；

（3）试验方法，包括试验时荷载（或应力）增加速度、增加量级、荷载（或应力）大小、加载次数和卸载后恢复时间等；

（4）计算方法，通过变形试验计算变形参数时大多采用经典的 Boussinesq 公式，由于 Boussinesq 公式假定岩体是连续的、均匀的、各向同性的、线弹性的，这与岩体本身所具有的特性还有较大的差异。显然，岩体变形模量实际上是这些内容的一个综合函数，可以写为：

$$E_0 = f(R、J、\sigma、T、W、G、t、P、M\cdots) \tag{3.3-1}$$

式中　E_0——岩体的变形模量；

R——反映岩石性质的指标；

J——反映节理的指标；

σ——反映地应力的指标；

T——反映温度的指标；

W——反映地下水的指标；

G——反映地形的指标；

t——反映时间的指标；

P——反映试验荷载的指标；

M——反映计算公式的指标。

由岩的工程定义——岩石、结构面和赋存于一定的地应力环境的组合体看，式(3.3-1)中对岩体变形参数起主导作用的是岩石和结构面性质以及地应力环境。正因为岩体赋存于一定量级地应力环境中，它的许多性质用室内岩石试验远不能准确反映出来。

3.3.3　不连续面对岩体变形参数的影响

不连续面对岩体的变形特性的影响反映在节理的发育程度、节理的刚度和节理间完整岩石的刚度。岩体中节理越密集，岩体的变形特性越差。众多研究成果表明，岩体的变形特性比室内完整岩石试样的变形特性差。然而，岩体变形特性的尺寸效应远没有岩体的强度特性显著[99]。一种合理的解释就是，岩体在较高压应力环境下不连续面多处于压密状态。因此，岩体的变形特性也取决于岩体的应力水平。在此，以各向同性的岩石被一组不连续面切割的岩体为例，不连续面间距为t_n，不连续面的法向刚度为k_n，完整岩石的杨氏模量为E，沿不连续面法向方向岩体的等效模量E_n可以写为[17]：

$$E_n = \frac{1}{\frac{1}{E}+\frac{1}{t_n k_n}} = \frac{Ek_n t_n}{E + k_n t_n} \tag{3.3-2}$$

由式(3.3-2)可以看出，增大不连续面刚度和（或）增大不连续面间距，岩体的等效模量E_n就逐渐接近完整岩石的杨氏模量E。不连续面的法向刚度很大程度上取决于作用在不连续面上的法向应力水平[142-144]。当应力增加，压密不连续面将更困难（尤其当节理的两壁已经接触）。而当不连续面刚度k_n增大，等效模量E_n逐渐逼近岩石的杨氏模量E。试验成果表明，当法向应力水平达 15～20MPa 时，k_n会趋近于无穷大。显然，这取决于不连续面的属性（粗糙度、初始开度等）。对于何时E_n大致接近E，无法给出一个通用的应力范围。

式(3.3-2)是针对一组不连续面的情况。这一概念对于有几组不连续面切割的岩体也是适用的。理论上，可以扩展式(3.3-2)使其适合于有几组不连续面切割的情况，但这并不是一种非常适用的办法。

3.3.4　现场岩体变形试验的问题

目前进行现场原位试验大多在勘探平洞中进行。然而，平洞开挖后原岩应力释放，产生二次应力重分布，形成松动圈，造成围岩中的结构面开启、岩石回弹和岩体松弛，改变了原有的天然地应力状态，使岩体的天然性状随之变化。理论上已证实洞壁四周的径向应力降低为 0，平洞开挖面相应的回弹变形将充分完成而达到最大。这就造成按常规试验获得变形模量仅仅反映的是平洞围岩强烈松弛圈的变形特性（图 3.3-1、图 3.3-2）。

图 3.3-1 是平洞承压板试验中同一点不同深度变形模量的变化关系，在平洞洞壁围岩的变形模量较强烈松动圈以外围岩的变形模量低（15%～25%），相应的波速也呈对应变化关系[145]。图 3.3-2 则是平洞中钻孔千斤顶试验的成果，也反映了平洞强烈松动圈围岩的力学性质较松动圈以外围岩的力学性质要差，洞壁附近围岩弹性模量比松动圈以外低 30%～60%[139]。

正因为目前在勘探平洞中进行的现场原位试验大多脱离了岩体的天然地应力环境，所获得的试验成果没能真正反映出天然围压下岩体的变形特性，代表的是平洞松弛圈内围岩的变形特性，所获得变形参数最多适合于岩体开挖面附近（如边坡表部岩体、大坝和基础接触部位岩体等），并不符合有一定围压作用下的岩体。而且，以现有试验方法获取的岩体变形参数是按试验提交的规范统计值。它是各级荷载下模量的均值，从而造成评价岩体变形参数时，该取高值的地方不高，而该取低值的地方不低。

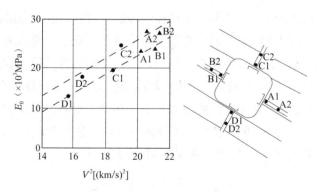

图 3.3-1　承压板试验中距洞壁不同位置（0.07m 和 0.50m）的变形模量E_0和
声波速度平方（V^2）测试成果（Oberti 等，1986）

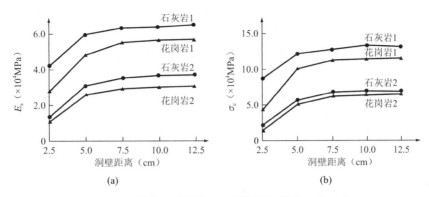

图 3.3-2 钻孔千斤顶试验中围岩压缩模量E_s（a）和
抗压强度σ_c（b）随洞壁距离的变化（安欧，1992）

值得一提的是，岩石（体）的各向异性问题一直为工程界所重视。实际上，由于岩体大多处于不同量值的地应力环境下，其各向异性明显与否，同地应力环境是紧密相连的。图 3.3-3 反映了地应力环境变化对岩体变形各向异性的影响。

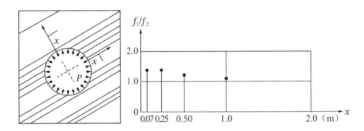

图 3.3-3 洞室水压试验中垂直层理和平行层理的变形比值f_1/f_2随距离的变化（Oberti 等，1986）

由图 3.3-3 可看出，由于洞壁围岩应力松弛、卸荷回弹，沿垂直层理方向的变形比平行层理方向的变形大，但离洞壁一定距离后，由于围岩应力与天然地应力较接近，其变形各向异性问题却并不明显。因此，研究岩体的各向异性问题，应当充分认识到地应力条件对它的影响。

3.3.5 利用岩体质量分类评估岩体变形参数

大型的岩体现场试验既复杂、费用又高，实际中应用起来比较困难；相反，利用岩体质量分类所建立的经验关系确定岩体的变形特性却是切实可行的，且所确定的弹性常数正逐渐用于设计分析。

用岩体质量分类确定岩体模量是 Deere 提出的，其用RQD与岩体模量与岩石模量的比值进行对比分析得出[146]。这一思想就是岩体的变形模量应该随节理间距的减小而减小。其通过在某一坝址进行载荷试验获得的试验成果证明了这一观点。Kuilhawy 把节理法向刚度引入，以图的形式列出RQD与E_m/E的对应关系（E_m和E分别是岩体和完整岩石的杨氏模量），从而可以查得岩体杨氏模量E_m[146]。

Bieniawski（1979）建议用岩体质量分类指数RMR计算岩体的杨氏模量E_m[123]。RMR与E_m的关系如下：

$$E_m = 2RMR - 100 \tag{3.3-3}$$

式中 E_m——岩体的杨氏模量（GPa）；

RMR——Bieniawski（1979）RMR分类系统的岩体质量指数[123]。

式(3.3-3)是根据22个现场岩体变形试验数据（主要是坝基岩体）得到的，为经验公式。然而，该关系式在RMR < 50时，E_m会出现负值。Serafim和Pereira（1983）对Bieniawski（1979）的数据加以补充，提出了新的关系式[137]：

$$E_m = 10^{\frac{RMR-10}{40}} \tag{3.3-4}$$

式(3.3-4)也能用于评价岩体质量较差的岩体。Hoek和Brown（1997）指出，式(3.3-4)比较适合于岩体质量较好的岩体；对于岩体质量差的岩体，式(3.3-3)计算的E_m太高[101]。基于现场开挖情况下的观测和反分析，对式(3.3-3)作了修改，提出下列关系式（条件是$\sigma_c < 100$）：

$$E_m = \sqrt{\frac{\sigma_c}{100}} 10^{\frac{RMR-10}{40}} \tag{3.3-5}$$

式(3.3-3)～式(3.3-5)的关系见图3.3-4。由图3.3-4可以看出，对于中等强度的岩体，式(3.3-4)和式(3.3-5)之间的差异相对较少。对于单轴抗压强度很低的岩石（图3.3-4中的3b），若用式(3.3-5)评估岩体的变形模量，明显太低（至少对中～高RMR值的岩体）。Hoek和Brown（1997）认为根据对比现场测试的变形模量，式(3.3-5)效果很好，但是这仍需要收集更多的数据以补充完善[101]。从实际看，若考虑实际分析中的其他一些不确定因素，用式(3.3-4)和式(3.3-5)并没有太大的精度损失。

正如前面所提到的那样，这些关系并没有考虑应力水平效应对岩体变形特性的影响。式(3.3-3)和式(3.3-4)中的数据主要是坝基岩体的测试数据，而这些岩体初始应力水平（可能）相对较低。能支持式(3.3-5)的数据没有公开报道，因此，还不清楚应力水平效应是否已经考虑其中。此外，也还没有关于岩体变形模量与完整岩石变形模量之间的关系。人们通常认为，室内小尺寸的完整岩石试件测试的杨氏模量E总是大于岩体模量E_m。但是，若岩体质量指数RMR或GSI很好时，式(3.3-4)和式(3.3-5)预测的岩体模量也很高。人们并没有比较是否E_m大于E。这是上述关系共同存在的比较严峻的缺陷。

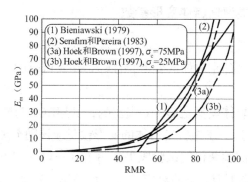

图3.3-4   不同方法评价岩体杨氏模量的对比

总之，既可以通过式(3.3-4)，也可以通过式(3.3-5)来评价岩体的杨氏模量。但是，用它们来评价时仍需注意一些问题。由于这些关系都没有将岩体的变形模量与完整岩石的变形模量结合起来，有必要对它们进行对比。若 E_m 大于 E，设计中应当用 E。而且，若预测的应力量级较高（比如说高于 25～20MPa），岩体的变形模量与岩石的变形模量应该没有太大的差别。因此，在评价岩体的变形特性时，应采取合理的评价方式。

3.3.6　用纵波速度评价岩体变形参数

众多成果表明，岩体的动弹模 E_d 与静弹模 E_s 存在明显的相关关系[139]（表 3.3-1）。对于一工程区岩体的弹性波波速与岩体的静力变形参数，在建立它们的关系后，利用弹性波速度可以经济、快速、控制范围大的这一特点去评价不同地段岩体的变形模量。这种方法之所以能够较为广泛地予以应用和推广，与它在理论上有一定基础有关（第 3.1.5 节）。

国内外岩体静弹性模量与动弹性模量的关系（安欧，1992）　　　表 3.3-1

国别	E_s 与 E_d 经验关系	资料来源
中国	$E_s = 0.14E_d^{1.32}$	长江水利水电科学研究院
	$E_s = 0.005E_d^2$	中国科学院地质研究所
	$E_s = 0.05E_d^{1.712}$	中国科学院地质研究所
	$E_s = 0.025E_d^{1.7}$	中国科学院地质研究所
	$E_s = 0.25E_d^{1.3}$	中国科学院地质研究所
	$E_s = 0.25E_d^{1.05}$	甘肃省水电勘测设计研究院
	$E_s = 0.01E_d^2$	水电部北京勘测设计研究院
	$E_s = 0.1E_d^{1.48}$	长春地质学院
	$E_s = 0.228E_d^{1.11}$	水电部华东勘测设计研究院
	$E_s = 0.967E_d - 29$	长江水利水电科学研究院
	$E_s = 1.15E_d - 3.3$	江苏省地质局实验室
	$E_s = 0.1E_d^{1.533} + 1.24$	水电部第四工程局勘测设计研究院
	$E_s = (2E_d - 3)10^4[\text{MPa}]$	西安公路学院
	$E_s = -0.041288 + 0.5999E_d + 0.005078E_d^2$	长春地质学院
	$E_s = 0.75E_d - 0.034E_d^2 + 0.00062E_d^3$	水电部华东勘测设计研究院科研所
	$E_s = 21.0321 - 1.617E_d + 0.0392E_d^2 - 0.000265E_d^3$	广东省水电勘测设计研究院
美国	$E_s = 0.967E_d - 2931.5[\text{MPa}]$; $E_s = 1.03E_d - 8556.7[\text{MPa}]$	—
苏联	$E_s = 0.71E_d$	—
英国	$E_s = (0.1～0.0769)E_d$	—
日本	$E_s = (0.1～0.5)E_d$	—
南斯拉夫	$E_s = E_d/(5.3 - E_d/200000)$	—

在 3.1.5 节中已经利用岩体质量分类的纵波波速界限值和岩体强度参数建立了相关关

系。利用表 3.1-7 岩体质量分类的纵波波速界限值和岩体变形模量选择值，也可以建立它们的相关关系。选用表 3.1-7 中不同岩体质量类型建议的变形参数和对应的波速界限值进行相关性分析，就获得V_p-E_0关系（图 3.3-5）。

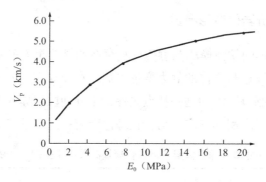

图 3.3-5　岩体变形模量E_0与纵波速度V_p关系曲线

由图 3.3-5 可以看出，岩体变形参数与波速具有较好的对数相关关系，随波速增大，变形参数相应增大。表 3.1-7 中这些分类界限和建议值均是大量工程实践中总结提出的，具有普适意义。变形参数E_0和纵波波速V_p之间的相关性如下：

$$\lg E_0 = 2.278 \lg V_p - 0.434 \quad (r = 0.99) \tag{3.3-6}$$

式中　E_0——岩体变形模量（GPa）；

V_p——纵波速度（km/s）；

r——相关系数。

对于具体某一工程，若有较多的地震波测试成果和现场岩体变形试验成果，可以对具体工程建立相应的纵波波速和岩体变形模量的关系，从而为岩体变形参数的准确选取提供更加可靠的依据。

3.4　软弱夹层变形参数评价

3.4.1　现场试验评价软弱夹层变形参数

软弱夹层常常是地下水的活动通道。在天然围压下，地下水处于动态平衡状态，一旦天然围压的动平衡遭受改变，地下水便会向临空方向发生集中渗漏。对于含夹泥的软弱夹层，泥质物会迅速膨胀挤出，从而使原有的物理力学性质发生改变。即使软弱夹层位于地下水位以上，一旦地应力改变，也会迅速吸湿使物理性质发生变化，相应地，力学性质也随之发生变化。

像岩体一样，对软弱夹层所开展的现场变形试验也多在平洞中进行。在平洞中开展软弱夹层的变形试验时，若忽略围压效应，得出的试验结果却有着显著的差别[139]（表 3.4-1）。当软弱夹层一旦在平洞中被揭露后，潮湿空气的吸入和地下水的集中渗出，使含泥物质的物理性状发生改变，尤其是含夹泥较多的软弱夹层，一旦围压卸荷后会迅速吸湿膨胀，在此情况下再进行变形试验必然会很低。

不同试验方法下断层带的变形参数对比（聂德新等，1999） 表 3.4-1

试验方法	变形模量（MPa）	弹性模量（MPa）
常规	640	1080
考虑围压	3260	13800

聂德新等（1999）在充分考虑软弱夹层的围压效应时，进行了断层的现场变形试验（图 3.4-1），即"为了减少断层带的松弛，预留 1m 左右的岩盖，先加载至地应力引起的初始围压（图 3.4-2），在稳定后获得的变形值 ε_0 应为初始围压解除后的回弹变形，变形值 ε_0 及对应的 P_0 值不应计入模量计算中，然后在此基础上加载变形试验，并推导新的边界条件下的公式计算 E_0 值"。经工程运营后位移监测资料反分析获得的变形模量 3330MPa 与考虑围压下的变形模量 3260MPa 十分相近[139]。

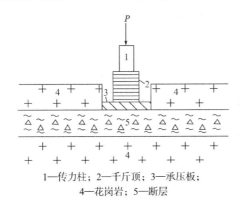

1—传力柱；2—千斤顶；3—承压板；
4—花岗岩；5—断层

图 3.4-1　考虑围压条件下的变形试验　　图 3.4-2　不同试验条件下的变形曲线
　　　　　（聂德新等，1999）　　　　　　　　　　　　（聂德新等，1999）

3.4.2　用室内压密模拟试验评价软弱夹层变形参数

由于软弱夹层一般较薄，在现场进行"原位"试验通常比较困难，而且若按照常规的现场试验的办法所获得成果又不准确。虽然严格按照控制围压的办法开展现场试验获得成果可靠，但是造价太大。为此，必须寻求合理的试验办法来解决这一问题。软弱夹层中的夹泥物质是工程关心的重点，而且因软弱夹层所处的位置和深度不同，受地应力的压密作用也不相同。我们对第三系泥质沉积物开展了室内超高压压缩试验，并获得了泥质物的变形参数与物理指标的关系。因此，软弱夹层的变形参数的评价也可以通过室内超高压压缩来进行。

1. 室内超高压压缩试验

首先，将取自现场并用蜡封好的第三系泥质沉积物试样，用粉碎机粉碎碾成粉末状，尽量保持其天然含水率。然后，分次将粉末状的样品放入高强度材料制成的样筒中。根据装入样品的重量、含水率及样筒的容积，获得压密试样的初始密度、初始干密度和初始孔隙比。将配制好的试样放入压缩试验装置上安装好，采用快速压缩方法加压（各级荷载下压缩时间为 1h。仅在最后一级荷载下，除测读 1h 的变形量外，还测读到达稳定时的变形量）。每级压力增量控制在 1.7MPa。根据土力学理论，在已知试样初始孔隙比的条件下，计算各级压力下的孔隙比如下：

$$e_i = e - M \cdot \Delta h \tag{3.4-1}$$

式中　e_i——某级压力下的孔隙比；

e——试样初始孔隙比；

$M = (1 + e)/h = 1/h_s$（cm^{-1}）；

$\Delta h = h - h_s$（cm）；

h——试样的初始高度（cm）；

h_s——某级压力下压缩后的高度（cm）。

于是，可以获得各级压力下的孔隙比和压力的压缩特征曲线，见图 3.4-3。由图 3.4-3 可以看出，第三系泥质沉积物在压密过程中孔隙比逐渐减小，产生了一定结构的再恢复效应。尤其在超高压力作用下，试样基本物理指标已经接近泥岩，具有较好的工程特性。

2. 泥质沉积物的变形参数与压力的关系

为了进一步研究第三系泥质沉积物的变形参数与压力的关系。在室内分别进行了不同初始压力下的变形试验（表 3.4-2），压力增量统一控制为 0.8~1.7MPa 的范围，获得不同初始压力下的压缩曲线，并按如下公式求得相应初始压力下的压缩模量（表 3.4-2）：

$$E_s = \frac{1 + e}{\alpha} \tag{3.4-2}$$

式中　E_s——压缩模量（MPa）；

e——试样初始孔隙比；

α——压缩系数（MPa^{-1}）。

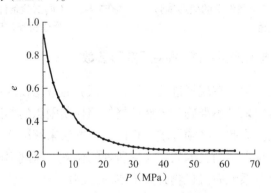

图 3.4-3　第三系泥质沉积物压缩特性曲线

不同初始压力下泥质沉积物的变形参数　　　　　　　　　　表 3.4-2

初始压力P_0（MPa）	孔隙比e	加载压力P（MPa）	压缩模量E_s（MPa）	变形模量E_0（MPa）
3.3	0.633	0.8~1.7	21.6	8.5
6.7	0.489	0.8~1.7	46.9	18.4
16.7	0.328	0.8~1.7	134.5	83.8
26.7	0.255	0.8~1.7	357.0	222.4
33.4	0.236	0.8~1.7	527.0	439.2

初始压力P_0（MPa）	孔隙比e	加载压力P（MPa）	压缩模量E_s（MPa）	变形模量E_0（MPa）
40.1	0.226	0.8～1.7	1043.8	869.8
63.4	0.219	0.8～1.6	2074.0	1728.3

获得不同初始压力下的压缩模量E_s后，换算求得相应初始压力下的变形模量E_0如下：

$$E_0 = \left(1 - \frac{2\mu^2}{1-\mu}\right)E_s \tag{3.4-3}$$

式中 E_0——变形模量（MPa）；

E_s——压缩模量（MPa）；

μ——泊松比。

其中，用式(3.4-3)计算泥质沉积物的变形模量时，泊松比按不同压密阶段的压密状态取值。对于易压密、难压密和极难压密阶段对应的压力，分别取 0.42、0.35 和 0.25。于是就获得不同初始压力下的变形模量（表 3.4-2）。由表 3.4-2 可以看出，第三系泥质沉积物随初始压力的增大，其变形参数逐渐提高，变形特性向好的方向发展。且在超高压力作用下，因试样孔隙比已经接近泥岩，具有较好的变形特性。

由图 3.4-3 还可查得不同初始压力下的孔隙比，从而获得第三系泥质沉积物的变形模量E_0与孔隙比e的关系。图 3.4-3 反映了不同初始压力条件对应孔隙比与变形模量是密切相关的。因此，只要获得试样的孔隙比，就可以按照图 3.4-4 的关系获得对应的变形模量。

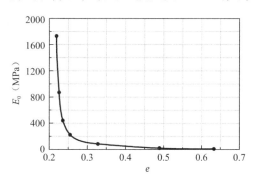

图 3.4-4 第三系泥质沉积物变形参数与孔隙比之间的关系

第 4 章

边坡岩体变形破裂机制评价方法

在岩土力学分析计算中，仅在一定的限制条件下（如人力、资金和问题本身的非线性程度），采用线性理论进行计算是可以的。由于岩土体中常含有大量的不连续面，它们的力学特性常常表现出非线性特征。因此，对于大多数岩土工程问题，要想得到比较满意的结果，应当采用非线性的理论和方法进行计算分析，否则会因为非线性效应导致计算结果产生较大误差甚至谬误。

对于边坡岩体的分析计算，除了准确概化地质原型和分析了解变形破裂机制和主控因素外，还需要寻求能合理评价并预测边坡岩体变形破裂失稳的分析方法。评价边坡岩体的分析方法涵盖很宽的范围。比较复杂的分析方法要求能解决几何形状、岩体结构、岩体应力、水文地质条件和岩体工程特性等。当前对边坡岩体破裂（尤其深层破裂）尚欠了解，目前最需要解决的问题主要包括以下几个方面：①不同破裂机制出现的条件；②初始破裂条件（破裂开始的应力水平）；③破裂面的形状和位置；④破裂的演化和繁衍（不同破坏阶段）；⑤几何形状对破裂机制的影响。显然，分析评价边坡岩体的变形破裂失稳应当采用非线性分析方法。

非线性问题主要包括三类：材料非线性、几何非线性和状态非线性。材料非线性是指材料的应力-应变关系表现为非线性特征，包括弹塑性、黏弹性、黏弹塑性等，它基于连续介质和小变形理论，通常仅适合于荷载引起的位移和应变均较小的情况。如果结构经受大变形，变化的几何形状则会引起结构的非线性响应，如钓鱼竿，随着垂向载荷的增加，竿不断弯曲以致动力臂明显地减少，导致竿端在较高载荷下表现出不断增长的刚性，这便是几何非线性问题。而一些结构也表现出一种与状态相关的非线性行为，例如，岩体中的不连续面可能是接触的，也可能是分离的；冻土可能是冻结的，也可能是融化的，这些系统的刚度由于系统状态的改变而呈现状态非线性。对于岩体而言，由于不连续面把岩体切割成非连续介质，使得岩体表现出复杂的非线性特征。因此，可以说岩体的变形除了岩石本身的变形外，主要是岩体结构的变形，岩体的破坏则主要是岩体结构的改组和失稳。因此，节理岩体的力学性质，本质上取决于岩体结构的力学行为，变形已不属于小变形和小应变，而是大变形和大应变，若仅按小变形理论的计算分析方法，计算结果不能完全反映实际情况。因此，应该采用基于大变形和大应变的理论。或者说，分析的正确方法应该是将材料非线性、几何非线性和状态非线性结合起来，才可能得到满意的结果。

4.1 数值模拟分析方法简述

随着计算机技术的发展，计算机及其相关的数值分析方法在岩土工程中的应用将越来越广泛。从早期的有限差分法（Finite Difference Method，FDM）、有限元法（Finite Element Method，FEM）、边界元法（Boundary Element Method，BEM），到后来出现的主要针对岩土材料的离散元法（Discrete Element Method，DEM）、关键块理论（Key Block Theory，KBT）、非连续变形分析（Discontinuous Deformation Analysis，DDA）、刚体有限元法（Rigid Finite Element Method，RFEM）、快速拉格朗日连续介质分析法（Fast Lagrangian Analysis of Continua，FLAC）、无网格法（Element-Free Galerkin Method，EFGM）、数值流形方法（Numerical Manifold Method，NMM）等共计有数十种。这些方法各自针对的研究对象有一定的差异，有其自身的优势和特点，在解决岩土工程问题中有着广泛的应用前景。然而，有限元法仍然是目前发展最为成熟和应用最为广泛的一种数值方法。人们正逐步将现有的新方法与成熟的有限元法进行耦合分析，一方面发挥有限元方法的成熟性与可靠性，另一方面，充分利用新方法能求解特殊问题的长处。

虽然许多有限元、边界元和有限差分等程序利用节理单元（Joint Element）、界面单元（Interface Element）或接触单元（Contact Element）等能一定程度地模拟不连续介质。但是，它们所用的公式和计算理论通常都限制在以下方面（部分或全部）：①如果许多不连续面相互交错，从算法角度看，逻辑上会中断；②不能够自动识别新的接触；③计算公式一般限制在小位移（或转动）。因此，这些程序主要适合于求解小位移的连续介质，即使要模拟不连续介质，所考虑的不连续面一般也不能太多、太复杂，否则会出现严重的不收敛问题。

与上述的有限元、边界元和有限差分法等不同的是，离散元法却能解决复杂的不连续介质的许多问题。离散元法最早由 Cundall（1971）提出[147]，经他本人开发以及随后其他学者编制的离散元程序采用可变形接触能充分考虑块体之间的平移、转动甚至完全分离；计算过程中能自动识别新的接触；计算方法采用显式积分方法直接对基本运动方程进行求解。目前主要有以下四类计算程序与离散元法的功能一致或接近。

1. 离散元程序（Discrete Element Programs）

这些程序是利用显式积分方法直接对运动方程进行求解。离散单元块体可以是刚性块体，也可以是可变形块体。块体之间的接触是可变形的。比较著名的程序是 Itasca 公司开发的 UDEC（Universal Distinct Element Code），主要适合于解决岩体工程中的问题，如岩质边坡的渐进性破坏的研究，地下开挖、边坡开挖和岩石地基中节理、断层和层理等对工程的影响，特别是对于研究与不连续介质特征有关的潜在破坏模式，既能考虑静力荷载也能考虑动力荷载。

2. 模态方法（Model Methods）

对于刚性块体，该方法与离散元法相似;但是对于变形块体,则需要用到模态重叠技术。

3. 非连续变形分析（Discontinuous Deformation Analysis）

该方法是由石根华提出的，离散块体之间的接触为刚性的，离散块体可以是刚性的也可以是可变形的，不同于离散元的显式解法，其计算中采用隐式的矩阵解法，与有限元比较接近。石根华提出的与 DDA 相关的数值流行元法 NNM 采用"流行"的有限覆盖技术能解决比 FEM 和 DDA 更具有普遍意义的复杂问题。DDA 和 NNM 发展势头迅猛，已在工程中得到应用。

4. 动量交换法（Momentum-Exchange Methods）

该方法将块体之间的接触以及块体本身视为刚性。动量交换仅在块体之间接触瞬间时发生，其用摩擦滑动来描述。

有限元法 FEM 的出现为边坡工程分析提供了一个有力工具[148-150]。Griffiths 和 Lane（1999）通过研究得出结论，将 Mohr-Coulomb 准则用于有限元进行边坡稳定分析是合理的[151]。直到现在，最普遍使用的有限元方法是强度折减法，该方法由 Zienkiewicz 等（1977）首次提出[152]。强度折减法是通过对岩土体抗剪强度参数进行折减，迫使边坡达到临界极限状态，从而计算获得边坡安全系数。相比于极限平衡法，在边坡稳定分析中强度折减法没有必要假设滑裂面的形状。基于强度折减法，许多学者进行了边坡稳定性研究。例如，Dawson 等（1999）通过改变坡角、内摩擦角、孔隙压力、网格的粗糙程度等，利用强度折减法研究了边坡稳定分析的精度[153]。Matsui 和 San（1992）采用强度折减法以及剪应变破坏准则确定边坡临界滑裂面，从而评估边坡的稳定程度[154]。此外，Cheng 等（2007）和 Liu 等（2015）分别利用极限平衡法和强度折减法对边坡稳定进行了对比性研究，表明这两种方法能得到一致的结果[155-156]；Zheng 等（2009）基于强度折减法，提出了一种搜索边坡滑裂面的方法[157]。尽管强度折减法已经被广泛采用，但是有两个缺点：

（1）滑裂面的位置将会随着岩土体力学参数改变而变化，采用该方法获得边坡的滑裂面并不总是符合真实情况；

（2）影响边坡达到临界破坏状态的因素较多，有时不能得到合理的边坡安全系数。

另一个基于有限元分析方法的是重力增加法，采用该方法，不必改变岩土体力学参数，仅仅通过增加作用在边坡上的重力加速度即可获得边坡临界滑裂面。Li 等（2009）通过增加重力加速度使边坡达到临界破坏状态，从而确定临界滑裂面[158]。重力加速度方法也已经被用于土工离心模型试验，通过增加重力加速度来研究边坡的破坏机理。所有这些研究直接或者间接地证实了在边坡稳定分析中采用重力增加法确定临界滑裂面似乎是合理的。

随着计算机技术的飞速发展，有限元法与计算机技术紧密结合，有限元软件应运而生。现如今，有限元软件已有几百种，应用比较广泛的有 ANSYS、ABAQUS、midas 等。利用有限元软件，可以解决各种各样的问题：从二维问题到三维问题；从静力学问题分析到动态问题分析；从线性问题处理到非线性问题的处理；从弹性材料问题的分析到多种复合材料问题的分析；从最初的结构力学问题到现在各种学科的应用；从单一物理场到多物理场问题的求解分析。应用领域也在不断渗透，已经由最初的航空领域的应用发展到土木工程、水利工程、机械工程、电子技术工程等各个工程领域。有限元法应用的深度与广度都在不断地探索与发展[159]。

应用有限元法计算边坡的安全系数来评价边坡的稳定性方法有两类：第一类是建立在滑动面应力分析基础上的边坡稳定分析方法，即滑面应力分析法；第二类是建立在强度折减技术基础上的边坡稳定分析方法，即强度折减法。后面将详细介绍这两类方法的原理，滑面应力分析法中安全系数如何计算以及最危险滑动面如何确定，讨论强度折减法中破坏失稳标准的定义并分析强度折减法中存在的问题。强度折减法思路清晰，原理简单，用于边坡的稳定分析有其独特优点，安全系数可以直接得出，不需要事先假设滑动面的形式和位置，然而，该方法的关键问题是临界破坏状态的确定，即如何定义失稳判据。

目前判断边坡发生失稳通常有下列三个依据：

（1）根据计算所得到域内某一部位的位移与折减系数之间关系的变化特征确定失稳状态。Zienkiewicz（1977）最初提出有限元强度折减方法所采用的失稳判据就是最大节点位移[152]；Donald 等（1997）用某个节点的位移和折减系数的关系曲线处理为两段直线，用两直线的交点对应折减系数作为安全系数[160]；也有采用坡顶位移折减系数关系曲线的水平段作为失稳判据，当折减系数增大到某一特定值时，坡顶位移突然迅速增大，则认为边坡发生失稳。以边坡某部位节点位移与折减系数曲线的特征作为判据的优点是具有明确的物理意义。然而，缺陷是究竟用哪个节点的位移以及哪个方向的位移没有统一的认识，如何从曲线上给出安全系数也没有一个有明确意义的方法。

（2）根据有限元解的收敛性确定失稳状态，即在给定的非线性迭代次数限值条件下，最大位移或不平衡力的残差值不能满足所要求的收敛条件，则认为岩土体在所给定的强度折减系数下失稳破坏。如 Ugai（1989）认为非线性迭代次数超过某一限值（如 500 次）仍不能达到位移收敛要求，则认为发生了破坏[161]；Griffiths 和 Lane（1999）以迭代次数超过1000 次仍未收敛为失稳判据[151]；Dawson 等（1999）[153]和赵尚毅等（2005）[162]认为节点不平衡力与外荷载的比值大于 10^{-3} 时，认为边坡失稳，其中也隐含着必须以某一迭代次数作为收敛准则。由于岩土体的复杂性，影响迭代计算不收敛的因素很多，如荷载步长、重力荷载、地表的低围压、堆石等无内聚力的颗粒材料和初始地应力等，所以一些学者认为以有限元数值计算不收敛作为边坡失稳破坏依据具有一定的人为随意性。

（3）通过分析域内广义剪应变或者广义塑性应变等某些物理量的变化和分布来判断，如当域内某一幅值的广义剪应变或者广义塑性应变区域连通时，则判断边坡发生破坏。以某一幅值广义剪应变等变量的分布区域在边坡中相互贯通为失稳判据的缺陷在于：广义剪应变等变量的值受材料类型的影响，以某一定量值作为标准缺乏广泛的适用性。此外，广义剪应变通常既包括弹性应变，也包括不可恢复的塑性应变，尽管广义剪应变的大小能够在一定程度上反映岩土体的相对变形状态，但是并不能准确地表述实际塑性区的发生与发展过程，因此以此作为失稳指标是不确切的。以广义塑性应变区域连通为失稳判据的缺陷在于，塑性屈服是应力张量各分量的某种组合大到一定限度的反映。而滑动则是矢量的概念，屈服区的存在并不等同于滑动的产生。沈珠江（1986）认为，必须在力的变化上寻找导致滑动的直接原因[163]。因此，基于塑性区分布的临界破坏状态判别准则还不等于是揭示失稳物理本质的准则。

　　郑颖人等（2005）在《岩土力学》的"极限分析有限元法讲座"中对边坡失稳的判据进行了总结，认为通过有限元强度折减，使边坡达到破坏状态时，滑动面上的位移将产生突变，产生很大的且无限制的塑性流动，有限元程序无法从有限元方程组中找到一个既能满足静力平衡，又能满足应力-应变关系和强度准则的解，此时，不管是从力的收敛标准，还是从位移的收敛标准来判断，有限元计算都不收敛[164]。因此，可以将滑面上节点的塑性应变或者位移出现突变作为边坡整体失稳的标志，以有限元静力平衡方程组是否有解、有限元计算是否收敛作为边坡失稳的判据。边坡塑性区从坡脚到坡顶贯通并不一定意味着边坡整体破坏，塑性区贯通是破坏的必要条件，但不是充分条件，还要看是否产生很大的且无限发展的塑性变形和位移。郑颖人等（2005）还认为，对于有限元计算不收敛的人为随意性，只要保证有限元模型正确、程序可靠、计算参数设置合理，均质岩土体理想弹塑性有限元静力计算是否收敛与边坡是否失稳存在着一一对应的关系[164]。

　　在边坡工程的应用中，强度折减有限元法主要是通过不同的屈服准则利用以及不同的方法求解边坡稳定性系数来判断边坡的稳定性。采用有限元强度折减方法计算边坡稳定问题，可以准确地确定出开挖过程中坡体的应力、应变、位移等指标，并能直观地表示出坡脚的危险区域，是边坡支护和治理应用中的一种较好的方法。

　　王兆清和李淑萍（2007）[165]、王从锋和张培文（2011）[166]利用强度折减有限元法在边坡开挖过程中基于弹塑性模型和等面积 Drucker-Prager 屈服准则监测开挖过程中边坡安全系数的变化。该屈服准则既考虑中间主应力对屈服强度的影响，又考虑静水压力的影响，并且用于边坡的稳定性分析求得的安全系数与极限平衡方法结果误差很小。宫经伟等（2011）针对边坡稳定分析中采用的强度折减有限元法，提出用温度场控制强度参数折减和变形参数调整的有限元法，对结构复杂的水库进水塔-地基三维结构进行稳定分析，用考虑变形参数调整和不考虑变形参数调整的温控强度折减有限元法，分析得出结构的安全系数，分析结构失稳的可能原因，温控参数折减有限元是一种可以使岩土体的强度参数和变形参数在计算过程中自动地、连续地折减的强度折减有限元方法，用该方法计算复杂结构的稳定安全系数，不需要另外编制程序就能使计算一次性完成，较传统的强度折减有限元方法大大地提高了计算效率[167]。Zheng 等（2002）在研究中发现，用强度折减法计算安全系数时，要扣除材料的抗剪强度参数 c 和 φ，建议 $\sin\varphi \geqslant 1-2\mu$，$\mu$ 为泊松比[168]。Wu 等（2009）提出了一种基于强度折减法的判断边坡稳定性可靠度和灵敏度分析方法，在假设边坡为非线性弹塑性，采用 Drucker-Prager 弹塑性模型，将岩土体参数 c 和 φ 都被认为是随机变量，并且服从正态分布，取其变异系数相同，迭代计算次数设为 1000 次的基础下分析了影响边坡可靠性的因数，计算结果发现边坡岩土参数的变异性对边坡稳定性值有明显的影响，因此必须准确地获得边坡岩土参数；同时，在分析边坡可靠程度时，不仅要考虑其稳定性，也要考虑其破坏概率[169]。

　　Meng 等（2019）针对非均质边坡，提出了一种将有限元法与离散元法相结合的分层多尺度强度折减法，并以土石混合边坡为例验证了方法的有效性。与常规强度折减法相比，该方法避免了大型现场试验参数估计的昂贵成本，并能从宏观和微观结果上更好地了解破坏机理[170]。多尺度模拟方法直接基于粒子级模拟，采用有限元法对宏观 BVP 进行模拟，采用 DEM 法对微观颗粒行为进行模拟，采用数值均匀化方法连接宏观行为与微观行为之间的差距；并将高斯点的宏观应变应用于颗粒的 RVE 填料，通过 DEM 模拟估算刚度矩阵，其具有与本构模型相同的功能，从而绕过传统的本构假设，为非均质岩土材料的边坡稳定性分析提供了一种新的数值工具。Si 等（2009）采用c-φ约简法对坝基抗滑稳定安全系数进行了有限元分析，当系统达到不稳定时，数值不收敛同时发生，然后用c-φ约简法求出安全系数[171]。

经过多年的发展及计算机的进步，基于强度折减有限元法分析边坡稳定性的计算机软件已经得到了充分的应用，为判断边坡可靠性提供了极大的方便，也极大地促进了该方法的发展。杜明庆等（2012）将大型有限元软件 ABAQUS 与强度折减有限元法相结合，采用 Mohr-Coulomb 破坏准则对边坡的稳定性进行了分析，将折减系数以场变量的形式赋予 ABAQUS，动态显示塑性区发生发展的过程，与传统的极限平衡法相比，ABAQUS 有限元具有很好的动态显示功能，能够直观地观察到整个坡体塑性区发生发展的过程，当塑性区贯通且位移和应变发生突变时，边坡处于破坏的临界状态，将此时的折减系数作为边坡的最小稳定系数，用来判断边坡的稳定性，通过对工程实例的稳定性分析，并与传统的极限平衡法相比较，证明了该方法可以准确地预测滑动面位置及稳定系数；并对采用关联和非关联流动法则时边坡的稳定性进行了对比分析，发现采用前者时的稳定系数比采用后者时稍微偏高；同时对比不同单元数对该方法的影响，随着计算时间增大边坡稳定系数有收敛现象，但计算时间增长的更快，因此使用较多的网格是有必要的[172]。杜聪（2018）同样使用有限元分析软件 ABAQUS，并结合强度折减法，以 Mohr-Coulomb 破坏准则对边坡加固时的稳定性和网格划分对其稳定性系数的影响进行了研究，取得了相似的结果：当边坡加固时，边坡的整体稳定性得到了明显提高；若模型网格划分过于稀疏，则模拟分析出的安全系数会偏大，使结果不准确；在一定范围内，随着网格划分密度的提高，计算结果的精度也越高，但是当网格密度提高到一定程度后，它对计算结果的影响便不明显了，而且进一步提高网格密度反而会增加计算时间[173]。

通常的有限元强度折减法采用二分法来获取边坡的安全系数。该方法需要多次试算，效率较低。侯玲等（2016）借助 ABAQUS 软件的二次开发平台 UNFIELD 程序，将软件自带的场变量定义为折减系数，建立场变量分别与软件求解时步和强度参数的关系，方便地实现了基于场变量的边坡有限元强度折减法，此方法仅需一次提交计算分析，便可高效地实现边坡安全系数的求解；在基于场变量的边坡有限元强度折减法基础上，依据滑面位置处的等效塑性应变最大这一基本原理，利用不同垂直剖面逐点搜索法，实现了基于最大等效塑性应变的边坡潜在滑动面位置精细化寻找；然后，借助两个经典算例，将此套思路确定的潜在滑动面位置、安全系数分别与传统极限平衡M-P法的对应结果进行对比分析，不同方法确定的安全系数相差不大，两种方法确定的滑动面位置下半段相近，上半段方法确定滑动面相对于M-P法确定滑动面要深缓，但是两种方法的偏差较小[174]。Dyson 等（2018）探讨了使用 Fortran 和 Python 代码，以 ABAQUS 软件实现强度折减法的有限元方法，结合修改的强度折减法定义，允许改进安全搜索空间的因素，在二维和三维分析中与传统方法的计算效率进行了比较，算法结果对比了不同材料参数和边坡几何形状的二维和三维边坡实例，并通过有限元代码 PLAXIS 验证了安全系数[175]。

有限元法作为已经成熟的数值计算方法，在工程中的应用十分广泛，除了强度折减法以外，还有其他在有限元法基础上发展来的用来研究边坡的方法。这些方法的提出是为了摆脱有限元法处理某些特殊问题时存在的缺陷，例如在处理不连续问题时存在收敛性低和时间效率问题[176-182]。为了解决问题，将传统有限元法和其他方法相结合发展了一系列新方法，以便满足工程上的应用，例如缩放边界有限元法、扩展有限元法、光滑有限元法、光滑粒子有限元法、扩展有限元法等。

边界元法基于 Green 函数等数学理论，采用加权余量法或互等定理将求解域内的运动微分方程转化为区域边界上的积分方程，将有限元法中的对单元划分和插值函数应用到求解边界积分方程的问题，于是发展了边界元法，因而求解过程中仅需对边界离散化处理而不对整个工程区域进行划分，降低了待解问题的维数，大幅降低自由度数量，从而提高了计算速度。根据对边界的归化原理的不同，可以将边界元法分为直接边界元法和间接边界元法，直接边界元法是从 Green 公式和基本解出发直接得到边界积分方程，权函数取 Green 函数；间接边界元法是利用基本解和位势理论把所求解的边值问题归化为 Fredholm 方程，引进一个新的变量，其权函数选节点插值函数。

缩放边界有限元方法（Scaled Boundary Finite Element Method，SBFEM）是近年来发展起来的一种半解析的数值计算分析方法，其基于在环向离散、沿径向比例缩放的原理，结合了边界元和有限元的优点。这种方法引入了相似形变换的概念，通过构造一个包括环向坐标和径向坐标的比例边界坐标体系，实现比例坐标和整体坐标的几何空间变换。经过变换后的波动方程在环向和径向上得以解耦，再通过虚功原理或加权余量法将偏微分方程转化为关于径向坐标的常微分方程，使径向具有解析特征，因而只需在环向上采用有限元方法数值离散，所以缩放边界有限元方法是一种半解析方法[183-186]。除上述坐标变换和加权余量法推导比例边界有限元基本方程外，还可以通过相似性原理和标准有限元推导得到。作为一种热门的数值计算和模拟的方法，比例边界有限元法在工程中有着许多应用。

Zhao 等（2019）提出了一种精确高效的二维水-结构相互作用频域子结构分析方法，将改进的尺度边界有限元法 SBFEM 应用于一般形状的水-结构界面，以取代可压缩水层来分析地震作用下的水-结构相互作用问题[187]。采用改进的 SBFEM 对无限层状域的水进行了模拟结合结构有限元分析，可以计算水-结构体系的地震反应。将所提出的子结构方法应用于水-结构相互作用系统的分析，研究了典型重力坝和不同尺寸、不同水深的防波堤的地震反应和海水压缩性对近海结构地震反应的影响。结果表明，水-结构相互作用使结构的地震反应增加，结构的固有频率降低；这种影响随着水深的增大而增大，改变结构尺寸（如结构宽度、水-结构界面倾角）时，这种影响会有较大差异。

虽然有限元法 FEM 在工程中应用很广泛，但是当需要对复杂模型进行精确离散时，FEM 的精度相对较低。此外，FEM 计算强烈依赖于单元网格的质量，这导致了 FEM 在扰动网格上解的精度损失。为了避免 FEM 方法的缺陷，又提出了一些新的数值计算方法。第一种方法是无网格方法，在无网格方法中，近似解是由一组离散节点而不是显式网格构造的。另一种方法是光滑有限元方法（S-FEM）。他们是基于空间理论和 Liu（2011）提出的 weakened form 形式的一种数值方法，该方法的基础是 FEM，利用广义梯度光滑技术构建的[188]。常见的 S-FEM 模型包括基于节点的光滑有限单元法（NS-FEM），基于面元的光滑有限元法（FS-FEM）和基于边的光滑有限元法（ES-FEM）。利用 S-FEM 进行计算和模拟的步骤是基于标准的有限元法模型建立的。与有限元法相比，S-FEM 增加了光滑域的构建，而且仅需在 FEM 的背景网格上进行操作，基于网格线、面、节点构造光滑域，并将单元积分转化为沿着光滑子域边界积分的求和，具体步骤为：

（1）构建形函数；

（2）在 FEM 单元的基础上构建光滑域；

（3）在光滑域的基础上计算光滑应变场；

（4）使用光滑应变场建立 S-FEM 的离散代数方程组。相比于有限元法 S-FEM 具备的优势是：

①S-FEM 可以用常规三角形、四面体单元对问题域进行离散，能够满足对复杂几何模型的精确离散，突破了低阶单元对 FEM 求解精度的限制，减轻了前期网格划分负担；

②相比于传统 FEM 方法，S-FEM 具备良好的抗网格畸变能力，使用不规则网格也能够得到精确的结果，进一步摆脱了对网格的依赖性；

③S-FEM 由于进行了梯度光滑操作，有效地"软化"了模型的刚度，改善了 FEM 系统刚度矩阵"过硬"的数值缺陷，进一步提升了求解精度；

④在精度提升的同时，并未带来计算时间的增长，在相同背景网格下，S-FEM 误差小于 FEM，在相同误差下，S-FEM 消耗时间少于 FEM，因此 S-FEM 比 FEM 更为高效。

因此，有限元法现已广泛应用于求解各类力学问题，特别是在处理固体力学和流体力学问题方面表现出显著的优势。在固体力学领域，马玉娥等（2023）基于相场理论和光滑有限元法（CS-FEM），推导了热力耦合下相场脆弹性断裂的计算公式，在模拟了型热-弹性断裂与热冲击下的陶瓷板的温度场响应和裂纹扩展过程后对其进行计算，对比有限元法的计算结果，光滑有限元能够准确计算热力耦合下的脆弹性断裂问题，其计算效率要高于有限元[189]。在流体力学领域，戴前伟等（2021）采用光滑有限元法对土石坝无压渗流场进行数值模拟，对不同模型的自由面位置进行求解，研究了渗透异常体对自由面和渗流参数的影响，根据梯度光滑技术，建立了无压渗流问题的光滑有限元模型，该方法的优势在于将单元面积分优化为沿单元边界的线积分，简化了边界相交单元的内部积分过程，消除了对网格形状的依赖性，在处理因自由面穿过而产生的畸形单元时更灵活[190]。

此外，扩展有限元法作为从 20 世纪逐渐发展起来的求解偏微分方程近似数值解的工具，在工程领域很受欢迎。由于其在计算时用多项式逼近，因此在断裂力学的研究中为了获取裂纹尖端的位移，传统有限元法需要通过局部细化网格划分，这会造成模型自由度的数量急剧增加，一定程度上导致龙格现象。另外，有限元方法对不连续性问题的数值模拟能力有限，如果使用有限元法来模拟裂纹扩展，裂纹扩展则需要重划分网格，这也会大大影响计算效率并造成求解困难。综上所述，传统的有限元方法在解决断裂力学问题方面的能力存在明显的不足。

为了避免有限元法在计算裂纹及其扩展问题上的困难，最初的想法是在裂纹尖端引入位移渐进解。因而，Dolbow（1999）基于单位分解法，提出了一种在单元节点上引入裂纹面富集函数的裂纹建模方法，这一方法使有限元对裂纹的建模有了很大的改进[191]。随后，Belytschko 等（1999）将裂尖渐进位移场解析函数作为富集项引入到有限元框架下，从而奠定了扩展有限元的基础[192]。在此之后，Moes 等（1999）进一步将跳跃函数作为富集项引入，使富集函数对非连续位移场的表达独立于网格划分，这一特点使得扩展有限元模拟流固耦合、裂纹扩展问题上，很好地弥补了传统有限元法的不足[193]。实际上，凡是涉及与裂纹和界面类似的问题，几乎都可以用扩展有限元法的思想对问题求解。

综上所述，扩展有限元法大大地增强了有限元法处理许多材料力学问题的能力。自扩展有限元法提出以来，它都是迄今为止求解不连续力学问题最有效的数值方法之一。与传统有限元法相比，扩展有限元法进行断裂分析有以下优点：

（1）不需要考虑结构的任何内部细节（比如裂纹、空洞这样的几何不连续和双材料这样的材料特性变化等），按照结构的几何外形尺寸生成有限元网格；

（2）利用水平集方法确定裂纹的实际位置，跟踪裂纹的扩展过程；

（3）当模拟裂纹扩展时无须对网格进行重新剖分，这极大地减少了计算量，并避免了不同网格之间节点位移所带来的误差；

（4）在诸如裂纹尖端等应力和变形集中区无须进行高密度网格剖分，使得网格划分非常简单；

（5）在进行断裂分析时，不需预设开裂路径，提高了模拟裂纹扩展路径的准确性。

在边坡工程中，由于扩展有限元法弥补了传统有限元法研究不连续性问题的不足，所以扩展有限元法主要用于分析考虑裂纹时岩体和结构面的拉剪破坏以及用于边坡的建模和模拟破坏。郑安兴等（2013）将扩展有限元法和水平集法相结合来描述不连续面的几何位置及其扩展过程，探索在荷载作用下危岩主控结构面的断裂扩展行为，通过计算分析研究了岩石的抗拉强度、主控结构面的几何位置与倾角对危岩的变形破坏模式与稳定性的影响[194]。王恒（2019）基于扩展有限单元法和有限元数值模拟软件，在断裂力学的基础上得出边坡裂缝的最易开裂位置和临界缝对含裂缝边坡的稳定性进行了分析，重点讨论了不同裂缝长度、裂缝位置及土体参数下，边坡的安全系数变化规律，对存在裂缝边坡稳定性分析和加固治理提供了一定的参考[195]。为了克服确定边坡安全系数时传统强度折减法需要假定边坡为极限平衡状态的临界限制，以裂隙岩质边坡中已存在裂缝的裂缝尖端塑性区发展分析为基础，Gao 等（2020）提出了一种考虑中尺度破坏的定义边坡临界状态的新方法，在此基础上，以扩展有限元法为工具，提出了一种新的分析裂隙岩质边坡稳定性的强度折减数值方法，首先推导了考虑两个不等长裂纹相互作用的裂纹尖端塑性区大小的理论方程，在分析裂纹空间对裂纹尖端塑性区扩展影响的基础上，得到了裂纹贯通的基本条件，即裂缝空间与短裂缝长度之比为 0.3，可视为边坡临界状态的新定义；其次，以含 4 个不等先存裂缝的岩质边坡为例，通过与 FLAC 软件中传统强度折减法的对比，验证了新强度折减法的有效性；最后，由于中尺度破坏先于宏观破坏出现，新方法对应的安全系数比考虑宏观破坏的传统方法得到的安全系数小，因此该方法有利于工程安全[196]。Zhou 和 Chen

（2019）采用扩展有限元方法研究了含非持久雁列节理岩质边坡的脆性破坏机理，为了使扩展有限元法适用于岩石边坡问题，采用三角形单元来模拟岩石边坡破坏，三角形单元在处理现实问题，特别是复杂边界问题和多尺度问题方面，优于多边形单元；采用新的几何方法代替水平集方法来定义裂纹表面单元和尖端单元将其用于模拟岩石边坡的阶跃脆性破坏，然后将该方法得到的应力强度因子（SIF）与经典问题的解析解进行比较。结果表明，两者具有较高的一致性，验证了所提方法的准确性和收敛性，为研究裂纹问题的处理提供了新的思路[197]。

利用极限平衡法计算边坡安全系数时没有考虑张拉破坏，而完全按照剪切屈服平衡得出，所以计算结果可能会偏高。然而边坡上缘受张拉开裂是普遍现象，而且研究已表明张拉剪切的复合判定模式比单一的剪切破坏分析更合理，因此在边坡稳定分析中，发展张拉-剪切复合破坏准则理论是非常重要的。常建梅和宋思纹（2017）采用张拉和 Mohr-Coulomb 剪切的复合破坏准则对垂直边坡进行稳定性分析，借助强度折减模拟剪切带的扩展，并用扩展有限元方法的优势模拟渐进张拉开裂过程，对边坡的稳定性进行了分析模拟，在考虑张拉破坏的条件下，结果显示较使用极限平衡法得出的稳定系数更小，使工程安全性更高[198]。邓帮和李旋（2018）通过对于扩展有限元方法中能够完全描述跳跃富集函数和尖端富集函数两种富集函数的富集基的选择，给出了一种与裂纹体材料特性无关的富集基选择方式，以此为基础在扩展有限元方法中实现了 Mohr-Coulomb 模型，将扩展有限元的应用拓展到非线性问题，然后结合强度折减法在边坡稳定性的应用，实现了对含裂隙边坡的扩展有限元分析，并与实际工程对比证明了其有效性[199]。因为扩展有限元法在求解不连续介质问题上对传统有限元法做了突破，解决了有限元法在出现裂缝时存在收敛性和时间问题，结合其在断裂力学中的应用，Chang 等（2016）通过引入一种具有统一的富集函数，富集自由度具有明确的物理意义的开裂和剪切破坏的复合模型，结合扩展有限单元法对黄土边坡的开裂进行了数值模拟，结果表明应力场发生了重新分布，裂缝开始时几乎是垂直扩展的，确定了临界滑动面，且边坡稳定安全系数小于不考虑张拉破坏的边坡稳定安全系数[200]。

在模拟边坡滑移方面，Shi 等（2019）利用扩展有限元分析（Extended Finite-Element Analysis，XFEA）建立了以预设滑移面为临界不稳定约束的平衡方程的离散形式，为了确定滑移面作为嵌入边坡网格的不连续面的安全系数，将临界失稳条件纳入扩展有限元分析，然后通过直接求解最终的非线性方程，可以同时得到位移场和安全系数，在此基础上采用增广拉格朗日乘子法和关键顶点算法，提高了滑移面法向应力的精度；同时，为了避免振动，采用 Vital Vertex Technique（VVT）来稳定滑移面上的法向应力[201]。该研究的特点在于将滑移面视为嵌入边坡网格中的一个不连续面，边坡不需要对每个滑移面进行重网格处理，此外，只需要对刚度矩阵中与丰富自由度相关的部分进行重组，由于减少了与每个滑移面相关的计算量，依此所提出的 Extended FEA-Based Limit-Equilibrium（X-FELE）方法适用于 CSS（Critical Slip Surface）的定位。最后通过求解三个算例，说明了 X-FELE 的准确性和有效性，验证了在无须重新网格化的情况下搜索临界滑移面的效率和对有限元网格的敏感性，为确定边坡滑移和滑移面的寻找提供了一种有效的方法。Wang 等（2018）在扩展有限元法的基础上提出了一种土体裂纹滑移平面扩展的综合分析方法，利用特定传播控制区的应力状态，结合 Mohr-Coulomb 强度准则和抗拉强度准则，作为强间断富集的基础，在强间断界面上，界面拉剪状态采用黏聚性裂纹模型，压剪状态采用基于 Willner 理论的摩擦接触模型，通过对强间断面的萌生和扩展过程的估计，可以较准确地解释边坡的破坏发展过程；针对边坡中存在的不连续面，提出了一种不需要额外积分点且避免零能量模式的均匀数值积分方法，针对边坡土体材料的特殊性也专门设计了裂缝发展的判断过程；以此方法为基础编制了包括考虑应力集中和应力重分布的土中强间断萌生和传播的新解析算法和扩展有限元富间断的积分方案的模拟土质边坡中强间断面（裂缝或滑移面）的发生、发展、破坏机理的程序；通过程序模拟两个实验室模型试验和实际工程事故中具有不同破坏特征的案例，结果与实际情况基本一致，在模拟分析的过程中可以确定影响案例边坡稳定性的关键因素，有助于工程师确定和实施适当的处理措施[202]。

作为一种热门的模拟边坡的方法，有限元法可以任意划分单元，能够适应复杂的几何边界；并且，由于单元具有拉格朗日性质，所以对边界条件处理、物质界面跟踪等都非常容易。但是，有限元法对于大变形问题的模拟不是十分理想，原因是单元随物质一起变形，当物质发生大变形时，单元会发生畸变，导致插值精度变差和临界时间步长缩小，从而使得计算精度和效率都变低。在这方面光滑粒子法有着良好的应用。有限元法与光滑粒子法各有优缺点，为了结合两者的优势，有限元法与光滑粒子法的耦合算法被提出并得到发展。耦合算法的基本思想是对问题域中的大变形区域采用光滑粒子法计算，而对小变形区域采用有限元法计算。这样就使得算法既具有良好的大变形模拟能力，又具有较高的计算效率。耦合算法大体上可以分为两大类：一类是固定耦合算法在计算的初始时刻即确定采用有限元法和光滑粒子法计算的区域，在后续过程中固定不变；另一类是自适应耦合算法在初始时刻全部采用有限元法计算，在计算过程中自动将大变形区域内的单元使用光滑粒子法计算。

光滑粒子有限元法（SPFEM）是将节点积分法（应变平滑技术）引入到粒子有限元法（PFEM）框架中，其在边坡稳定性分析中的主要优势在于能够考虑边坡的整个动态破坏过程，能够模拟岩土体的大变形和破坏后过程[203]。Meng 等（2021）提出一种求解边坡破坏过程的光滑粒子有限元方法，将所有变量状态（如位移、应变和应力）都存储在网格节点上。这意味着在历史相关问题的粒子有限元分析中[204]，尽管进行了重网格操作，但是不再需要从旧网格到新网格的变量映射，通过悬臂梁的数值算例验证了动力学公式的正确性，模拟边坡破坏结果表明该方法可用于边坡破坏后分析。这将有助于通过计算滑动质量、跳动距离和冲击力来更好地量化边坡破坏的后果，为评估边坡稳定性提出了一种新的解决方案。Jin 等（2020）提出了一种分析岩土工程大变形问题的 SPFEM 方法，在原有的 PFEM 框架内，实现了一种简单有效的基于边缘的三节点三角形单元应变平滑方法，可以充分利用相邻单元的应变进行应变平滑，优点是采用了非常简单的低阶三角单元，而无须通过应变平滑法产生体积锁定，取代了原有 PFEM 中使用的高阶三角单元混合稳定公式；为了保证显式时间积分计算的稳定性，计算算法采用了自适应更新时间步长[205]。

此外，光滑粒子有限元法在研究植被边坡失稳也有应用。种植植被是减少滑坡的一种环保方法，现有的植被边坡分析没有考虑不同根结构的影响，数值模拟的准确性和有效性有待提高。Jia 等（2022）采用了 SPFEM 模拟大变形植被边坡的失稳，该方法可以合理地预测边坡结构的变形过程和最终沉降，避免了数值计算的困难和计算精度的损失[206]。基于 Mohr-Coulomb 本构模型通过引入根产生的附加土的内聚力来扩展，从而提高土的抗剪强度，并推导了四种根结构（均匀根结构、三角形根结构、抛物线根结构和指数根结构）在斜率上的边界函数。采用基于动能准则的抗剪强度折减法计算了四种根系结构在不同种植距离、根深、坡角和种植位置下的边坡安全系数FOS值，评价了根系结构对边坡稳定性的影响。结果表明，根能有效提高边坡稳定性，减少滑坡位移；种植密度越大，植根效果越强；随着根深的增加，FOS呈先减小后增大的趋势；对于均匀根结构和抛物线根结构，较深的根更有利于边坡稳定性，而对于三角形根结构和指数根结构，较浅的根更有利于边坡稳定性；FOS 随坡度角的增大而减小；均匀根结构和指数根结构在提高边坡稳定性方面更为有效，无论边坡是陡坡还是微倾斜；坡脚处的 V 形植被能有效减小坡土的滑动位移；全地表种植对提高边坡稳定性的效果最好，其次是在坡上部种植根结构均匀的植被，或在坡脚种植三角形根结构或指数根结构的植被。

在地层中普遍存在的裂隙岩体属于典型的非均质结构，它由多孔介质和裂隙网络组成，其中多孔介质是由固体骨架和连通的孔隙构成的复合介质，孔隙中存在有气体或液体，在微观尺度上，固体骨架和孔隙流体的分布都是非均匀的。此外，岩体中还存在大量的裂隙结构，其分布随机且尺寸跨越多个尺度，因此裂隙岩体具有明显的非均质和多尺度特征。Lakes（1993）曾在 *Nature* 中阐述了材料的微观组成对宏观性能的影响，在进行非均质材料的力学分析时，需要考虑真实材料在不同程度和不同尺度上的非均质性，如果采用传统方法将材料假定为均匀介质，分析结果势必和真实情况产生很大偏差[207]。

Hou 等（1999）[208]、Hou 和 Wu（1997）[209]将广义有限元法和多尺度基函数的思想应用到一般非均质材料的力学分析中，提出了多尺度有限元法。多尺度有限元法的基本思想是通过局部求解微分方程的边值问题构造粗网格单元的多尺度基函数，使其可以捕捉单元内部的微观非均质信息，并通过组装粗网格单元的宏观矩阵将非均质信息体现到宏观尺度上。采用多尺度有限元法求解问题时不需要同传统有限元法一样要求所划分的单元解析材料的非均质性，所剖分的单元内部材料信息可以是不一致的，可以在较粗的网格上进行求解，在保证精度的同时明显减少了计算量。在边坡工程中，多尺度法可以分析识别倾斜斜坡区域，评价斜坡稳定性及影响区域，也可以和离散元法相结合来模拟分析边坡破坏，或者使用两者耦合的方法并结合渗流原理研究渗流和边坡失稳的关系。

4.2　有限变形基本理论与数值模拟方法

目前，广泛应用于非连续介质的理论和方法发展势头迅猛，并逐步在工程上应用。较早创立的真正基于大变形和大应变的有限变形理论，由于主要针对连续介质，在考虑不连续介质问题时，反映不连续介质的接触算法问题的实现难度和严重的收敛问题，其发展并在工程上应用相对较为缓慢。因而，目前仅有一些大型有限元分析软件（ANSYS 和 ADINA

等）才逐渐将大变形和大应变理论引入，并对不连续介质的接触算法和收敛问题做了一定的改进。

4.2.1　物体运动和变形的描述

在考察物体的运动和变形时，必须设置一定的坐标系统（坐标参考系——度量尺寸）和选定一定的观测方法。

1. 坐标体系

一般来说，在涉及几何非线性问题的计算方法中，设置坐标参考系时，可以采用两种坐标体系，即固定坐标系和流动坐标系。

固定坐标系（Fixed Coordinate）是指物体在整个运动过程中，坐标的尺度不随广义时间（荷载步或时间步）变化而变化。对于所有静力学和运动学变量总是参考于初始位形，即在整个分析过程中参考位形保持不变，这种格式称为 Lagrange 格式，可以写为：

$$\boldsymbol{g}_{ij} = \boldsymbol{g}_{ij}^{(0)} = \delta_{ij} \quad (i,j = 1,2,3) \tag{4.2-1}$$

式中　δ_{ij}——Kronecker 记号，$i \neq j$ 时 $\delta_{ij} = 0$，$i = j$ 时 $\delta_{ij} = 1$；

$\boldsymbol{g}_{ij}$——任意广义时间 $t = t_1$ 时度量张量的协变分量 $\boldsymbol{g}_{ij} = \vec{g}_i \cdot \vec{g}_j$，$\vec{g}_i$ 和 $\vec{g}_j$ 为某坐标轴的基矢（协变基量）；

$\boldsymbol{g}_{ij}^{(0)}$——广义时间 $t = t_0 = 0$ 时度量张量的协变分量 $\boldsymbol{g}_{ij}^{(0)} = \vec{g}_i^0 \cdot \vec{g}_j^0$，其中，$\vec{g}_i^0$ 和 $\vec{g}_j^0$ 为某坐标轴的基矢（协变基量）。

除了固定坐标系外，还可特别设置一种坐标，即流动坐标系（Convected Coordinate）。它被假设嵌入变形体中，其度量尺度在广义时间（荷载步或时间步）下随结构变形而变化，以确保物体中各点的坐标值维持为原始量值而不改变，即坐标框架所经受的变形与材料变形相一致。即所有静力学和运动学的变量参考于每一荷载步或时间步开始时的位形，分析过程中参考位形是不断更新的，这种格式称为更新的 Lagrange 格式，可以写为：

$$x_i = a_i \quad (i = 1,2,3) \tag{4.2-2}$$

式中　x_i——初始状态参考坐标系的坐标值；

a_i——变形状态参考坐标系的坐标值。

以上的坐标系称为流动坐标系或随体坐标系（Convected Coordinate），又称拖带坐标系（Comoving Coordinate）。由此，在流动坐标系下，变形体坐标值 x_i 和原始坐标值 a_i 之间存在一些特殊的关系：

$$\frac{\partial a_i}{\partial x_j} = \delta_{ij} \text{ 或 } \frac{\partial x_i}{\partial a_j} = \delta_{ij} \quad (i,j = 1,2,3) \tag{4.2-3}$$

式中　$\partial a_i / \partial x_j$、$\partial x_i / \partial a_j$——变形梯度。

2. 构型

物体是由质点组成的，物体形状由质点间相互位置来表征。所有质点的集合即为物体的构型。为了标定质点的位置，可以用质点在参考坐标系的位置坐标来表示（图 4.2-1）。

从变形角度来说，物体的运动和变形过程实质上是构型随时间连续变化的过程。如

图 4.2-1 所示，设在初始时刻 $t = t_0$，在某固定空间坐标系中质点 A 的位置为 a_i（$i = 1,2,3$），它是质点 A 的初始位置坐标（即以 a_i 作为 A 的标记）。此时由所有质点构成物体的图形即为初始构型。质点 A 随时间而运动和变形，在任意时刻 $t = t_1$，质点 A 由位置 a_i（$i = 1,2,3$）移动到另一位置 x_i（$i = 1,2,3$）。由于此时质点间的相互位置关系发生了变化，物体因此改变了形态，此时由位置坐标 x_i（$i = 1,2,3$）的质点构成物体的图形称为当前构型。该质点的运动和变形可用如下方程式表示：

$$x_i = x_i(a_1, a_2, a_3, t) \quad (i = 1,2,3) \tag{4.2-4}$$

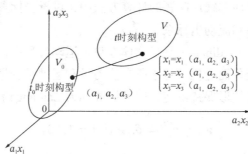

图 4.2-1　物体的构型和坐标系

如图 4.2-1 所示，在初始构型和当前构型中，点 A 的位置坐标在两个构型（或两个参考坐标系）中彼此是一一对应的。从几何观点看，式(4.2-4)表示一个物体从初始时刻 $t = t_0$（$t_0 = 0$ 或 $t_0 \neq 0$）占据的区域 V_0（即初始构型）到当前时刻 $t = t_1$ 所占据的区域 V（即当前构型）的映射。从数学观点看，式(4.2-4)所表示的函数是单值连续的，而且它有唯一的反变换关系：

$$a_i = a_i(x_1, x_2, x_3, t) \quad (i = 1,2,3) \tag{4.2-5}$$

否则，构型之间的变换关系将是不确定的。为此，要求式(4.2-4)得出的雅可比行列式 $|J| \neq 0$，即：

$$|J| = \left| \frac{\partial x_i}{\partial a_j} \right| = \begin{vmatrix} \dfrac{\partial x_1}{\partial a_1} & \dfrac{\partial x_1}{\partial a_2} & \dfrac{\partial x_1}{\partial a_3} \\ \dfrac{\partial x_2}{\partial a_1} & \dfrac{\partial x_2}{\partial a_2} & \dfrac{\partial x_2}{\partial a_3} \\ \dfrac{\partial x_3}{\partial a_1} & \dfrac{\partial x_3}{\partial a_2} & \dfrac{\partial x_3}{\partial a_3} \end{vmatrix} \neq 0 \tag{4.2-6}$$

或者简记为：

$$|J| = e_{ijk} \frac{\partial x_i}{\partial a_1} \frac{\partial x_j}{\partial a_2} \frac{\partial x_k}{\partial a_3} = \frac{\mathrm{d}V}{\mathrm{d}V_0} \neq 0 \tag{4.2-7}$$

式中　e_{ijk}——排列张量或置换张量，有：

$$e_{ijk} = \begin{cases} 1 & (i, j, k = 1,2,3 \text{ 或 } 2,3,1 \text{ 或 } 3,1,2) \\ -1 & (i, j, k = 3,2,1 \text{ 或 } 2,1,3 \text{ 或 } 1,3,2) \\ 0 & (i = j \text{ 或 } j = k \text{ 或 } k = i) \end{cases} \tag{4.2-8}$$

3. 物体运动和变形的描述方法

在度量物体的运动和变形时，需要采取一个特定的构型作为基准，即参考构型。参考构型不同，对物体内质点的运动和变形的描述方法亦不同。据此，有两种描述物体运动和变形的方法，即物质描述法和空间描述法。一般而言，前者适宜描述固体，后者更适宜描述流体。

对于物质描述（Lagrange 描述），以初始构型为参考构型，在式(4.2-5)中，取时刻$t = t_0$的位置坐标a_i（$i = 1,2,3$）作为物质质点的标记，即取初始构型为参考构型。这种借助于运动着的具体物质质点（以基准状态的位置坐标来标记）来考察物体运动和变形的方法称为物质描述（或 Lagrange 描述）。Lagrange 描述是以物质坐标a_i（$i = 1,2,3$）和时间t作为独立变量的描述方法。变量a_i（$i = 1,2,3$）和t称为 Lagrange 参数。

对于空间描述（Euler 描述），以当前构型为参考构型，在 Lagrange 描述中，将质点在每一瞬时t的坐标x_i看作时间t和物质坐标a_i的函数，但这种方法并非总是方便的，如在描述河水流动时，没有必要知道其中每个质点的整个运动历史，更为关心的是瞬时的速度场、应力场和密度场等及随时间的演化，只需描绘出各个时刻位于指定的空间各点处的那些质点的运动，而不管这些质点来自何处。亦即，以空间位置坐标x_i（$i = 1,2,3$）和时间t作为独立变量来对之描述更为方便。这种描述方法称为空间描述（或 Euler 描述），变量x_i（$i = 1,2,3$）和t称为 Euler 参数。

质点的 Lagrange 参数和 Euler 参数之间的关系由式(4.2-5)和式(4.2-7)联系着。对于一个给定的质点而言，a_i（$i = 1,2,3$）是质点A在$x = x_i$（$i = 1,2,3$）时的 Lagrange 坐标。

4.2.2　应变分析

1. 任意坐标系下的应变张量

如图 4.2-2 所示，设有一坐标为a_i（$i = 1,2,3$）的曲线坐标系，初始构型中某一点P在某一时刻t的位置用a_i表示，在时间$t + \Delta t$，物体构型发生变化，即产生运动和变形，初始构型中P点移至当前构型中P'点。用一个新的以x_i（$i = 1,2,3$）作为坐标的曲线参考坐标考察变形后的构型，P'点的位置坐标为x_i。两个坐标系均为 Euler 空间坐标系。

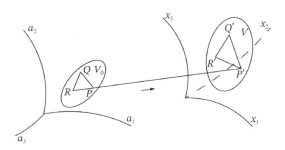

图 4.2-2　物体的运动和变形

在初始构型和当前构型中，相应点是一一对应的，点P和P'之间的关系为：
$$x_i = x_i(a_1, a_2, a_3) \tag{4.2-9}$$
其唯一的反变换关系为：

$$a_i = a_i(x_1, x_2, x_3) \tag{4.2-10}$$

式(4.2-9)和式(4.2-10)中，x_i和a_i都是连续可微的。考察初始构型中任意点P和其相邻点Q与R形成的三角形PQR，对应于当前构型中的$P'Q'R'$。初始构型中点$P(a_1, a_2, a_3)$及其邻点$Q(a_1 + da_1, a_2 + da_2, a_3 + da_3)$间的线元$ds_0$为：

$$ds_0^2 = \left(\overset{\rho_{i(0)}}{\mathbf{g}} da_i\right)\left(\overset{\rho_{j(0)}}{\mathbf{g}} da_j\right) = \mathbf{g}_{ij}^{(0)} da_i da_j = \mathbf{g}_{ij}^{(0)} \frac{\partial a_i}{\partial x_1} \frac{\partial a_j}{\partial x_m} dx_1 dx_m \tag{4.2-11}$$

同理，对于当前构型，点$P'(x_1, x_2, x_3)$及其邻点$Q'(x_1 + dx_1, x_2 + dx_2, x_3 + dx_3)$间的线元$ds$为：

$$ds^2 = \left(\overset{\rho_i}{\mathbf{g}} dx_i\right)\left(\overset{\rho_j}{\mathbf{g}} dx_j\right) = \mathbf{g}_{ij} da_i da_j = \mathbf{g}_{ij} \frac{\partial x_i}{\partial a_1} \frac{\partial x_j}{\partial a_m} da_1 da_m \tag{4.2-12}$$

因此，有：

$$ds_0^2 - ds^2 = \left(\mathbf{g}_{\alpha\beta} \frac{\partial x_\alpha}{\partial a_i} \frac{\partial x_\beta}{\partial a_j} - \mathbf{g}_{ij}^{(0)}\right) da_i da_j = 2\mathbf{E}_{ij} da_i da_j \tag{4.2-13}$$

或：

$$ds^2 - ds_0^2 = \left(\mathbf{g}_{ij} - \mathbf{g}_{\alpha\beta}^{(0)} \frac{\partial a_\alpha}{\partial x_i} \frac{\partial a_\beta}{\partial x_j}\right) dx_i dx_j = 2\mathbf{e}_{ij} dx_i dx_j \tag{4.2-14}$$

式(4.2-13)中$\mathbf{E}_{ij}$为 Green 应变张量，且有：

$$\mathbf{E}_{ij} = \mathbf{g}_{\alpha\beta} \frac{\partial x_\alpha}{\partial a_i} \frac{\partial x_\beta}{\partial a_j} - \mathbf{g}_{ij}^{(0)} \tag{4.2-15}$$

式(4.2-14)中$\mathbf{e}_{ij}$为 Almansi 应变张量，且有：

$$\mathbf{e}_{ij} = \mathbf{g}_{ij} - \mathbf{g}_{\alpha\beta}^{(0)} \frac{\partial a_\alpha}{\partial x_i} \frac{\partial a_\beta}{\partial x_j} \tag{4.2-16}$$

关于初始构型中点P移动至当前构型中点P'的位移，用 Lagrange 描述为：

$$u_i = x_i(a_j, t) - a_i \tag{4.2-17}$$

用 Euler 描述为：

$$u_i = x_i - a_i(x_j, t) \tag{4.2-18}$$

式(4.2-17)和式(4.2-18)中，x_i和a_i对应的变形梯度分别为：

$$\begin{cases} \dfrac{\partial x_i}{\partial a_j} = \dfrac{\partial u_i}{\partial a_j} + \dfrac{\partial a_i}{\partial a_j} = \dfrac{\partial u_i}{\partial a_j} + \delta_{ij} \\ \dfrac{\partial a_i}{\partial x_j} = \dfrac{\partial x_i}{\partial x_j} - \dfrac{\partial u_i}{\partial x_j} = \delta_{ij} - \dfrac{\partial u_i}{\partial x_j} \end{cases} \tag{4.2-19}$$

由式(4.2-15)和式(4.2-16)有：

$$\mathbf{E}_{ij} = \frac{1}{2}\left(\mathbf{g}_{\alpha\beta} \frac{\partial x_\alpha}{\partial a_i} \frac{\partial x_\beta}{\partial a_j} - \mathbf{g}_{ij}^{(0)}\right) = \frac{1}{2}\left(\frac{\partial u_j}{\partial a_i} + \frac{\partial u_i}{\partial a_j} + \frac{\partial u_k}{\partial a_i} \frac{\partial u_k}{\partial a_j}\right) \tag{4.2-20}$$

$$\mathbf{e}_{ij} = \frac{1}{2}\left(\mathbf{g}_{ij} - \mathbf{g}_{\alpha\beta}^{(0)} \frac{\partial a_\alpha}{\partial x_i} \frac{\partial a_\beta}{\partial x_j}\right) = \frac{1}{2}\left(\frac{\partial u_j}{\partial x_i} + \frac{\partial u_i}{\partial x_j} - \frac{\partial u_k}{\partial x_i} \frac{\partial u_k}{\partial x_j}\right) \tag{4.2-21}$$

Green 应变张量$\mathbf{E}_{ij}$是定义初始参考坐标系a_i的，即$\mathbf{E}_{ij}$是 Lagrange 坐标系中的应变张量。而 Almansi 应变张量$\mathbf{e}_{ij}$是定义于当前构型坐标系x_i的，即$\mathbf{e}_{ij}$是 Euler 坐标系中的应变张

量。因为度量张量是对称的，所以E_{ij}和e_{ij}是对称应变张量。

上述推导过程未对变形的大小作任何限制。当为小变形时，位移梯度的分量与单位值相比非常小，即：

$$\begin{cases} \dfrac{\partial u_k}{\partial a_i}\dfrac{\partial u_k}{\partial a_j} << 1 \\ \dfrac{\partial u_k}{\partial x_i}\dfrac{\partial u_k}{\partial x_j} << 1 \end{cases} \tag{4.2-22}$$

式(4.2-22)表明，位移导数的二次项相对于它的一次项可以忽略。考虑作用在函数F的微商运算：

$$\frac{\partial F}{\partial x_i} = \frac{\partial F}{\partial a_j}\frac{\partial a_j}{\partial x_i} = \frac{\partial F}{\partial a_j}\frac{\partial(x_j - u_j)}{\partial x_i} = \frac{\partial F}{\partial a_j}\left(\delta_{ij} - \frac{\partial u_j}{\partial x_i}\right) = \frac{\partial F}{\partial a_i} - \frac{\partial u_j}{\partial x_i}\frac{\partial F}{\partial a_j} \approx \frac{\partial F}{\partial a_i} \tag{4.2-23}$$

这意味着，在小变形条件下的微商运算没有必要区别质点的当前构型中的坐标x_i和在初始构型中的坐标a_i，即：

$$E_{ij} = e_{ij} = \frac{1}{2}\left(\frac{\partial u_i}{\partial a_j} + \frac{\partial u_j}{\partial a_i}\right) = \frac{1}{2}\left(\frac{\partial u_i}{\partial x_j} + \frac{\partial u_j}{\partial x_i}\right) = \varepsilon_{ij} \tag{4.2-24}$$

式中　ε_{ij}——Cauchy 应变张量，即小应变张量。

式(4.2-24)说明，在小应变条件下，Green 应变张量E_{ij}和 Almansi 应变张量e_{ij}退化为 Cauchy 应变张量ε_{ij}，两者在数值上相等。另外，由式(4.2-13)和式(4.2-14)可以看出，在大变形情况下，$ds_0^2 - ds^2 = 0$（或$ds^2 - ds_0^2 = 0$）意味着$E_{ij} = 0$和$e_{ij} = 0$。反之亦然，即物体为刚体运动的充分必要条件是E_{ij}和e_{ij}的所有分量到处为 0。

2. 流动曲线坐标系中的应变张量

采用流动曲线坐标系（即$a_i = x_i = \theta_i$）时，因$\partial x_\alpha / \partial a_i = \delta_{ai}$且$\partial a_\alpha / \partial x_i = \delta_{ai}$，由式(4.2-15)和式(4.2-16)得：

$$E_{ij} = e_{ij} = \frac{1}{2}\left(g_{ij} - g_{ij}^{(0)}\right) \tag{4.2-25}$$

为此，须确定度量张量g_{ij}和$g_{ij}^{(0)}$间的关系。用直角坐标系a_i作辅助参考坐标系，即：

$$a_i = x_i = \theta_i = \theta_i(a_1, a_2, a_3) \tag{4.2-26}$$

于是，对初始构型中点P的矢径$r^{(0)}$和当前构型中P'的矢径r分别为：

$$\begin{cases} r^{(0)} = r^{(0)}(a_1, a_2, a_3) = r^{(0)}(\theta_1, \theta_2, \theta_3) \\ r = r(a_1, a_2, a_3) = r(\theta_1, \theta_2, \theta_3) \end{cases} \tag{4.2-27}$$

设由点P到当前构型中P'的位移为：

$$u = u(a_1, a_2, a_3) = u(\theta_1, \theta_2, \theta_3) = u_r g^r \tag{4.2-28}$$

则有：

$$r = r^{(0)} + u = r^{(0)} + u_r g^r \tag{4.2-29}$$

即：

$$g_i = g_i^{(0)} + \frac{\partial u_\lambda}{\partial \theta_i}g_\lambda = \left(\delta_{i\lambda} + \frac{\partial u_\lambda}{\partial \theta_i}\right)g_\lambda^{(0)} \tag{4.2-30}$$

又因为：

$$g_{ij} = g_i g_j = g_{ij}^{(0)} + g_{\mu i}^{(0)}\frac{\partial u_\mu}{\partial \theta_i} + g_{\lambda j}\frac{\partial u_\lambda}{\partial \theta_j} + g_{\lambda \mu}\frac{\partial u_\mu}{\partial \theta_i}\frac{\partial u_\lambda}{\partial \theta_j} \quad (4.2\text{-}31)$$

由式(4.2-24)得：

$$E_{ij} = e_{ij} = \frac{1}{2}\left(\frac{\partial u_j}{\partial \theta_i} + \frac{\partial u_i}{\partial \theta_j} + \frac{\partial u_k}{\partial \theta_i}\frac{\partial u_k}{\partial \theta_j}\right) \quad (4.2\text{-}32)$$

4.2.3 应力分析

1. 应力张量

应力张量的空间描述是 Cauchy 应力张量或 Euler 应力张量。在大变形问题中，是用从变形后的物体内截取出的微元体来建立平衡方程和与之等效的虚功原理。考虑物体在时刻 t 的当前构型内的有向面元 $n_i \Delta A$，在该面元两侧的介质通过面元相互作用以力 ΔT_i，该力除以面元的面积即为该面元的应力矢量，即：

$$\sigma_i = \lim_{\Delta A \to 0}\frac{\Delta T_i}{\Delta A} = \frac{\mathrm{d}T_i}{\mathrm{d}A} \quad (4.2\text{-}33)$$

经推导可得：

$$\mathrm{d}T_i = \sigma_{ij} n_j \mathrm{d}A \quad (4.2\text{-}34)$$

式中 σ_{ij}——Cauchy 应力张量或 Euler 应力张量。σ_{ij} 是参照当前构型定义的，故它是一种空间描述。

应力张量的物质描述是 Lagrange 应力张量或 Kirchhoff 应力张量。Euler 应力张量是参照当前构型的空间描述。然而，对于大多数问题，当前构型下的边界是在问题解决后才能确定，事前并不清楚，运用上较为困难。故相对于初始构型的物质描述将更为方便。但问题是如何确定初始构型某面上的力 $\mathrm{d}T_0$ 与当前构型相应边界的力 $\mathrm{d}T$ 间的关系。解决该问题必须保持数学上的一致性，通常有两种对应规则——Lagrange 对应规则和 Kirchhoff 对应规则。

1）Lagrange 对应规则

Lagrange 对应规则认为初始构型某面上的力 $\mathrm{d}T_0^{(L)}$ 与当前构型相应边界的力 $\mathrm{d}T$ 相等，包括大小和方向，即：

$$\mathrm{d}T_0^{(L)} = \mathrm{d}T_0 \quad (4.2\text{-}35)$$

于是有：

$$\mathrm{d}T_0^{(L)} = \mathrm{d}T_i = \boldsymbol{T}_{ij}v_{0i}\,\mathrm{d}s_0 \quad (4.2\text{-}36)$$

式中 v_{0i}——$\mathrm{d}s_0$ 上的方向余弦；

       $\boldsymbol{T}_{ij}$——Lagrange 应力张量，见式(4.2-37)；

       其他符号意义同前。

$$\boldsymbol{T}_{ij} = |J|\frac{\partial a_i}{\partial x_\mathrm{m}}\sigma_{\mathrm{m}j} \quad (4.2\text{-}37)$$

2）Krichhoff 对应规则

Krichhoff 对应规则认为 $dT_0^{(K)}$ 与 dT 之间类似于 $da_i = (\partial a_i / \partial x_j)dx_j$ 的变换关系，即：

$$dT_{0i}^{(K)} = \frac{\partial a_i}{\partial x_j}dT_j \tag{4.2-38}$$

于是：

$$dT_{0i}^{(K)} = \frac{\partial a_i}{\partial x_j}dT_j = S_{ij}\upsilon_{0i}dS_0 \tag{4.2-39}$$

即：

$$S_{ij} = |J|\frac{\partial a_i}{\partial x_i}\frac{\partial a_j}{\partial x_m}\sigma_{im} \tag{4.2-40}$$

式中　S_{ij}——Krichhoff 应力张量。

在上述三个应力张量中，S_{ij} 和 σ_{ij} 是二阶对称张量，而 T_{ij} 是二阶非对称张量。由前述，当采用 Lagrange 描述时，Green 应变 E_{ij} 是对称的，而 T_{ij} 是不对称的。若将它们用于本构方程中，将导致非对称本构矩阵，计算时将十分麻烦。故在本构方程中，Lagrange 描述时，用 S_{ij} 和 E_{ij}；Euler 描述时，用 σ_{ij} 和 e_{ij}。T_{ij} 和 S_{ij} 是用 Lagrange 方法描述与当前构型相对应的初始构型中的点的应力状态，而按 Cauchy 原理（Euler 描述）定义的 Euler 应力张量（或 Cauchy 应力张量）σ_{ij} 是用来描述当前构型中的点的应力状态。在变形的某个瞬时，物体本来所具有的实际的真实应力用 σ_{ij} 来表征。

2. 平衡方程

对于微分形式的平衡方程有 Euler 描述和 Lagrange 描述。下面分别说明。

1）Euler 描述

对于变形体，应力与应变是相关的，在外力作用下，变形体是在变形后达到平衡的。故用变形后的当前构型的 Euler 应力 σ_{ij} 描述平衡方程是很自然的。设变形体在当前构型占据的区域为 V、边界为 A，A 由外力边界条件 A_t 和位移边界条件 A_u 两部分组成。在当前构型中单位体积内的体力荷载和表面力荷载分别为 p_i 和 q_i。根据 Cauchy 应力原理，得平衡方程：

$$\frac{\partial \sigma_{ij}}{\partial x_j} + p_i = 0 \tag{4.2-41}$$

$$\sigma_{ij}n_j = q_i \quad (\text{在}A_t\text{上}) \tag{4.2-42}$$

2）Lagrange 描述

设体元 dV 所受的体力荷载和边界 A_t 上的面元 dA 上所受的面力荷载在变形过程中保持不变，也就是保守力荷载的情况，即有：

$$\begin{cases} p_{0i}dV_0 = p_i dV \\ q_{0i}dA_0 = q_i dA \end{cases} \tag{4.2-43}$$

由式(4.2-41)得：

$$\frac{\partial \sigma_{ij}}{\partial x_j} + p_i = \frac{\partial \sigma_{ij}}{\partial a_k}\frac{\partial a_k}{\partial x_j} + p_i = 0 \tag{4.2-44}$$

两端乘以 $|J| = \mathrm{d}V/\mathrm{d}V_0$，则有：

$$|J|\frac{\partial a_k}{\partial x_j}\frac{\partial \sigma_{ij}}{\partial a_k} + p_{0i} = \frac{\partial}{\partial a_k}\left(|J|\frac{\partial a_k}{\partial x_j}\sigma_{ij}\right) - \sigma_{ij}\frac{\partial}{\partial a_k}\left(|J|\frac{\partial a_k}{\partial x_j}\right) + p_{0i} = 0 \tag{4.2-45}$$

注意到，$\sigma_{ij}\frac{\partial}{\partial a_k}\left(\frac{\partial x_j}{\partial a_k}\right) = 0$，因此，有：

$$\frac{\partial}{\partial a_k}\left(|J|\frac{\partial a_k}{\partial x_j}\sigma_{ij}\right) - \sigma_{ij}\frac{\partial}{\partial a_k}\left(\frac{\partial x_i}{\partial a_j}\right) + p_{0i} = \frac{\partial}{\partial a_k}\left(|J|\frac{\partial a_k}{\partial x_j}\sigma_{ij}\right) + p_{0i} = 0 \tag{4.2-46}$$

即：

$$\frac{\partial T_{ji}}{\partial a_k} + p_{0i} = 0 \tag{4.2-47}$$

静力边界条件为

$$T_{ki}N_k + q_{0i} = 0 \tag{4.2-48}$$

当用 Krichoff 应力张量 S_{ij} 表示时，平衡方程和静力边界条件分别为：

$$\frac{\partial}{\partial a_k}\left(S_{1k}\frac{\partial x_i}{\partial a_1}\right) + p_{0i} = 0 \tag{4.2-49}$$

$$S_{1k}\frac{\partial x_i}{\partial a_1}N_k = q_{0i} \tag{4.2-50}$$

积分形式的平衡方程也可用虚功方程描述。对于 Euler 描述，考虑一个在 V 内的单值连续的无限小位移变分（虚位移）δu_i，且 $u_i + \delta u_i$ 满足在 A_u 上的边界条件，即在 A_u 上，$\delta u_i = 0$。根据虚功原理，得：

$$\int_V \sigma_{ij}\delta\varepsilon_{ij}\,\mathrm{d}V = \int_V p_i\delta u_i\,\mathrm{d}V + \int_{A_u} q_i\delta u_i\,\mathrm{d}A \tag{4.2-51}$$

对于 Lagrange 描述，利用上述各关系，Euler 描述形式的虚功方程很容易转化为物质描述的虚功方程，即：

$$\int_{V_0} S_{ij}\delta E_{ij}\,\mathrm{d}V = \int_{V_0} p_{0i}\delta u_i\,\mathrm{d}V_0 + \int_{A_{0u}} q_{0i}\delta u_i\,\mathrm{d}A_0 \tag{4.2-52}$$

4.2.4　大变形情况下的本构关系

由于岩体的基本特性是非线性的，因此岩体的变形包括材料非线性、几何非线性和状态非线性。岩体变形表现出非线性特征，且变形与应变历史和加载路径有关，本构关系所表达的是一种瞬态关系。在描述本构关系时，通常按当前构型用 Euler 参数描述，即用 Euler 应力 σ_{ij} 和 Almansi 应变 ε_{ij} 来表达应力和应变的关系。

1. 弹塑性本构方程

弹塑性本构关系分为两类：一为全量理论（即塑性力学形变理论，以 I'llusin 形变理论为代表）；二为增量理论（即塑性流动理论）。弹塑性屈服函数表示为：

$$f(\sigma_{ij}, \eta) = 0 \tag{4.2-53}$$

式中　σ_{ij}——Euler 应力张量；

η——内状态变量（可以是等效塑性应变等）。

1）I'llusin 形变理论

I'llusin 形变理论假设：材料各向同性；应力主方向与应变主方向重合，且在整个过程中主方向保持不变；平均主应力 σ_m 与平均主应变 e_m 成比例关系，且它们之间的比例函数在弹性状态和塑性状态是一样的，即体积变形是弹性的；应变偏量 e'_{ij} 与应力偏量 σ'_{ij} 相似且同轴线，即 $e'_{ij} = \psi\sigma'_{ij}$；等效应力 σ_e 是等效应变 e_e 的函数，且函数关系由试验确定。于是，在弹性状态有：

$$\sigma_e = \frac{3E}{2(1+\mu)}e_e \tag{4.2-54}$$

式中　E——弹性模量；

　　　μ——泊松比。

当进入塑性状态时，有：

$$\sigma_e = E'e_e \tag{4.2-55}$$

或者：

$$\sigma'_{ij} = \frac{E'}{2(1+\mu)}e'_{ij} \tag{4.2-56}$$

式中　E'——σ_e 与 e_e 对应点的割线模量。

当忽略塑性状态时的弹性变形时，即 $\mu = 0.5$，有：

$$\sigma'_{ij} = \frac{E'}{3}e'_{ij} \tag{4.2-57}$$

2）塑性流动理论

塑性流动理论是一种增量形式的理论，它包括刚塑性理论（lévy-Miss 塑性流动理论）和弹塑性理论（Prandte-Reuss 塑性流动理论）。

lévy-Miss 塑性流动理论认为塑性阶段可以忽略弹性应变不计，即：

$$d\boldsymbol{e}_{ij} = d\boldsymbol{e}_{ij}^{(e)} + d\boldsymbol{e}_{ij}^{(p)} = d\boldsymbol{e}_{ij}^{(p)} \tag{4.2-58}$$

尽管 levy-Miss 塑性流动理论比较适合大变形的情况，但是该理论基于以下几点使得应用受到一定的限制：它不能计算由于变形不均匀引起的残余应力与残余变形；虽然可以由已知应变分量增量计算出应力偏量分量，但一般不能计算出应力分量；对于无硬化的理想塑性体，若已知应力分量可算出应力偏量，但不能求出应变增量的分量值，只能算出一个比值；在变形体内各点的变形往往是不均匀的，既有塑性变形区，也有弹塑性变形区，甚至还有临界区（从弹性到塑性的过渡区），忽略弹性变形时有时会得出不完善的结果，甚至造成较大的误差。因此，在应用中通常用较 lévy-Miss 塑性流动理论更为完善的 Prandte-Reuss 理论。

Prandte-Reuss 塑性流动理论认为物体内一点的总应变增量应由弹性应变增量和塑性应变增量两部分组成，即：

$$\begin{cases} d\boldsymbol{e}_{ij} = d\boldsymbol{e}_{ij}^{(e)} + d\boldsymbol{e}_{ij}^{(p)} \\ d\boldsymbol{e}_{ij}^{(e)} = \dfrac{1+\mu}{E}d\boldsymbol{\sigma}_{ij} - \dfrac{\mu}{E}\delta_{ij}d\sigma_{kk} = \dfrac{1+\mu}{E}d\boldsymbol{\sigma}'_{ij} - \dfrac{1-2\mu}{3E}\delta_{ij}d\sigma_{kk} \\ d\boldsymbol{e}_{ij}^{(p)} = d\lambda\boldsymbol{\sigma}'_{ij} \end{cases} \tag{4.2-59}$$

式(4.2-59)中$d\lambda$为比例因子，对各向同性硬化材料，它为荷载与点的位置坐标有关的函数。对不同材料，由于本身的物理机械能不同，$d\lambda$函数也不同。

塑性变形功的增量$\Delta W^{(p)}$为：

$$\Delta W^{(p)} = \frac{1}{2}\sigma'_{ij}\,de_{ij}^{(p)} = \frac{1}{2}\sigma'_{ij}\,d\lambda\sigma'_{ij} = \frac{1}{2\,d\lambda}\,de_{ij}^{(p)}\,de_{ij}^{(p)} \qquad (4.2\text{-}60)$$

且：

$$d\lambda = \frac{2}{3}\sqrt{\frac{de_{ij}^{(p)}\,de_{ij}^{(p)}}{\sigma'_{ij}\sigma'_{ij}}} \qquad (4.2\text{-}61)$$

因此：

$$de_{ij} = \frac{1+\mu}{E}d\sigma'_{ij} + \frac{1-2\mu}{3E}\delta_{ij}\,d\sigma_{kk} + d\lambda\sigma'_{ij} \qquad (4.2\text{-}62)$$

上式只适用于加载过程中，而在卸载过程中应力和应变服从弹性规律。为此，引入一个荷载性质的判断因子a^*。于是，既适用于加载和中性变载，又适用于卸载的 Prandte-Reuss 塑性流动理论的本构方程为：

$$de_{ij} = \frac{1+\mu}{E}d\sigma'_{ij} + \frac{1-2\mu}{3E}\delta_{ij}\,d\sigma_{kk} + a^*\,d\lambda\sigma'_{ij} \qquad (4.2\text{-}63)$$

且：

$$a^* = \begin{cases} 1 & [\text{加载过程}(df>0, d\sigma_e>0)\text{和中性过程}] \\ 0 & [\text{卸载过程}(df<0, d\sigma_e<0)] \end{cases} \qquad (4.2\text{-}64)$$

式中　f——屈服函数，$f = f(\sigma_{ij}) = C$，C为屈服面，当采用 Mises 屈服条件时，屈服函数可以写为：

$$f = f(\sigma_{ij}) = \sigma'_{ij}\sigma'_{ij} = \frac{2}{3}\sigma_e^2 \qquad (4.2\text{-}65)$$

式(4.2-63)的逆形式为：

$$d\sigma_{ij} = \frac{1+\mu}{E}\left(de_{ij} + \frac{1-2\mu}{3E}\delta_{ij}\,de_m - a^*\,d\lambda\sigma'_{ij}\right) \qquad (4.2\text{-}66)$$

或者：

$$d\sigma_{ij} = \frac{E}{1+\mu}\left[\left(\delta_{ik}\delta_{jl} + \frac{\mu}{1-2\mu}\delta_{ij}\delta_{kl}\right)de_{kl} - a^*\,d\lambda\sigma'_{ij}\right] \qquad (4.2\text{-}67)$$

2. 黏性本构方程

在空间描述中，黏性体的本构方程可表述为：

$$\sigma_{ij} = -p\delta_{ij} + D_{ijkl}V_{kl} \qquad (4.2\text{-}68)$$

式中　D_{ijkl}——流体性质模量；

　　　p——静压力；

　　　δ_{ij}——静止流体（$V_{ij}=0$）中可能应力状态；

　　　V_{kl}——体变形速率，$V_{kl} = (1/2)[(\partial v_k/\partial x_l) + (\partial v_l/\partial x_k)]$；

v_i——物体瞬时运动的速度矢量场，$v_i = v_i(x_j, t)$。

对于 Stokes 流体，是指平均应力 $\sigma_\mathrm{m} = \sigma_{kk}/3$ 与体变形速率无关的各向同性流体，本构方程为：

$$\sigma_{ij} = -p\delta_{ij} + 2\eta V_{ij} - \frac{2}{3}\eta V_{kk}\delta_{ij} \tag{4.2-69}$$

式中　η——黏性系数。

对于 Newton 流体，是指不可压缩流体，本构方程为：

$$\sigma_{ij} = -p\delta_{ij} + 2\eta V_{ij} \tag{4.2-70}$$

对于 Bingham 流体，是指有屈服应力的流体，本构方程为：

$$\begin{cases} V_{ij} = 0 \quad (\text{当} J_2 = \sigma'_{ij}\sigma'_{ij}/2 < \tau_\mathrm{s}^2) \\ V_{ij} = \lambda\sigma'_{ij} = (J_{2\mathrm{s}}/\sigma_\mathrm{s})\sigma' \quad (\text{当} J_2 = \tau_\mathrm{s}^2) \end{cases} \tag{4.2-71}$$

式中　$J_{2\mathrm{s}}$——变形率张量的第二不变量，$J_{2\mathrm{s}} = \left[(1/2)V_{ij}V_{ij}\right]^{1/2}$。

4.3　离散元法基本理论与数值模拟方法

离散元法由 Cundall1971 年提出，是解决岩土工程问题的一个重要方法。离散元法的基本特征在于允许各离散块体发生平移、转动，甚至相互分离，特别适合不连续介质的大变形及破坏问题的分析。离散元法的解题思想是动态松弛法。动态松弛法的实质是对临界阻尼振动方程逐步积分。为了求得准静态解，一般用刚度阻尼和质量阻尼吸收系统的动能。当阻尼系数稍小于临界值时，系统振动将以尽可能快的速度消失，同时函数收敛于静态值。这种带有阻尼项的动态平衡方程，通过显式有限差分法的标准替代并借助计算机可以很容易地求解。由于求解公式是时间的线性函数，整个计算过程只需要直接代换，即利用前一次迭代的函数值计算新的函数值，这是动态松弛法的最大优点。此外，还有如下优点：只要能建立控制微分方程，整个求解过程就简便易行；能够方便地处理各种边界条件和加载方式；由于动态松弛求解的微分方程阶数较低，应用一般的显式中心差分法即可得到较为精确的解。

离散元法利用显式中心差分法进行动态松弛求解，不需要解大型矩阵，计算比较简便，而且允许单元有很大的平移、转动甚至完全分离，可以求解高度非线性问题和不稳定问题。这对于基于小变形理论的有限单元法是难以实现的。而且，即使基于大变形理论的有限单元法，在进行接触分析时，若系统本身不稳定，则会出现严重不收敛问题。

离散元法的理论基础是结合不同本构关系的牛顿第二运动定律。其原理虽然比较简单，但在解决非连续介质大变形问题时是非常实用的。进行离散元法分析时，首先将所研究的区域划分成一个个分离的多边形块体单元，单元之间可以是角-角接触、角-边接触或边-边接触。随着单元的平移和转动，可以不断地调整各个单元之间的接触关系。块体单元最终可能达到平衡状态，也可能一直运动下去。

对于离散元的单元，从几何形状上分，可以是多边形也可以是圆形；从性质上分，可以是刚性块体，也可以是可变形块体。由于离散元最早是基于多边形刚性块体模型发展起来的，这种计算模型对于解决一般的低应力问题是合理、适用的。在此，先介绍刚体离散元法的基本原理。

4.3.1 刚体离散元法的基本原理

1. 块体接触的物理模型

在非连续介质中，若各个块体自身的弹性变形与其整体的变形相比很小时，完全可以将块体的变形假想为块体之间的接触"叠合"（图4.3-1a），即一个块体的边与另一个块体的角之间的"叠合"。一般情况下，两块体"叠合"的大小与块体尺寸之比很小。刚体离散元法的单元之间就是靠它们之间的接触"叠合"来相互作用的，其对应的力学模型如图4.3-1（b）所示。在图4.3-1（b）中，C 表示接触点，d_n、k_n 分别表示法向的黏性和弹性元件，d_s、k_s 分别表示切向的黏性和弹性元件，u 表示库仑阻尼元件，d_m 是质量阻尼元件。也就是说接触单元之间是由一些弹性、黏性和塑性等元件连接的，实际上组成了一个振动系统。

2. 块体之间的接触本构关系

块体之间最基本的接触关系是角-边接触。边-边接触可以看成是由两个角-边接触组成的。块体之间的接触力可分为法向力和切向力。设块体之间的法向力 F_n 正比于它们之间沿法向的"叠合"变形 U_n（图4.3-2a），即：

$$F_n = K_n U_n \tag{4.3-1}$$

式中　K_n——接触点的法向刚度（力/位移）；

　　　F_n——接触点的法向力；

　　　U_n——接触点的法向位移。

由于切向力与其加载路径和运动历史有关，可用增量的形式表示（图4.3-2b）。在一个时步内，设切向力增量 ΔF_s 与两块体之间的相对切向位移增量 ΔU_s 成正比：

$$\Delta F_s = K_s \Delta U_s \tag{4.3-2}$$

式中　K_s——接触点切向刚度（力/位移）；

　　　ΔF_s——接触点切向力增量；

　　　ΔU_s——接触点切向位移增量。

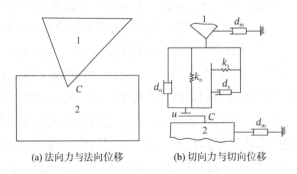

(a) 法向力与法向位移　　　　(b) 切向力与切向位移

图 4.3-1　块体接触物理模型

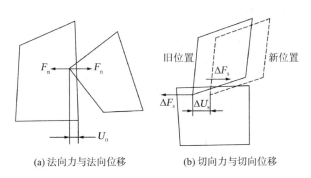

(a) 法向力与法向位移　　　(b) 切向力与切向位移

图 4.3-2　力和位移的关系

于是，块体在新位置时的切向力F_s可表示为：

$$F_s = F_s' + \Delta F_s \tag{4.3-3}$$

式中　F_s——新位置的切向力；

$\quad\quad F_s'$——旧位置时的切向力；

$\quad\quad \Delta F_s$——接触点的切向力增量。

法向刚度和切向刚度，一般可由弹性波传播速度导出。而波速可由试验室测定完整岩块的弹性参数计算出，也可直接利用地球物理方法现场测得。在此采用下面方法计算接触刚度。设岩体被厚度为b的不连续面所切割，且不连续面的弹性模量为E。如图 4.3-3 所示，块体之间由两个弹簧连接，根据弹性力学理论有：

$$\sigma = E\varepsilon \tag{4.3-4}$$

式中　σ——应力；

$\quad\quad \varepsilon$——应变；

$\quad\quad E$——弹性模量。

式(4.3-4)可写为

$$2(K_n U_n)/S = E(U_n/b) \tag{4.3-5}$$

式中　S——接触面积；其余符号意义同前。

设块体厚度为 1 个单位厚度，则$S = a$。于是，式(4.3-5)可以改写为：

$$K_n = \frac{Ea}{2b} \tag{4.3-6}$$

而切向刚度K_s可由下式计算：

$$K_s = \frac{K_n}{2(1+\mu)} \tag{4.3-7}$$

式中　μ——泊松比；其余符号意义同前。

若不连续面是没有厚度的，式(4.3-6)中b应为块体的宽度。需要指出的是，当块体之间形成角-角接触时，实际上即使是一个很小的"叠合"，也会造成块体沿角发生断裂。因此，块体之间角-角接触需有一定的判据。图 4.3-4 为块体角-角接触条件。

解决块体之间角-角接触的另一方法是将棱角圆弧化（图 4.3-5）。设$n(n_x, n_y)$是接触面的单位法向矢量，$c(x_c, y_c)$是接触点坐标，$c_1(x_1, y_1)$和$c_2(x_2, y_2)$分别是两个圆弧角的圆心坐

标。从图 4.3-5 中能够得到如下关系:

$$\begin{cases} n_x = (x_2 - x_1)/D_{12} \\ n_y = (y_2 - y_1)/D_{12} \\ D_{12} = \sqrt{(x_2 - x_1)^2 + (y_2 - y_1)^2} \end{cases} \tag{4.3-8}$$

$$\begin{cases} x_c = x_1 + n_x D \\ y_c = y_1 + n_y D \\ D = R_1 - R_2 + D_{12} \end{cases} \tag{4.3-9}$$

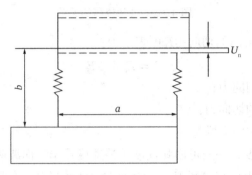

图 4.3-3　块体接触计算模型

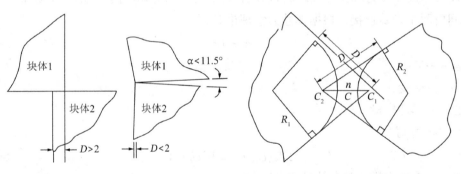

图 4.3-4　块体角-角接触形成条件　　　图 4.3-5　块体棱角底圆弧化

3. 基本运动方程及其解法

1）力和位移的关系

离散元法是一种动态松弛法,其运动方程与胡克定律互相独立。力在一个较短的时步内只能传递到一个单元(图 4.3-6)。由于时步选取得非常小,所以,每一单元在一个时步内只能以很小的位移跟其相连单元作用,而与较远的单元无关系。对于每个单元的运动,可用牛顿第二定律作为基本方程来描述:

$$\begin{cases} m\ddot{u} = F \\ I\ddot{\theta} = M \end{cases} \tag{4.3-10}$$

式中　F、M——作用于单元重心上的合力和合力矩;

　　　m、I——单元的质量和转动惯量;

　　　θ——单元绕其重心的转角。

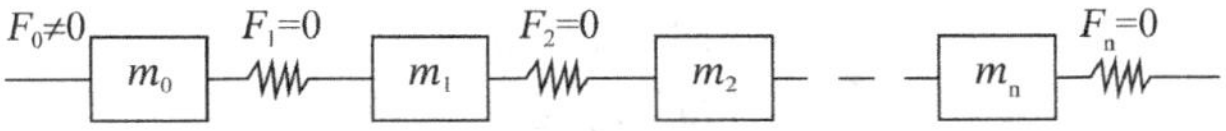

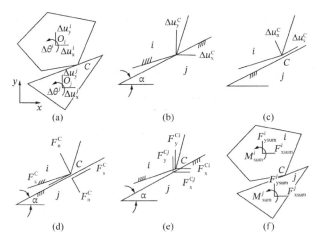

图 4.3-6　质量块m_0受力F_0后的瞬时传递特性

由于假定单元是刚性的，因此单元间的相对位移增量完全由单元的几何尺寸、重心平移和单元绕其重心的转角大小来决定，具体计算步骤如图 4.3-7。

图 4.3-7 中所示各量都是正的。如图 4.3-7（a）所示，设块体i的重心O_i坐标为(x_i, y_i)；块体j的重心O_j坐标为(x_j, y_j)；接触点C的坐标为(x_C, y_C)。在t时刻，块体沿x和y方向的位移增量分别为$\Delta u_x(t)$和$\Delta u_y(t)$，绕其重心的转角增量为$\Delta\theta(t)$。通过以上各量，可得块体i相对于块体j在接触点C的位移增量Δu_x^C、Δu_y^C（图 4.3-7b）：

$$\begin{cases} \Delta u_x^C(t) = \Delta u_x^i(t) - \Delta u_x^j(t) - \Delta\theta^i(t)\cdot(y_C - y_i) + \Delta\theta^j(t)\cdot(y_C - y_j) \\ \Delta u_y^C(t) = \Delta u_y^i(t) - \Delta u_y^j(t) - \Delta\theta^i(t)\cdot(x_C - x_i) - \Delta\theta^j(t)\cdot(x_C - x_j) \end{cases} \tag{4.3-11}$$

图 4.3-7　离散元法的计算循环示意图

通过坐标变换，可以将x、y方向的位移增量$\Delta u_x^C(t)$、$\Delta u_y^C(t)$变换成法向和切向的位移增量$\Delta u_n^C(t)$、$\Delta u_s^C(t)$（图 4.3-7c）：

$$\begin{cases} \Delta u_n^C(t) = \Delta u_y^C(t)\cdot\cos\alpha - \Delta u_x^C(t)\cdot\sin\alpha \\ \Delta u_s^C(t) = \Delta u_x^C(t)\cdot\cos\alpha + \Delta u_y^C(t)\cdot\sin\alpha \end{cases} \tag{4.3-12}$$

由式(4.3-10)～式(4.3-12)，可得接触点的法向力$F_n^C(t)$、切向力$F_s^C(t)$（图 4.3-7d）：

$$\begin{cases} F_n^C(t) = F_n^C(t-\Delta t) - \Delta u_n^C(t)\cdot K_n \\ F_s^C(t) = F_s^C(t-\Delta t) + \Delta u_s^C(t)\cdot K_s \end{cases} \tag{4.3-13}$$

式中　$F_n^C(t-\Delta t)$和$F_s^C(t-\Delta t)$——在$t-\Delta t$时刻接触点的法向力和切向力。

又由阻尼理论，可得刚度阻尼力的法向和切向分量$D_n^C(t)$、$D_s^C(t)$分别为：

$$\begin{cases} D_n^C(t) = -\beta K_n\cdot\Delta u_n^C(t) \\ D_s^C(t) = -\beta K_s\cdot\Delta u_s^C(t) \end{cases} \tag{4.3-14}$$

式中　β——块体的刚度阻尼比例系数。

根据不抗拉条件，若$F_n^C < 0$，则令下面几个变量为：

$$\begin{cases} F_{\mathrm{n}}^{\mathrm{C}}(t) = 0 \\ D_{\mathrm{n}}^{\mathrm{C}}(t) = 0 \\ F_{\mathrm{s}}^{\mathrm{C}}(t) = 0 \\ D_{\mathrm{s}}^{\mathrm{C}}(t) = 0 \end{cases} \tag{4.3-15}$$

再根据接触本构关系，判断是否是塑性破坏。如对于 Mohr-Coulomb 准则，若 $|F_{\mathrm{s}}^{\mathrm{C}}(t)| > |c + \tan\varphi \cdot F_{\mathrm{n}}^{\mathrm{C}}(t)|$，则：

$$F_{\mathrm{s}}^{\mathrm{C}}(t) = |c + \tan\varphi \cdot F_{\mathrm{n}}^{\mathrm{C}}(t)|\,\mathrm{sign}\big(F_{\mathrm{s}}^{\mathrm{C}}(t)\big) \tag{4.3-16}$$

式中　c——内聚力；

　　　φ——内摩擦角。

此时接触是滑动接触，库仑阻尼就足以消耗块体动能，不需再加刚度阻尼，即：

$$D_{\mathrm{s}}^{\mathrm{C}}(t) = 0 \tag{4.3-17}$$

通过反变换，将式(4.3-13)中的法向力和切向力分别转换成 x 和 y 方向的力（图 4.3-7e）。对于 j 块体单元有：

$$\begin{cases} F_{\mathrm{y}}^{\mathrm{C}j}(t) = \big(F_{\mathrm{s}}^{\mathrm{C}}(t) + D_{\mathrm{s}}^{\mathrm{C}}(t)\big)\cdot\sin\alpha - \big(F_{\mathrm{n}}^{\mathrm{C}}(t) + D_{\mathrm{n}}^{\mathrm{C}}(t)\big)\cdot\cos\alpha \\ F_{\mathrm{x}}^{\mathrm{C}j}(t) = \big(F_{\mathrm{s}}^{\mathrm{C}}(t) + D_{\mathrm{s}}^{\mathrm{C}}(t)\big)\cdot\cos\alpha + \big(F_{\mathrm{n}}^{\mathrm{C}}(t) + D_{\mathrm{n}}^{\mathrm{C}}(t)\big)\cdot\sin\alpha \end{cases} \tag{4.3-18}$$

由作用力和反作用力大小相等、方向相反原理，i 块体在接触点 C 所受的力为：

$$\begin{cases} F_{\mathrm{y}}^{\mathrm{C}i}(t) = -F_{\mathrm{y}}^{\mathrm{C}j}(t) \\ F_{\mathrm{x}}^{\mathrm{C}i}(t) = -F_{\mathrm{x}}^{\mathrm{C}j}(t) \end{cases} \tag{4.3-19}$$

由于一个块体在一般情况下与多个块体接触，因此，一个块体可能受到多个力的作用。这些力可合成为 x 和 y 方向的合力 F_{xsum}、F_{ysum} 以及合力矩 M_{sum}（图 4.3-7f）：

$$\begin{cases} F_{\mathrm{xsum}}^{i}(t) = \sum F_{\mathrm{x}}^{\mathrm{C}i}(t) + F_{\mathrm{xload}}^{i} \\ F_{\mathrm{ysum}}^{i}(t) = \sum F_{\mathrm{y}}^{\mathrm{C}i}(t) + F_{\mathrm{yload}}^{i} + F_{\mathrm{grav}}^{i} \\ M_{\mathrm{sum}}^{i}(t) = \sum \big[F_{\mathrm{y}}^{\mathrm{C}i}(t)\cdot(x_{\mathrm{C}} - x_i) - F_{\mathrm{x}}^{\mathrm{C}i}(t)\cdot(y_{\mathrm{C}} - y_i)\big] \end{cases} \tag{4.3-20}$$

式中　F_{xload}、F_{yload}——块体 i 所受的 x 和 y 方向的荷载，且作用于块体的重心上；

　　　F_{grav}^{i}——块体所受的重力，$F_{\mathrm{grav}}^{i} = m^i g$，$g$ 是重力加速度；

　　　$\sum$——作用于块体 i 上的所有接触力求和。

2）基本运动方程

如果考虑质量阻尼，则块体 i 的运动方程可表示为：

$$\begin{cases} m^i \ddot{u}_{\mathrm{x}}^i(t) + \alpha m^i \cdot \dot{u}_{\mathrm{x}}^i(t) = F_{\mathrm{xsum}}^i(t) \\ m^i \ddot{u}_{\mathrm{y}}^i(t) + \alpha m^i \cdot \dot{u}_{\mathrm{y}}^i(t) = F_{\mathrm{ysum}}^i(t) + m^i g \\ I^i \ddot{\theta}^i(t) - \alpha I^i \cdot \dot{\theta}^i(t) = M_{\mathrm{sum}}^i(t) \end{cases} \tag{4.3-21}$$

式中　a——块体质量阻尼比例系数；

m^i、I^i——块体 i 的质量和转动惯量；其余符号意义同前。

3）运动方程的求解

式(4.3-21)中三个运动方程为时间t的非线性微分方程，只能用数值方法求解。采用显式 Newmark 法可求解这类微分方程。这些微分方程可以归结为如下的形式：

$$\ddot{x} + \alpha\dot{x} = \frac{1}{m}F(x,\dot{x}) \tag{4.3-22}$$

式中　x、$\dot{x}$、$\ddot{x}$——广义的位移、速度及加速度；

　　　　m——广义质量；

　　　　α——广义阻尼系数；

　　　　$F(x,\dot{x})$——以x、$\dot{x}$为函数的非线性力。

设$a(t)$、$V(t)$和$F(t)$分别为t时刻的加速度、速度和力。开始时刻$t_0 = 0$，时步为Δt，则式(4.3-22)可以改写为：

$$a(t) + \alpha \cdot V(t) = \frac{1}{m}F(t) \tag{4.3-23}$$

这样就可以用显式 Newmark 法对式(4.3-23)进行积分。过程如下，在时刻$t + \Delta t/2$和时刻$t - \Delta t/2$的速度分别为：

$$\begin{cases} V(t + \Delta t/2) = V(t) + a(t)\cdot(\Delta t/2) \\ V(t) = V(t - \Delta t/2) + a(t)\cdot(\Delta t/2) \end{cases} \tag{4.3-24}$$

则在时刻t的加速度可以由式(4.3-24)求出：

$$a(t) = \frac{V(t + \Delta t/2) - V(t - \Delta t/2)}{\Delta t} \tag{4.3-25}$$

类似地，可求得在时刻t的速度：

$$V(t) = \frac{V(t + \Delta t/2) + V(t - \Delta t/2)}{2} \tag{4.3-26}$$

在时刻$t + \Delta t/2$的速度可以由式(4.3-22)、式(4.3-25)和式(4.3-26)求出：

$$V(t + \Delta t/2) = \frac{1}{1 + \alpha\cdot(\Delta t/2)}\left\{ [1 - \alpha(\Delta t/2)]\cdot V(t - \Delta t/2) + \frac{1}{m}F(t)\cdot\Delta t \right\} \tag{4.3-27}$$

进而，可求得$t + \Delta t/2$时的位置：

$$d_{n+1} = d_n + V(t + \Delta t/2)\cdot\Delta t \tag{4.3-28}$$

通过上述方法就可以求解非线性微分方程式(4.3-22)。其中，中间时刻$t + \Delta t/2$的速度是一个重要的中间变量，通过它就可以方便地求得块体的新位置和当前时刻的加速度。这便是一阶中心差分法。

按照上述方法，具体对式(4.3-21)进行一阶中心差分，可得：

$$\begin{cases} \dfrac{\dot{u}_{\mathrm{x}}^i(t + \Delta t/2) - \dot{u}_{\mathrm{x}}^i(t - \Delta t/2)}{\Delta t} = \dfrac{F_{\mathrm{xsum}}^i(t)}{m^i} - \alpha\dfrac{\dot{u}_{\mathrm{x}}^i(t + \Delta t/2) + \dot{u}_{\mathrm{x}}^i(t - \Delta t/2)}{2} \\[3mm] \dfrac{\dot{u}_{\mathrm{y}}^i(t + \Delta t/2) - \dot{u}_{\mathrm{y}}^i(t - \Delta t/2)}{\Delta t} = \dfrac{F_{\mathrm{ysum}}^i(t)}{m^i} - \alpha\dfrac{\dot{u}_{\mathrm{y}}^i(t + \Delta t/2) + \dot{u}_{\mathrm{y}}^i(t - \Delta t/2)}{2} \\[3mm] \dfrac{\dot{\theta}^i(t + \Delta t/2) - \dot{\theta}^i(t - \Delta t/2)}{\Delta t} = \dfrac{M_{\mathrm{sum}}^i(t)}{I^i} - \alpha\dfrac{\dot{\theta}^i(t + \Delta t/2) + \dot{\theta}^i(t - \Delta t/2)}{2} \end{cases} \tag{4.3-29}$$

从而求出$t + \Delta t/2$时刻的各速度分量（图 4.3-8a）：

$$\begin{cases} \dot{u}_x^i(t+\Delta t/2) = \left[\dot{u}_x^i(t-\Delta t/2) \cdot \left(1 - \dfrac{\alpha \Delta t}{2}\right) + \dfrac{F_{xsum}^i(t)}{m^i} \Delta t \right] \Big/ \left(1 + \dfrac{\alpha \Delta t}{2}\right) \\[3mm] \dot{u}_y^i(t+\Delta t/2) = \left[\dot{u}_y^i(t-\Delta t/2) \cdot \left(1 - \dfrac{\alpha \Delta t}{2}\right) + \left(\dfrac{F_{ysum}^i(t)}{m^i} + g\right) \Delta t \right] \Big/ \left(1 + \dfrac{\alpha \Delta t}{2}\right) \\[3mm] \dot{\theta}^i(t+\Delta t/2) = \left[\dot{\theta}^i(t-\Delta t/2) \cdot \left(1 - \dfrac{\alpha \Delta t}{2}\right) + \dfrac{M_{sum}^i(t)}{I^i} \Delta t \right] \Big/ \left(1 + \dfrac{\alpha \Delta t}{2}\right) \end{cases} \tag{4.3-30}$$

由式(4.3-30)，又可得$t+\Delta t$时刻的位移增量（图4.3-8a）及位移（图4.3-8b）：

$$\begin{cases} \Delta u_x^i(t+\Delta t/2) = \Delta \dot{u}_x^i(t+\Delta t/2) \cdot \Delta t \\ \Delta u_y^i(t+\Delta t/2) = \Delta \dot{u}_y^i(t+\Delta t/2) \cdot \Delta t \\ \Delta \theta^i(t+\Delta t/2) = \Delta \dot{\theta}^i(t+\Delta t/2) \cdot \Delta t \end{cases} \tag{4.3-31}$$

$$\begin{cases} u_x^i(t+\Delta t/2) = u_x^i(t) + \Delta u_x^i(t+\Delta t/2) \\ u_y^i(t+\Delta t/2) = u_y^i(t) + \Delta u_y^i(t+\Delta t/2) \\ \theta^i(t+\Delta t/2) = \theta^i(t) + \Delta \theta^i(t+\Delta t/2) \end{cases} \tag{4.3-32}$$

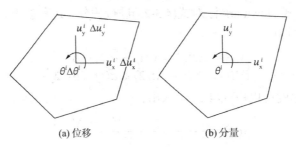

(a) 位移 (b) 分量

图4.3-8 位移和速度分量

前面各式都是对i块体进行推导的，对于其他块体也有类似的表达式。以上的离散元法公式推导完成了一个计算循环，即块体从t时刻的位置$u_x(t)$、$u_y(t)$和$\theta(t)$，运动到$t+\Delta t$时刻的位置$u_x(t+\Delta t)$、$u_y(t+\Delta t)$和$\theta(t+\Delta t)$。按照与上面同样的计算步骤，由新的位移$u_x(t+\Delta t)$、$u_y(t+\Delta t)$和$\theta(t+\Delta t)$，能够得到新的合力$F_x(t+\Delta t)$、$F_y(t+\Delta t)$和合力矩$M(t+\Delta t)$。应用牛顿第二运动定律，从而推出加速度$\ddot{u}_x(t+\Delta t)$和$\ddot{u}_y(t+\Delta t)$、角加速度$\ddot{\theta}_x(t+\Delta t)$和$\ddot{\theta}_y(t+\Delta t)$。进一步应用中心差分法可得新速度$\dot{u}_x(t+3\Delta t/2)$、$\dot{u}_y(t+3\Delta t/2)$和$\dot{\theta}_y(t+3\Delta t/2)$及新位移$\dot{u}_x(t+2\Delta t)$、$\dot{u}_y(t+2\Delta t)$和$\theta(t+2\Delta t)$。如此迭代下去，直到求得满意的计算为止。离散元法的求解过程如图4.3-9所示。

图4.3-9 离散元法的计算循环

应该看到，上述数值方法的主要缺点是显式计算所固有的，即数值分析的收敛是有条件的，计算时步只有小于一极限值才能保证计算的收敛和稳定。其物理含义是，对系统中的某一点扰动，在非常短的时间内，该扰动只对与该点相邻的单元有影响，对系统中的其他点没有贡献。对于这样的非线性问题，时步的极限值可按 Cundall（1971）给出的公式估计：

$$\Delta t \leqslant T_{\min}/10 \qquad\qquad (4.3\text{-}33)$$

$$T_{\min} = 2\pi \min_{1\leqslant i\leqslant n} \sqrt{m_i/K_i} \qquad\qquad (4.3\text{-}34)$$

式中　$T_{\min}$——任一单元的最小固有振动周期；

　　　　m_i——i块体质量；

　　　　K_i——i块体刚度；

　　　　n——块体总数。

4.3.2　可变形块体离散元的基本原理

前面所介绍的刚性块体模型，主要适合于求解岩体应力水平较低，且可以不考虑材料弹性变形的情况。此时，整个岩体结构的稳定性由不连续面控制。在应力水平不高时，节理岩体的变形与破坏性质主要由节理控制，通常可以忽略块体本身的变形，因此采用刚体离散元是合理、适用的。

然而，在岩体埋藏较深或构造应力量级较大的情况下，岩体的变形特性就不仅仅取决于节理、断层等结构面。而当岩体受到很大的动荷载时，完整岩石本身的变形与其刚体位移相比是不容忽略的。在这些情况下，不仅要有模拟节理弱面的不连续单元，而且还应有能模拟连续介质弹性应变的变形单元。后者就是所要讲述的可变形块体离散元。

可变形离散单元按其变形程度分为充分变形和简单变形两种。Cundall（1971）提出的方法是不连续单元模拟节理的变形，用连续介质模型模拟块体的弹塑性变形，这就是可变形块体模型（Deformable Block Model）。其又分为充分变形（Fully Deformable）和简单变形（Simply Deformable）两种。简单变形块体模型是介于刚性块体和可充分变形块体之间的一种方法。由于计算机技术的迅速发展，这种模型目前使用较少。下面仅介绍充分变形离散元，比较著名的能充分考虑可变形块体的离散元有 Itasca 开发编制的 UDEC 软件。

充分变形离散单元法的解题思想是在刚性块体模型的基础上，进一步把块体分解成几个常应变的三角形，这些三角形的变形采用拉格朗日显式和大应变方法求解。每个块体的变形假定为线性的，其边在运动过程中始终保持直线段。虽然可以采用能表示曲边的高次单元，但是那样会使寻找块体之间接触点的工作复杂化，因此还是采用线性变形假设。充分变形离散元法的思想是在刚性块体模型（Rigid Block Model）的基础上，把块体离散成有限差分网格，采用常应变三角形单元。三角形单元的位移和应变采用高斯定理和 Wilkins 的大变形有限差分法求解。

对于动力问题，上述的可变形块体模型同样适用。与常规离散元法的主要差别，在于块体接触关系及非线性微分方程的求解方面。这样，在编程和计算时就可以利用传统离散元法的思想。

1. 充分变形离散单元法的求解方法

充分变形离散单元法求解内部三角形单元的位移和应变，采用了高斯定理和 Wilkins 的大变形有限差分法。

对于函数f，由高斯定理知：

$$\int_s f n_i \, \mathrm{d}s = \int_V \frac{\partial f}{\partial x_i} \mathrm{d}V \tag{4.3-35}$$

式中　　V——函数求解域的体积；

　　　　s——V的边界；

　　　　n_i——V的单位外法线矢量。

由式(4.3-35)可以求出函数f的梯度在体积V上的平均值：

$$<\frac{\partial f}{\partial x_i}> = \frac{1}{V} \int_V \frac{\partial f}{\partial x_i} \mathrm{d}V = \frac{1}{V} \int_s f n_i \, \mathrm{d}s \tag{4.3-36}$$

式(4.3-35)中，符号$<\ >$表示求平均值。对于一个具有N条边的多边形，上式可写成对N条边求和的形式：

$$<\frac{\partial f}{\partial x_i}> = \frac{1}{V} \int_s \sum_N \overline{f}_i n_i \, \mathrm{d}s \tag{4.3-37}$$

式中　　Δs_i——多边形的边长；

　　　　$\overline{f}_i$——在Δs_i上的平均值。

如图4.3-10（a）所示，以速度$\dot{u}_i$代替式(4.3-36)中的f，且$\dot{u}_i$取边两端的节点（即差分网格的角点）a和b的速度平均值，则速度梯度的平均值可写成：

$$<\frac{\partial \dot{u}_i}{\partial x_j}> \approx \frac{1}{2V} \int_s \sum_N (\dot{u}_i^{\mathrm{a}} + \dot{u}_i^{\mathrm{b}}) n_j \, \mathrm{d}s \approx \frac{\partial \dot{u}_i}{\partial x_j} \tag{4.3-38}$$

由几何方程可得单元的应变增量$\Delta \varepsilon_{ij}$和转角$\Delta \omega_{ij}$：

$$\Delta \varepsilon_{ij} = \frac{1}{2}\left(\frac{\partial \dot{u}_i}{\partial x_j} + \frac{\partial \dot{u}_j}{\partial x_i}\right) \cdot \Delta t \tag{4.3-39}$$

$$\Delta \omega_{ij} = \frac{1}{2}\left(\frac{\partial \dot{u}_i}{\partial x_j} - \frac{\partial \dot{u}_j}{\partial x_i}\right) \cdot \Delta t \tag{4.3-40}$$

式中　　Δt——计算时步。

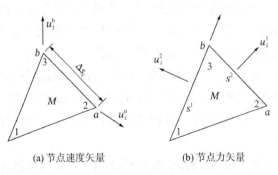

(a) 节点速度矢量　　　　　　(b) 节点力矢量

图4.3-10　三角形单元

在应用式(4.3-39)和式(4.3-40)求应变和转角时，首先要消除单元的刚体位移，其方法如下。在常应变条件下，每个单元的几何方程一般展开式为：

$$\begin{Bmatrix} \dot{u}_{\mathrm{x}} \\ \dot{u}_{\mathrm{y}} \end{Bmatrix} = \begin{bmatrix} \dot{\varepsilon}_{\mathrm{xx}} & \dot{\varepsilon}_{\mathrm{xy}} + \dot{\omega}_{\mathrm{xy}} \\ \dot{\varepsilon}_{\mathrm{xy}} - \dot{\omega}_{\mathrm{xy}} & \dot{\varepsilon}_{\mathrm{yy}} \end{bmatrix} \begin{Bmatrix} x \\ y \end{Bmatrix} + \begin{Bmatrix} \dot{u}_{\mathrm{x0}} \\ \dot{u}_{\mathrm{y0}} \end{Bmatrix} \tag{4.3-41}$$

式中　$\dot{u}_{x0}$、$\dot{u}_{y0}$——刚体运动速度。

为了消除单元的刚体位移，如图 4.3-10 所示，相对于区域 M 的节点 1，设 $t = (n + 1/2)\Delta t$ 时，有：

$$\begin{cases} x_2 = x(2) - x(1) \\ y_2 = y(2) - y(1) \\ x_3 = x(3) - x(1) \\ y_3 = y(3) - x(1) \end{cases} \tag{4.3-42}$$

式(4.3-42)中，（1）、（2）、（3）分别表示节点 1、2 和 3。设 $t = n\Delta t$ 时，则有：

$$\begin{cases} \dot{u}_{x2} = \dot{u}_x(2) - \dot{u}_x(1) \\ \dot{u}_{y2} = \dot{u}_y(2) - \dot{u}_y(1) \\ \dot{u}_{x3} = \dot{u}_x(3) - \dot{u}_x(1) \\ \dot{u}_{y3} = \dot{u}_y(3) - \dot{u}_y(1) \end{cases} \tag{4.3-43}$$

由式(4.3-41)～式(4.3-43)可以推导出：

$$\begin{Bmatrix} \dot{u}_{x2} & \dot{u}_{x3} \\ \dot{u}_{y2} & \dot{u}_{y3} \end{Bmatrix} = \begin{bmatrix} \dot{\varepsilon}_{xx} & \dot{\varepsilon}_{xy} + \dot{\omega}_{xy} \\ \dot{\varepsilon}_{xy} - \dot{\omega}_{xy} & \dot{\varepsilon}_{yy} \end{bmatrix} \begin{Bmatrix} x_2 & x_3 \\ y_2 & y_3 \end{Bmatrix} \tag{4.3-44}$$

从而可得：

$$\begin{cases} \dot{\varepsilon}_{xx} = (\dot{u}_{x2}y_3 - \dot{u}_{x3}y_2)/(x_2y_3 - y_2x_3) \\ \dot{\varepsilon}_{yy} = (-\dot{u}_{y2}x_3 + \dot{u}_{y3}x_2)/(x_2y_3 - y_2x_3) \\ \dot{\varepsilon}_{xy} = \dfrac{1}{2}(-\dot{u}_{x2}x_3 + \dot{u}_{x3}x_2 + \dot{u}_{y2}y_3 - \dot{u}_{y3}y_2)/(x_2y_3 - y_2x_3) \\ \dot{\omega}_{xy} = \dfrac{1}{2}(-\dot{u}_{x2}x_3 + \dot{u}_{x3}x_2 - \dot{u}_{y2}y_3 + \dot{u}_{y3}y_2)/(x_2y_3 - y_2x_3) \end{cases} \tag{4.3-45}$$

式(4.3-45)中，$x_2y_3 - y_2x_3 \neq 0$（除非节点 1、2 和 3 共线，但这并不可能）。由式(4.3-45)，根据如下本构关系求出应力增量 $\Delta\boldsymbol{\sigma}_{ij}$：

$$\Delta\boldsymbol{\sigma}_{ij} = \lambda\Delta\varepsilon_V\delta_{ij} + 2\kappa\Delta\varepsilon_{ij} \tag{4.3-46}$$

式(4.3-46)中，λ、κ 是拉梅常数，且有：

$$\begin{cases} \lambda = \dfrac{E\mu}{(1+\mu)(1-2\mu)} \\ \kappa = \dfrac{E}{2(1+\mu)} \end{cases} \tag{4.3-47}$$

式中　E——杨氏模量；

　　　μ——泊松比；

　　　$\Delta\varepsilon_{ij}$——应变增量；

　　　$\Delta\varepsilon_V$——体积应变增量，$\Delta\varepsilon_V = \Delta\varepsilon_{11} + \Delta\varepsilon_{22}$；

$\Delta\varepsilon_{11}$、$\Delta\varepsilon_{22}$——主方向应变。

于是可求出应力 $\boldsymbol{\sigma}_{ij}$，从而可以得到作用于任意一个节点 N 上的合力：

$$F_i^N = \int_P \boldsymbol{\sigma}_{ij} n_j \, \mathrm{d}s \tag{4.3-48}$$

由于每个三角形单元内的应力是常量，所以式(4.3-48)可变为：

$$F_i^N = \int_{P_1} \sigma_{ij}\, n_j\, \mathrm{d}s = \sum_{M=1}^{N_M} \sigma_{ij}^M \Delta s^M n_j^M \tag{4.3-49}$$

式中　F_i^N——作用于节点N上的合力；

　　　P和P_1——积分路径（图4.3-11）；

　　　　n_j——积分路径的法向方向；

　　　　Δs——积分路径的长度；

　　　　M——包围节点N的所有区域（由1到N_M）。

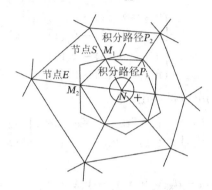

图4.3-11　积分路径

式(4.3-49)的展开形式为：

$$\begin{cases} F_x^N = \sum_M \sigma_{xx}^M (Y_2^M - Y_1^M) - \sum_M \sigma_{xy}^M (X_2^M - X_1^M) \\ F_y^N = \sum_M \sigma_{xy}^M (Y_2^M - Y_1^M) - \sum_M \sigma_{yy}^M (X_2^M - X_1^M) \end{cases} \tag{4.3-50}$$

式中　x和y——表示坐标轴的方向；

　　　1和2——表示在一区域内的位置（图4.3-11）。

显然，有：

$$\begin{cases} X_2^M - X_1^M = (X_N^M + X_S^M)/2 = (X_E^M - X_S^M)/2 \\ Y_2^M - Y_1^M = (Y_E^M - Y_S^M)/2 \end{cases} \tag{4.3-51}$$

式中　E和S——区域M内的位置（图4.3-11）。

因此，式(4.3-50)可以写为：

$$\begin{cases} F_x^N = \dfrac{1}{2} \sum_M \sigma_{xx}^M (Y_E^M - Y_S^M) - \sum_M \sigma_{xy}^M (X_E^M - X_S^M) \\ F_y^N = \dfrac{1}{2} \sum_M \sigma_{xy}^M (Y_E^M - Y_S^M) - \sum_M \sigma_{yy}^M (X_E^M - X_S^M) \end{cases} \tag{4.3-52}$$

由式(4.3-52)可得节点的运动方程：

$$m\ddot{u}_i = F_i^N + F_i^E + mg_i \tag{4.3-53}$$

式中　m——由P所包围的集聚于节点N的质量；

　　　$\ddot{u}_i$——节点的加速度；

　　　F_i^N——节点N所受的外荷载；

F_i^E——节点E所受的外荷载；

g_i——重力加速度（代表体力）。

再积分可得节点的速度和位移：

$$\begin{cases} \dot{u}_i = \int \ddot{u}_i \, \mathrm{d}t \\ u_i = \int \dot{u}_i \, \mathrm{d}t \end{cases} \tag{4.3-54}$$

2. 计算时步

同刚体离散元方法一样，为保证解的稳定性，在小于一个时步Δt内，计算信息（如应力）不允许由一个节点传递到另一个节点或边。由于在一般介质中应力 P 波的传播速度v_p最快，且为：

$$v_p = \sqrt{(\lambda + 2\kappa)/\rho} \tag{4.3-55}$$

式中　λ、κ——拉梅常数；

ρ——介质密度。

因此，计算时步Δt可由下式确定：

$$\Delta t = \min_{(m,n)}(d/v_p) \tag{4.3-56}$$

式中　d——同一三角形内的两个角m和n之间的距离。

3. 质量

1）质心的位置和质量分配原理

一个三角形的质心位置在任意一边的中点与其相对角连线的三分之一处，且三角形三个角点的坐标平均值与质心的相应坐标相同。例如，设$\triangle 123$（图 4.3-12a）的角点纵坐标分别为y_1、y_2和y_3。其形心的纵坐标为y_G，则有：

$$y_G = (y_1 + y_2 + y_3)/3 \tag{4.3-57}$$

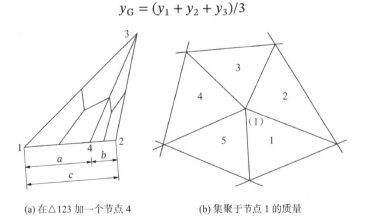

(a) 在$\triangle 123$加一个节点 4　　　　(b) 集聚于节点 1 的质量

图 4.3-12　质心的位置和质量分配原理

根据力矩平衡原理和质心位置，可以将三角形的质量转移到它的三个角点上。设$\triangle 123$的角 1 质量为m_i，整个三角形的质量为M，则以其对边为转轴，有：

$$m_i = M/3 \tag{4.3-58}$$

由此可以看出，若将三角形质量平均地分配给三个角，将不会影响质心位置。这就是所谓的质量分配原理。当三角形 $\triangle 123$ 中加节点 4 时（图 4.3-12a），设 M 是 $\triangle 123$ 的质量，且 $a/c = \alpha$，$b/c = \beta$，则三角形的质量分配为：

$$\begin{cases} m_1 = \alpha M/3 \\ m_2 = \beta M/3 \\ m_3 = (\alpha + \beta)M/3 = M/3 \\ m_4 = (\alpha + \beta)M/3 = M/3 \end{cases} \tag{4.3-59}$$

2）节点质量

根据质量分配原理，对于如图 4.3-12（b）所示的情况，节点 1 的集中质量取包围其所有三角形质量的三分之一，即：

$$m_1 = \sum_{i=1}^{5} M_i/3 \tag{4.3-60}$$

式中 m_1——节点 1 的质量；

M_i——区域 i（$i = 1, \cdots, 5$）的质量。

4. 接触本构关系

1）角-边接触

为了方便计，角-边接触的法向力和切向力分别考虑。对于法线方向，如图 4.3-13（a）所示。当法向相对位移 u_n 小于 D_m 时，法向力 F_n 与法向相对位移 u_n 之间无张力线性关系，当相对位移大于 D_m 时，接触假定为刚性，即两个节点一起运动。而对于切线方向，如图 4.3-13（b）所示。切向力 F_s 与切向相对位移 u_s 是弹性关系，且屈服力与法向力 F_n 成正比。

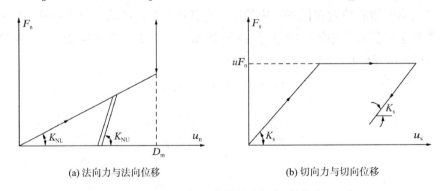

(a) 法向力与法向位移　　　　　　　　　　(b) 切向力与切向位移

图 4.3-13　角-边接触的力与位移关系

2）边-边接触关系

两个边的接触就构成了一个"节理单元"。可以采用刚体离散元中的本构模型，由已知的法向和切向位移求出法向和切向的应力。由于充分变形离散单元法采用的是节点力而不是应力，因此应力需乘以长度换算成力。如图 4.3-14 所示，节点 B 的长度 L_B 取其相邻节点距离的平均值，即：

$$L_B = (L_{AB} + L_{BC})/2 \tag{4.3-61}$$

式中 L_{AB}、L_{BC}——节点 A、B 以及节点 B、C 之间的距离。

设S_{nj}为节理的法向刚度（单位是应力/位移），L_j是该节理的长度，S_n为接触法向刚度（单位是力/位移）。当下式满足时，则用角-边接触关系：

$$S_{nj}L_j < S_n \tag{4.3-62}$$

3）接触力的柔性或刚性传递

一般来说，岩石节理的法向刚度是随法向荷载的增加而增加的。但是，当节理的刚度大大超过其周围岩体的刚度时，节理在法线方向将变"透明"了，即刚度不再影响岩体的力学行为。同时，过大的刚度也会使显式计算时步变小，浪费计算时间。因此，当节理处的相对位移超过预先给定的瞬间时，充分变形离散单元法假定法向接触是刚性的，可以计算"锁在一起"的节点之间作

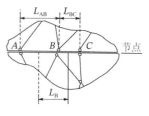

图 4.3-14　边-边接触

用力，而切向滑移可按通常方法计算。两个节点之间的法向力可由下面的式子导出：

$$\begin{cases} m_a\ddot{u}_a = f_a + f_t \\ m_b\ddot{u}_b = f_b - f_t \end{cases} \tag{4.3-63}$$

式中　m_a和m_b——节点a和节点b的质量；

$\ddot{u}_a$和$\ddot{u}_b$——节点a和节点b的加速度；

f_a和f_b——节点a和节点b由有限差分网格计算出的力；

f_t——节理上、下面之间的接触传递力。

当节点a和b在法线方向"锁在一起"时，有：

$$u_a = u_b \tag{4.3-64}$$

将式(4.3-63)代入式(4.3-64)中，可得：

$$(f_a + f_t)/m_a = (f_b - f_t)/m_b \tag{4.3-65}$$

于是，可以导出：

$$f_t = (m_a f_b - m_b f_a)/(m_a + m_b) \tag{4.3-66}$$

式(4.3-66)给出了两个节点在法线方向"锁在一起"时的法向力表达。由式(4.3-66)和前面介绍的节理本构关系可以导出切向力。法线方向由刚性接触重新变为柔性接触，取决于法向力的大小。若切线方向需要采用刚性或塑性法则，可以采用与上面类似的方法推导切向"锁在一起"时的节点切向力。这种情况下，当相对剪切速度通过 0 点时，节理间接触由滑移变成锁紧状态。由锁紧变回滑移状态则取决于切向力的大小。

5. 差分网格节点的生成

如果给定块体的边界和三角形差分网格的最大边长，三角形差分网格可按以下步骤产生：连接块体边界上的对角，直到块体中不存在三边以上的网格为止（图 4.3-15a）；判定各三角形差分网格的边长是否小于给定的最大长度，如果不符合要求，还应对最大边长进行再划分，假如图 4.3-15（a）中的角 2 与角 4 的连线长度大于给定的边长，就应对它再划分，可以在该线的中点生成一个新节点 7（图 4.3-15b）；网格优化，初次划分的网格总的来说是正确的，但有时某些单元太扁，不令人十分满意，此时应调整网格密度。其做法是移动所有内部节点，使其与相邻节点距离大致相等。

如前所述，块体之间的接触关系会发生变化，同样，块体内部的差分网格节点也不是一成不变的。当一个块体的节点接触到另一块体时，一个新节点将在边接触块体的接触点

处产生（图 4.3-16）。两个块体通过节点接触来传递动量。另一方面，新节点的产生也意味着节点质量和速度的重新分配以及能量的变化。

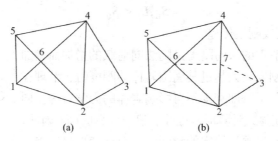

图 4.3-15　差分网格的划分

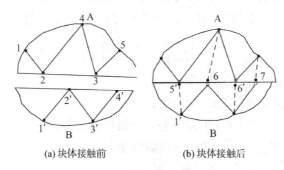

(a) 块体接触前　　(b) 块体接触后

图 4.3-16　块体接触前后节点关系变化

1）质量

如图 4.3-17 所示，在三角形 △123 中产生了一个新节点 4，根据所讲的质量分配公式，可知各节点的新质量为（用*表示新质量）：

$$\begin{cases} m_1^* = m_1 - (M_1/3) + (M_1/3)(a/c) = m_1 - \beta(M_1/3) \\ m_2^* = m_2 \\ m_3^* = m_3 - a(M_1/3) \\ m_4^* = M_1/3 \end{cases} \tag{4.3-67}$$

式中，符号意义同前。

2）能量变化

在产生新节点时，动能变化 ΔE_K 为：

$$\Delta E_K = \frac{1}{3}M_1\beta v_1^2 + \frac{1}{3}M_1\alpha v_3^2 - \frac{1}{3}M_1(\beta v_1 + \alpha v_3)^2 = \frac{1}{3}M_1\alpha\beta(v_1 - v_3)^2 \tag{4.3-68}$$

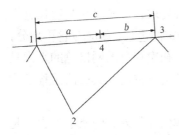

图 4.3-17　质量的重新分配

从式(4.3-68)可以得出：能量变化 $\Delta E_K \geq 0$，即在新节点产生的同时，总是伴随有能量的损失；能量损失与三角形差分网格的质量成正比；当接触点趋近于某一个节点时，能量损失趋近于 0。在一般情况下，产生新节点时，总是伴随有局部的能量损失，所以动量和能量守恒不能同时得到满足。不过，在保证质量和动量守恒的条件下，能量变化所带来的计算误差与划分差分网格所固有的其他误差相比，可以忽略不计。

4.3.3　离散元与边界元耦合

耦合法（Coupled Method）一直是计算岩土力学研究的热点。以往的耦合都是指不同数值方法的耦合，如边界元-有限元耦合法，边界元-离散元耦合法等。现在岩土力学中的耦合却有更广泛的意义，通常包含不同介质、不同属性间的耦合，如渗流场-应力场耦合（Hydraulic-Mechanical Process，HM）、温度场-渗流场-应力场耦合（Thermal-Hydraulic-Mechanical Process，THM），渗流场-应力场-化学过程耦合（Hydraulic-Mechanical-Chemical Process，HMC），以及包括上述四个因素间的耦合 TMHC。耦合的目的在于充分发挥各自的优点和长处。离散元法和有限元一样，都属于区域内离散。当工程区域很大时，离散单元的数目就要相应的增加，计算量也会随之增大。尤其对无限域问题（地下结构分析中最常见），更有必要平衡计算精度与计算量之间的关系。

通常的情况是开挖体附近岩体比较破碎，而远离开挖扰动的岩体通常可看成是连续介质。基于这样的考虑，就可以用边界元法模拟半无限域或无限域，以分析远场应力（Far-Field Stress），而用离散元法模拟开挖体附近节理岩体的不连续性态，这就实现了耦合的目标。动力离散元与动力边界元耦合方法与 Lorig 的方法一样。Nardini 和 Brebbia（1983）给出了动弹性边界元的基本方程，采用 Betti-Reyleigh 动力互等定理建立积分方程，对其边界离散，用数值法求解即可[210]。

4.3.4　数值分析方法的选择及模型描述

1. 数值分析方法的选择

数值模拟分析软件的选择值得说明。目前有大量的数值分析方法和软件，每一种都有其自身的长处和短处。除了一般的特点外，如处理不同几何形状的能力，还必须具有能够模拟岩体破裂的能力。

破裂机制的数值模拟取决于是连续介质还是非连续介质。在连续介质分析中，塑性理论主要用来模拟材料的破坏。一旦材料中某点发生屈服，它将不能承受附加的荷载。当全部破坏发生时，模型中的屈服带必须形成一条连续线。在连续介质模型中，由于位移场总是连续的，实际的破坏面（不连续面）在模型中并不能形成。但是，如果数值模型中单元有足够的自由度，就能够在模型中模拟剪切带。与剪应变位置相对应的剪切带是一个狭长的带而不是均匀分布在材料中的。剪切带的位置与材料中破坏面的位置相对应。然而用连续介质最主要的困难之一就是在材料中剪切带的正确表示。模型中单元的大小既影响剪切带的倾向也影响其厚度。大多数可用的商业程序并不能很好地模拟真实剪切带的厚度，但可以通过仔细地划分单元网格而使这一问题被最大程度地克服。人们作了很多努力解决模型中网格的自适应问题。然而，大多数仍处于发展和完善时期。虽然，目前一些基于连续介质的大应变分析软件采用节理单元（Joint Element）、界面单元（Interface Element）和接触单元（Contact Element）等来模拟不连续面，从而处理非连续介质问题，不过，若模型中考虑的不连续面太多且分布比较复杂（如相互交错），用大应变有限元分析软件却可能导致严重的不收敛问题。

在非连续介质分析中，不连续面（如断层、节理等）明确地包括在模型中。于是沿某一条和几条不连续面的破坏自动被程序处理。由于允许不连续位移发生，很容易确定已发生破坏的破坏面的位置。反过来，在非连续介质模型中，要模拟从预先存在的裂缝通过完整岩桥的裂缝演化仍很困难。通过边界单元法能够模拟室内尺寸大小的裂缝演化。但能模拟实际的大型边坡的例子并不多。尽管计算机技术仍在快速发展，但要将大型岩体工程的每一条节理和对应的岩桥均包含在模型中尚很难实现。

因此，目前还没有哪一种程序能用来解决所有的分析问题。岩体具有连续和非连续的特征，这主要取决于地质力学特性和荷载条件。因此，需要多种方法来分析典型岩体破裂问题。上述提到的方法以及许多其他的方法都有一定的限制，亦即，它们通常仅能解决某一类或几类破裂类型。从而使不同实例之间进行对比有一定的困难。数值分析方法不断地发展并能处理裂缝的演化和剪切带的位置，这为更好地模拟边坡岩体破裂问题迈出了重要的一步。当然，这仍需要进一步发展以便能模拟更复杂的问题。通过利用已有的且被证实是可靠的数值分析软件，可以把更多的注意力放在边坡岩体破裂机制问题上。已有的方法正在进一步发展，且能处理各种类型边界和荷载条件。分析计算中，允许选择不同的本构模型，而且它们都有很好的前处理和后处理功能。

在此，选用几种简单的模型来研究各种参数的影响。这既增加了理解，同时也对观察到的特性做出合理的解释。选用这些方法目的在于帮助建立更复杂的模型。必须指出，"模拟"一词隐含了对真实世界的一种简化，因为真实世界太复杂以至于我们目前还不能完全做出解释。虽然模拟时有所简化，但仍有助于提高认识问题的基本理解，而太复杂的模型并不一定能够对问题有更深层次的解释。

除了广为人们熟悉的有限元分析方法外，在此主要介绍已被证实能解决复杂节理岩体工程问题的软件——通用离散单元代码 UDEC。UDEC 是一个处理非连续介质问题的软件，能处理大量的离散块体和不连续面问题，很容易处理变荷载和地下水条件，且有好几种预先定义好的材料模型，尤其适合于处理高度非线性和不稳定问题。因此，对于河谷斜坡岩体变形破裂的渐进破坏机理研究十分有用。而 FLAC 能通过界面单元（Interface）来模拟少量的不连续面，主要适合于连续介质分析，但它能充分考虑大变形问题。可以利用 FLAC和 UDEC 这两种程序相互补充，可对结果进行互检。目前，离散元法已发展成三维程序3DEC。下面，对 UDEC 以及程序中考虑的几种模型略作介绍。

2. 程序介绍和模型描述

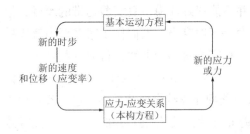

图 4.3-18　UDEC 中显式积分法计算循环示意图

UDEC 是通过显式积分方法对问题进行求解的。在已知应力和力的条件，对运动方程进行求解从而获得新的速度和位移。速度和位移都是通过中心差分方程计算的。然后，速度用来求得应变，从而根据连续方程获得新的应力（图 4.3-18）。这是在一个时间步长内完成的计算，在时间步长内速度被假定为常数。用显式积分方法的好处在于即使所模拟的物理系统是不稳定的，数值分析仍能继续进行，因此它们在模拟非线性、大应变和物理系统不稳定问题方面具有强大的功能。而最大的弱点在于显式积分方法比隐式积分方法计算时间更长。对于计算时间问题，当前的计算机水平已经能解决这一问题。

如图 4.3-18 所示，UDEC 能自动解决动力分析。静力求解是通过对系统施加阻尼来实现的。简言之，利用阻尼主要是能快速获得稳定状态的解。其是通过对模型的每一节点分配一个阻尼力来实现的。阻尼力的大小与不平衡力 F 成比例关系但方向相反。于是，在模型中不同节点的阻尼是不相同的。

UDEC 既可以用来分析刚性块体（不可变形块体）的运动，也可以用来分析可变形块体的运动。对于可变形块体的分析，计算模型先被划分为块体（Block），然后再进一步细分为三角形有限差分网格。实际上，全部模型的几何形状（包括开挖边界等）都是通过不连续面来实现的，因此，即使模型的几何形状非常复杂，也能用 UDEC 方便地生成。

UDEC 计算分析中，有多种本构模型供选择。一些本构模型特别适合于土体，而另一些本构模型却对岩石材料比较适用。UDEC 软件中可以用以下几种本构模型：横观各向同性弹性模型（线弹性）；弹塑性（Mohr-Coulomb）模型；应变软化塑性模型（具有应变软化的弹塑性 Mohr-Coulomb 模型）；遍历节理模型（某倾向的软弱面内潜在完全塑性 Mohr-Coulomb 体中）。对于节理的本构模型可以用弹塑性模型（Coulomb 滑动准则）。上述本构关系以及需要输入的数据将在下面详细说明。注意，在 UDEC 所有的材料模型中，处于弹性状态的可变形块体视为各向同性的，并用两个弹性参数：体积模量 K 和剪切模量 G 来描述，而不是用杨氏模量 E 和泊松比 μ 来描述。它们之间的转换关系如下：

$$\begin{cases} K = \dfrac{E}{3(1 - 2\mu)} \\ G = \dfrac{E}{2(1 + \mu)} \end{cases} \tag{4.3-69}$$

1）横观各向同性线弹性模型

这种本构关系将均质各向同性的连续介质材料的应力-应变关系描述为线弹性（图 4.3-19）。这与众所周知的胡克定律是一致的。输入的参数有密度 ρ、体积模量 K 和剪切模量 G。岩石材料很少表现为完全弹性，线弹性就更少了，因此，这种模型实际中应用较少。

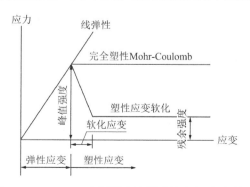

图 4.3-19　UDEC 中不同本构模型的应力-应变关系

2）Mohr-Coulomb 模型

在 UDEC 中，所有的塑性模型都以基本的塑性理论为基础。模型是通过它们的屈服函数、应变硬化/应变软化和流动准则来表征的。屈服函数定义的是塑性流动发生时的应力状态，并且是通过屈服面来表示的。位于屈服面内的所有点都为弹性，而位于屈服面上的点则被认为已处于屈服。屈服函数通常用 f 表示，且在 $f=0$ 时则发生屈服。而 $f<0$ 时，材料则处于弹性。应变硬化/应变软化函数决定材料是否是理想塑性体或者它的强度随应变增大时是否表现为增加还是减小。最后，流动准则指定塑性应变增量矢量与势函数定义的势面法向一致。

在 UDEC 中，基本的塑性模型是 Mohr-Coulomb 模型。其是基于 Mohr-Coulomb 破坏准则，写为：

$$\tau_s = c + \sigma_n \tan\varphi \tag{4.3-70}$$

或：

$$\sigma_1 = \sigma_c + \sigma_3 \frac{1+\sin\varphi}{1-\sin\varphi} \tag{4.3-71}$$

式中 τ_s——剪应力；

$\quad\sigma_n$——法向应力；

$\quad\sigma_1$——最大主应力；

$\quad\sigma_3$——最小主应力；

$\quad c$——内聚力；

$\quad\varphi$——内摩擦角。

在 UDEC 中的 Mohr-Coulomb 模型是理想塑性材料模型。当处于屈服时，屈服函数必须满足等于 0 的条件，式(4.3-71)可以重新写成一个剪切屈服函数 f^s：

$$f^s = \sigma_1 - \sigma_3 N_\varphi - 2c\sqrt{N_\varphi} \tag{4.3-72}$$

且：

$$N_\varphi = \frac{1+\sin\varphi}{1-\sin\varphi} \tag{4.3-73}$$

在 UDEC 中约定拉应力为正。为了与习惯一致，式(4.3-72)却是应力为正时的表达形式（注意中间主应力对屈服没有影响）。拉应力屈服函数可以写为：

$$f^t = \sigma_t - \sigma_3 \tag{4.3-74}$$

用于 UDEC 中的势函数可以表达为：

$$\begin{cases} g^s = \sigma_1 - \sigma_3 N_\psi \\ N_\psi = \dfrac{1+\sin\psi}{1-\sin\psi} \\ g^t = \sigma_t - \sigma_3 \end{cases} \tag{4.3-75}$$

式中 ψ——对应于剪破坏和拉破坏时材料的剪胀角。

势函数如图 4.3-20 所示。剪胀角定义为塑性体积应变率与塑性形变率的比值，可以写为[211]：

$$\sin \psi = \Delta\varepsilon_v / \Delta\gamma_p \qquad (4.3\text{-}76)$$

式中　$\Delta\varepsilon_v$——塑性体积应变率；

　　　$\Delta\gamma_p$——塑性形变率（两倍塑性剪应变增量）。

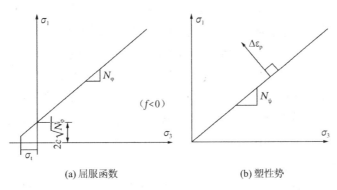

(a) 屈服函数　　　　　　　(b) 塑性势

图 4.3-20　σ_1-σ_3 坐标系下完全塑性 Mohr-Coulomb 本构模型

简单而言，如果剪胀角 $\psi = 0$，则材料发生剪切变形时，体积不会发生变化。如果剪胀角 $\psi > 0$，则材料发生破坏后，体积会增加。最后，流动准则定义了塑性应变增量的大小和方向，如下所示：

$$\Delta\varepsilon_p = \lambda \frac{\partial g^s}{\partial \sigma_i} \quad (i = 1,2,3) \qquad (4.3\text{-}77)$$

式中　λ——一个不为负的乘数。

如果屈服函数与塑性势函数一致，则流动准则是关联的流动准则，否则，是非关联的流动准则。关联的流动准则意味着摩擦角与剪胀角相等（图 4.3-21）。对于岩石材料而言，摩擦角明显大于剪胀角。因此，需要用非关联流动准则，而 UDEC 默认的就是非关联流动准则。实际上，因为一旦新的拉裂出现后，将不具有抗拉强度。

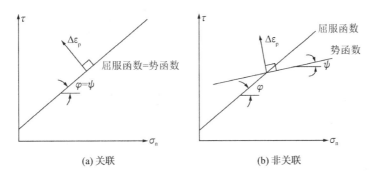

(a) 关联　　　　　　　　(b) 非关联

图 4.3-21　关联与非关联流动准则

在 UDEC 中，采用 Mohr-Coulomb 模型进行计算时，首先用胡克定律计算出弹性应力增量。如果总应力超过了屈服准则，利用流动准则对应力进行修正并恢复到屈服面上。系数 λ 就是在这一过程确定的。上述所有过程都是在一个时间步长内完成的。然后，在随后的时间步长内重复上述过程。在 UDEC 中，平面外的应力也包括在计算公式中，于是沿平面外方向的屈服也是可能的（取决于平面外应力的大小）。Mohr-Coulomb 模型反映的是线性屈服准则。在 UDEC 中，也包含了非线性 Hoek-Brown 准则。计算中用 Mohr-Coulomb 模型需要预先输入的材料参数有体积模量K、剪切模量G、密度ρ、内摩擦角φ、内聚力c、剪胀角ψ和抗拉强度σ_t。

在 UDEC 中，节理的本构模型采用的是 Coulomb 滑动准则。如果节理面上的剪应力达到了剪切强度，节理就发生破坏。该模型输入的参数有节理内聚力c_j、节理摩擦角φ_j和节理抗拉强度σ_{tj}。节理的弹性变形（包括法向和切向的变形）假设为线性关系。相应的输入参数还有节理法向刚度k_n和切线刚度k_s。在 UDEC 中，采用这种本构模型，允许节理沿法向和切向方向都可以发生变形。而且用它也能够模拟节理的峰值强度和残余强度。拉破坏是用简单的抗拉强度准则模拟计算的；亦即，当最小主应力为拉应力并达到节理的抗拉强度时，便发生拉破坏。当拉破坏出现后，节理的抗拉强度自动赋值 0。

3）塑性应变软化模型

应变软化模型是基于 Mohr-Coulomb 模型的一种塑性模型，但它能模拟材料应变增加时强度会减小。软化发生可以通过减小所有的强度参数（内聚力、内摩擦角和剪胀角）或其中之一来实现应变软化（图 4.3-22）。输入的参数除了 Mohr-Coulomb 模型中的基本参数外，还需要与剪切软化参数ε_{ps}相对应的内聚力、内摩擦角和剪胀角的关系表。剪切软化参数ε_{ps}是通过主应变增量来计算获得的（Ord，1990），其是度量塑性剪应变的一个重要参数。屈服面和流动准则与前面描述的相同。然而，由于强度参数随塑性剪应变的变化而变化，屈服面的位置也随应变的增加而移动（图 4.3-22）。允许不同材料参数有不同的软化应变。

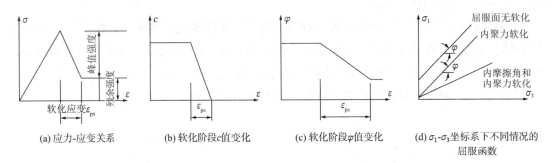

图 4.3-22　应变软化本构模型

由于应变软化模型能模拟材料在到达峰值强度时强度降低的过程，于是材料的渐进性软化破坏特征能被模拟。即使岩体有很高的峰值强度（比理想塑性材料模型），但如果材料的残余强度很低，也会发生这种破坏。而且，材料对已发生的破坏形式有"记忆"的能力，因此，允许多种破坏形式发生。

然而，有关利用应变软化本构模型仍存在一个基本问题。软化曲线的斜率明显与网格有关，反过来说，与模型中有限差分的网格大小有关。这是由于集中在剪切带上的应变取决于剪切带的宽度，反过来，则就是网格的大小。实际上，剪切带的厚度取决于材料的特性，比如，土体颗粒大小或岩体块体大小等。因此，模拟计算中，须根据模型的大小选择适当的网格密度。

4）遍历节理模型

这种模型也是基于 Mohr-Coulomb 模型的，但是它能考虑材料强度各向异性，如沿某一方向的软弱节理。屈服面和流动准则与前面描述的相同。对于"节理"（实际模型中不需按不连续面的形式建模），采用 Coulomb 滑动模型。输入的参数除了 Mohr-Coulomb 模型中输入的参数外，还包括节理倾角α_j、节理内聚力c_j、节理内摩擦角φ_j、节理抗拉强度σ_{tj}、节理剪胀角ψ_j。只能同时考虑一组倾向的软弱节理。数值模拟过程类似于 Mohr-Coulomb 模型。计算首先按弹性材料考虑，然后分析实体 Mohr-Coulomb 材料（完整岩石）的剪切破坏，并对塑性进行修正。其次，根据获得应力分量，检查沿软弱面（"遍历节理"）的破坏状况。一旦屈服，进行新的塑性修正。在大应变分析模式中，"遍历节理"的倾向随实体的旋转而调整。

3. 破坏的判别和解释

UDEC 中所用的显式积分算法允许模拟随时间变化的非线性问题。不像传统的、隐式的有限单元程序在某一计算阶段结束后才会获得解。通过 UDEC 获得的结果必须由用户判断系统是稳定的、不稳定的，还是处在稳定塑性流动中。有四种方式进行判断：①节点上的最大不平衡力；②节点速度；③塑性状态；④节点位移。当节点最大不平衡力（图 4.3-15中对所有节点的最大F值）几乎为 0 以及节点速度已经降低到几乎为 0 时，认为模型处于稳定。对于一个稳定模型，速度矢量方向经常呈现出随机性。如果节点速度已经出现一个非零值时，则意味着模型已发生稳定塑性流动。在这种情况下，速度矢量经常出现对称交替现象，而不平衡力仍旧可能几乎为 0。塑性状态指示可以用来评价是否某种破坏机制已经形成，条件是必须有一个连续的屈服带。在此范围之外，或许有些单元曾经屈服，现在已经远离屈服面，因此它们不能用来解释破坏机理。当处于塑性稳定流动时，在破坏区的节点位移随时间增大而增大。系统也可能是不稳定的，此时意味着它正朝着最终破坏发展。除了上述适合于塑性稳定流动的准则外，不稳定模型除了速度和位移随时间增大外，通常是用非零的、经常波动的最大不平衡力来表示。由于位移太大，网格发生严重变形和扭曲，从而程序终止进行下面的时步计算，最终导致系统崩溃。

概括而言，破坏出现与否可以通过检查塑性状态指示、节点的速度和最大不平衡力来判断。必须结合这三种方式来评价破坏是否发生。一旦已经判断出模型是处于不稳定还是发生了稳定塑性流动后，就必须弄清破坏面的位置。由于 UDEC 不能模拟通过完整岩石产生新的破裂，破坏位置必须通过塑性状态指示、位移场和剪应变的位置等来判断。已发生屈服破坏单元的区域形成了破坏面可能产生的外部边界。通过观察模型的位移特征可以作出更加精确的估计。破坏面应该出现在位移有显著增加的地方。而在连续介质模型中要作出准确的判断比较困难且带有一定的主观性。更好的办法就是通过剪切带上剪应变集中的程度来判断。剪切带通常随厚度的变化而变化，因此不要作为实际破坏面的厚度的度量标准。然而，仍然可以通过最大剪应变的集中的区域来判断破坏面的位置。

4. 模拟节理岩体形态的有关问题及改进

1）断续节理岩体的离散元法分析

UDEC 和 DDA 等专门用于节理岩体性态分析的大变形方法，尽管十分有效，但均有一个限制，即节理应是相互贯通的（图 4.3-23a）；然而，实际岩体节理的连通率有时是有限的（图 4.3-23b），这就涉及如何利用这些大变形的数值方法来研究具有非贯通节理的岩体性态。

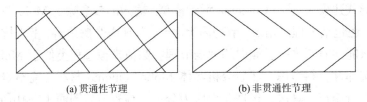

(a) 贯通性节理　　　　　　　　　(b) 非贯通性节理

图 4.3-23　节理的分布形式

　　Kulatilake（2001）提出一种引入虚拟节理（fictitious joints）的方法，可以很好地解决这一问题[212]。图 4.3-24（a）是含断续节理的岩体，图 4.3-24（b）为引入了虚拟节理后的岩体，这些虚拟节理的性质和完整岩石一样。关键问题是如何给出这些虚拟节理的合理变形与强度参数，这样就可以用离散元法对既包含实际节理又包含虚拟节理的岩体进行应力分析。

　　通常虚拟节理的变形性质，主要由节理的法向刚度 K_{nj} 和切向刚度 K_{sj} 反映。要使虚拟节理具备完整岩块的强度和变形性质时，首先给节理赋予完整岩石的强度指标，其次的主要问题就是如何选择 K_{nj} 和 K_{sj}，通常 K_{nj} 和 K_{sj} 与法向应力有关，但最关心的是虚拟节理在破坏前应能表现出的完整岩石的性态。对大多数岩石（尤其是硬岩），一般都能满足破坏前的线弹性变形，因此可以假定虚拟节理的 K_{nj} 和 K_{sj} 是常数。Kulatilake（2001）针对纯剪和单轴压缩的试件（玄武岩），试验了多组 K_{sj} 和比值 $K = K_{nj}/K_{sj}$；由于 E/G 与 k 在某种意义上有相似的特征，可以用 E/G 范围为 $2\sim3$（$\mu = 0\sim0.5$）估计 K 值，$K = 1\sim3$。通过对花岗岩、砂岩和石英岩进行的纯剪和抗压数值试验，一般取 $K_{nj}/K_{sj} = 3.0$、$G/K_{sj} = 0.008\sim0.012$m、$K_{nj}/K_{sj} = 1\sim3$ 是虚拟节理的合理取值[213]。

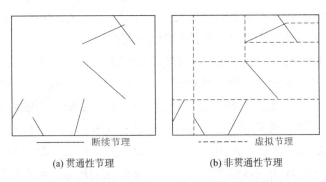

断续节理　　　　　　　　　　虚拟节理

(a) 贯通性节理　　　　　　　　　(b) 非贯通性节理

图 4.3-24　引入虚拟节理对非贯通性节理的处理

　　根据上述认识，可以确定研究包含断续节理在内的节理岩体的步骤和程序：根据实际岩体条件，生成包含贯通与断续节理在内的实际节理网络模型；引入虚拟节理，使断续节理变为贯通性节理，与原有的实际贯通节理一同构成节理网络（包含两种节理），定义出每条虚拟节理的几何特征；赋予虚拟节理等效的力学参数值，以模拟完整岩块的性态；对于虚实结合的节理模型进行应力和变形分析，评价其变形与强度性态；引入开挖、治理等扰动因素，评价节理岩体的稳定性。通过以上步骤就可以实现包含断续节理岩体的离散元分析。这样处理的优点简单明了，物理意义和模型都很直观。毕竟 UDEC 和 DDA 是评价节理岩体的强有力工具，通过这样合理的处理，就可以拓宽其应用范围。节理岩体的其他数值模拟方法主要是等效法（连续介力学方法），如材料参数等效法、能量等效法、变形等效法、复合体等效法、断裂与损伤力学等效法等，只适合于规则岩体，而且在表征单元体的尺度与工程尺度相当时，各种等效就失去其优势和精度了。

2）块体的断裂破坏

由节理切割后形成的块体系统中，在受到不同力的作用下，个别块体就可能超出其强度条件而产生新的断裂，如沉积岩中开掘的平顶巷道，在刚掘出后，顶板可能是完整的；但随着围岩应力的转移，顶板就会挠曲变形甚至断裂冒落。这样的变化过程，就涉及块体的再断裂问题。

这里，介绍离散元法中的一种处理方法。基于两个假定：块体断裂是瞬间完成的；块体的断裂取决于块体上的力。由于岩石是脆性材料，断裂主要是由拉应力造成，因此，可以根据岩石的拉张破坏准则判断岩块的断裂。

由点荷载试验可知，块体的断裂准则为

$$\sigma \geqslant \frac{kP}{D^2} \tag{4.3-78}$$

式中　σ——岩块所受的拉应力；

k——点荷载试验块体的形状影响系数；

P——两点间的荷载；

D——两点荷载之间的距离。

采用可变形块体单元时，可以用 Griffith 强度理论来判定块体是否断裂：

$$\begin{cases} \sigma_t = \sigma_1 \\ 3\sigma_1 + \sigma_3 > 0 \end{cases} \tag{4.3-79}$$

式中　σ_1——块体的最大平均主应力（拉应力为正）；

σ_3——块体中的最小平均主应力；

σ_t——块体的单轴抗拉强度。

用式(4.3-79)判定时，当应力超过块体的单轴抗拉强度时，块体将通过块体的形心发生断裂。对于岩石这类脆性材料，张拉破坏实际上是一种非常普遍的破坏形式，如高边墙大跨度地下洞室的边墙和拱顶岩体、直立边坡的坡角处、深陡河谷两岸岩体的松弛卸荷所造成的表生改造等，都因存在较大的拉应力而可能产生张拉破坏。在张拉破坏中，原来的块体断裂，产生新的块体。

5. 可变形块体离散元法的模拟过程

各种离散元法（可变形块体离散元法与刚性块体离散元法）的分析方法和思路基本相同。可变形块体离散元法分析的一般步骤介绍如下。

（1）形成块体系统，按实际岩体的节理形态定义出计算边界（图4.3-25），将计算区域离散成块体集合（Assemblage of-Blocks）。在此基础上，用有关命令形成以后的开挖体边界，这样就确定了问题的几何形态。需要注意的是，进行动力分离时，要在施加动载荷的边界定义出一个大块体，动载荷则通过这样的块体传给整个系统。

（2）确定块体模型的类型，初始状态时所有块体均为刚性块体。如果采用可变形块体模型（简单变形或充分变形），则要有相应的定义，并用等应变三角形差分网格对可变形块体进行离散。

（3）确定节理和块体的本构模型并赋予材料参数，不同区域可以赋以不同的本构模型。在计算过程中也可以改变某些材料的性质，以模拟开挖和支护等工序对材料性质带来的影响。如开挖时洞周围节理与岩块强度的损伤及恶化，喷锚支护时围岩的强化效应等。

（4）确定边界条件（Boundary Conditions）和初始条件（Initial Conditions），模型边界条件和初始条件包括应力、力及位移边界条件，渗流分析时的水力边界条件等，也包括岩体自重条件的模拟（图 4.3-25）。

（5）确定解题条件，包括阻尼、时步以及一些内部变量的位置（迭代时间、不平衡力、历史变量跟踪等）。

（6）初始应力场（Initial Stress Field）的模拟，这是显式数值方法普遍采用的过程。即在任何开挖或对系统引入扰动之前都应根据实际条件，先模拟生成天然的应力场，在此基础上再进行开挖等过程。这样才能模拟出实际岩体的真实状态。此外，显式数值方法中时步取得非常小，以至于对某个单元体的扰动仅会对其相邻的单元有贡献（扰动）。这样，对模型施加的边界条件（速度或载荷），先模拟形成系统的初始应力场。因此，这一步骤对大多数情况都是必需的。

（7）引入系统扰动因素，如开挖与支护，本构关系与边界条件变化，也包括动载荷、地下水等扰动因素。由于扰动，系统也可能继续平衡，也可能破坏失稳。扰动因素的引入必须遵循实际的物理过程。

（8）迭代计算。在上述步骤完成后，就可进行迭代计算，直至系统平衡或达到稳定状态。通常判断系统是否平衡的方法是跟踪某些特征点（如最危险部位等）的特征变量（位移、速度、应力等），看这些特征变量是否最终趋于一个定值。

（9）结果输出，打印图形和计算结果及原始条件等。

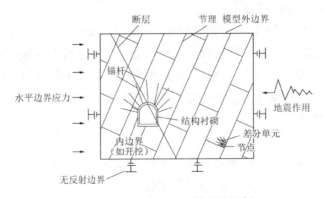

图 4.3-25　一个 UDEC 模型的示例

上述步骤是一般的分析过程，如需要进行动力边界元耦合分析，则应在上述的第（3）

步和第（4）步定义出有关边界元的信息及数据，如边界范围、固定点（Fixed Points）的位置（消除刚体位移），材料参数与类型等。

由于离散元法和其他连续介质的数值方法有本质的不同，因此在模拟和分析时，应注意到其特殊性，主要有如下这些方面：离散元法采用常应变单元来离散块体，故当应变梯度很高时，就需要布置更多的单元以模拟不均匀的应变分布；对于一个新问题，应先用少量的块体做试验分析，以快速地弄清系统的响应以及可能会遇到的困难和问题，然后再增加块体数量，以获得更精确的结果；形成复杂的节理模式时，应在迭代前检查各接触的位置；刚性的加载板一般可以用恒定的速度代替；为了确定极限破坏载荷，最好采用"应变控制法"而不用"应力控制法"，即施加恒定的速度后，再去考虑系统的反力，而不是施力后去考查位移，这样的控制方法和伺服试验机的材料破坏试验相似，采用应力控制时，一旦所加载荷接近系统的破坏载荷，系统就不易控制（在实际系统和模拟系统中都是这样）；尽量利用对称条件，以节省计算机内存和运行时间；经常保存文件。尤其在进行参数研究时，更要经常保存中间结果；将离散元模型视为真实的物理模型，因此应使所有的计算过程符合实际，需要注意对于一个非弹性系统，不存在唯一的平衡状态，可能存在很多满足平衡的状态，这取决于应力路径；离散元系统反应的是系统的性态，经常做一些简单的试验，确定所做的模拟就是想做的，如对于一个荷载和几何条件对称的体系，迭代几次，然后检查初始的响应是否正确；如果对系统施加一剧烈冲击，所得到的也将是一剧烈的响应，如果对系统引入了非物理的因素，所得到的自然是非物理的结果；在进行模拟前应仔细检查输出结果，如其他结果均好，但是突然速度过大，这在未弄清原因前不要继续迭代下去。

上述建议不只是对离散元法适用，对其他的数值方法也有指导作用。在动力分析时，尤其要注意的是动力条件引入与定义是否正确。应多设置一些跟踪点，对有关特征变量的历史响应记录分析，确保系统接受了正确的动力条件。

4.4　拉格朗日差分法基本原理与数值模拟

4.4.1　FLAC 理论背景

FLAC 是由美国 Itasca 公司开发，20 世纪 90 年代传入我国并得到大力推广。FLAC 在土木、采矿、环境、交通、水利、地质、核废料处理等领域广泛应用，包括：模拟计算地质材料和岩土工程的力学行为，模拟计算大变形，计算地质类材料的高度非线性、压密、黏弹、孔隙介质的流-固耦合、热-力耦合和动力学行为，适用于分析渐进破坏失稳等。

FLAC 虽然类似于离散元法，但是具有有限元法的优点，适用于各种材料模型及边界条件的非规则区域连续问题解，能完成"拉格朗日分析"的"显式有限差分程序"。FLAC 优点显著，动态松弛法的选用使得用微机处理大型工程变为现实，无须形成耗机时量大的整体刚度矩阵。FLAC 能够分析连续介质的大变形问题，坐标随着构形的变化而更新。模型经过网格划分，物理网格映射成数学网格，两者的坐标一一对应。对分析结点，当受到的合力不为零时，就会在力的作用下发生运动。假设结点是有质量的，结点在力的作用下产生加速度，求得在每个时步中速度和位移的增量。对分析区域，根据其周围所有结点的运动速度求得它的应变率，再通过材料的本构关系求得应力的增量。

FLAC 软件特点有：

（1）丰富的本构模型，开挖模型一个、弹性模型三个、塑性模型六个；

（2）大量的计算模式，静力模式、动力模式、蠕变模式、渗流模式、温度模式；

（3）能够模拟多种结构形式；

（4）边界条件丰富；

（5）内嵌语言 Fish 功能强大，用户能够自定义新的变量和函数；

（6）后处理功能强大。

FLAC 的求解有三种数值计算方法：

（1）离散模型方法，连续介质离散为互相连接的单元，作用力集中作用在单元节点上；

（2）动态松弛方法，求解质点运动方程的过程中，临界阻尼在积分的过程中逐渐加入，使系统衰减至平衡状态；

（3）有限差分方法，变量关于空间和时间的一阶导数近似用有限差分表示。

4.4.2 规则定义

1. 质点应力状态

σ_{ij} 为应力张量定义连续体中质点的应力状态，$\boldsymbol{n}_j$ 为任一平面的法向量，由柯西公式得：

$$t_j = \sigma_{ij}\boldsymbol{n}_j \tag{4.4-1}$$

2. 质点应变速率和转动速率

连续体中质点按速度 v 运动，则应变速率的张量为：

$$\xi_{ij} = \frac{1}{2}(v_{i,j} + v_{j,i}) \tag{4.4-2}$$

第一应变速率张量不变量反映的是单元体的体积膨胀率。单元除 ξ_{ij} 外，还经历瞬时体运动和刚体转动，转动角速度如下：

$$\Omega_i = -\frac{1}{2}e_{ijk}\omega_{jk} \tag{4.4-3}$$

式中 e_{ijk}——置换符号；

ω——转动速率张量，见式(4.4-4)。

$$\omega_{ij} = \frac{1}{2}(v_{i,j} - v_{j,i}) \tag{4.4-4}$$

3. 节点运动平衡方程

节点运动平衡方程如下：

$$\sigma_{ij,j} + \rho b_i = \rho \frac{dv_i}{dt} \tag{4.4-5}$$

式中 b——单位质量体积力；

ρ——单元密度。

4. 本构关系式

本构关系的表达式为：

$$[\boldsymbol{\sigma}]_{ij} = H_{ij}(\boldsymbol{\sigma}_{ij}, \boldsymbol{\xi}_{ij}, k) \tag{4.4-6}$$

式中　$[\boldsymbol{\sigma}]_{ij}$——应力变化率张量；

　　　H_{ij}——给定函数；

　　　k——考虑加载历史参数。

4.4.3　空间导数的有限差分

FLAC 采用的是混合离散法。把区域看作是常应变六面体单元的集合体，又把各六面体离散为以六面体的角点为角点的常应变四面体。应力、应变及节点不平衡力等的计算均在此四面体上进行，各六面体单元应力以及应变的取值为其所有四面体体积的加权平均。此法使得四面体单元的位移模式适用范围更广，同时也避免出现常应变六面体单元位移剪切锁死的现象。

在四面体单元中运用高斯公式，得：

$$\int_V v_{i,j}\,\mathrm{d}V = \int_S v_i\,\boldsymbol{n}_j\,\mathrm{d}S \tag{4.4-7}$$

式中　V——四面体的体积；

　　　S——四面体的外表面积；

　　　$\boldsymbol{n}_j$——外表面的单位法向向量分量；对于常应变单元，v_i 为线性分布，$\boldsymbol{n}_j$ 在每个面上为常量。

对式(4.4-7)积分可得：

$$V \cdot v_{i,j} = \sum_{f=1}^{4} \overline{v}_i^{(f)} \boldsymbol{n}_j^{(f)} S^{(f)} \tag{4.4-8}$$

式中　(f)——f 面上相关的值；

　　　$\overline{v}_i$——i 方向上速度均值。

假设速度是呈线性变化，可得：

$$V \cdot v_{i,j} = \frac{1}{3} \sum_{l=1,l\neq f}^{4} v_i^l \tag{4.4-9}$$

将式(4.4-9)代入式(4.4-8)可得：

$$V \cdot v_{i,j} = \frac{1}{3} \sum_{f=1}^{4} v_i^l \sum_{f=1,l\neq f}^{4} \boldsymbol{n}_j^{(f)} S^{(f)} \tag{4.4-10}$$

$v_i = 1$ 时运用高斯法则得：

$$\sum_{f=1}^{4} \boldsymbol{n}_j^{(f)} S^{(f)} = 0 \tag{4.4-11}$$

整理式(4.4-10)，得：

$$V \cdot v_{i,j} = \frac{1}{3V} \sum_{l=1}^{4} v_i^l \boldsymbol{n}_j^{(f)} S^{(f)} \tag{4.4-12}$$

将式(4.4-12)回代入式(4.4-10)，可得应变速率张量的分量形式为：

$$\xi_{ij} = -\frac{1}{6V} \sum_{l=1}^{4} \left(v_i^l \boldsymbol{n}_j^{(l)} + v_j^l \boldsymbol{n}_i^{(l)} \right) S^{(l)} \tag{4.4-13}$$

式中　l——节点 l 上的变量；

　　(l)——l 面上的变量。

4.4.4　FLAC 求解流程

FLAC 之所以在岩土工程领域的应用体现出不可比拟的优势，是因为岩土工程的特殊性，导致在研究中无法掌握全面的数据。而且，岩土自身的复杂性使得变形出现变异性的可能较大。但是 FLAC 针对这些缺陷有独特的解决方式，即用模型或作为数值试验室预测各类状况。在数据不完整的情况下，FLAC 都能预测出各类状况。当数据足够完整时，FLAC 给出的预测质量更高。FLAC 数值模拟工程问题常用的步骤是：

（1）建立模型需要分析的目标；

（2）建立概念图，能够清楚描述物理系统；

（3）建立理想化模型（可通过 Fish 语言控制建模；或者可通过第三方软件，如 Rhino、ANSYS、ABAQUS）；

（4）进行模型的运行；

（5）收集相关数据；

（6）建立多个具体模型；

（7）对模型进行计算；

（8）对结果进行分析。

4.4.5　本构模型

FLAC 包含的本构模型中，在解决岩土工程问题中常用的是各向同性弹性模型、Mohr-Coulomb 塑性模型和 Interface 层面模型。

1. 各向同性弹性模型

弹性模型的应力与应变呈线性关系，卸载时变形恢复原状，与加载路径无关。平面应变下，模型的应力-应变增量表达式为：

$$\begin{cases} \Delta\boldsymbol{\sigma}_{11} = \alpha_1 \Delta\boldsymbol{e}_{11} + \alpha_2 \Delta\boldsymbol{e}_{22} \\ \Delta\boldsymbol{\sigma}_{22} = \alpha_2 \Delta\boldsymbol{e}_{11} + \alpha_1 \Delta\boldsymbol{e}_{22} \\ \Delta\boldsymbol{\sigma}_{12} = 2G\Delta\boldsymbol{e}_{12} \\ \Delta\boldsymbol{\sigma}_{33} = \alpha_2(\Delta\boldsymbol{e}_{11} + \Delta\boldsymbol{e}_{22}) \end{cases} \tag{4.4-14}$$

式中　$\alpha_1 = K + \dfrac{4}{3}G$；

　　　$\alpha_2 = K - \dfrac{4}{3}G$；

　　　K——体积模量；

　　　G——剪切模量。

且有：

$$\Delta \boldsymbol{e}_{ij} = \frac{1}{2}\left(\frac{\partial u_i}{\partial x_j} + \frac{\partial u_j}{\partial x_j}\right)\Delta t \tag{4.4-15}$$

式中　$\Delta \boldsymbol{e}_{ij}$——应变张量增量；

　　　u_i——位移量；

　　　Δt——时步。

平面应力条件下，模型的应力-应变增量表达式为：

$$\begin{cases} \Delta \boldsymbol{\sigma}_{11} = \beta_1 \Delta \boldsymbol{e}_{11} + \beta_2 \Delta \boldsymbol{e}_{22} \\ \Delta \boldsymbol{\sigma}_{22} = \beta_2 \Delta \boldsymbol{e}_{11} + \beta_1 \Delta \boldsymbol{e}_{22} \\ \Delta \boldsymbol{\sigma}_{12} = 2G\Delta \boldsymbol{e}_{12} \\ \Delta \boldsymbol{\sigma}_{33} = 0 \end{cases} \tag{4.4-16}$$

式中　$\beta_1 = \alpha_1 - \alpha_2^2/\alpha_1$；$\beta_2 = \alpha_2 - \alpha_2^2/\alpha_1$。

2. Mohr-Coulomb 模型

Mohr-Coulomb 模型用到了主应力$(\sigma_1, \sigma_2, \sigma_3)$。通过应力张量的分量可以求得主应力的大小及方向。约定拉应力为正，主应力$(\sigma_1, \sigma_2, \sigma_3)$的排序为：

$$\sigma_1 \leqslant \sigma_2 \leqslant \sigma_3 \tag{4.4-17}$$

主应变增量表示成：

$$\Delta e_i = \Delta e_i^{\mathrm{e}} + \Delta e_i^{\mathrm{p}} \tag{4.4-18}$$

式中　e——表示弹性部分；

　　　p——表示塑性部分，塑性应变在弹性变形阶段不等于 0。

胡克定律的增量表达式如下：

$$\begin{cases} \Delta \sigma_1 = \alpha_1 \Delta e_1^{\mathrm{e}} + \alpha_2(\Delta e_2^{\mathrm{e}} + \Delta e_3^{\mathrm{e}}) \\ \Delta \sigma_2 = \alpha_1 \Delta e_2^{\mathrm{e}} + \alpha_2(\Delta e_1^{\mathrm{e}} + \Delta e_3^{\mathrm{e}}) \\ \Delta \sigma_3 = \alpha_1 \Delta e_3^{\mathrm{e}} + \alpha_2(\Delta e_1^{\mathrm{e}} + \Delta e_2^{\mathrm{e}}) \end{cases} \tag{4.4-19}$$

主应力$(\sigma_1, \sigma_2, \sigma_3)$大小如式(4.4-17)所示。根据 Mohr-Coulomb 屈服函数，破坏包络线为：

$$f^{\mathrm{s}} = \sigma_1 - \sigma_3 N_\varphi - 2c\sqrt{N_\varphi} \tag{4.4-20}$$

且：

$$N_\varphi = \frac{1 + \sin\varphi}{1 - \sin\varphi} \tag{4.4-21}$$

拉破坏函数：

$$f^l = \sigma_{\mathrm{t}} - \sigma_3 \tag{4.4-22}$$

式中　φ——内摩擦角；

　　　c——内聚力；

　　　σ_{t}——抗拉强度。

在剪切屈服函数中，只有最大最小主应力起作用。内摩擦角$\varphi \neq 0$ 的材料，抗拉强度$\sigma_{\mathrm{t}} \leqslant \sigma_{\mathrm{tmax}}$。$\sigma_{\mathrm{tmax}}$的表达式为：

$$\sigma_{tmax} = \frac{c}{\tan \varphi} \tag{4.4-23}$$

3. Interface 层面模型

层状边坡的整体稳定性主要受控于层理结构面的力学性质。因此，在相邻岩层间设置接触面单元能够更好地拟合实际层状岩体变形滑移形式。Interface 作为 FLAC3D 中自带的一种采用线性 Coulomb 强度屈服准则的无厚度接触面单元，由一系列三角形单元组合而成，同时每个单元可以用三个节点定义，如图 4.4-1 所示。通过设置剪切刚度、法向刚度、抗剪强度及抗拉强度以表征接触面的力学性质，如图 4.4-2 所示。

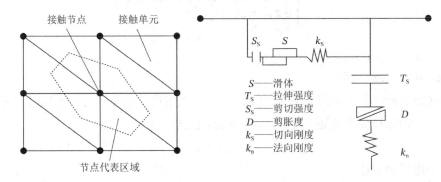

图 4.4-1 Interface 接触单元模型   图 4.4-2 接触界面本构模型组成部分

Interface 接触面法向力、剪切力与随时间响应关系可用下式表达：

$$F_n^{(t+\Delta t)} = k_n u_n A + \sigma_n A \tag{4.4-24}$$

$$F_{si}^{(t+\Delta t)} = F_{si}^{(t)} + k_s \Delta u_{si}^{[t+(1/2)\Delta t]} A + \sigma_{si} A \tag{4.4-25}$$

式中　$F_n^{(t+\Delta t)}$——$(t + \Delta t)$时步的法向力；

　　　$F_{si}^{(t+\Delta t)}$——$(t + \Delta t)$时步的剪切力；

　　　u_n——接触面节点与目标面的相对法向距离；

　　　Δu_{si}——相对剪切位移增量；

　　　σ_n——接触面应力初始化引起的附加法向应力；

　　　σ_{si}——接触面应力初始化引起的附加剪切应力；

　　　A——与接触面节点关联的特征区域；

　　　k_n——接触面的法向刚度；

　　　k_s——接触面的剪切刚度。

FLAC 用户手册中，接触面的法向及剪切刚度宜取周围区域最硬材料单元等效刚度的10 倍，即：

$$k_n = k_s = 10 \cdot \max\left[\left(K + \frac{4}{3}G\right)/\Delta z_{min}\right] \tag{4.4-26}$$

式中　K——材料的体积模量；

　　　G——材料的剪切模量；

　　Δz_{min}——相邻区域的最小网格尺寸（图 4.4-3 ）。

接触面

接触临近
最小网格尺寸

图 4.4-3　刚度计算中相邻区域的最小网格尺寸

4.4.6　强度折减原理

所谓强度折减，就是在数值计算中利用一个折减系数F_s将抗剪强度指标c、φ不断降低至岩土体处于极限破坏状态时，可用下式表示：

$$c_f = \frac{c}{F_s} \tag{4.4-27}$$

$$\tan \varphi_f = \frac{\tan\varphi}{F_s} \tag{4.4-28}$$

$$\tau_f = \sigma \tan \varphi + c_f \tag{4.4-29}$$

式中　　c、φ——未折减前岩土体的抗剪强度指标；

　　　　c_f、φ_f——折减后岩土体的抗剪强度指标；

　　　　τ_f——折减后岩土体的抗剪强度；

　　　　F_s——折减系数。

数值模拟计算中强度折减法的破坏依据一般以计算不收敛、塑形区贯通、位移出现拐点三类为判断标准，破坏时所得的折减系数F_s即为岩土体的安全系数。

第 5 章

主应力空间外凸形强度准则塑性回映精确描述

5.1 应力回映的统一描述

5.1.1 弹塑性增量理论

基于增量理论的弹塑性有限元，可以分析解决很多复杂的工程问题。该方法已在很多领域广泛使用。有限元法是把连续介质离散成有限的网格（即单元），将无限自由度转化为有限自由度，求解平衡方程。在静力分析中，有限元要求内力和外力平衡，即：

$$[K(\delta)]\{\delta\} = \{P\} \qquad (5.1\text{-}1)$$

式中　$\{P\}$——外力向量；

　　　$\{\delta\}$——节点位移向量；

　　$[K(\delta)]$——整体刚度矩阵，由单元刚度矩阵组集而成，每个单元的刚度矩阵在高斯积分点计算得出：

$$[K(\delta_\mathrm{e})] = \int [B^\mathrm{T}][D][B]\,\mathrm{d}V \qquad (5.1\text{-}2)$$

式中　$[K(\delta_\mathrm{e})]$——单元刚度矩阵；

　　　$[B]$——应变-位移矩阵；

　　　$[D]$——称为 Jacobi 矩阵（用于描述应力-应变关系，可以是弹性矩阵，也可以是弹塑性矩阵，在保证收敛的前提下，其不同形式会引起收敛速度的差异，但不影响计算结果）；

　　　V——单元体积；

　　　T——上标，表示矩阵转置。

有限元求解最重要的过程就是寻找满足式(5.1-1)的节点位移向量$\{\delta\}$。对于线弹性问题，无须迭代可直接求出。对于塑性问题，还须满足屈服条件。塑性问题求解过程是非线性的，大多采用增量法求解。将荷载划分为多个增量步。每个增量步需迭代运算直至收敛，然后进行下一个增量步的计算。显然，每个增量步迭代运算过程，系统$[K(\delta)]$不是常数，是与应力和应变有关的。下面介绍利用有限元法进行弹塑性分析时的增量计算过程。

设在施加第i个荷载步$\{P_i\}$后进行第n次迭代，一积分点的初始应力为$\{\sigma_i^{n-1}\}$，位移为$\{\delta_i^n\}$，应变增量为$\{\Delta\varepsilon\}$。由于不知道应力是处于弹性状态还是塑性状态，只能忽略材料的塑性，采

117

用弹性本构先计算出一个试算应力：

$$\{\sigma_i^n\} = \{\sigma_i^{n-1}\} + [D_e]\{\Delta\varepsilon\} \tag{5.1-3}$$

将试算应力代入屈服条件$F(\{\sigma\})$，若$F < 0$，表明此处材料是弹性的，试算应力即为应力计算的结果；若$F \geqslant 0$，表明该应力点已位于屈服面外，进入塑性，必须按一定规则将其修正至屈服面上。修正后的试算应力，即为该迭代步最终的应力。然后，在此应力状态下，求出新的应力-应变关系矩阵。对于塑性问题，称为一致切线算子$[D_{ep}]$。根据式(5.1-2)形成单元切线刚度矩阵，从而集成整体切线刚度矩阵$[K(\delta_i^n)]$。

在此定义不平衡力向量和收敛准则如下：

$$\{\psi_i^n\} = [K(\delta_i^n)]\{\delta_i^n\} - \{P_i\} \tag{5.1-4}$$

$$\|\{\psi_i^n\}\| < \beta\|\{P_i\}\| \tag{5.1-5}$$

式(5.1-4)和式(5.1-5)中，$\{\psi_i^n\}$表示第i步荷载第n次迭代后系统的不平衡力，是对平衡条件偏离的一种量度；根据$\{\psi_i^n\}$的范数，可以按式(5.1-5)判断计算是否收敛。其中，β是预先设定的一个很小的正数，称为平衡迭代容差。

（1）当式(5.1-5)不成立时，说明第n次迭代不收敛，需要进行第$n+1$次迭代计算。该过程通常采用 Newton-Raphson（牛顿-拉夫逊）迭代算法。该算法稳定性好，具有二阶收敛。将式(5.1-4)在$\{\psi_i^n\}$附近作泰勒展开，并略去高阶项得：

$$\{\psi\} = \{\psi_i^n\} + [K(\delta_i^n)](\{\delta\} - \{\delta_i^n\}) = 0 \tag{5.1-6}$$

由此，可得到下一个迭代步位移增量向量的近似解：

$$\{\Delta\delta\} = \{\delta_i^{n+1}\} - \{\delta_i^n\} = -[K(\delta_i^n)]^{-1}\{\psi_i^n\} \tag{5.1-7}$$

于是，应变增量为：

$$\{\Delta\varepsilon\} = [B]\{\Delta\delta\} \tag{5.1-8}$$

据此求出新的应变增量后，即可再次进行应力更新，形成第$n+1$次迭代的刚度矩阵，重复上述过程直至收敛。图 5.1-1 表示了该算法 Newton-Raphson 迭代收敛的过程。

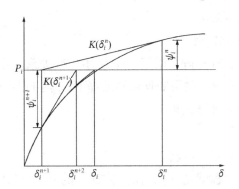

图 5.1-1　Newton-Raphson 迭代算法

（2）当式(5.1-5)成立时，说明第n次迭代收敛，第i步荷载下内外力平衡，可以施加第$i+1$步荷载，于是可以求出此时的位移为：

$$\{\delta_{i+1}^1\} = [K(\delta_i^n)]^{-1}\{P_{i+1}\} \tag{5.1-9}$$

式(5.1-9)和式(5.1-8)为第$i+1$步荷载提供了计算需要的位移$\{\delta_{i+1}^1\}$和应变增量$\{\Delta\varepsilon\}$，结合初始应力$\{\sigma_{i+1}^0\}$，进行第$i+1$步的应力计算，并形成刚度矩阵。

以上增量过程不断重复进行，最终完成整个荷载的施加。总体上，现有的有限元程序进行非线性计算都采用了上述类似的增量格式。很明显，计算过程中有两个关键的步骤：一是如何返回塑性试算应力，将塑性应力拉回屈服面，涉及屈服面理论；二是形成 Jacobi 矩阵，确定下一步应力在屈服面上如何移动，涉及流动法则和加工硬化。以下关于塑性回映算法的精确描述，也主要集中在这两个方面。

1. 关于回映过程的介绍

小应变塑性的基本关系认为，一个应变增量是由弹性增量和塑性增量两部分构成，即：

$$\{d\varepsilon\} = \{d\varepsilon^e\} + \{d\varepsilon^p\} \tag{5.1-10}$$

屈服时塑性应变$\{d\varepsilon^p\}$是在屈服面上产生的，对应的应力状态为：

$$\begin{cases} F(\{\sigma\}) = 0 \\ \{a\}^T\{d\sigma\} = 0 \end{cases} \tag{5.1-11}$$

式(5.1-11)中，F表示屈服函数，$\{a\} = \partial F/\partial\{\sigma\}$为屈服面的方向向量，上标T表示矩阵转置，$\{\sigma\}$和$\{\varepsilon\}$表示六个应力和应变分量，在有限元软件（如 ANSYS）储存形式为：

$$\begin{cases} \{\sigma\} = [\sigma_x \quad \sigma_y \quad \sigma_z \quad \tau_{xy} \quad \tau_{yz} \quad \tau_{xz}]^T \\ \{\varepsilon\} = [\varepsilon_x \quad \varepsilon_y \quad \varepsilon_z \quad \varepsilon_{xy} \quad \varepsilon_{yz} \quad \varepsilon_{xz}]^T \end{cases} \tag{5.1-12}$$

只有弹性应变才会引起应力发生变化，即：

$$\{d\sigma\} = [D]\{d\varepsilon^e\} = [D](\{d\varepsilon\} - \{d\varepsilon^p\}) \tag{5.1-13}$$

式(5.1-13)中，$[D]$为弹性本构矩阵。为方便后面的描述，可以分为两部分，即与主应力相关的$[D^*]$及剪应力相关的$[G^*]$，通常采用泊松比μ和杨氏模量E的表达方式：

$$[D] = \begin{bmatrix} [D^*] & \\ & [G^*] \end{bmatrix} \tag{5.1-14}$$

且：

$$[D^*] = \frac{E}{(1+\mu)(1-2\mu)}\begin{bmatrix} 1-\mu & \mu & \mu \\ \mu & 1-\mu & \mu \\ \mu & \mu & 1-\mu \end{bmatrix} \tag{5.1-15}$$

$$[G^*] = \frac{E}{2(1+\mu)}\begin{bmatrix} 1 & & \\ & 1 & \\ & & 1 \end{bmatrix} \tag{5.1-16}$$

根据式(5.1-13)，对于一个微小的应变增量，进行积分可以得到对应的微小应力增量：

$$\{\Delta\sigma\} = [D](\{\Delta\varepsilon\} - \{\Delta\varepsilon^p\}) = \{\Delta\sigma^e\} - \{\Delta\sigma^p\} \tag{5.1-17}$$

式(5.1-17)表达的应力回映算法如图 5.1-2 所示，$\{\sigma^A\}$表示处于弹性状态的应力，$\{\sigma^B\}$表示弹性试算后位于屈服面外的应力，称为弹性试算应力；$\{\sigma^C\}$表示经应力回映后，返回至屈服面上的应力。

于是利用图 5.1-2 的关系，式(5.1-17)可以写成：

$$\{\sigma^C\} = \{\sigma^B\} - \{\Delta\sigma^p\} \tag{5.1-18}$$

可见在弹塑性计算时，对屈服面外一点$\{\sigma^B\}$进行应力回映，关键在于确定塑性修正应力$\{\Delta\sigma^p\}$。而塑性应变的大小是由塑性位势理论确定的：

$$\{d\varepsilon^p\} = d\lambda\{b\} \tag{5.1-19}$$

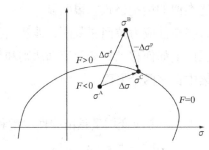

图 5.1-2　应力回映过程

式中　$d\lambda$——一个非负的系数，后面会根据应力在屈服面上的状态给出表达式；

　　　$\{b\} = \partial G / \partial\{\sigma\}$；

　　　G——塑性势函数，反映了流动法则。

如果$F = G$则为关联流动法则，如果$F \neq G$则为非关联流动法则。

因此，对于一个塑性修正应力，可以按下式进行计算：

$$\{\Delta\sigma^p\} = [D]\{\Delta\varepsilon^p\} = \int_{\lambda}^{\lambda+\Delta\lambda} [D]\{b\}\,d\lambda \tag{5.1-20}$$

通常，由于式(5.1-20)积分跟路径相关，无法求得解析解，一般采用下面方式近似处理：

$$\{\Delta\sigma^p\} = \Delta\lambda[D]\{b\}\big|_B \tag{5.1-21}$$

$$\{\Delta\sigma^p\} = \Delta\lambda[D]\{b\}\big|_C \tag{5.1-22}$$

式(5.1-21)中，符号$\big|_B$表示在弹性试算应力点计算的塑性修正；式(5.1-22)中，符号$\big|_C$表示在应力回映后的位置进行塑性修正计算。对于一般的屈服准则，由于回映后的$\{\sigma^C\}$未知，一般需要经过迭代才能确定$\{\sigma^C\}$。对于线性屈服准则和塑性势函数，采用式(5.1-21)或式(5.1-22)都可以得到相同的结果。

2. 弹塑性本构矩阵

在有限元中，Jacobi 矩阵决定了计算的收敛速度。若采用弹性矩阵会使计算收敛速度变慢，这里给出弹塑性本构矩阵。弹塑性本构矩阵给出了塑性计算时应力与应变的关系。于是，需要推出该矩阵，使得式(5.1-23)成立。

$$\{d\sigma\} = [D^{ep}]\{d\varepsilon\} \tag{5.1-23}$$

式(5.1-23)中，$[D^{ep}]$就是弹塑性本构矩阵。当然，弹塑性本构矩阵在保证收敛的前提下，并不影响计算结果，只是比弹性矩阵更快收敛。这里，先对一般问题进行讨论，将式(5.1-19)代入式(5.1-13)中，于是有：

$$\{d\sigma\} = [D]\{d\varepsilon\} - [D]\,d\lambda\{b\} \tag{5.1-24}$$

由于存在未知项$d\lambda$，将式(5.1-24)代入式(5.1-11)，可得：

$$\{a\}^T([D]\{d\varepsilon\} - [D]\,d\lambda\{b\}) = 0 \tag{5.1-25}$$

进而解得$d\lambda$：

$$d\lambda = \frac{\{a\}^T[D]\{d\varepsilon\}}{\{a\}^T[D]\{b\}} \tag{5.1-26}$$

将式(5.1-26)的$\mathrm{d}\lambda$回代到式(5.1-24)，则：

$$\{\mathrm{d}\sigma\} = [D]\{\mathrm{d}\varepsilon\} - \frac{[D]\{b\}\{a\}^{\mathrm{T}}[D]}{\{a\}^{\mathrm{T}}[D]\{b\}}\{\mathrm{d}\varepsilon\} = [D^{\mathrm{ep}}]\{\mathrm{d}\varepsilon\} \tag{5.1-27}$$

故有：

$$[D^{\mathrm{ep}}] = [D] - \frac{[D]\{b\}\{a\}^{\mathrm{T}}[D]}{\{a\}^{\mathrm{T}}[D]\{b\}} \tag{5.1-28}$$

式(5.1-28)对理想弹-塑性介质均适用。$[D^{\mathrm{ep}}]$的意义在于，总应变已知而弹性应变未知时，自动滤去了塑性应变，使得应力增量完全由弹性应变计算得出，对于涉及的弹塑性矩阵会在后面给出。根据式(5.1-22)和式(5.1-28)，应力的回映和求解弹塑性矩阵都需要屈服函数和塑性势函数的一阶导数$\{a\}$、$\{b\}$。屈服函数通常可以写成$F(I_1, J_2^{1/2}, J_3)$的形式，其中I_1、J_2、J_3是应力或偏应力不变量，可以按以下公式给出：

$$I_1 = \sigma_{\mathrm{x}} + \sigma_{\mathrm{y}} + \sigma_{\mathrm{z}} \tag{5.1-29}$$

$$J_2 = \frac{1}{2}\left[\left(\sigma_{\mathrm{x}} - \frac{I_1}{3}\right)^2 + \left(\sigma_{\mathrm{y}} - \frac{I_1}{3}\right)^2 + \left(\sigma_{\mathrm{z}} - \frac{I_1}{3}\right)^2\right] + \tau_{\mathrm{xy}}^2 + \tau_{\mathrm{yz}}^2 + \tau_{\mathrm{xz}}^2 \tag{5.1-30}$$

$$J_3 = \left(\sigma_{\mathrm{x}} - \frac{I_1}{3}\right)\left(\sigma_{\mathrm{y}} - \frac{I_1}{3}\right)\left(\sigma_{\mathrm{z}} - \frac{I_1}{3}\right) + 2\tau_{\mathrm{xy}}\tau_{\mathrm{yz}}\tau_{\mathrm{xz}} -$$
$$\left(\sigma_{\mathrm{x}} - \frac{I_1}{3}\right)\tau_{\mathrm{yz}}^2 - \left(\sigma_{\mathrm{y}} - \frac{I_1}{3}\right)\tau_{\mathrm{xz}}^2 - \left(\sigma_{\mathrm{z}} - \frac{I_1}{3}\right)\tau_{\mathrm{xy}}^2 \tag{5.1-31}$$

而$\{a\} = \partial F / \partial\{\sigma\}$，将$F$代入后可以写成：

$$\{a\} = \frac{\partial F}{\partial\{\sigma\}} = \frac{\partial F}{\partial I_1}\frac{\partial I_1}{\partial\sigma} + \frac{\partial F}{\partial\sqrt{J_2}}\frac{\partial\sqrt{J_2}}{\partial\sigma} + \frac{\partial F}{\partial J_3}\frac{\partial J_3}{\partial\sigma} \tag{5.1-32}$$

将式(5.1-29)～式(5.1-31)代入式(5.1-32)中，可以得到$\{a\}$的具体表达式：

$$\{a\} = C_1\{M_1\} + C_2\{M_2\} + C_3\{M_3\} \tag{5.1-33}$$

式(5.1-33)中，C_1、C_2、C_3为屈服准则不变量的导数，与屈服准则的类型有关，待屈服准则确定后即可求出；而$\{M_1\}$、$\{M_2\}$、$\{M_3\}$则仅与应力状态有关，可以写成：

$$\{M_1\} = \begin{bmatrix} 1 & 1 & 1 & 0 & 0 & 0 \end{bmatrix}^{\mathrm{T}} \tag{5.1-34}$$

$$\{M_2\} = \frac{1}{2\sqrt{J_2}}\left[\left(\sigma_{\mathrm{x}} - \frac{I_1}{3}\right) \quad \left(\sigma_{\mathrm{y}} - \frac{I_1}{3}\right) \quad \left(\sigma_{\mathrm{z}} - \frac{I_1}{3}\right) \quad 2\tau_{\mathrm{xy}} \quad 2\tau_{\mathrm{yz}} \quad 2\tau_{\mathrm{xz}}\right]^{\mathrm{T}} \tag{5.1-35}$$

$$\{M_3\} = \begin{bmatrix} \left(\sigma_{\mathrm{y}} - \frac{I_1}{3}\right)\left(\sigma_{\mathrm{z}} - \frac{I_1}{3}\right) - \tau_{\mathrm{yz}}^2 + \frac{J_2}{3} \\ \left(\sigma_{\mathrm{x}} - \frac{I_1}{3}\right)\left(\sigma_{\mathrm{z}} - \frac{I_1}{3}\right) - \tau_{\mathrm{xz}}^2 + \frac{J_2}{3} \\ \left(\sigma_{\mathrm{x}} - \frac{I_1}{3}\right)\left(\sigma_{\mathrm{y}} - \frac{I_1}{3}\right) - \tau_{\mathrm{xy}}^2 + \frac{J_2}{3} \\ 2\left(\tau_{\mathrm{yz}}\tau_{\mathrm{xz}} - \left(\sigma_{\mathrm{z}} - \frac{I_1}{3}\right)\tau_{\mathrm{xy}}\right) \\ 2\left(\tau_{\mathrm{xy}}\tau_{\mathrm{yz}} - \left(\sigma_{\mathrm{y}} - \frac{I_1}{3}\right)\tau_{\mathrm{xz}}\right) \\ 2\left(\tau_{\mathrm{xz}}\tau_{\mathrm{xy}} - \left(\sigma_{\mathrm{x}} - \frac{I_1}{3}\right)\tau_{\mathrm{yz}}\right) \end{bmatrix} \tag{5.1-36}$$

同理，塑性势函数的$\{b\}$可以写成：

$$\{b\} = C_1'\{M_1\} + C_2'\{M_2\} + C_3'\{M_3\} \tag{5.1-37}$$

式中　C_1'、C_2'、C_3'——塑性势函数关于不变量的导数。

5.1.2　主应力空间塑性回映的描述

前面介绍了塑性应力的回映过程，但是我们并不直接使用该方法用于塑性增量计算。这是因为对于组合屈服面而言，即使求出各个屈服面塑性势函数的一阶导数后，根据应力张量形式也很难确定塑性修正应力最终的返回位置，况且对于讨论的 Mohr-Coulomb 准则和 Hoek-Brown 准则这类外凸形屈服函数，主应力空间屈服面在棱角位置根本就无法求导，当然应力也就无法直接按式(5.1-22)进行回映。由于讨论的是各向同性材料，其应力状态与坐标空间的选择无关，可以考虑将塑性回映放在主应力空间中进行讨论，且按弹性力学拉正、压负约定主应力大小关系有$\sigma_1 \geqslant \sigma_2 \geqslant \sigma_3$。这样，就可以将屈服函数写成主应力的表达式，屈服面的方向向量也非常容易求得，整个回映过程在主应力中进行。

首先，将原坐标系（所指坐标系均为直角坐标系）下的六个弹性试算应力分量，经过坐标变换转化为主应力空间中的三个主应力分量；然后，判断是否出现塑性并求出塑性修正应力；最后，再将主应力分量反向还原为原坐标系下的六个应力分量。在最终确定应力的返回位置后，再在原空间按式(5.1-28)求出弹塑性矩阵，流程见图 5.1-3。显然，该过程的实现只需正确的坐标变换。假定塑性修正并不影响主应力方向，上述应力修正后可以很容易还原到原坐标系。经坐标变换后，在主应力空间中进行讨论处理可以大大降低计算复杂程度。一方面，将六维问题降低为三维；另一方面，三个主应力关系可以在三维空间中实现视觉化展示，便于对其空间几何位置予以讨论和解释，更加直观、容易理解。下面，将就此论证该方法具体实现细节，给出一般性的推导过程。

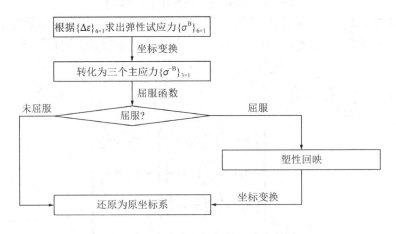

图 5.1-3　主应力空间塑性回映流程图

1. 主应力空间的方向矩阵

若要将六个应力分量放到主应力中进行回映修正，首先应当考虑如何求出其对应的三个主应力，并且能够方便地将应力还原到原坐标系。在数学上，这个过程实际是求应力张量的特征值和特征向量，亦即：

$$(\sigma_{ij} - \sigma_\mu \delta_{ij})n = 0, \quad (i = 1,2,\cdots,6; j = 1,2,\cdots,6) \tag{5.1-38}$$

式中　σ_{ij}——试算应力张量，包含六个应力分量；

　　　δ_{ij}——Kronecker 算子；

　　　σ_μ——特征值（即主应力）；

　　　n——对应的特征向量（表征主应力方向的方向余弦）。

主应力σ_1、σ_2、σ_3分别对应的三个方向向量，构成坐标转换矩阵如下：

$$[n] = [n_1 \quad n_2 \quad n_3] = \begin{bmatrix} c_{x'}{}^x & c_{y'}{}^x & c_{z'}{}^x \\ c_{x'}{}^y & c_{y'}{}^y & c_{z'}{}^y \\ c_{x'}{}^z & c_{y'}{}^z & c_{z'}{}^z \end{bmatrix} \tag{5.1-39}$$

式(5.1-39)中，xyz为老坐标系，$x'y'z'$为新坐标系，三个主轴方向分别对应σ_1、σ_2、σ_3的方向，元素$c_{x'}{}^x$的含义（其余类似）是新坐标的x'轴与原坐标的x轴夹角的余弦值，即$c_x'^x = \cos\psi_x'^x$；新老坐标系的对应关系及之间的夹角见图 5.1-4。

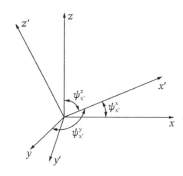

图 5.1-4　原坐标系xyz与新坐标系$x'y'z'$的对应关系

根据以上的坐标转换矩阵，利用弹性力学坐标变换方法，主应力空间$\{\sigma_\mu\}$与原坐标空间应力$\{\sigma\}$的转换关系如下：

$$\{\sigma_\mu\} = [A]\{\sigma\} \tag{5.1-40}$$

式(5.1-40)中，矩阵$[A]$表示主应力空间的方向矩阵，表达式见式(5.1-41)。于是，可以方便地将应力还原，过程见图 5.1-5。

$$[A] = \begin{bmatrix} c_{x'}^x c_{x'}^x & c_{y'}^x c_{y'}^x & c_{z'}^x c_{z'}^x & 2c_{x'}^x c_{y'}^x & 2c_{y'}^x c_{z'}^x & 2c_{z'}^x c_{x'}^x \\ c_{x'}^y c_{x'}^y & c_{y'}^y c_{y'}^y & c_{z'}^y c_{z'}^y & 2c_{x'}^y c_{y'}^y & 2c_{y'}^y c_{z'}^y & 2c_{z'}^y c_{x'}^y \\ c_{x'}^z c_{x'}^z & c_{y'}^z c_{y'}^z & c_{z'}^z c_{z'}^z & 2c_{x'}^z c_{y'}^z & 2c_{y'}^z c_{z'}^z & 2c_{z'}^z c_{x'}^z \\ c_{x'}^x c_{x'}^y & c_{y'}^x c_{y'}^y & c_{z'}^x c_{z'}^y & c_{x'}^x c_{y'}^y + c_{y'}^x c_{x'}^y & c_{z'}^x c_{y'}^y + c_{y'}^x c_{z'}^y & c_{x'}^x c_{z'}^y + c_{z'}^x c_{x'}^y \\ c_{x'}^y c_{x'}^z & c_{y'}^y c_{y'}^z & c_{z'}^y c_{z'}^z & c_{x'}^y c_{y'}^z + c_{y'}^y c_{x'}^z & c_{z'}^y c_{y'}^z + c_{y'}^y c_{z'}^z & c_{x'}^y c_{z'}^z + c_{z'}^y c_{x'}^z \\ c_{x'}^z c_{x'}^x & c_{y'}^z c_{y'}^x & c_{z'}^z c_{z'}^x & c_{x'}^z c_{y'}^x + c_{y'}^z c_{x'}^x & c_{z'}^z c_{y'}^x + c_{y'}^z c_{z'}^x & c_{x'}^z c_{z'}^x + c_{z'}^z c_{x'}^x \end{bmatrix} \tag{5.1-41}$$

为求上述σ_μ和矩阵$[A]$，编制了独立函数 Matrixtrans，该函数在求出三个主应力后，可以对应求出它们的方向余弦向量，形成式(5.1-41)的方向矩阵。于是，只要能在主应力空间中，实现应力的正确返回，就可以分别按照式(5.1-40)将主应力空间中的应力还原到原坐标系下。通过这样处理，就可以将六维问题简化为三维问题，大大地降低了分析难度，下面将在主应力空间中讨论塑性回映问题。

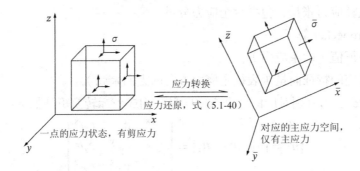

图 5.1-5　应力状态在不同坐标系下的转换

2. 主应力空间塑性应力的回映

将弹性试算应力转换到主应力空间后，即可根据相应的屈服函数判断是否进入塑性。接下来讨论线性屈服准则下，塑性应力的回映算法，非线性 Hoek-Brown 屈服准则可以利用迭代类似处理。在主应力空间中，可以非常直观地展示线性屈服准则的形状。线性屈服准则在空间中是平面与平面的组合，它们相交的位置（即交线、交点）不连续，不能用同一塑性势来描述，因此也无法求导确定塑性回映的方向。当塑性回映的方向无法确定时，屈服面外的应力点就不能按照某种回映方式正确的返回。因此，应区别对待这些情况，对每种类型都采取不同的方式处理，如图 5.1-6 所示。于是，塑性回映总共可能涉及三类不同的返回形式，分别是：应力返回至面、应力返回至线、应力返回至点。下面，依次给出它们具体的返回方式，并确定每种返回方式的适用范围。

3. 应力返回至面

应力返回至面是最常规的返回类型。正如前文所述，将试算应力拉回屈服面，关键就是求出$\{\Delta\sigma^p\}$。对于线性屈服准则，其屈服面内的任一方向向量必然垂直于该屈服面的法线，故屈服面方程总是可以写成如下形式：

$$F(\sigma) = \left\{a_\mu\right\}^{\mathrm{T}}(\{\sigma\} - \{\sigma^0\}) \tag{5.1-42}$$

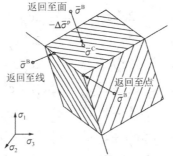

图 5.1-6　主应力空间三类不同的塑性回映

式(5.1-42)中$\{\sigma^0\}$为屈服面上一已知点，向量$\{a_\mu\}$为主应力空间中屈服面的梯度，即：

$$\{a_\mu\} = \frac{\partial F}{\partial\{\sigma\}} \tag{5.1-43}$$

同理，塑性势函数可以写成：

$$\begin{cases} G(\{\sigma\}) = \{b_\mu\}^{\mathrm{T}}(\{\sigma\} - \{\sigma^0\}) \\ \{b_\mu\} = \dfrac{\partial G}{\partial\{\sigma\}} \end{cases} \tag{5.1-44}$$

对于返回至面的情况，屈服函数和塑性势函数的一阶导数$\{a_\mu\}$和$\{b_\mu\}$都是连续的，在此仅考虑线性屈服准则，则$\{a_\mu\}$和$\{b_\mu\}$都是常数。

在主应力空间中，根据式(5.1-22)和式(5.1-43)，则有：

$$\{\Delta\sigma^{\mathrm{p}}\} = \Delta\lambda[D]\frac{\partial G}{\partial\{\sigma\}}\bigg|_{\mathrm{C}} = \Delta\lambda[D]\{b_\mu\} \tag{5.1-45}$$

又：

$$F(\{\sigma^{\mathrm{B}}\}) = \{a_\mu\}^{\mathrm{T}}\{\Delta\sigma\} \tag{5.1-46}$$

式(5.1-46)也是加载、卸载条件，$\{\Delta\sigma\}$是按弹性本构计算出的试算应力增量，也适用于弹脆性材料。式(5.1-45)中，$\Delta\lambda$又可以写成：

$$\Delta\lambda = \frac{\{a_\mu\}^{\mathrm{T}}[D]\{\Delta\varepsilon\}}{\{a_\mu\}^{\mathrm{T}}[D]\{b_\mu\}} = \frac{\{a_\mu\}^{\mathrm{T}}\{\Delta\sigma\}}{\{a_\mu\}^{\mathrm{T}}[D]\{b_\mu\}} = \frac{F(\{\sigma^{\mathrm{B}}\})}{\{a_\mu\}^{\mathrm{T}}[D]\{b_\mu\}} \tag{5.1-47}$$

将式(5.1-46)代入式(5.1-45)，则得到塑性修正应力的表达式：

$$\Delta\sigma^{\mathrm{p}} = \frac{F(\{\sigma^{\mathrm{B}}\})}{\{a_\mu\}^{\mathrm{T}}[D]\{b_\mu\}}[D]\{b_\mu\} = F(\{\sigma^{\mathrm{B}}\})\{r^{\mathrm{p}}\} \tag{5.1-48}$$

式(5.1-48)中，$\{r^{\mathrm{p}}\} = \frac{[D]\{b_\mu\}}{\{a_\mu\}^{\mathrm{T}}[D]\{b_\mu\}}$则为塑性修正的方向，$F(\{\sigma^{\mathrm{B}}\})$则代表了塑性修正的大小，衡量了试算应力偏离屈服面的程度。该计算方法最早由 Crisfield（1990）提出，可以快速地计算出修正应力。向量$\{a_\mu\}$、$\{b_\mu\}$和$\{r^{\mathrm{p}}\}$的空间几何意义如图 5.1-7 所示。于是有$\{\sigma^{\mathrm{C}}\} = \{\sigma^{\mathrm{B}}\} - \{\Delta\sigma^{\mathrm{p}}\}$，即：

$$\Delta\sigma^{\mathrm{p}} = \frac{F(\{\sigma^{\mathrm{B}}\})}{\{a_\mu\}^{\mathrm{T}}[D]\{b_\mu\}}[D]\{b_\mu\} = F(\{\sigma^{\mathrm{B}}\})\{r^{\mathrm{p}}\} \tag{5.1-49}$$

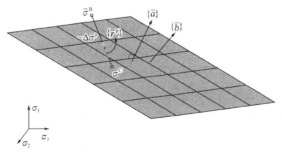

图 5.1-7　应力返回至平面

4. 应力返回至线

如图 5.1-8 所示，当两个不平行的线性屈服面（$F_1 = 0$ 和 $F_2 = 0$）相交时，交线为直线 l。交线 l 两侧并不连续，无法求导。即线两侧的 $\{a_\mu\}$、$\{b_\mu\}$ 和 $\{r^p\}$ 不相同，此时无法直接采用前述返回至面的方法处理，必须对这种情况采用一种新的方式，使得回映时能体现这两个面的性质。应力返回至交线，必然与相交的两个面存在联系。即应同时具有这两个面的返回特征。图 5.1-8 中，两个面的塑性修正方向和最终回映的方向展示了这种关系。即在几何上，应力返回至线的方向向量应当与塑性修正方向 $\{r_1^p\}$、$\{r_2^p\}$ 共面。

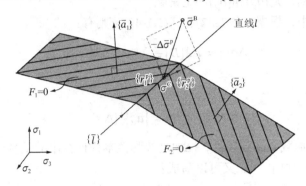

图 5.1-8　应力返回至交线

于是，向量 $\{\Delta\sigma^p\}$ 应当垂直于 $\{r_1^p\}$、$\{r_2^p\}$ 两个方向定义的平面的法线 $\{r_1^p\} \times \{r_2^p\}$（符号 × 表示向量叉乘），即：

$$(\{r_1^p\} \times \{r_2^p\})^T(\{\sigma^C\} - \{\sigma^B\}) = 0 \tag{5.1-50}$$

$\{\sigma^C\}$ 位于两个平面的交线上，即应该同时满足下面条件：

$$\begin{cases} F_1(\{\sigma^C\}) = 0 \\ F_2(\{\sigma^C\}) = 0 \end{cases} \tag{5.1-51}$$

联立式(5.1-50)和式(5.1-51)三个方程，即可解出 $\{\sigma^C\}$ 的三个未知主应力。

5. 应力返回至点

应力返回至点，这些应力点是在主应力空间中，由两条以上的直线相交而形成一个尖角，是一个确定的空间位置，已不需要进行返回计算。试算应力应当返回至点时，直接根据几何方程确定该点的坐标即可。

6. 主应力空间的应力区域

在前面，已经给出了三种不同的应力回映方法。但是，在应力返回之前，还应该确定它们各自的适用范围，即确定屈服面外哪些空间位置的试算应力应当返回至面、哪些应当返回至线或者返回点。为了方便问题的描述，此处将边界线沿应力塑性修正方向拉伸形成分割面，将这些屈服面外的空间划分为不同的应力区域，每个应力区域都对应了不同的应力返回位置。当计算出的试算应力处于某个应力区域时，它将会被返回到与该区域相关的面、线或点上。如图 5.1-9 所示，两个屈服面（$F_1 = 0$ 和 $F_2 = 0$）在交线和边界处，将直线沿应力回映方向 $\{r^p\}$ 拉伸，形成了 P_1、P_2、P_3 和 P_4 四个平面，这四个平面将整个主应力空间分为了四个应力区域。

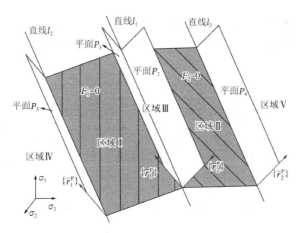

图 5.1-9　主应力空间中应力区域的划分

经过计算，弹性试算应力如果位于区域 I ，即在平面P_1和P_3之间的区域，那么就应该按照返回至面的规则，返回至屈服面$F_1 = 0$上；同样，如果试算应力位于区域 II ，即平面P_2和P_4之间，那么就应该返回至屈服面$F_2 = 0$上。如果试算应力位于区域 III ，即平面P_1、P_2之间，那么应力就归属于这两个平面，它应该按照返回至线的规则，返回至线l_1上；若试算应力在区域 IV ，即P_3的外侧，就必须返回至线l_2；若试算应力位于屈服面 V ，即P_4的外侧，那么就应该返回至线l_3。在计算得到试算应力后，就应该判断所属的应力区域，这里采用构造平面方程的方式进行，即先写出P_1、P_2、P_3和P_4的平面方程，再将试算应力的值依次代入。根据计算结果的正负值和对应关系来判断所属区域，采用这种方法应该说比较简单、明确。在后面对 Mohr-Coulomb 准则屈服面外应力划分区域时，将使用这种方法。考虑到可能涉及较多的平面，判断也比较烦琐。于是，进行了一定的简化，并未考虑屈服面最外侧棱角处的划分平面。而是先划分成大区域，再根据大区域内应力的返回结果判断所属的子区域，这部分将在后面详细介绍。

5.1.3　平面问题下回映算法的简化

前文中，塑性回映算法都是在三维空间中实现的，可以处理任何应力状态下的计算问题。但是，实际计算中往往面临各种平面问题或者轴对称问题，岩土工程领域尤其经常遇到平面应变问题，比如均匀边坡可以将其作为一个平面应变问题进行处理。对于平面应变问题或轴对称问题，需要计算的应力应变分量是 4×1 的向量，分别是：

$$\begin{cases} \{\sigma\} = [\sigma_x \quad \sigma_y \quad \sigma_z \quad \tau_{xy}]^T \\ \{\varepsilon\} = [\varepsilon_x \quad \varepsilon_y \quad \varepsilon_z \quad \varepsilon_{xy}]^T \end{cases} \tag{5.1-52}$$

平面应变问题 Jacobi 矩阵是 4×4 的矩阵。而平面应力问题式(5.1-52)的应力和应变都又退化为三个，即：

$$\begin{cases} \{\sigma\} = [\sigma_x \quad \sigma_y \quad \tau_{xy}]^T \\ \{\varepsilon\} = [\varepsilon_x \quad \varepsilon_y \quad \varepsilon_{xy}]^T \end{cases} \tag{5.1-53}$$

平面应力问题 Jacobi 矩阵为 3×3 的矩阵。

无论是平面应变问题还是平面应力问题，仍然可以将其先扩充为六维（相应的缺失量以 0 填充），然后再将其转化到三维主应力空间中进行考虑。此时，回映算法就可以按照前面所述的方式进行，完成后再将其退化为原来的维数，即平面应变问题退化为四维，平面应力问题退化为三维。

在上述过程中，由于σ_z一定为其中一个主应力，其方向余弦一定可以写成$n = \{0\ 0\ 1\}^T$，相应的其他主应力和方向余弦的求法就有特殊性，比三维问题更为简单。尽管σ_z为一个主应力，但它却不一定是中间主应力，它的主应力次序需要经过比较才能确定，这就造成了主应力和方向矩阵[A]简化形式的不同，分情况简单讨论如下。

当$\sigma_z = \sigma_1$时，主应力空间坐标系和原坐标系如图 5.1-10（a）所示。这时，第二主应力为$\sigma_2 = (\sigma_x + \sigma_y)/2 + \{[(\sigma_x - \sigma_y)/2]^2 + \tau_{xy}^2\}^{1/2}$，其方向余弦为$n_2 = \{\cos\alpha\ \sin\alpha\ 0\}^T$；第三主应力为$\sigma_3 = (\sigma_x + \sigma_y)/2 + \{[(\sigma_x - \sigma_y)/2]^2 + \tau_{xy}^2\}^{1/2}$，其方向余弦为$n_3 = \{-\sin\alpha\ \cos\alpha\ 0\}^T$，且$\alpha = \tan^{-1}[(\sigma_2 - \sigma_x)/\tau_{xy}]$。将$n_1 = \{0\ 0\ 1\}^T$、$n_2$、$n_3$代入式(5.1-39)和式(5.1-41)，即形成了方向矩阵。

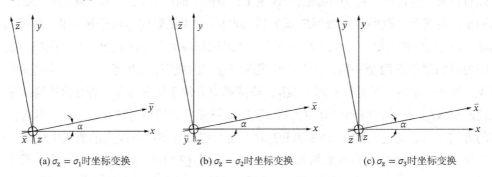

(a) $\sigma_z = \sigma_1$时坐标变换　　　　(b) $\sigma_z = \sigma_2$时坐标变换　　　　(c) $\sigma_z = \sigma_3$时坐标变换

图 5.1-10　σ_z在不同情况下的坐标变换

当$\sigma_z = \sigma_2$时，如图 5.1-10（b）所示，这时第一主应力为$\sigma_1 = (\sigma_x + \sigma_y)/2 + \{[(\sigma_x - \sigma_y)/2]^2 + \tau_{xy}^2\}^{1/2}$，方向余弦$n_1 = \{\cos\alpha\ \sin\alpha\ 0\}^T$；第三主应力为$\sigma_3 = (\sigma_x + \sigma_y)/2 + \{[(\sigma_x - \sigma_y)/2]^2 + \tau_{xy}^2\}^{1/2}$，方向余弦为$n_3 = \{-\cos\alpha\ \sin\alpha\ 0\}^T$，且$\alpha = \tan^{-1}[(\sigma_1 - \sigma_x)/\tau_{xy}]$。此时的$n_1$、$n_2 = \{0\ 0\ 1\}^T$、$n_3$即可形成式(5.1-41)的方向矩阵。

当$\sigma_z = \sigma_3$时，如图 5.1-10（c）所示，这时第一主应力为$\sigma_1 = (\sigma_x + \sigma_y)/2 + \{[(\sigma_x - \sigma_y)/2]^2 + \tau_{xy}^2\}^{1/2}$，其方向余弦为$n_1 = \{\cos\alpha\ \sin\alpha\ 0\}^T$；第二主应力为$\sigma_2 = (\sigma_x + \sigma_y)/2 + \{[(\sigma_x - \sigma_y)/2]^2 + \tau_{xy}^2\}^{1/2}$，方向余弦为$n_2 = \{-\cos\alpha\ \sin\alpha\ 0\}^T$，且$\alpha = \tan^{-1}[(\sigma_1 - \sigma_x)/\tau_{xy}]$。$n_1$、$n_2$、$n_3 = \{0\ 0\ 1\}^T$即可形成此时的方向矩阵。

可以看到，平面问题的处理与三维问题并没有太大的不同，只不过主应力和方向矩阵的求法更为简单而已。在求出 6×6 的方向矩阵后，即可将调整后的主应力转化到六维情况，然后再退化为平面问题即可。

5.2　带拉截断修正 Mohr-Coulomb 准则塑性回映的描述

Mohr-Coulomb 准则是岩土工程领域广泛使用的一个经典强度准则。大量数据和工程实践表明，Mohr-Coulomb 准则能较好地描述岩土材料的强度特性和破坏行为。然而，Mohr-Coulomb 准则理论抗拉强度（顶点抗拉强度）往往会高估岩土介质的抗拉强度，需要进行修正；同时，岩土材料一旦发生拉破坏，抗拉强度便会丧失；而且，一些岩土材料会有弹脆塑特性，也有必要将这些修正都加入 Mohr-Coulomb 准则中。

在主应力空间中，Mohr-Coulomb 屈服面是一个不规则的六棱锥面，数值计算过程由于存在数学奇异问题，导致塑性修正应力无法正常返回。针对此问题国内外学者提出了很多解决方法，而本章尝试在主应力空间进行塑性回映处理，推导修正 Mohr-Coulomb 准则在各个奇异位置的正确回映形式。

5.2.1　考虑弹脆塑性和带拉截断修正的 Mohr-Coulomb 准则

通常情况下，Mohr-Coulomb 准则以压为正，但有限元中依弹性力学规定拉应力为正，则通常说到的围压在有限元中实际上是$-\sigma_1$，轴压实际上是$-\sigma_3$，主应力空间$\sigma_1 \geqslant \sigma_2 \geqslant \sigma_3$。后文关于该准则都沿用这一规定。于是，Mohr-Coulomb 屈服准则在主应力空间中表示为：

$$F = k\sigma_1 - \sigma_3 - \frac{2c\cos\varphi}{1-\sin\varphi} = 0 \tag{5.2-1}$$

式中　k——斜率，且$k = (1+\sin\varphi)/(1-\sin\varphi)$；

c、φ——分别为内聚力和内摩擦角。

为了弥补上文所指出的不足，需要对传统的 Mohr-Coulomb 准则进行修正。对于材料的弹脆性问题，通过引入两个峰残值修正系数r_c和r_φ，来分别控制c和φ的折减程度，这两个参数可由直剪或三轴试验数据统计获得。于是在材料初次剪切破坏前，强度参数取峰值$r_c = 1$和$r_\varphi = 1$，初次破坏后强度参数取残值$r_c < 1$和$r_\varphi < 1$。

令F_s为抗剪强度折减系数（F_s的取值：$F_s > 1$），并代入两个峰残值修正系数，式(5.2-1)中的两个材料参数更新为$c_n = (r_c/F_s)c$和$\varphi_n = \tan^{-1}[(r_\varphi/F_s)\tan\varphi]$，于是式(5.2-1)可以写成：

$$F = k_n\sigma_1 - \sigma_3 - \frac{2c_n\cos\varphi_n}{1-\sin\varphi_n} = 0 \tag{5.2-2}$$

式中　k_n——斜率，且$k_n = (1+\sin\varphi_n)/(1-\sin\varphi_n)$；其余符号意义同前。

将$\sigma_1 = \sigma_3 = \sigma_{tmax}$代入式(5.2-2)，可推求最大抗拉强度$\sigma_{tmax}$：

$$\sigma_{tmax} = c_n/\tan\varphi_n \tag{5.2-3}$$

鉴于岩土材料的抗拉强度σ_t往往低于σ_{tmax}，岩土工程领域常采用带拉截断的 Mohr-Coulomb 准则。相应的抗拉屈服准则可写为：

$$T_t = \sigma_1 - \sigma_t = 0 \tag{5.2-4}$$

式(5.2-2)和式(5.2-4)组合即可描述一个带拉截断的修正 Mohr-Coulomb 准则。该准则对应两个塑性势，包括G_s和G_t。G_s采用非关联流动法则：

$$G_s = m\sigma_1 - \sigma_3 = 0 \tag{5.2-5}$$

式中　$m = (1+\sin\psi)/(1-\sin\psi)$；

ψ——流动角，$\psi = \varphi_n$时为关联流动法则。

G_t采用关联流动法则：

$$G_t = \sigma_1 - \sigma_t \tag{5.2-6}$$

在σ_1-σ_3平面，式(5.2-2)和式(5.2-4)描述的带拉截断修正 Mohr-Coulomb 准则如图 5.2-1 所示（这里假设$r_c = r_\varphi = r$）。

弹塑性数值计算若不考虑强度折减时，材料首次出现剪屈服时用峰值强度（对应图 5.2-1 中的L_1）；若出现剪屈服，则用峰残值修正系数进行强度修正（对应图 5.2-1 中的L_2）。数值计算若考虑强度折减时，相应的峰值强度和残余强度分别对应图 5.2-1 中的L_3和L_4。鉴于岩土体一旦出现拉裂将丧失抗拉强度，故数值计算时材料首次出现拉屈服时抗拉强度取σ_t，一旦出现拉屈服，则应将屈服面修正至$\sigma_t = 0$。

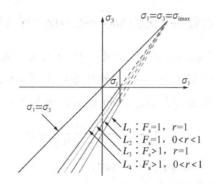

图 5.2-1　拉截断的修正 Mohr-Coulomb 准则

5.2.2　Mohr-Coulomb 准则屈服面的塑性回映方向

为在主应力空间中真实展示 Mohr-Coulomb 准则及后面应力区域的划分，本节假定一组材料参数，即令$c_n = 4\text{MPa}$、$\varphi_n = 20°$、$\psi = 20°$、$\mu = 0.25$、$\sigma_t = 5\text{MPa}$。式(5.2-2)和式(5.2-4)中三个主应力互换，可以在π平面和主应力空间中画出修正 Mohr-Coulomb 准则六个组合屈服面的几何形状，见图 5.2-2。

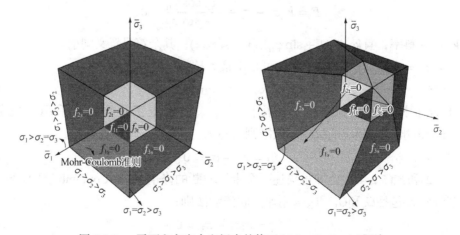

图 5.2-2　π平面和主应力空间中的修正 Mohr-Coulomb 准则

实际上，计算仅与三组屈服面有关，图 5.2-3 绘出与计算有关的三组屈服面（三个剪切屈服面和其对应的三个拉屈服面），即$f_1 = 0$（包括$f_{1t} = 0$ 和$f_{1s} = 0$，其中$\sigma_1 > \sigma_2 > \sigma_3$）、

$f_2 = 0$（包括$f_{2t} = 0$和$f_{2s} = 0$，其中$\sigma_1 > \sigma_3 > \sigma_2$）和$f_3 = 0$（包括$f_{3t} = 0$和$f_{3s} = 0$，其中$\sigma_2 > \sigma_1 > \sigma_3$），其中$f_{1t} = 0$、$f_{2t} = 0$为同一屈服面。

正如前面所述，塑性修正的回映方向$\{r^p\}$是划分应力区域和确定应力返回位置的重要依据。因此，有必要给出主应力空间中的回映向量，以方便后文叙述。每个屈服面都对应了各自的$\{r^p\}$，于是从另一个视角观察这三组屈服面，它们的回映方向$\{r^p\}$分布如图 5.2-4 所示。

根据$\{r^p\} = \dfrac{[D]\{b_\mu\}}{\{a_\mu\}^T[D]\{b_\mu\}}$，我们可以计算出塑性回映的方向。其中的$\{a_\mu\}$和$\{b_\mu\}$则为$\{a_\mu\} = \dfrac{\partial F}{\partial \{\sigma\}} = \begin{bmatrix} \dfrac{\partial F}{\partial \sigma_1} & \dfrac{\partial F}{\partial \sigma_2} & \dfrac{\partial F}{\partial \sigma_3} \end{bmatrix}^T$、$\{b_\mu\} = \dfrac{\partial G}{\partial \{\sigma\}} = \begin{bmatrix} \dfrac{\partial G}{\partial \sigma_1} & \dfrac{\partial G}{\partial \sigma_2} & \dfrac{\partial G}{\partial \sigma_3} \end{bmatrix}^T$。对于$\sigma_1 > \sigma_2 > \sigma_3$时的组合屈服面$f_1 = 0$，将式(5.2-2)、式(5.2-5)中的剪切屈服函数F和塑性势函数G代入$\{a_\mu\}$和$\{b_\mu\}$，则：

$$\{a_{\mu s}\} = \begin{bmatrix} k_n & 0 & -1 \end{bmatrix}^T \tag{5.2-7}$$

$$\{b_{\mu s}\} = \begin{bmatrix} m & 0 & -1 \end{bmatrix}^T \tag{5.2-8}$$

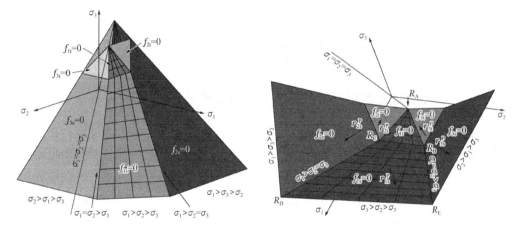

图 5.2-3　主应力空间中的 Mohr-Coulomb 准则　图 5.2-4　各屈服面的塑性修正应力回映方向

将拉伸屈服函数F和塑性势函数G_t代入$\{a_\mu\}$和$\{b_\mu\}$，则：

$$\{a_{\mu t}\} = \begin{bmatrix} 1 & 0 & 0 \end{bmatrix}^T \tag{5.2-9}$$

$$\{b_{\mu t}\} = \begin{bmatrix} 1 & 0 & 0 \end{bmatrix}^T \tag{5.2-10}$$

将剪切屈服面的$\{a_{\mu s}\}$和$\{b_{\mu s}\}$代入$\{r^p\}$的表达式中，则剪屈服面的返回方向为：

$$\{r_{1s}^p\} = \begin{bmatrix} r_1^p & r_2^p & r_3^p \end{bmatrix}^T = \frac{1}{A_1} \begin{Bmatrix} m - \mu m - \mu \\ \mu m - \mu \\ \mu m + \mu - 1 \end{Bmatrix} \tag{5.2-11}$$

将拉屈服面的$\{a_{\mu t}\}$和$\{b_{\mu t}\}$代入$\{r^p\}$的表达式中，则拉屈服面的返回方向为：

$$\{r_{1t}^p\} = \begin{bmatrix} r_1^p & r_2^p & r_3^p \end{bmatrix}^T = \begin{bmatrix} 1 & A_2 & A_2 \end{bmatrix}^T \tag{5.2-12}$$

同理，对于$\sigma_1 > \sigma_3 > \sigma_2$时的组合屈服面$f_2 = 0$，将屈服函数式(5.2-2)和塑性势函数式(5.2-5)中的σ_3换成σ_2。再经过类似的过程，可得到该剪屈服面的返回方向为：

$$\{r_{2s}^{p}\} = \begin{bmatrix} r_1^{p} & r_2^{p} & r_3^{p} \end{bmatrix}^{T} = \frac{1}{A_1} \begin{Bmatrix} m - \mu m - \mu \\ \mu m + \mu - 1 \\ \mu m - \mu \end{Bmatrix} \tag{5.2-13}$$

拉屈服面的返回方向为：

$$\{r_{2t}^{p}\} = \begin{bmatrix} r_1^{p} & r_2^{p} & r_3^{p} \end{bmatrix}^{T} = \begin{bmatrix} 1 & A_2 & A_2 \end{bmatrix}^{T} \tag{5.2-14}$$

对于$\sigma_2 > \sigma_1 > \sigma_3$时的组合屈服面$f_3 = 0$，其剪屈服面的返回方向为：

$$\{r_{3s}^{p}\} = \begin{bmatrix} r_1^{p} & r_2^{p} & r_3^{p} \end{bmatrix}^{T} = \frac{1}{A_1} \begin{Bmatrix} \mu m - \mu \\ m - \mu m - \mu \\ \mu m + \mu - 1 \end{Bmatrix} \tag{5.2-15}$$

拉屈服面的返回方向为：

$$\{r_{3t}^{p}\} = \begin{bmatrix} r_1^{p} & r_2^{p} & r_3^{p} \end{bmatrix}^{T} = \begin{bmatrix} A_2 & 1 & A_2 \end{bmatrix}^{T} \tag{5.2-16}$$

式(5.2-11)~式(5.2-16)中，参数A_1、A_2为：

$$\begin{cases} A_1 = m(k_n - \mu k_n - \mu) - (\mu k_n + \mu - 1) \\ A_2 = \mu/(1 - \mu) \end{cases} \tag{5.2-17}$$

5.2.3　Mohr-Coulomb 准则应力区域的判断与塑性回映

前面已经谈到，在应力返回之前，还应该划分主应力空间中的应力区域。在三维应力空间中，通过构建平面方程来进行判断划分区域，则在此基础上，试图利用 Mohr-Coulomb 准则自身特性，做了一定的简化。该方法充分利用应力空间的几何特点，可以优先考虑概率较大的可能区域，优化算法，方便编程计算。利用剪切屈服面和拉截断屈服面各自的$\{r^{p}\}$和它们的边界线，可拉伸形成平面，将整个$\sigma_1 \geqslant \sigma_2 \geqslant \sigma_3$的空间分成了如图 5.2-5 所示的应力区域。

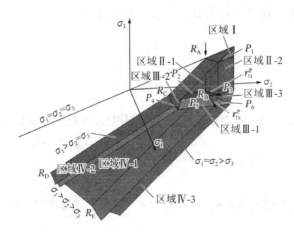

图 5.2-5　主应力空间中应力区域的划分

根据图 5.2-5 中平面的关系，将其分为三组以确定应力区域，即平面P_1、组合面P_2P_3以及组合面$P_4P_5P_6$，它们将屈服面划分成四个大区域，即区域 Ⅰ、Ⅱ、Ⅲ、Ⅳ，各个大区域又包含若干子区域（共计九个），接下来只需要给出各个区域的判断条件，再对应给出回映位置的应力计算方式，以完成应力回映。

这里给出平面$P_1 \sim P_6$的平面方程，然后可以将试算应力代入这些平面方程，即可确定试算应力的位置。对于平面P_1，它实际上是屈服面$f_{1t} = 0$ 和$f_{3t} = 0$ 沿各自的塑性回映方向在点R_A拉伸形成的平面，法线方向为：

$$\{r_{1t}^p\} \times \{r_{3t}^p\} = \frac{1-2\mu}{(1-\mu)^2}\{-\mu \quad -\mu \quad 1\}^T \tag{5.2-18}$$

因此，该平面的方程为：

$$P_1: \sigma_3 - \sigma_t - \mu(\sigma_1 + \sigma_2 - 2\sigma_t) = 0 \tag{5.2-19}$$

同理，可以求出其他平面的方程：

$$P_2: \sigma_3 - A_2(\sigma_1 - \sigma_t) - \left(k_n\sigma_t - \frac{2c_n\cos\varphi_n}{1-\sin\varphi_n}\right) = 0 \tag{5.2-20}$$

$$P_3: \sigma_3 - \left(k_n\sigma_t - \frac{2c_n\cos\varphi_n}{1-\sin\varphi_n}\right) - \mu(\sigma_1 + \sigma_2 - 2\sigma_t) = 0 \tag{5.2-21}$$

$$P_4: (\sigma_1 - \sigma_t)(1 - 2m\mu) + \left[\sigma_2 + \sigma_3 - 2\left(k_n\sigma_t - \frac{2c_n\cos\varphi_n}{1-\sin\varphi_n}\right)\right](m - \mu - m\mu) = 0 \tag{5.2-22}$$

$$P_5: \sigma_3 - \frac{\mu(m+1) - 1}{m(1-\mu) - \mu}(\sigma_1 - \sigma_t) - \left(k_n\sigma_t - \frac{2c_n\cos\varphi_n}{1-\sin\varphi_n}\right) = 0 \tag{5.2-23}$$

$$P_6: (\sigma_1 - \sigma_t + \sigma_2 - \sigma_t)(1 - \mu - m\mu) +$$
$$\left[\sigma_3 - \left(k_n\sigma_t - \frac{2c_n\cos\varphi_n}{1-\sin\varphi_n}\right)\right](m - 2\mu) = 0 \tag{5.2-24}$$

结合上述六个平面方程和图 5.2-5 中各个应力区域的位置，即可完成应力区域的划分。

1. 区域 Ⅰ 的判断分析与应力回映计算

图 5.2-5 中 Ⅰ 区为平面P_1以上的区域（包含P_1），可写出 Ⅰ 区的判断条件，即代入式(5.2-19)中有$P_1(\sigma^B) \geq 0$。在图 5.2-5 中的主应力空间，区域 Ⅰ 返回位置的应力点只可能是点R_A。即$\{\sigma^C\} = \{\sigma^{R_A}\} = \{\sigma_t \quad \sigma_t \quad \sigma_t\}^T$。

2. 区域 Ⅱ 的判断分析与应力回映计算

图 5.2-5 中区域 Ⅱ 为平面P_1以下、组合面P_2P_3以上的部分（不包含P_1、P_2、P_3），根据式(5.2-19)～式(5.2-21)，试算应力$\{\sigma^B\}$满足条件：

$$P_1(\sigma^B) < 0 \quad 且 P_2(\sigma^B) > 0 \quad 且 P_3(\sigma^B) > 0 \tag{5.2-25}$$

在该区域的试算应力$\{\sigma^B\}$返回时，并不能直接确定$\{\sigma^C\}$的最终位置，这是因为该区域仍然对应了图 5.2-5 中的两个子区域：Ⅱ-1 及 Ⅱ-2。图 5.2-6 展示了其某个剖面的等轴视图，划分的依据是返回后的$\{\sigma^C\}$是否满足$\sigma_1^C \geq \sigma_2^C \geq \sigma_3^C$。

（1）对于区域 Ⅱ-1 的判断分析与应力回映计算，位于区域 Ⅱ-1 的试算应力点，因为其实际上是返回至拉屈服面$R_AR_BR_C$上，故采用返回至面的计算方式得出：

$$\{\Delta\sigma^{\mathrm{p}}\} = f_{1t}(\{\sigma^{\mathrm{B}}\})\{r_{1t}^{\mathrm{p}}\} = (\sigma_1^{\mathrm{B}} - \sigma_t)\{r_{1t}^{\mathrm{p}}\} \tag{5.2-26}$$

于是：

$$\{\sigma^{\mathrm{C}}\} = \{\sigma^{\mathrm{B}}\} - \{\Delta\sigma^{\mathrm{p}}\} = \{\sigma^{\mathrm{B}}\} - (\sigma_1^{\mathrm{B}} - \sigma_t)\begin{Bmatrix} 1 \\ A_2 \\ A_2 \end{Bmatrix} \tag{5.2-27}$$

很显然，若试算应力点确实位于区域Ⅱ-1，则通过式(5.2-26)和式(5.2-27)计算出的$\{\sigma^{\mathrm{C}}\}$必然满足：$\sigma_1^{\mathrm{C}} \geqslant \sigma_2^{\mathrm{C}} \geqslant \sigma_3^{\mathrm{C}}$。

（2）对于区域Ⅱ-2的判断分析与应力回映计算，若按式(5.2-27)计算出的$\{\sigma^{\mathrm{C}}\}$并不能满足$\sigma_1^{\mathrm{C}} \geqslant \sigma_2^{\mathrm{C}} \geqslant \sigma_3^{\mathrm{C}}$，即如图5.2-6中$\{\sigma^{\mathrm{B}}\}$返回至$\{\sigma'^{\mathrm{C}}\}$，此时$\sigma_2'^{\mathrm{C}} > \sigma_1'^{\mathrm{C}}$，这显然不可能，说明试算应力位于区域Ⅱ-2。区域Ⅱ-2的应力只能返回至图5.2-5中线$R_{\mathrm{A}}R_{\mathrm{B}}$上，则应该按照返回至线的方法进行计算，这时计算将与$f_{1t} = 0$和$f_{3t} = 0$都有关。

图5.2-7展示了这部分的返回过程，根据前文的计算结果，将式(5.2-12)和式(5.2-16)中的$\{r_{1t}^{\mathrm{p}}\}$和$\{r_{3t}^{\mathrm{p}}\}$代入式(5.1-50)中，即用$\{r_{1t}^{\mathrm{p}}\}$替换式(5.2-50)中的$\{r_1^{\mathrm{p}}\}$和用$\{r_{3t}^{\mathrm{p}}\}$替换式(5.2-50)中的$\{r_2^{\mathrm{p}}\}$，并利用A_1、A_2化简得：

$$\mu(\sigma_1^{\mathrm{B}} - \sigma_1^{\mathrm{C}} + \sigma_2^{\mathrm{B}} - \sigma_2^{\mathrm{C}}) - (\sigma_3^{\mathrm{B}} - \sigma_3^{\mathrm{C}}) = 0 \tag{5.2-28}$$

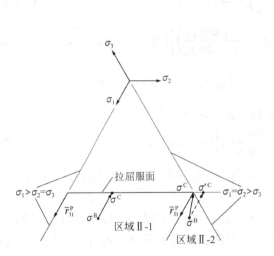 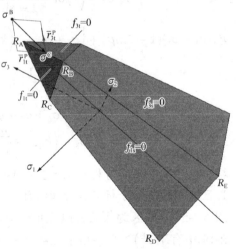

图 5.2-6　区域Ⅱ的进一步细分　　　　图 5.2-7　区域Ⅱ-2 的应力返回示意图

同时，$\{\sigma^{\mathrm{C}}\}$又在交线$R_{\mathrm{A}}R_{\mathrm{B}}$上，按式(5.1-51)，补充两个方程：

$$\begin{cases} f_{1t}(\{\sigma^{\mathrm{C}}\}) = \sigma_1^{\mathrm{C}} - \sigma_t = 0 \\ f_{3t}(\{\sigma^{\mathrm{C}}\}) = \sigma_2^{\mathrm{C}} - \sigma_t = 0 \end{cases} \tag{5.2-29}$$

联立式(5.2-28)和式(5.2-29)，即可解得$\{\sigma^{\mathrm{C}}\}$：

$$\{\sigma^{\mathrm{C}}\} = \begin{Bmatrix} \sigma_t \\ \sigma_t \\ \sigma_3^{\mathrm{B}} - \mu(\sigma_1^{\mathrm{B}} + \sigma_2^{\mathrm{B}} - 2\sigma_t) \end{Bmatrix} \tag{5.2-30}$$

3. 区域Ⅲ的判断分析与应力回映计算

图5.2-5中区域Ⅲ为组合面P_2P_3以下、组合面$P_4P_5P_6$以上的区域（包含面P_2、P_3、P_4、P_5、

P_6)，但其中组合面 $P_5 P_6$ 由于参数的关系，既可能是外凸的也可能是内凹的，可以将 R_C 的值代入式(5.2-24)，以确定这两个面的组合关系。如果下式成立：

$$P_6(\sigma^{R_C}) = \left[\left(k_n \sigma_t - \frac{2 c_n \cos \varphi_n}{1 - \sin \varphi_n} \right) - \sigma_t \right] (1 - \mu - m\mu) \geqslant 0 \qquad (5.2\text{-}31)$$

此时，位于区域Ⅲ的试算应力 $\{\sigma^B\}$ 应该满足的条件为：

$$\begin{cases} P_2(\sigma^B) \leqslant 0 \quad 或 P_3(\sigma^B) \leqslant 0 \\ P_4(\sigma^B) \geqslant 0 \quad 且 P_5(\sigma^B) \geqslant 0 \quad 且 P_6(\sigma^B) \geqslant 0 \end{cases} \qquad (5.2\text{-}32)$$

但如果式(5.2-31)不成立，则区域Ⅲ应该满足下式：

$$\begin{cases} P_2(\sigma^B) \leqslant 0 \quad 或 P_3(\sigma^B) \leqslant 0 \\ P_4(\sigma^B) \geqslant 0 \quad 且 P_5(\sigma^B) \geqslant 0 \quad 或 P_6(\sigma^B) \geqslant 0 \end{cases} \qquad (5.2\text{-}33)$$

凡是位于该区域的试算应力,都应返回至线 $R_C R_B$。与前面类似，区域Ⅲ可以进一步划分为三个子区域，如图 5.2-8 所示。

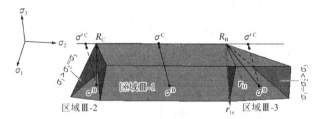

图 5.2-8　区域Ⅲ的进一步细分

（1）对于区域Ⅲ-1 的判断分析与应力回映计算，位于区域Ⅲ-1 的试算应力点就应该返回交线 $R_C R_B$，其计算采用返回至线的方式，两个塑性回映方向分别与交线两侧的屈服面 $f_{1t} = 0$ 和 $f_{1s} = 0$ 有关，如图 5.2-9 所示。

将式(5.2-11)和式(5.2-12)中的 $\{r_{1s}^p\}$ 和 $\{r_{1t}^p\}$ 代入式(5.1-50)中，化简得：

$$\mu(\sigma_1^B - \sigma_1^C + \sigma_3^B - \sigma_3^C) - (\sigma_2^B - \sigma_2^C) = 0 \qquad (5.2\text{-}34)$$

同时，$\{\sigma^C\}$ 又在交线 $R_C R_B$ 上，按式(5.1-51)，补充两个方程：

$$\begin{cases} f_{1t}(\{\sigma^C\}) = \sigma_1^C - \sigma_t = 0 \\ f_{1s}(\{\sigma^C\}) = k_n \sigma_1^C - \sigma_3^C - \dfrac{2 c_n \cos \varphi_n}{1 - \sin \varphi_n} = 0 \end{cases} \qquad (5.2\text{-}35)$$

联立式(5.2-34)和式(5.2-35)，即可解得 $\{\sigma^C\}$ 为：

$$\{\sigma^C\} = \left\{ \begin{array}{c} \sigma_t \\ \sigma_2^B - \mu \left[\sigma_1^B - \sigma_t + \sigma_3^B - \left(k_n \sigma_t - \dfrac{2 c_n \cos \varphi_n}{1 - \sin \varphi_n} \right) \right] \\ k_n \sigma_t - \dfrac{2 c_n \cos \varphi_n}{1 - \sin \varphi_n} \end{array} \right\} \qquad (5.2\text{-}36)$$

（2）对于区域Ⅲ-2 的判断分析与应力回映计算，位于区域Ⅲ的试算应力点都可以按式(5.2-36)先进行计算，但如果计算结果不满足 $\sigma_1^C \geqslant \sigma_2^C \geqslant \sigma_3^C$，这说明试算应力并不位于区域Ⅲ-1。若计算出的$\{\sigma^C\}$满足$\sigma_3^C \geqslant \sigma_2^C$，则说明试算应力位于Ⅲ-2区，该区域的试算应力都应该返回至点R_C，即最终$\{\sigma^B\}$应该返回至点R_C，于是可写出$\{\sigma^C\}$：

$$\{\sigma^C\} = \begin{cases} \sigma_t \\ k_n\sigma_t - \dfrac{2c_n\cos\varphi_n}{1-\sin\varphi_n} \\ k_n\sigma_t - \dfrac{2c_n\cos\varphi_n}{1-\sin\varphi_n} \end{cases} \tag{5.2-37}$$

（3）对于区域Ⅲ-3的判断分析与应力回映计算，若按式(5.2-36)计算出的$\{\sigma^C\}$满足$\sigma_2^C \geqslant \sigma_1^C$，则说明试算应力位于Ⅲ-3区，该区域的试算应力都应该返回至点R_B，即最终$\{\sigma^B\}$应该返回至R_C，于是可写出$\{\sigma^C\}$：

$$\{\sigma^C\} = \begin{cases} \sigma_t \\ \sigma_t \\ k_n\sigma_t - \dfrac{2c_n\cos\varphi_n}{1-\sin\varphi_n} \end{cases} \tag{5.2-38}$$

4. 区域Ⅳ的判断分析与应力回映计算

图5.2-5中区域Ⅳ为组合面$P_4P_5P_6$以下的区域（不包含面P_4、P_5、P_6）。如果式(5.2-31)成立，此时位于区域Ⅳ的试算应力$\{\sigma^B\}$满足的条件为：

$$P_4(\sigma^B) < 0 \quad \text{或} P_5(\sigma^B) < 0 \quad \text{或} P_6(\sigma^B) < 0 \tag{5.2-39}$$

如果式(5.2-31)不成立，此时位于区域Ⅳ的试算应力$\{\sigma^B\}$满足的条件为：

$$P_4(\sigma^B) < 0 \quad \text{或} P_5(\sigma^B) < 0 \quad \text{且} P_6(\sigma^B) < 0 \tag{5.2-40}$$

与前文区域划分类似，区域Ⅳ可以进一步划分为三个子区域，如图5.2-10展示了等轴视图下各子区域的划分。

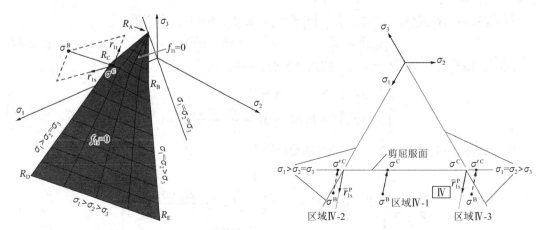

图5.2-9　区域Ⅲ-1的应力返回示意图　　图5.2-10　区域Ⅳ的进一步细分

（1）对于区域Ⅳ-1的判断分析与应力回映计算，位于区域Ⅳ-1的试算应力应该返回至剪切屈服面$f_{1s}=0$，于是采用返回至面的方法进行回映，即该区域的塑性应力为：

$$\{\Delta\sigma^{\mathrm{p}}\} = f_{1\mathrm{s}}(\{\sigma^{\mathrm{B}}\})\{r_{1\mathrm{s}}^{\mathrm{p}}\} \tag{5.2-41}$$

将屈服面表达式(5.2-2)和塑性回映方向式(5.2-11)代入上式，并化简得：

$$\{\Delta\sigma^{\mathrm{P}}\} = \frac{\left(k_{\mathrm{n}}\sigma_1^{\mathrm{B}} - \sigma_3^{\mathrm{B}} - \dfrac{2c_{\mathrm{n}}\cos\varphi_{\mathrm{n}}}{1 - \sin\varphi_{\mathrm{n}}}\right)}{A_1}\begin{Bmatrix} m - \mu m - \mu \\ \mu m - \mu \\ \mu m + \mu - 1 \end{Bmatrix} \tag{5.2-42}$$

于是：

$$\{\sigma^{\mathrm{C}}\} = \{\sigma^{\mathrm{B}}\} - \frac{\left(k_{\mathrm{n}}\sigma_1^{\mathrm{B}} - \sigma_3^{\mathrm{B}} - \dfrac{2c_{\mathrm{n}}\cos\varphi_{\mathrm{n}}}{1 - \sin\varphi_{\mathrm{n}}}\right)}{m(k_{\mathrm{n}} - \mu k_{\mathrm{n}} - \mu) - (\mu k_{\mathrm{n}} + \mu - 1)}\begin{Bmatrix} m - \mu m - \mu \\ \mu m - \mu \\ \mu m + \mu - 1 \end{Bmatrix} \tag{5.2-43}$$

若根据式(5.2-43)得出的结果满足 $\sigma_1^{\mathrm{C}} > \sigma_2^{\mathrm{C}} > \sigma_3^{\mathrm{C}}$，则试算应力点位于区域Ⅳ-1。

（2）对于区域Ⅳ-2 的判断分析与应力回映计算，位于区域Ⅳ的试算应力点都先按式(5.2-43)进行计算，但如果计算结果不满足 $\sigma_1^{\mathrm{C}} > \sigma_2^{\mathrm{C}} > \sigma_3^{\mathrm{C}}$，这说明试算应力并不位于区域Ⅳ-1。若计算出的 $\{\sigma^{\mathrm{C}}\}$ 满足 $\sigma_3^{\mathrm{C}} \geqslant \sigma_2^{\mathrm{C}}$，则说明试算应力位于Ⅳ-2 区，该区域的试算应力都应该返回至图 5.2-5 中线 $R_{\mathrm{C}}R_{\mathrm{D}}$，该计算与 $f_{1\mathrm{s}} = 0$ 和 $f_{2\mathrm{s}} = 0$ 有关，将式(5.2-11)和式(5.2-13)代入式(5.1-50)，得：

$$(1 - 2m\mu)(\sigma_1^{\mathrm{B}} - \sigma_1^{\mathrm{C}}) + (m - \mu - m\mu)[(\sigma_2^{\mathrm{B}} - \sigma_2^{\mathrm{C}}) + (\sigma_3^{\mathrm{B}} - \sigma_3^{\mathrm{C}})] = 0 \tag{5.2-44}$$

同时，补充线 $R_{\mathrm{C}}R_{\mathrm{D}}$ 的两个方程：

$$\begin{cases} f_{1\mathrm{s}}(\{\sigma^{\mathrm{C}}\}) = k_{\mathrm{n}}\sigma_1^{\mathrm{C}} - \sigma_3^{\mathrm{C}} - \dfrac{2c_{\mathrm{n}}\cos\varphi_{\mathrm{n}}}{1 - \sin\varphi_{\mathrm{n}}} = 0 \\ f_{2\mathrm{s}}(\{\sigma^{\mathrm{C}}\}) = k_{\mathrm{n}}\sigma_1^{\mathrm{C}} - \sigma_2^{\mathrm{C}} - \dfrac{2c_{\mathrm{n}}\cos\varphi_{\mathrm{n}}}{1 - \sin\varphi_{\mathrm{n}}} = 0 \end{cases} \tag{5.2-45}$$

联立式(5.2-44)和式(5.2-45)，可解得 $\{\sigma^{\mathrm{C}}\}$ 见式(5.2-46)。

（3）对于区域Ⅳ-3 的判断分析与应力回映计算，若按式(5.2-46)计算出的 $\{\sigma^{\mathrm{C}}\}$ 满足 $\sigma_2^{\mathrm{C}} \geqslant \sigma_1^{\mathrm{C}}$，则说明试算应力位于Ⅳ-3 区，该区域的试算应力都应该返回至图 5.2-5 中线 $R_{\mathrm{B}}R_{\mathrm{E}}$，计算与 $f_{1\mathrm{s}} = 0$ 和 $f_{3\mathrm{s}} = 0$ 有关，将式(5.2-11)和式(5.2-15)代入式(5.1-50)，得式(5.2-47)。

同时，补充线 $R_{\mathrm{B}}R_{\mathrm{E}}$ 的两个方程见式(5.2-48)。联立式(5.2-47)和式(5.2-48)，可解得 $\{\sigma^{\mathrm{C}}\}$，见式(5.2-49)。

$$\{\sigma^{\mathrm{C}}\} = \begin{Bmatrix} \dfrac{(1 - 2m\mu)\sigma_1^{\mathrm{B}} + (m - \mu - m\mu)\left((\sigma_2^{\mathrm{B}} + \sigma_3^{\mathrm{B}}) + \dfrac{4c_{\mathrm{n}}\cos\varphi_{\mathrm{n}}}{1 - \sin\varphi_{\mathrm{n}}}\right)}{(1 - 2m\mu) + 2k_{\mathrm{n}}(m - \mu - m\mu)} \\[6mm] \dfrac{(1 - 2m\mu)\left(\sigma_1^{\mathrm{B}} - \dfrac{2c_{\mathrm{n}}\cos\varphi_{\mathrm{n}}}{k_{\mathrm{n}}(1 - \sin\varphi_{\mathrm{n}})}\right) + (m - \mu - m\mu)(\sigma_2^{\mathrm{B}} + \sigma_3^{\mathrm{B}})}{\dfrac{(1 - 2m\mu)}{k_{\mathrm{n}}} + 2(m - \mu - m\mu)} \\[6mm] \dfrac{(1 - 2m\mu)\left(\sigma_1^{\mathrm{B}} - \dfrac{2c_{\mathrm{n}}\cos\varphi_{\mathrm{n}}}{k_{\mathrm{n}}(1 - \sin\varphi_{\mathrm{n}})}\right) + (m - \mu - m\mu)(\sigma_2^{\mathrm{B}} + \sigma_3^{\mathrm{B}})}{\dfrac{(1 - 2m\mu)}{k_{\mathrm{n}}} + 2(m - \mu - m\mu)} \end{Bmatrix} \tag{5.2-46}$$

$$(1 - \mu - m\mu)[(\sigma_1^{\mathrm{B}} - \sigma_1^{\mathrm{C}}) + (\sigma_2^{\mathrm{B}} - \sigma_2^{\mathrm{C}})] + (m - 2\mu)(\sigma_3^{\mathrm{B}} - \sigma_3^{\mathrm{C}}) = 0 \tag{5.2-47}$$

$$\begin{cases} f_{1s}(\{\sigma^C\}) = k_n \sigma_1^C - \sigma_3^C - \dfrac{2c_n \cos\varphi_n}{1 - \sin\varphi_n} = 0 \\[3mm] f_{3s}(\{\sigma^C\}) = k_n \sigma_2^C - \sigma_3^C - \dfrac{2c_n \cos\varphi_n}{1 - \sin\varphi_n} = 0 \end{cases} \tag{5.2-48}$$

$$\{\sigma^C\} = \left\{ \begin{array}{l} \dfrac{(1-\mu-m\mu)(\sigma_1^B + \sigma_2^B) + (m-2\mu)\left(\sigma_3^B + \dfrac{2c_n \cos\varphi_n}{1-\sin\varphi_n}\right)}{2(1-\mu-m\mu) + (m-2\mu)k_n} \\[6mm] \dfrac{(1-\mu-m\mu)(\sigma_1^B + \sigma_2^B) + (m-2\mu)\left(\sigma_3^B + \dfrac{2c_n \cos\varphi_n}{1-\sin\varphi_n}\right)}{2(1-\mu-m\mu) + (m-2\mu)k_n} \\[6mm] \dfrac{(1-\mu-m\mu)\left[k_n(\sigma_1^B + \sigma_2^B) - \dfrac{4c_n \cos\varphi_n}{1-\sin\varphi_n}\right] + (m-2\mu)k_n\sigma_3^B}{2(1-\mu-m\mu) + (m-2\mu)k_n} \end{array} \right\} \tag{5.2-49}$$

5.2.4 修正 Mohr-Coulomb 准则的弹塑性矩阵

按前几节的方式求出屈服面外弹性试算应力的最终返回位置$\{\sigma^C\}$后，即可按式(5.2-49)将其转化为六个应力分量的形式，即$\{\sigma^C\} = \begin{bmatrix} \sigma_x^C & \sigma_y^C & \sigma_z^C & \tau_{xy}^C & \tau_{yz}^C & \tau_{xz}^C \end{bmatrix}^T$，现在只须再确定该应力点对应的弹塑性矩阵，就可以进行塑性增量计算。位于区域Ⅳ的应力点，其应该返回至剪切屈服面上，因此其弹塑性矩阵按 Mohr-Coulomb 准则计算。前文已经提到，弹塑性矩阵的计算式为：

$$[D^{ep}] = [D] - \frac{[D]\{b\}\{a\}^T[D]}{\{a\}^T[D]\{b\}} \tag{5.2-50}$$

式(5.1-33)和式(5.1-37)也给出了$\{a\}$、$\{b\}$的计算公式，该求导过程是在原坐标下完成的，因此还需要将 Mohr-Coulomb 准则改写成应力不变量的形式：

$$F = \frac{1}{3}I_1 \sin\varphi + \sqrt{J_2}\left(\cos\theta - \frac{1}{\sqrt{3}}\sin\theta\sin\varphi\right) - c\cos\varphi = 0 \tag{5.2-51}$$

当然，由于已经求得了应力状态$\{\sigma^C\}$的主应力，以上不变量可以按$\{\sigma^C\}$的主应力分量直接求得，式(5.1-29)～式(5.1-31)可以化为更简单的形式：

$$I_1 = \sigma_1^C + \sigma_2^C + \sigma_3^C \tag{5.2-52}$$

$$J_2 = -\left[\left(\sigma_1^C - \frac{I_1}{3}\right)\left(\sigma_2^C - \frac{I_1}{3}\right) + \left(\sigma_2^C - \frac{I_1}{3}\right)\left(\sigma_3^C - \frac{I_1}{3}\right) + \left(\sigma_3^C - \frac{I_1}{3}\right)\left(\sigma_1^C - \frac{I_1}{3}\right)\right] \tag{5.2-53}$$

$$J_3 = \left(\sigma_1^C - \frac{I_1}{3}\right)\left(\sigma_2^C - \frac{I_1}{3}\right)\left(\sigma_3^C - \frac{I_1}{3}\right) \tag{5.2-54}$$

式(5.2-51)中的θ为罗德应力角，它表示了中间主应力与大小主应力之间的关系。图 5.2-11 展示了其在π平面上的示意图，其计算式为：

$$\theta = \frac{1}{3}\sin^{-1}\left(-\frac{3\sqrt{3}}{2}\frac{J_3}{(J_2)^{1.5}}\right) \tag{5.2-55}$$

根据式(5.1-51)，对于 Mohr-Coulomb 准则，$\{a\}$的表达式(5.1-33)中C_1、C_2、C_3的值为：

$$C_1 = \frac{1}{3}\sin\varphi_n \tag{5.2-56}$$

$$C_2 = \cos\theta\left[(1 + \tan\theta\tan 3\theta) + \frac{\sin\varphi_n(\tan 3\theta - \tan\theta)}{\sqrt{3}}\right] \tag{5.2-57}$$

$$C_3 = \frac{\sqrt{3}\sin\theta + \cos\theta\sin\varphi_n}{2J_2\cos 3\theta} \tag{5.2-58}$$

{b}表达式(5.1-37)中的C_1'、C_2'、C_3'与式(5.2-56)~式(5.2-58)类似，仅将对应的摩擦角φ_n换成流动角ψ即可。

对于应力状态{σ^C}，根据式(5.1-33)、式(5.1-37)和式(5.2-56)~式(5.2-58)，代入弹塑性矩阵的计算式(5.2-50)，即可求出 Mohr-Coulomb 准则的弹塑性本构矩阵。

需要注意的是，在式(5.2-56)~式(5.2-58)中，一旦$\theta = \pm 30°$，即在图 5.2-11 中应力落在两条边界线上时，C_2、C_3和C_2'、C_3'的值就无法计算，弹塑性矩阵也无从确定。针对该问题，有很多学者都进行了探讨，提出对于$|\theta| > 29°$的所有棱角附近的应力值，需要将式(5.2-56)~式(5.2-58)进行修正，见如下说明。

当$\theta > 29°$时：

$$\begin{cases} C_1 = \frac{1}{3}\sin\varphi_n \\ C_2 = \frac{1}{2}\left(\sqrt{3} - \frac{\sin\varphi_n}{\sqrt{3}}\right) \\ C_3 = 0 \end{cases} \tag{5.2-59}$$

当$\theta < -29°$时：

$$\begin{cases} C_1 = \frac{1}{3}\sin\varphi_n \\ C_2 = \frac{1}{2}\left(\sqrt{3} + \frac{\sin\varphi_n}{\sqrt{3}}\right) \\ C_3 = 0 \end{cases} \tag{5.2-60}$$

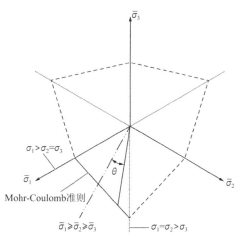

图 5.2-11 π平面上的罗德应力角

以上做法理论上是可行的，保证收敛的前提下，不正确的弹塑性矩阵只影响收敛速率，而不影响计算结果。既然如此，考虑到这种情况在计算中出现的概率较低，再加上重点讨论的是应力回映算法，于是做如下处理：当应力能回映至面（区域Ⅳ-1）时，即采用上述 Mohr-Coulomb 准则的弹塑性矩阵；应力返回至线（区域Ⅳ-2 和区域Ⅳ-3）时，借鉴前人的做法将 Jacobi 矩阵取为弹性矩阵。同理，对于其他应力区域的 Jacobi 矩阵也都采用弹性矩阵，这种混合矩阵的处理方式可以尽可能地避免不收敛的情况。

以上带拉截断的修正 Mohr-Coulomb 准则塑性回映算法开发了程序。需提及的是，开发程序能考虑材料的模量和泊松比随应力水平的变化而更新，用 Ducan-Zhang 模型（E-μ）来反映。对于 Ducan-Zhang 的 E-μ 模型，进行非线弹性 E-μ 双曲线模型参数确定时，模型中的切线弹性模量 E_t 和切线泊松比 μ_t 如下：

$$E_t = \left[1 - R_f \frac{(1 - \sin\varphi)(\sigma_1 - \sigma_3)}{2c\cos\varphi + 2\sigma_3 \sin\varphi} \right]^2 KP_a \left(\frac{\sigma_3}{P_a} \right)^n \tag{5.2-61}$$

$$\mu_t = \frac{G - F\lg\left(\frac{\sigma_3}{P_a}\right)}{(1 - A)^2} \tag{5.2-62}$$

$$A = \frac{D(\sigma_1 - \sigma_3)}{KP_a \left(\frac{\sigma_3}{P_a} \right)^n \left[1 - \frac{R_f(1 - \sin\varphi)(\sigma_1 - \sigma_3)}{2c\cos\varphi + 2\sigma_3 \sin\varphi} \right]} \tag{5.2-63}$$

式中　E_t——切线弹性模量；

μ_t——切线泊松比；

c、φ——Mohr-Coulomb 强度指标，分别为内聚力和摩擦角；

R_f——破坏比，且 $R_f = (\sigma_1 - \sigma_3)_f / (\sigma_1 - \sigma_3)_{ult}$；

K——模量值；

P_a——大气压力；

n——模量指数；

D——应变的变化对初始泊松比的影响参数；

F——压力对初始泊松比的影响参数；

G——初始泊松比。

第 6 章

贵阳红岩地块边坡地质条件与变形特征

6.1 气象水文

贵阳红岩地块工程区属北亚热带冬春半干燥夏季湿润型气候，具有冬无严寒、夏无酷暑、四季分明的特征。年平均温度 15.3℃，最冷月 1 月平均 4.9℃，最热月 7 月平均 24.0℃，极端最高 39.5℃，极端最低−7.8℃。年平均降水量 1174.7mm，主要集中于夏秋季节。有记录以来区内最大单日降雨量为 201.7mm，时间为 2014 年 7 月 15 日 8 时至 7 月 16 日晚 8 时。年平均风速 2.2m/s，全年以 NE 风为主。年平均相对湿度 77%，年日照数为 1420.0h，全年最大积雪深达 8cm，年无霜期 261d。

红岩地块所在工程区属乌江水系清水河支流南明河汇水范围。红岩地块场地位于南明河右岸，南明河为区域最低侵蚀基准面。南明河水位在场地区域为 1033.40～1038.16m（2018 年 11 月实测），流量 10～150m³/s；洪水位 1035.50～1040.50m，洪水期流量 80～300m³/s，水流速度 1～3m/s。河水位受降雨量影响大，峰值流量滞后降雨时间分别为 24～36h。场地及附近分布三条主要的季节性冲沟，以大气降雨补给为主，补给区为场地南侧坡体，汇水面积约 3.5km²，由南向北经场地及附近径流、排泄至南明河。

6.2 地形地貌

红岩地块工程区总体地势南高北低，最高点位于场地南侧坡顶，海拔高程 1242.00m；最低点位于场地北侧南明河，海拔高程 1034.00m；最大高差 208m。边坡及影响范围海拔高程在 1130.00～1212.00m，相对高差 82m。区域上属构造、剥蚀-侵蚀作用形成的低中山地貌，边坡及其影响范围位于剥蚀缓坡地段。

6.3 地质条件

6.3.1 地质构造

红岩地块场地及周边未发现全新世活动断裂通过。工程区呈南北走向，贵阳向斜东翼与东西走向乌当蔡家寨背斜西倾伏端南翼之间，场地南侧山体斜坡顶部平台发育近东西走向的高倾正断层，断层倾向 160°、倾角 50°～60°。

6.3.2 地层岩性

红岩地块场地基岩自上向下有：泥盆系中统蟒山群（D_m）薄至中厚层石英砂岩夹薄层泥岩、志留系中统高寨田群（S_g）薄至中厚层泥灰岩夹薄层泥岩。受区域地质构造影响，场地岩层轻微褶曲、产状多变，但是总体平缓。岩层倾向 120°～165°、倾角 6°～19°，统计总体产状为 136°∠13°。

6.3.3 节理统计

红岩地块边坡范围岩体中节理发育，现场调查统计了不同部位的岩体节理发育情况。分别说明如下。

1. YK1＋720-3 段

YK1＋720-3 段的现场特征见图 6.3-1，统计窗范围 2m×2m。岩性为薄～中厚层石英砂岩夹薄层泥岩，岩层产状 155°∠6°；2m 厚度范围夹 3 层泥岩夹层，夹层厚 5～20cm。对于节理发育情况，水平方向 2m 范围发育 29 条节理，明显可量测的产状有：318°∠87°、45°∠86°、300°∠88°、30°∠83°、290°∠80°、45°∠85°、298°∠85°、48°∠88°、307°∠80°、46°∠82°、305°∠78°。

2. YK1＋780-3 段

YK1＋780-3 段的现场特征见图 6.3-2，统计窗范围 2m×2m。岩性为薄～中厚层石英砂岩夹薄层泥岩，岩层产状 130°∠19°；2m 厚度范围夹 3 层泥岩夹层，夹层厚 5～10cm。水平方向 2m 范围发育 39 条节理，明显可量测的产状有：320°∠89°、60°∠89°、320°∠86°、60°∠88°、315°∠84°、330°∠87°、265°∠75°。

图 6.3-1　YK1＋720-3 段现场特征　　　　图 6.3-2　YK1＋780-3 段现场特征

3. YK1＋820-5 段

YK1＋820-5 段的现场特征见图 6.3-3，统计窗范围 2m×2m。岩性为薄～中厚层石英砂岩夹薄层泥岩，岩层产状 135°∠18°；2m 厚度范围夹 6 层泥岩夹层，夹层厚 2～26cm。对于节理发育情况，水平方向 2m 范围发育 36 条节理，明显可量测的产状有：255°∠80°、0°∠88°、315°∠85°、40°∠81°、290°∠78°、25°∠80°、330°∠78°、295°∠87°、345°∠86°、108°∠88°。

4. YK1＋880-5 段

YK1＋880-5 段的现场特征见图 6.3-4，统计窗范围 2m×2m。岩性为薄～中厚层石英砂岩夹薄层泥岩，岩层产状 80°∠10°；2m 厚度范围夹 1 层泥岩夹层，夹层厚 15cm。对于节理发育情况，水平方向 2m 范围发育 25 条节理，明显可量测的产状有：290°∠82°、350°∠88°、0°∠88°、245°∠78°、350°∠87°、275°∠75°、350°∠88°、287°∠76°、13°∠85°、280°∠81°、20°∠85°。

图 6.3-3　YK1＋820-5 段现场特征　　　图 6.3-4　YK1＋880-5 段现场特征

5. YK1＋920-5 段

YK1＋920-5 段的现场特征见图 6.3-5，统计窗范围 2m×2m。岩性为薄～中厚层石英砂岩夹薄层泥岩，岩层产状 120°∠10°；2m 厚度范围夹 4 层泥岩夹层，夹层厚 5～40cm。对于节理发育情况，水平方向 2m 范围发育 35 条节理，明显可量测的产状有：290°∠89°、65°∠78°、300°∠85°、70°∠88°、265°∠78°、25°∠88°、293°∠85°、7°∠85°、245°∠86°、280°∠75°、293°∠80°、275°∠87°、35°∠88°、270°∠88°、15°∠88°。

6. YK2＋120～YK2＋120-1 段

YK2＋120～YK2＋120-1 段的现场特征见图 6.3-6，统计窗范围 2m×2m。岩性为薄～中厚层石英砂岩夹薄层泥岩，岩层产状 143°∠25°；2m 厚度范围夹 3 层泥岩夹层，夹层厚 4～12cm。对于节理发育情况，水平方向 2m 范围发育 23 条节理，明显可量测的产状有：336°∠76°、101°∠90°、285°∠85°、10°∠64°、178°∠82°、18°∠73°、295°∠88°、320°∠85°、290°∠87°、8°∠80°、283°∠85°。

图 6.3-5　YK1＋920-5 段现场特征　　图 6.3-6　YK2＋120～YK2＋120-1 段现场特征

7. YK2＋120～YK2＋120-2 段

YK2＋120～YK2＋120-2 段的现场特征见图 6.3-7，统计窗范围 2m×2m。岩性为薄～中厚层石英砂岩夹薄层泥岩，岩层产状 105°∠13°；2m 厚度范围夹 5 层泥岩夹层，夹层厚 2～10cm。对于节理发育情况，水平方向 2m 范围发育 27 条节理，明显可量测的产状有：40°∠85°、320°∠80°、48°∠88°、330°∠78°、50°∠89°、285°∠84°、40°∠87°、320°∠75°、90°∠86°、340°∠78°、85°∠80°、290°∠90°、25°∠85°、315°∠88°、40°∠85°、350°∠80°、40°∠80°。

8. YK2 + 180-1~YK2 + 200-1 段

YK2 + 180-1~YK2 + 200-1 段的现场特征见图 6.3-8，统计窗范围 2m×2m。岩性为薄至中厚层石英砂岩夹薄层泥岩，岩层产状 120°∠13°；2m 厚度范围夹 2 层泥岩夹层，夹层厚 2~5cm。对于节理发育情况，水平方向 2m 范围发育 24 条节理，明显可量测的产状有：345°∠70°、258°∠85°、355°∠85°、305°∠83°、350°∠70°、275°∠70°、340°∠89°。

图 6.3-7 YK2 + 120~YK2 + 120-2 段
现场特征

图 6.3-8 YK2 + 180-1~YK2 + 200-1 段
现场特征

9. YK2 + 180-3~YK2 + 200-3 段

YK2 + 180-3~YK2 + 200-3 段的现场特征见图 6.3-9，统计窗范围 2m×2m。岩性为薄~中厚层石英砂岩夹薄层泥岩，岩层产状 155°∠20°；2m 厚度范围夹 1 层泥岩夹层，夹层厚 10cm。对于节理发育情况，水平方向 2m 范围发育 24 条节理，明显可量测的产状有：265°∠86°、340°∠80°、270°∠87°、350°∠70°、260°∠87°、346°∠55°、245°∠85°、315°∠51°、258°∠72°、335°∠54°、275°∠83°、280°∠75°、348°∠75°、263°∠82°、350°∠75°。

10. YK2 + 200-4~YK2 + 220-3 段

YK2 + 200-4~YK2 + 220-3 段的现场特征见图 6.3-10，统计窗范围 2m×2m。岩性为薄~中厚层石英砂岩夹薄层泥岩，岩层产状 135°∠22°；2m 厚度范围夹 5 层泥岩夹层，夹层厚 7~40cm。对于节理发育情况，水平方向 2m 范围发育 32 条节理，明显可量测的产状有：353°∠75°、245°∠89°、338°∠74°、214°∠88°、310°∠75°、240°∠82°、320°∠80°、247°∠78°、300°∠68°、325°∠75°、235°∠88°、315°∠70°、230°∠84°。

图 6.3-9 YK2 + 180-3~YK2 + 200-3 段
现场特征

图 6.3-10 YK2 + 200-4~YK2 + 220-3 段
现场特征

11. YK2 + 220-1 段

YK2 + 220-1 段的现场特征见图 6.3-11，统计窗范围 2m×2m。岩性为薄~中厚层石英砂岩夹薄层泥岩，岩层产状 120°∠20°；2m 厚度范围夹 2 层泥岩夹层，夹层厚 2~5cm。

对于节理发育情况，水平方向 2m 范围发育 30 条节理，明显可量测的产状有：115°∠60°、235°∠53°、130°∠76°、188°∠75°、120°∠75°、195°∠76°、270°∠76°、125°∠55°、203°∠70°。

12. YK2＋240-2 段

YK2＋240-2 段的现场特征见图 6.3-12，统计窗范围 2m×2m。岩性为薄～中厚层石英砂岩夹薄层泥岩，岩层产状 135°∠15°；2m 厚度范围夹 4 层泥岩夹层，夹层厚 3～5cm。对于节理发育情况，水平方向 2m 范围发育 33 条节理，明显可量测的产状有：315°∠78°、100°∠88°、315°∠80°、65°∠88°、320°∠84°、285°∠81°、0°∠75°、25°∠76°、290°∠75°、10°∠80°、290°∠80°、309°∠65°、310°∠78°、30°∠88°、320°∠74°。

图 6.3-11　YK2＋220-1 段现场特征　　　图 6.3-12　YK2＋240-2 段现场特征

13. YK2＋300-2～YK2＋320-2 段

YK2＋300-2～YK2＋320-2 段的现场特征见图 6.3-13，统计窗范围 2m×2m。岩性为薄至中厚层石英砂岩夹薄层泥岩，岩层产状 170°∠12°；2m 厚度范围夹 3 层泥岩夹层，夹层厚 5～10cm。对于节理发育情况，水平方向 2m 范围发育 36 条节理，明显可量测的产状有：10°∠78°、270°∠89°、4°∠80°、275°∠85°、335°∠85°、265°∠85°、330°∠76°、250°∠80°、315°∠83°。

14. YK2＋300-3 段

YK2＋300-3 段的现场特征见图 6.3-14，统计窗范围 2m×2m。岩性为薄至中厚层石英砂岩夹薄层泥岩，岩层产状 105°∠11°；2m 厚度范围夹 4 层泥岩夹层，夹层厚 5～20cm。对于节理发育情况，水平方向 2m 范围发育 37 条节理，明显可量测的产状有：260°∠75°、325°∠83°、305°∠86°、190°∠85°、25°∠85°、320°∠87°、220°∠85°、330°∠88°、20°∠80°、295°∠83°、20°∠88°、310°∠85°、240°∠82°。

图 6.3-13　YK2＋300-2～YK2＋320-2 段　　　图 6.3-14　YK2＋300-3 段
　　　　　　现场特征　　　　　　　　　　　　　　现场特征

15. YK2＋340-3 段

YK2＋340-3 段的现场特征见图 6.3-15，统计窗范围 2m×2m。岩性为薄至中厚层石英砂岩夹薄层泥岩，岩层产状 170°∠15°；2m 厚度范围夹 4 层泥岩夹层，夹层厚 3～5cm。对于节理发育情况，水平方向 2m 范围发育 31 条节理，明显可量测的产状有：100°∠85°、5°∠65°、80°∠85°、10°∠75°、85°∠87°、5°∠78°、75°∠84°、15°∠78°、83°∠88°、30°∠73°、105°∠88°、19°∠68°、65°∠88°、5°∠70°、63°∠85°。

16. 场地北西侧段

场地北西侧段的现场特征见图 6.3-16，统计窗范围 2m×2m。岩性为薄～中厚层泥灰岩，岩层产状 140°∠16°。对于节理发育情况，水平方向 2m 范围发育 8 条节理，明显可量测的产状有：295°∠85°、124°∠78°、18°∠84°。

图 6.3-15　YK2＋340-3 段现场特征　　　　图 6.3-16　场地北西侧段现场特征

17. 场地北东侧段

场地北东侧段的现场特征见图 6.3-17，统计窗范围 2m×2m。岩性为薄～中厚层泥灰岩，岩层产状 177°∠24°。对于节理发育情况，水平方向 2m 范围发育 5 条节理，明显可量测的产状有：97°∠81°、24°∠82°、35°∠88°、115°∠85°、5°∠86°。

18. 场地北侧段

场地北侧段的现场特征见图 6.3-18，统计窗范围 2m×2m。岩性为薄～中厚层泥灰岩，岩层产状 125°∠23°。对于节理发育情况，水平方向 2m 范围发育 5 条节理，明显可量测的产状有：7°∠85°、320°∠74°、6°∠87°、290°∠75°、214°∠85°。

根据节理统计，边坡浅部石英砂岩夹泥岩岩体节理线密度为 24～39 条/2m、平均线密度 15 条/m、平均间距小于 0.2m。边坡深部石英砂岩及泥灰岩岩体节理线密度为 5～8 条/2m、平均线密度 3 条/m、平均间距 0.3～0.4m。根据现场节理调查，对边坡岩体节理进行统计分析，绘制节理倾向倾角玫瑰花图，获得边坡岩体优势节理如图 6.3-19 所示。

图 6.3-17　场地北东侧段现场特征　　　　图 6.3-18　场地北侧段现场特征

由图 6.3-19 可知,倾向 288°与 318°两个方向的节理倾向玫瑰花图过渡区间起伏较小且倾向夹角为 30°、过渡区夹角较小,倾向 348°与 6°两个方向的节理倾向玫瑰花图过渡区间起伏较小且倾向夹角为 18°、过渡区夹角较小。据图 6.3-19,确定边坡岩体优势节理共 2 组,产状区间分别为:J_1 组,288°~318°∠80°~82°;J_2 组,348°~6°∠75°~77°。在各段边坡稳定性分析时,按各组节理倾向最不利取与边坡坡向夹角最小的节理倾向、各组节理倾角最不利取最小节理倾角。

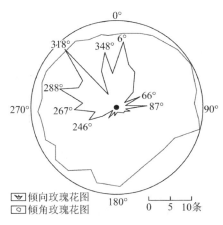

图 6.3-19　节理倾向倾角玫瑰花图

6.3.4　岩土分布特征与工程特性

据现场调查和钻探揭露,边坡范围地层岩性从新到老依次为:第四系坡积与滑坡堆积碎石土（Q^{dl+del}）、泥盆系中统蟒山群（D_m）石英砂岩夹泥岩、志留系中统高寨田群（S_g）泥灰岩夹泥岩。边坡范围岩土总体特征如下。

1. 碎石土（Q^{dl+del}）

稍湿,主要由石英砂岩成分的碎石及黏土组成,含砾石、砂,碎石含量约 60%,结构松散。大面积分布于边坡坡体表层,厚 1~33m。其中,边坡 ABCDE 段（里程 K1＋870~K1＋610）、HIJ 段（里程 K1＋470~K1＋280）总体厚度小于 15m、厚度相对较小,边坡 EFGH 段（里程 K1＋540~K1＋400）总体厚度大于 20m、厚度相对较大。

2. 石英砂岩夹泥岩（D_m）

淡红色,石英砂岩呈薄~中厚层状,细粒结构,石英胶结,层间夹薄层泥岩,夹层厚 2~40cm,夹层间距 0.3~1.0m。按风化状态和破碎程度分为②₁强风化极破碎石英砂岩、②₂中风化破碎石英砂岩、②₃中风化较破碎石英砂岩三个岩质单元。②₁强风化极破碎石英砂岩,岩体节理非常发育,岩体极破碎,钻探岩芯呈砂状、夹土状,为极破碎的极软岩,岩体基本质量等级为Ⅴ级,在边坡表层局部分布,厚 0~4.3m。②₂中风化破碎石英砂岩,该层受区域构造及斜坡卸荷松弛影响导致岩体节理非常发育,节理平均线密度 15 条/m,岩体破碎,双管取芯工艺钻探岩芯主要呈砂状,偶含碎块状,平洞开挖用镐难挖但能掘进,掘进速度 2~3m/d,饱和单轴抗压强度标准值 f_{rk} = 34.9MPa,为破碎的较硬岩,岩体基本质量等级为Ⅳ级,在边坡中上部广泛分布,厚 3.6~22.8m;其中,边坡 ABC 段（里程

K1＋870～K1＋790）、EFGHIJ 段（里程 K1＋610～K1＋280）厚度总体小于 15m、厚度相对较小，边坡 CDE 段（里程 K1＋790～K1＋610）总体厚度大于 15m、厚度相对较大。②₃ 中风化较破碎石英砂岩，岩体节理较发育，节理平均线密度 3 条/m，岩体较破碎，钻探岩芯主要呈块状、短柱状、局部柱状，平洞开挖直接用镐基本不能掘进，需用膨胀炸药辅助掘进，掘进速度 0.3～0.5m/d，饱和单轴抗压强度标准值 f_{rk}＝50.0MPa，为较破碎的较硬岩，岩体基本质量等级为Ⅳ级，分布于边坡下部及坡脚，边坡坡面范围厚 0～18.9m、坡体上钻孔未揭穿。

3. 泥灰岩夹泥岩（S_g）

灰绿、深灰色，泥灰岩呈薄～中厚层状，泥质结构，层间夹薄层泥岩，夹层厚 2～20cm，夹层间距 2～5m，节理裂隙较发育，节理平均线密度 3 条/m，岩体较破碎，呈中风化状态，钻探岩芯主要呈短柱状、柱状、局部块状与饼状，饱和单轴抗压强度标准值 f_{rk}＝40.1MPa，为较破碎的较硬岩，岩体基本质量等级为Ⅳ级，分布于边坡下部及坡脚，钻孔未揭穿。

6.3.5 水文地质条件

工程区泥盆系中统蟒山群（D_m）石英砂岩节理发育，透水性能好，为区内相对易含水岩组。工程区志留系中统高寨田群（S_g）泥灰岩基岩岩体致密，分布连续，厚度大，透水性能较弱，为区内相对隔水岩组。边坡坡前相对隔水的泥灰岩埋深较小或已出露，易含水的石英砂岩暴露在高陡斜坡地段，边坡范围不具备大面积形成地下水的贮藏富集空间和运移通道条件，边坡范围处于本区相对贫水地带。

场地及周边发育 2 处泉点，分别为：发育于 007 地块范围东侧 K1＋740 冲沟沟口的泉点 S2，出露高程 1100.60m，流量 0.065L/s；发育于相邻东侧 008 地块范围东侧 K2＋370 坡前冲沟沟口的泉点 S1，出露高程 1073.2m，流量 0.07L/s。在整个 007～008 地块东西向长约 1.5km 范围仅发育 2 处泉点，泉点均发育于冲沟沟口附近的泥灰岩地层中，发育位置高差 27.4m，流量较小，场地及附近泉点为冲沟局部的基岩裂隙水。场地及附近虽发育泉点，但勘察钻孔全为干孔，钻探深度范围未发现地下水。总体判断场地地下水埋藏较深。

6.3.6 不良地质特征及工程物理现象

1. 不良地质类型

场地及周边未见威胁总体稳定性的全新活动断裂通过，未见岩溶、危岩、崩塌、泥石流、采空区、地面沉降等不良地质作用。场地存在的老滑坡及其堆积体被工程活动诱发发生的新滑坡为场地的主要不良地质现象。场地红岩三号路修建过程中在道路南侧开挖形成的工程边坡为场地内的不良工程物理现象。各段边坡的空间形态及边界条件见表 1.1-1。

根据红岩地块场地稳定性评价工程地质勘察报告的工程地质图，场地内分布一处自西向东的老滑坡（编号 LHP1），分布三处自南向北的老滑坡（编号自东向西依次为：LHP2、LHP3、LHP4）。场地分布的老滑坡位置如图 6.3-20 所示。

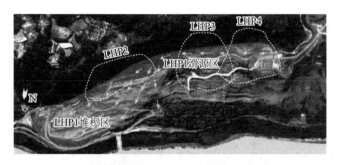

图 6.3-20 场地老滑坡分布位

2. 自西向东的 LHP1 老滑坡特征

007 地块的东侧 008 地块场地范围大面积分布具似层状结构特征的大体积石英砂岩巨石。按周边地层层序及正常岩层产状延推分析，正常情况下该区域地层岩性应为志留系泥灰岩，该区域石英砂岩巨石来源于泥盆系石英砂岩母岩、与下部志留系泥灰岩在地层层序上接触不正常且接触面起伏。石英砂岩巨石的似层面产状凌乱不一，巨石间有明显宽度较大的竖直分离裂缝且被黏土充填，其底部与志留系泥灰岩接触面钻探发现厚度较小的碎石土及松散岩屑。判断该区域大面积的石英砂岩巨石为早期老滑坡（LHP1）堆积，该区域为早期 LHP1 老滑坡的堆积区。

东侧 008 地块场地范围大面积分布的石英砂岩巨石一定程度上保留着原母岩的层状结构，说明 LHP1 老滑坡滑移过程主要为自高向低顺原始地形顺直滑动、过程中未发生明显翻滚。007 地块场地地势高于 008 地块场地石英砂岩巨石堆积区，007 地块与 008 地块间有明显老冲沟切割，岩层层面倾向南东、层间夹泥岩。从老地形条件、岩层产状与层间特征分析，007 地块后侧现陡坡坡前的原岩层东侧受冲沟切割临空、具备向东滑动的空间条件与力学条件。007 地块后侧现陡坡坡前地形较为平坦，按周边地层层序及正常岩层产状延推分析，正常情况下该区域地层岩性为泥盆系石英砂岩，现状该区域岩体大部分已消失、平洞内揭示局部残留被搬运过的大体积巨石。判断该区域为早期 LHP1 老滑坡的滑源区。

综上所述，LHP1 老滑坡为自西向东滑动的岩质老滑坡。滑体为 007 地块原地形的坡前泥盆系石英砂岩层、008 地块现地形的场地内堆积的石英砂岩巨石。滑面位于石英砂岩巨石底部。LHP1 老滑坡底部分布厚度较小的碎石土及松散岩屑，滑面抗剪强度指标根据工程类比按后述确定的碎石土与底部基岩面之间的抗剪强度指标取值。

3. 自南向北的 LHP2、LHP3、LHP4 老滑坡特征

007 地块与东侧 008 地块场地后侧现陡坡坡前堆积三处厚度较大的碎石土（编号 LHP2、LHP3、LHP4 坡前位置）。边坡范围原地形较陡、坡度 30°～50°、局部地段更陡，碎石土中骨架成分主要为石英砂岩、成分与原岩一致且结构凌乱，碎石土成因有原岩的风化搬运坡积（Q^{dl}）。

根据钻探与平洞的勘察以及前期红岩地块场地稳定性评价工程地质勘察钻探共同揭示，碎石土具骨架颗粒母岩主要为石英砂岩、坡前厚度较大、越向后侧越薄、坡前上部骨架颗粒较小主要为结构凌乱的碎石、坡前下部为保留似层状结构的石英砂岩巨石（LHP1 老滑坡滑体）、坡前底部为志留系泥灰岩原岩、后侧坡面底部为泥盆系石英砂岩原岩的成分特征与空间分布特征。经探槽开挖与平洞揭示，坡前上部碎石土中、上部碎石土与下部石英砂岩巨石接触带分布厚 0.1～0.3m 的腐殖土，判断碎石土堆积过程中存在顺原老地形斜坡的老滑坡堆积成因（Q^{del}）（图 6.3-21）。

图 6.3-21　边坡碎石土中分布的腐殖土

综上所述，编号 LHP2、LHP3、LHP4 位置均为自南向北分布的土质老滑坡，其覆盖于早期 LHP1 岩质老滑坡之上。滑体为原后侧坡面坡积、现坡前滑坡堆积的碎石土。滑面在后侧坡面为碎石土与底部基岩面的接触面，在坡前部分为碎石土与下部石英砂岩巨石的接触面、部分为碎石土与底部基岩面的接触面。LHP2、LHP3、LHP4 老滑坡滑体为碎石土，滑面抗剪强度指标根据工程类比，按后述确定的碎石土与底部基岩面之间的抗剪强度指标取值。

4. 新滑坡特征

场地前期开挖过程中，场地内及后侧坡体发生后侧开裂下错、坡前鼓张、坡体多处开裂的变形迹象，将开裂变形位置圈定后可清晰地判定变形区周界及平面形态，判断场地坡体在前期开挖工程中诱发了新滑坡。新滑坡（编号为 XHP1、XHP2）均分布在早期老滑坡堆积体范围内。根据前期红岩地块场地稳定性评价工程地质勘察地表位移与深部位移监测，各新滑坡滑动方向均与其所处老滑坡滑动方向一致；场地内的 XHP1 新滑坡滑面位于 LHP1 老滑坡堆积体中部、未到达 LHP1 老滑坡堆积体底部；场地后侧 XHP2 新滑坡滑面在上部位于碎石土底部与基岩接触面、在下部位于碎石土底部与石英砂岩巨石顶部附近，场地后侧 XHP2 新滑坡滑面与 LHP2 老滑坡滑面基本一致。说明 XHP1 新滑坡与 XHP2 新滑坡均为老滑坡的局部复活，滑体为老滑坡的部分堆积体。

XHP2 新滑坡上部位于勘察边坡范围，滑面主要为碎石土底部与基岩的接触面，滑面抗剪强度指标根据工程类比按后述确定的碎石土与底部基岩面之间的抗剪强度指标取值。

6.3.7　场地地震效应、稳定性与适宜性

1. 场地建筑抗震地段划分

红岩地块场地地形复杂、基岩面起伏较大，场地位于陡坡坡前地段，平面上分布坡积土、老滑坡堆积体等成因、岩性明显不均匀的土层，场地属对建筑抗震不利地段。

2. 场地类别判定

场地岩土层自上向下主要有碎石土、石英砂岩与泥灰岩。碎石土结构松散，属中软土，其剪切波速范围为 $150m/s < V_s \leqslant 250m/s$；石英砂岩与泥灰岩属破碎至较破碎岩石，其剪切波速范围为 $500m/s < V_s \leqslant 800m/s$。根据场地各岩土层的剪切波速范围确定场地覆盖层主要为碎石土，根据《建筑抗震设计标准》GB/T 50011—2010（2024 年版）[214]，覆盖层碎石土剪切波速估计取值为 $V_s = 200m/s$。场地覆盖层总体只分布一层碎石土，则场地土层等效剪切波速 $V_{se} = 200m/s$。场地覆盖层厚度一般、小于 50m，一般厚 10～20m，根据《建筑抗震设计标准》GB/T 50011—2010（2024 年版）[214]和《中国地震动参数区划图》GB 18306—2015[215]，场地类别为 II 类。

3. 抗震设计参数

红岩地块场地位于贵阳市南明区中心城区，根据《建筑抗震设计标准》GB/T 50011—2010（2024 年版）[214]和《中国地震动参数区划图》GB 18306—2015[215]，贵阳市南明区抗震设防烈度为 6 度、设计地震分组属第一组，对应的设计基本地震加速度值为 0.05g、设计基本地震动加速度反应谱特征周期为 0.35s。建议按照相关规范进行抗震设防。

4. 场地稳定性及适宜性

红岩地块所在工程区未发现全新活动断裂，区域地壳相对较为稳定。岩溶、危岩、崩塌、泥石流、采空区、地面沉降等不良地质作用。场地存在老滑坡及其堆积体可能被工程诱发发生滑坡的不良地质作用，场地建设过程中还将形成各类型工程边坡不良工程物理现象。若不对场地内的老滑坡及其堆积体、各类型工程边坡进行工程措施处理，场地总体不稳定～稳定性差，场地工程建设适宜性为不适宜～适宜性差，该情况下应避开场地。对场地内的老滑坡及其堆积体、各类型工程边坡进行合理可靠工程措施处理、消除安全隐患后，场地总体基本稳定，可以进行工程建设。

6.4　岩体结构类型与岩体质量等级

6.4.1　岩石坚硬程度划分

根据岩性特征和饱和单轴抗压强度，对岩石坚硬程度划分：②₁强风化石英砂岩，厚度小，根据其岩性特征定性分析确定为极软岩；②₂中风化石英砂岩，饱和单轴抗压强度标准值 $f_{rk} = 34.9MPa$，属较硬岩；②₃中风化石英砂岩，饱和单轴抗压强度标准值 $f_{rk} = 50.0MPa$，属较硬岩；③中风化泥灰岩，饱和单轴抗压强度标准值 $f_{rk} = 40.1MPa$，属较硬岩。

6.4.2　岩体结构类型及完整性

场地基岩岩性自上向下主要有：表层②₁强风化石英砂岩、浅部②₂中风化石英砂岩、深部②₃中风化石英砂岩、深部③中风化泥灰岩。表层②₁强风化石英砂岩厚度小，根据岩性特征定性分析判断其岩体完整程度为极破碎。浅部②₂中风化石英砂岩发育 2 组节理，节理线密度很大、平均间距小于 0.2m，其埋深小、在斜坡卸荷松弛影响带范围内，岩体结构类型总体为碎裂状结构，结合双管取芯工艺钻探取芯率仍较差、岩性主要为砂状的特征，判断浅部②₂中风化石英砂岩岩体完整程度为破碎。深部②₃中风化石英砂岩发育2组节理，节理线密度远小于浅部石英砂岩、平均间距0.3～0.4m，埋深较大，在斜坡卸荷松弛影响带以下，岩体结构类型总体为层状结构、结合单管钻探岩芯采取率较好、岩芯多呈短柱状的特征，判断深部②₃中风化石英砂岩岩体完整程度为较破碎。深部③中风化泥灰岩发育2组节理，节理线密度远小于边坡浅部石英砂岩、平均间距0.3～0.4m，其埋深大、在斜坡卸荷松弛影响带以下，岩体结构类型总体为层状结构，结合单管钻探岩芯采取率较好、岩芯多呈短柱状的特征，判断深部③中风化泥灰岩岩体完整程度为较破碎。

6.4.3 岩体基本质量等级

依据《岩土工程勘察规范》GB 50021—2001（2009年版）[216]对场地各岩质单元进行岩体基本质量等级评价，评价结果如表6.4-1所示。

岩体质量分级成果　　　　　　　　　　　　　　　　　　表6.4-1

岩性	完整程度	饱和单轴抗压强度标准值（MPa）	坚硬程度	岩体基本质量等级
②₁强风化石英砂岩	极破碎（定性）	—	极软岩（定性）	V级
②₂中风化破碎石英砂岩	破碎（定性）	34.9	较硬岩（定量）	IV级
②₃中风化较破碎石英砂岩	较破碎（定性）	50.0	较硬岩（定量）	IV级
③中风化较破碎泥灰岩	较破碎（定性）	40.1	较硬岩（定量）	IV级

6.5 岩体结构面类型

勘察边坡范围岩体自上向下主要有：至中厚层石英砂岩夹薄层泥岩、薄至中厚层泥灰岩夹薄层泥岩。岩层层面延展顺直、平直光滑、层面闭合、未见明显张开，层间未见明显胶结、夹薄层泥岩呈强至中风化状态，结合泥岩夹层现场剪切试验与统计的抗剪强度标准值，岩层层面结合极差。根据《建筑边坡工程技术规范》GB 50330—2013[217]按不利原则确定，岩层层面为结合极差的软弱结构面。②₂破碎石英砂岩岩体节理发育密度大，节理延展较远、平直光滑、略有起伏，节理面大部分明显一定程度张开，大部分无充填、部分泥质充填，该岩体节理面结合很差。根据《建筑边坡工程技术规范》GB 50330—2013[217]按不利原则确定，②₂破碎石英砂岩岩体节理面为结合很差的软弱结构面。②₃较破碎石英砂岩、③较破碎泥灰岩岩体节理发育密度较小，节理延展有限、平直光滑、起伏较大，节理面未见明显张开，基本无充填，该类岩体节理面结合差。根据《建筑边坡工程技术规范》GB 50330—2013[217]按不利原则确定，②₃较破碎石英砂岩、③较破碎泥灰岩岩体节理面为结合差的硬性结构面。

6.6 边坡岩体类型

勘察范围岩质边坡坡向NW333°～NE9°，岩层层面倾向SE120°～SE165°，最不利岩层层面倾向与边坡坡向夹角111°。岩层层面总体对岩质边坡构成逆向坡。勘察范围岩质边坡岩体内发育两组节理，产状分别为：J_1 组，NW288°～NW318°∠80°和 J_2 组 NW348°～NE6°∠75°。岩质边坡坡向范围 NW333°～NE9°。各个坡向的各段边坡岩体均发育节理面倾向与边坡坡向夹角小于 45°的外倾节理。各段岩质边坡岩体完整程度为破碎～较破碎，岩体中均发育控制性外倾节理面、节理面结合程度为结合很差～结合差。根据《建筑边坡工程技术规范》GB 50330—2013，各段岩质边坡岩体类型均确定为Ⅳ类。

6.7　场地水土的腐蚀性

6.7.1　地下水腐蚀性

场地地下水补给主要为大气降水，在场地及周边两处泉点取 2 组水样作常规水化学分析。根据"水腐蚀性检测报告"可知，地下水类型为$[SO_4^{2-}]Ca^{2+}$Ⅱ型，为无色、无味、透明的硫酸盐钙质水，pH 值为 7.9，总硬度为 179.167～190.095mg/L。根据岩土工程勘察规范腐蚀性判断标准，判断结果如表 6.7-1 所示。场地地下水对混凝土结构具微腐蚀性，对钢筋混凝土结构中钢筋具微腐蚀性。

地下水对混凝土腐蚀性评价成果　　　　　　　　　表 6.7-1

按环境类型评价水对混凝土结构的腐蚀性 （环境类型为Ⅱ类）					按地层渗透性判断水对混凝土结构的腐蚀性（A 类）		判断水对钢筋混凝土结构中钢筋的腐蚀性（干湿交替）
腐蚀介质	SO_4^{2-}（mg/L）	Mg^{2+}（mg/L）	OH^-（mg/L）	总矿化度（mg/L）	pH 值	HCO_3^-（mmol/L）	Cl^-（mg/L）
介质含量（测试值）	19.797	15.552	0.000	179.167	7.9	32.106	46.408
	25.563	15.066	0.000	190.095	7.9	35.316	47.242
腐蚀等级	微	微	微	微	微	微	微
腐蚀性评价	微腐蚀				微腐蚀		微腐蚀

6.7.2　土腐蚀性

在Ⅱ类环境下取 2 组场地土样作室内腐蚀性检测（详见土腐蚀性检测报告）。根据岩土工程勘察规范腐蚀性判断标准，判断结果如表 6.7-2 所示。场地土对混凝土结构具有微腐蚀性，对钢筋混凝土结构中钢筋具有微腐蚀性。

土对混凝土腐蚀性成果　　　　　　　　　表 6.7-2

按环境类型评价水对混凝土结构的腐蚀性 （环境类型为Ⅱ类）			按地层渗透性判断水对混凝土结构的腐蚀性（A 类）		判断水对钢筋混凝土结构中钢筋的腐蚀性（干湿交替）
腐蚀介质	SO_4^{2-}（mg/kg）	Mg^-（mg/kg）	pH 值	HCO_3^-（mmol/L）	Cl^-（mg/kg）
介质含量（测试值）	10	22	6.72	193	125
	10	19	6.73	214	125
腐蚀等级	微	微	微	微	微
腐蚀性评价	微腐蚀		微腐蚀		微腐蚀

6.8 边坡岩土体物理力学参数

6.8.1 岩土体强度试验

1. 碎石土

对勘察报告中各组碎石土试验数据进行统计分析。边坡范围碎石土物理力学指标统计结果如表 6.8-1 所示。

碎石土物理力学指标统计表　　　　　　　　　表 6.8-1

岩土单元	参数	统计数n	最大值	最小值	平均值	标准差	变异系数δ	修正系数γ_S	标准值φ_k
①碎石土	c（kPa）	12	30.0	10.6	22.9	6.59	0.29	0.85	19.5
	φ（°）	12	23.1	13.5	19.5	2.90	0.15	0.92	18.0
	γ（kN/m³）	6	25.4	20.2	22.5	1.96	0.09	0.93	—

2. 中风化岩石

对勘察报告中各组试验数据进行统计分析。边坡范围各岩质单元岩石物理力学指标统计结果如表 6.8-2 所示。

中风化岩石物理力学参数统计表　　　　　　　　表 6.8-2

岩质单元	参数	统计数n	最大值	最小值	平均值	标准差	变异系数δ	修正系数γ_S	标准值φ_k
②₂中风化破碎石英砂岩	f_{rk}（MPa）	9	44.6	31.4	37.2	3.63	0.10	0.94	34.9
	c（kPa）	2	1.89	1.75	1.85	—	—	—	—
	φ（°）	2	47.0	46.7	46.8	—	—	—	—
	γ（kN/m³）	9	24.6	24.1	24.3	0.16	0.01	—	—
②₃中风化较破碎石英砂岩	f_{rk}（MPa）	9	58.6	40.1	53.3	5.36	0.10	0.94	50.0
	c（kPa）	2	4.10	3.33	3.71	—	—	—	—
	φ（°）	2	58.6	51.1	54.8	—	—	—	—
	γ（kN/m³）	9	26.0	25.3	25.7	0.22	0.01	—	—
③中风化较破碎泥灰岩	f_{rk}（MPa）	18	49.5	35.5	41.7	3.69	0.09	0.96	40.1
	c（kPa）	4	3.46	2.26	2.63	—	—	—	—
	φ（°）	4	50.0	44.9	46.7	—	—	—	—
	γ（kN/m³）	9	27.4	26.9	27.1	0.19	0.01	—	—

3. 岩层层间泥岩夹层

边坡范围岩层层间泥岩夹层物理力学指标统计结果，见表 6.8-3。

岩层层间泥岩夹层物理力学参数统计表　　　　　表 6.8-3

岩质单元	参数	统计数n	最大值	最小值	平均值	标准差	变异系数δ	修正系数γ_S	标准值φ_k
岩层层间泥岩夹层	c（kPa）	9	22.5	14.9	18.4	2.98	0.16	0.90	16.5
	φ（°）	9	20.1	8.0	13.7	3.76	0.27	0.83	11.4

6.8.2 边坡岩土物理力学参数分析

1. 碎石土参数

关于抗剪强度指标确定，因碎石土现场剪切试验中较大块石对试验指标尤其对内聚力影响较大，统计得到的碎石土抗剪强度指标可能偏高。根据现场局部坡体的实际变形情况对碎石土抗剪强度指标分别取统计值与最小值进行验证，当与现场坡体变形情况不符合时进行反演。

场地前期局部开挖过程中，相邻 008 地块靠近本 007 地块的 K2＋060 位置坡体碎石土发生后侧开裂下错近 1m、坡前鼓张的变形迹象。根据工程类比，取经统计得到的碎石土平均重度 $\gamma = 22.5\text{kN/m}^3$，分别取碎石土土体抗剪强度指标统计值 $c = 19.5\text{kPa}$、$\varphi = 18.0°$，碎石土与底部基岩面之间的抗剪强度最小值 $c = 10.6\text{kPa}$、$\varphi = 13.5°$，根据 K2＋060 位置坡体变形特征对碎石土抗剪强度指标进行计算验证。按沿外倾岩土界面折线形滑面滑动进行计算验证，计算验证简图如图 6.8-1 所示。

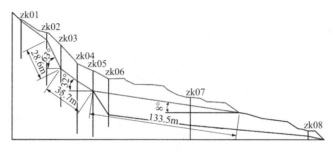

图 6.8-1 碎石土抗剪强度指标计算验证简图

碎石土抗剪强度指标列表验证过程如表 6.8-4 所示。经计算验证，当碎石土抗剪强度指标取统计值时，边坡稳定、不会发生变形，这与现场实际不符，抗剪强度统计值过高、不合理。当碎石土抗剪强度指标取最小值时，有变形迹象的 K2＋060 位置坡体稳定性系数为 0.95。该位置坡前两侧有已施工的抗滑桩支挡，现场坡体虽在出现变形迹象后后期未发生一定距离滑动，但坡前排桩出现严重变形与裂缝，判断边坡为不稳定的边坡。该位置边坡的稳定性系数与现场坡体实际变形特征基本相符。碎石土抗剪强度指标确定为 $c_k = 10.6\text{kPa}$、$\varphi_k = 13.5°$，重度为 $\gamma = 22.5\text{kN/m}^3$。

碎石土强度演算成果 表 6.8-4

取值	条块	c_i（kPa）	φ_i（°）	γ_i（kN/m³）	V_i（m³）	G_b（kN/m）	θ_i（°）	l_i（m）	R_i（kN/m）	T_i（kN/m）	ψ_{i1}	P_i（kN/m）	f
统计值	①	19.5	18.0	22.5	226.9	0	63	28.6	1310.7	4548.6	—	3586.9	
	②	19.5	18.0	22.5	469.1	0	32	35.7	3604.4	5592.9	0.73	5582.7	1.36
	③	19.5	18.0	22.5	1214.8	0	8	133.5	11398	3804.1	0.82	0.4	
最小值	①	10.6	13.5	22.5	226.9	0	63	28.6	859.6	4548.6	—	3643.8	
	②	10.6	13.5	22.5	469.1	0	32	35.7	2527.3	5592.9	0.73	5581.9	0.95
	③	10.6	13.5	22.5	1214.8	0	8	133.5	7913.4	3804.1	0.81	0.1	

关于地基承载力特征值，根据经统计得到的碎石土抗剪强度指标标准值与重度，依据《建筑地基基础设计规范》GB 50007—2011[218]，建议碎石土地基承载力特征值$f_{ak} = 160$kPa。

关于其他参数，根据《建筑边坡工程技术规范》GB 50330—2013[217]，建议碎石土与挡墙底面摩擦系数$f_\mu = 0.30$，建议碎石土与锚固体极限粘结强度标准值$f_{rbk} = 100$kPa。

2. 岩体参数

关于抗剪强度指标，②₁强风化石英砂岩局部分布、厚度小，根据工程类比确定其抗剪强度指标为$c_k = 30$kPa、$\varphi_k = 20°$。根据各岩质单元中风化岩石的抗剪强度指标按不利原则取最低值，依据《建筑边坡工程技术规范》GB 50330—2013[217]、《贵州省建筑岩土工程技术规范》DBJ52/T046—2018[219]进行折减，得出各岩质单元中风化岩体的抗剪强度指标。边坡范围②₂中风化破碎石英砂岩岩体破碎、岩体结构类型为碎裂状结构，对②₂中风化破碎石英砂岩取内聚力折减系数0.05、内摩擦角折减系数0.8；经折减，②₂中风化破碎石英砂岩岩体的抗剪强度指标取$c_k = 80$kPa、$\varphi_k = 37°$。边坡范围②₃中风化较破碎石英砂岩岩体较破碎、岩体结构类型为层状结构，对②₃中风化较破碎石英砂岩取内聚力折减系数0.1、内摩擦角折减系数0.8；经折减，②₃中风化较破碎石英砂岩岩体的抗剪强度指标取$c_k = 330$kPa、$\varphi_k = 40°$。边坡范围③中风化较破碎泥灰岩岩体较破碎、岩体结构类型为层状结构，对③中风化较破碎泥灰岩取内聚力折减系数0.1、内摩擦角折减系数0.8；经折减，③中风化较破碎泥灰岩岩体的抗剪强度指标取$c_k = 220$kPa、$\varphi_k = 35°$。

关于地基承载力特征值，根据统计得到各岩质单元中风化岩石的单轴抗压强度标准值并结合工程类比，依据《建筑地基基础设计规范》GB 50007—2011[218]、《贵州建筑地基基础设计规范》DBJ52/T045—2018，建议：②₁强风化石英砂岩地基承载力特征值$f_a = 250$kPa；②₂中风化破碎石英砂岩地基承载力特征值$f_a = 1200$kPa；②₃中风化较破碎石英砂岩地基承载力特征值$f_a = 4000$kPa；③中风化较破碎泥灰岩地基承载力特征值$f_a = 3500$kPa。

关于岩体等效内摩擦角，根据《建筑边坡工程技术规范》GB 50330—2013[217]、《贵州省建筑岩土工程技术规范》DB52/T046—2018[219]得出各岩质单元岩体的等效内摩擦角。②₂中风化破碎石英砂岩组成的岩质边坡岩体类型为Ⅳ类，岩体基本质量等级为Ⅳ级，但岩体破碎、坚硬程度接近较软岩，建议②₂中风化破碎石英砂岩岩质单元岩体等效内摩擦角$\varphi_e = 35°$。②₃中风化较破碎石英砂岩、③中风化较破碎泥灰岩组成的岩质边坡岩体类型均为Ⅳ类，岩体基本质量等级均为Ⅳ级，建议②₃中风化较破碎石英砂岩、③中风化较破碎泥灰岩岩质单元岩体等效内摩擦角$\varphi_e = 42°$。

关于其他参数，根据《建筑边坡工程技术规范》GB 50330—2013[217]，建议②₁强风化石英砂岩与挡墙底面摩擦系数$f_\mu = 0.40$、②₂中风化破碎石英砂岩与挡墙底面摩擦系数$f_\mu = 0.50$、②₃中风化较破碎石英砂岩与挡墙底面摩擦系数$f_\mu = 0.60$、③中风化较破碎泥灰岩与挡墙底面摩擦系数$f_\mu = 0.60$，建议②₁强风化石英砂岩与锚固体极限粘结强度标准值$f_{rbk} = 270$kPa、②₂中风化破碎石英砂岩与锚固体极限粘结强度标准值$f_{rbk} = 760$kPa、②₃中风化较破碎石英砂岩与锚固体极限粘结强度标准值$f_{rbk} = 1200$kPa、③中风化较破碎泥灰岩与锚固体极限粘结强度标准值 $f_{rbk} = 1200kPa$。

3. 结构面参数

对于岩层层面夹泥岩夹层，各岩质单元岩层层面结合极差。根据统计得到的泥岩夹层的抗剪强度指标标准值，确定岩层层面的抗剪强度指标为：$c_s = 16.5kPa$、$\varphi_s = 11.4°$。

对于节理面，根据各岩质单元的岩体结构面结合程度，依据《建筑边坡工程技术规范》GB 50330—2013 确定各岩质单元岩体中各类结构面的抗剪强度指标。

对于②$_2$ 中风化破碎石英砂岩节理面结合很差，该单元岩体节理面抗剪强度指标取：$c_s = 20kPa$、$\varphi_s = 12°$。

对于②$_3$ 中风化较破碎石英砂岩与③中风化较破碎泥灰岩节理面结合差，该单元岩体节理面抗剪强度指标取：$c_s = 50kPa$、$\varphi_s = 18°$。

6.8.3　边坡岩土体参数综合取值

边坡岩土体物理力学参数如表 6.8-5 所示。

岩土体物理力学参数取值成果　　　　表 6.8-5

边坡岩土体		承载力特征值（kPa）	γ（kN/m³）	c_k（kPa）	φ_k（°）	φ_e（°）	f_{rk}（MPa）	f_{rbk}（kPa）	摩擦系数 f_μ
①碎石土		（f_{ak}）160	22.5	10.6	13.5	—	—	100	0.30
②$_1$ 强风化石英砂岩		（f_{ak}）250	23.0	30.0	20.0	—	—	270	0.40
②$_2$ 中风化破碎石英砂岩	岩体	（f_a）1200	24.3	80	37	Ⅳ类	34.9	760	0.50
	层面	—	—	（c_s）16.5	（φ_s）11.4	—	—	—	—
	节理面	—	—	（c_s）20	（φ_s）12	—	—	—	—
②$_3$ 中风化较破碎石英砂岩	岩体	（f_a）4000	25.7	330	40	Ⅳ类	50.0	1200	0.60
	层面	—	—	（c_s）16.5	（φ_s）11.4	—	—	—	—
	节理面	—	—	（c_s）50	（φ_s）18	—	—	—	—
③中风化较破碎泥灰岩	岩体	（f_a）3500	27.1	220	35	Ⅳ类	40.1	1200	0.60
	层面	—	—	（c_s）16.5	（φ_s）11.4	—	—	—	—
	节理面	—	—	（c_s）50	（φ_s）18	—	—	—	—
岩层层间泥岩夹层		—	26.0	16.5	11.4	—	—	—	—

第 7 章

贵阳红岩地块边坡稳定性极限平衡法分析

7.1 不同滑面条件下稳定性系数计算方法

各类边坡先进行垂直开挖的稳定性评价；当垂直开挖评价不稳定或欠稳定时，分析放坡开挖的可行性并确定放坡坡率，按确定的放坡坡率对放坡后的边坡重新进行稳定性评价。稳定性评价中先进行定性分析并给出可能的破坏模式，再根据各种可能的破坏模式按《建筑边坡工程技术规范》GB 50330—2013 进行定量计算，分析计算边坡稳定性系数。各种破坏模式下的边坡稳定性系数F_s分别按相应的公式计算。

7.1.1 圆弧形滑面滑动的边坡稳定性系数计算

圆弧形滑面滑动的边坡稳定性系数F_s的计算如下：

$$F_s = \frac{\sum\limits_{i=1}^{n} \frac{1}{m_{\theta i}} [c_i l_i \cos \theta_i + (G_i + G_{bi} - U_i \cos \theta_i) \tan \varphi_i]}{\sum\limits_{i=1}^{n} [(G_i + G_{bi}) \sin \theta_i + Q_i \cos \theta_i]} \tag{7.1-1}$$

$$m_{\theta i} = \cos \theta_i + \frac{\tan \kappa_i \sin \theta_i}{F_s} \tag{7.1-2}$$

$$U_i = \frac{1}{2} \gamma_w (h_{wi} + h_{w,i-1}) l_i \tag{7.1-3}$$

式中　　F_s——稳定性系数；

c_i——第i计算条块滑面内聚力（kPa）；

φ_i——第i计算条块滑面内摩擦角（°）；

l_i——第i计算条块滑面长度（m）；

θ_i——第i计算条块滑面倾角（°），滑面倾向于滑动方向相同时取正值、相反时取负值；

U_i——第i计算条块滑面单位宽度总水压力（kN/m）；

G_i——第i计算条块单位宽度自重（kN/m）；

G_{bi}——第i计算条块单位宽度竖向附加荷载（kN/m），方向指向下方时取正值、指向上方时取负值；

Q_i——第i计算条块单位宽度水平荷载（kN/m），方向指向坡外时取正值、指向坡内时取负值；

h_{wi}、$h_{w,i-1}$——第i、$i-1$计算条块滑面前端水头高度（m）；

γ_w——水重度，取10kN/m³；

i——计算条块号，从后方编起；

n——条块数量。

7.1.2 折线形滑面滑动的边坡稳定性系数

折线形滑面滑动的边坡稳定性系数F_s的计算如下：

$$P_n = 0 \tag{7.1-4}$$

$$P_i = P_{i-1}\psi_{i-1} + T_i - \frac{R_i}{F_s} \tag{7.1-5}$$

$$\psi_{i-1} = \cos(\theta_{i-1} - \theta_i) - \sin(\theta_{i-1} - \theta_i)\frac{\tan\varphi_i}{F_s} \tag{7.1-6}$$

$$T_i = (G_i + G_{bi})\sin\theta_i + Q_i\cos\theta_i \tag{7.1-7}$$

$$R_i = c_i l_i + [(G_i + G_{bi})\cos\theta_i - Q_i\sin\theta_i - U_i]\tan\varphi_i \tag{7.1-8}$$

式中　P_n——第n条块单位宽度剩余下滑力（kN/m）；

P_i——第i计算条块与第$i+1$计算条块单位宽度剩余下滑力（kN/m），当$P_i < 0$（$i < n$）时，取$P_i = 0$；

T_i——第i计算条块单位宽度重力及其他外力引起的下滑力（kN/m）；

R_i——第i计算条块单位宽度重力及其他外力引起的抗滑力（kN/m）；

ψ_i——第$i-1$计算条块对第i计算条块的传递系数；其余符号意义同前。

7.1.3 平面滑动面滑动的边坡稳定性系数

平面滑动面滑动的边坡稳定性系数F_s的计算如下：

$$F_s = R/T \tag{7.1-9}$$

$$R = [(G + G_b)\cos\theta - Q\sin\theta - V\sin\theta - U]\tan\varphi + cl \tag{7.1-10}$$

$$T = (G + G_b)\sin\theta + Q\cos\theta + V\cos\theta - U \tag{7.1-11}$$

$$V = \frac{1}{2}\gamma_w h_w^2 \tag{7.1-12}$$

$$U = \frac{1}{2}\gamma_w h_w L \tag{7.1-13}$$

式中　T——滑体单位宽度重力及其他外力引起的下滑力（kN/m）；

R——滑体单位宽度重力及其他外力引起的抗滑力（kN/m）；

c——滑面的内聚力（kPa）；

φ——滑面的内摩擦角（°）；

L——滑面长度（m）；

G——滑体单位宽度自重（kN/m）；

G_b——滑体单位宽度竖向附加荷载（kN/m），方向指向下方时取正值、指向上方时取负值；

θ——滑面倾角（°）；

U——滑体单位宽度总水压力（kN/m）；

V——后缘陡倾裂隙面上的单位宽度总水压力（kN/m）；

Q——滑体单位宽度水平荷载（kN/m），方向指向坡外时取正值、指向坡内时取负值；

h_w——后缘陡倾裂隙充水高度（m），根据裂隙情况及汇水条件确定；其余符号意义同前。

7.2　边坡稳定性分析评价

根据原勘察报告红岩地块红岩三号路南侧边坡岩土工程勘察报告（2019 年 11 月）成果、原设计红岩地块红岩三号路南侧边坡施工图设计（2020 年 1 月）成果，边坡上碎石土不稳定。结合红岩地块红岩三号路调整后位置及拟补征地范围，边坡垂直开挖后支挡困难，完全分级放坡所需补征地范围大，补充勘察仅对"下部垂直开挖＋上部分级放坡"这一工况进行边坡稳定性计算。根据边坡垂直高度、各开挖工况边坡岩土组成条件、各开挖工况边坡局部稳定性及整体稳定性、边坡后侧用地范围，综合考虑对边坡进行"下部一定高度垂直开挖＋上部放坡开挖"。

下部垂直开挖后按不利条件考虑采用锚拉式桩板墙支挡，综合考虑支挡桩需一定深度嵌固、桩结构的安全性、可控性，以及与桩成孔工艺、深度、桩径的可行性及受限性，下部垂直开挖高度从路面算起分别按 10m 和 15m 考虑。YK1＋870～YK1＋610 段边坡下部垂直开挖高度 15m；其余各段边坡下部垂直开挖高度 10m。

上部放坡开挖考虑减小下部边坡承受上部边坡岩土体自重荷载、尽量消除边坡上部碎石土与破碎石英砂岩对边坡稳定性的不利控制等因素，结合边坡垂直开挖碎石土不稳定、破碎石英砂岩大部分稳定、下部岩体控制性外倾节理面陡倾的边坡岩土条件，上部边坡放坡开挖的坡率综合按土体 1：1.25～1：1、岩体 1：0.75 坡率考虑。各段边坡按下部按 10m、15m 高度垂直开挖，上部按 1：1.25～1：0.75 坡率分级放坡开挖后，根据边坡高度相近、边坡岩土条件类似接近，将边坡分段合并进行稳定性分析。

7.2.1　定性分析及破坏模式

1. 土质边坡及破碎石英砂岩岩质边坡

各段边坡上部分级放坡开挖后，部分段在放坡坡面上部分布厚度较小的碎石土、在放坡坡面与垂直坡面分布厚度不等的碎石土、破碎石英砂岩。碎石土及破碎石英砂岩在坡面揭露临空，在降雨下渗及冲刷软化、暴露风化加剧等不利因素作用下，可能发生不稳定滑动破坏。对各段边坡坡面分布的碎石土与破碎石英砂岩选取不利边坡段的典型剖面分别按圆弧形滑面、折线形滑面定量计算边坡的稳定性系数。

2. 岩质边坡

根据各段岩质边坡坡向、坡度与岩体结构面空间关系，通过绘制极赤平投影图定性分析各段岩质边坡的稳定性及破坏模式。各段岩质边坡均存在外倾节理面，需按最不利外倾节理面平面滑动面滑动的破坏模式定量计算边坡的稳定性系数。

岩质边坡岩体节理发育，对岩质边坡还需按整体圆弧形滑面计算破碎石英砂岩与较破碎石英砂岩及泥灰岩的稳定性系数。

1) ABCD 段（里程 K1 + 870～K1 + 690）

边坡坡向 333°、坡度 90°。岩层层面产状 136°∠13°，按最不利取岩体 J_1 组节理面产状 318°∠80°、J_2 组节理面产状 348°∠75°，通过绘制极赤平投影图（图 7.2-1）定性分析如下。由图 7.2-1 可看出，岩层层面倾向与边坡坡向夹角 163°，对边坡构成逆向坡，边坡沿岩层层面滑动的可能性较小；J_1 组节理倾向与边坡坡向夹角 15°，对边坡构成顺向坡，边坡有沿 J_1 组节理滑动的可能；J_2 组节理倾向与边坡坡向夹角 15°，对边坡构成顺向坡，边坡有沿 J_2 组节理滑动的可能。通过分析各组结构面形成的楔形体与边坡坡向的关系可知，J_1 组节理面与 J_2 组节理面形成的楔形体对边坡稳定性有一定影响，岩层层面与 J_1 组节理面、岩层层面与 J_2 组节理面形成的楔形体对边坡稳定性影响较小。需按外倾节理面平面滑动面滑动的破坏模式定量计算边坡的稳定性系数。J_1 组节理面与 J_2 组节理面倾角接近、抗剪强度指标一致，边坡稳定性系数计算时按最不利 J_2 组节理计算。

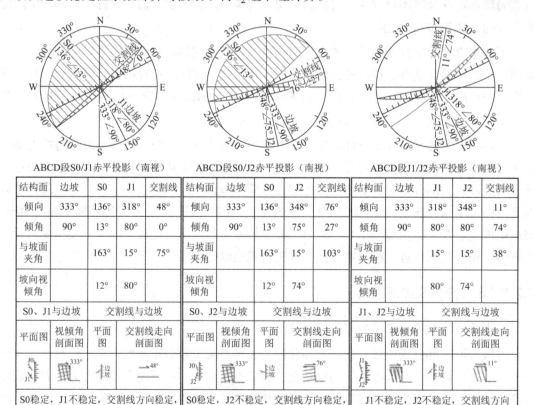

结构面	边坡	S0	J1	交割线	结构面	边坡	S0	J2	交割线	结构面	边坡	J1	J2	交割线
倾向	333°	136°	318°	48°	倾向	333°	136°	348°	76°	倾向	333°	318°	348°	11°
倾角	90°	13°	80°	0°	倾角	90°	13°	75°	27°	倾角	90°	80°	80°	74°
与坡面夹角		163°	15°	75°	与坡面夹角		163°	15°	103°	与坡面夹角		15°	15°	38°
坡向视倾角		12°	80°		坡向视倾角		12°	74°		坡向视倾角		80°	74°	

S0、J1 与边坡			交割线与边坡		S0、J2 与边坡			交割线与边坡		J1、J2 与边坡			交割线与边坡	
平面图	视倾角剖面图	平面图	交割线走向剖面图		平面图	视倾角剖面图	平面图	交割线走向剖面图		平面图	视倾角剖面图	平面图	交割线走向剖面图	

S0 稳定，J1 不稳定，交割线方向稳定，边坡不稳定	S0 稳定，J2 不稳定，交割线方向稳定，边坡不稳定	J1 不稳定，J2 不稳定，交割线方向基本稳定，边坡不稳定

图 7.2-1 ABCD 段岩质边坡垂直开挖极赤平投影图

2）DEFGH 段（里程 K1＋690～K1＋490）

边坡坡向 350°、坡度 90°。岩层层面产状 136°∠13°，按最不利取岩体 J_1 组节理面产状 318°∠80°、J_2 组节理面产状 350°∠75°，通过绘制极赤平投影图（图 7.2-2）定性分析如下。由图 7.2-2 可看出，岩层层面倾向与边坡坡向夹角 146°，对边坡构成逆向坡，边坡沿岩层层面滑动的可能性较小；J_1 组节理倾向与边坡坡向夹角 32°，对边坡构成顺向坡，边坡有沿 J_1 组节理滑动的可能；J_2 组节理倾向与边坡坡向夹角 0°，对边坡构成顺向坡，边坡有沿 J_2 组节理滑动的可能。通过分析各组结构面形成的楔形体与边坡坡向的关系可知，J_1 组节理面与 J_2 组节理面形成的楔形体对边坡稳定性影响较大，岩层层面与 J_1 组节理面、岩层层面与 J_2 组节理面形成的楔形体对边坡稳定性影响较小。需按外倾节理面平面滑动面滑动的破坏模式定量计算边坡的稳定性系数。J_1 组节理面与 J_2 组节理面倾角接近、抗剪强度指标一致，边坡稳定性系数计算时按最不利 J_2 组节理计算。

3）HIJ 段（里程 K1＋490～K1＋280）

边坡坡向 9°、坡度 90°。岩层层面产状 136°∠13°，按最不利取岩体 J_1 组节理面产状 318°∠80°、J_2 组节理面产状 6°∠75°，通过绘制极赤平投影图（图 7.2-3）定性分析如下。

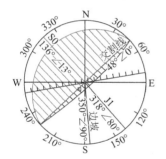
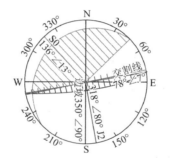
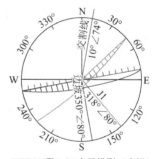

DEFGH段S0/J1赤平投影（南视）　　　DEFGH段S0/J2赤平投影（南视）　　　DEFGH段J1/J2赤平投影（南视）

结构面	边坡	S0	J1	交割线	结构面	边坡	S0	J2	交割线	结构面	边坡	J1	J2	交割线
倾向	350°	136°	318°	48°	倾向	350°	136°	318°	78°	倾向	350°	318°	350°	10°
倾角	90°	13°	80°	0°	倾角	90°	13°	80°	7°	倾角	90°	80°	80°	74°
与坡面夹角		146°	32°	58°	与坡面夹角		146°	0°	88°	与坡面夹角		32°	0°	20°
坡向视倾角		11°	78°		坡向视倾角		11°	75°		坡向视倾角		78°	75°	

S0、J1与边坡		交割线与边坡		S0、J2与边坡		交割线与边坡		J1、J2与边坡		交割线与边坡	
平面图	视倾角剖面图	平面图	交割线走向剖面图	平面图	视倾角剖面图	平面图	交割线走向剖面图	平面图	视倾角剖面图	平面图	交割线走向剖面图
J0/J1	333°	边坡	→48°	J0/J2	350°	边坡	78°	J1/J2	350°	边坡	10°
S0稳定，J1基本稳定，交割线方向稳定，边坡基本稳定				S0稳定，J2不稳定，交割线方向稳定，边坡不稳定				J1基本稳定，J2不稳定，交割线方向不稳定，边坡不稳定			

图 7.2-2　DEFGH 段岩质边坡垂直开挖极赤平投影图

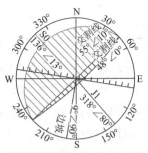
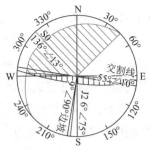
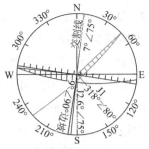

HIJ段S0/J1赤平投影（南视）　　HIJ段S0/J2赤平投影（南视）　　HIJ段J1/J2赤平投影（南视）

结构面	边坡	S0	J1	交割线	结构面	边坡	S0	J2	交割线	结构面	边坡	J1	J2	交割线
倾向	9°	136°	318°	48°	倾向	9°	136°	6°	55°	倾向	9°	318°	6°	7°
倾角	90°	13°	80°	0°	倾角	90°	13°	75°	10°	倾角	90°	80°	75°	75°
与坡面夹角		127°	51°	39°	与坡面夹角		127°	3°	84°	与坡面夹角		51°	3°	2°
坡向视倾角			8°	74°	坡向视倾角			8°	75°	坡向视倾角			74°	75°

S0、J1与边坡			交割线与边坡		S0、J2与边坡			交割线与边坡		J1、J2与边坡			交割线与边坡	
平面图	视倾角剖面图	平面图	交割线走向剖面图		平面图	视倾角剖面图	平面图	交割线走向剖面图		平面图	视倾角剖面图	平面图	交割线走向剖面图	

S0稳定，J1基本稳定，交割线方向稳定，边坡基本稳定	S0稳定，J2不稳定，交割线方向稳定，边坡不稳定	J1基本稳定，J2不稳定，交割线方向不稳定，边坡不稳定

图 7.2-3　HIJ 段岩质边坡垂直开挖极赤平投影图

由图 7.2-3 可看出，岩层层面倾向与边坡坡向夹角 127°，对边坡构成逆向坡，边坡沿岩层层面滑动的可能性较小；J₁组节理倾向与边坡坡向夹角 51°，对边坡构成斜向坡，边坡沿 J₁组节理滑动的可能性较小；J₂组节理倾向与边坡坡向夹角 3°，对边坡构成顺向坡，边坡有沿 J₂组节理滑动的可能。通过分析各组结构面形成的楔形体与边坡坡向的关系可知，J₁组节理面与 J₂组节理面形成的楔形体对边坡稳定性影响较大，岩层层面与 J₁组节理面、岩层层面与 J₂组节理面形成的楔形体对边坡稳定性影响较小。需按外倾 J₂组节理面平面滑动面滑动的破坏模式定量计算边坡的稳定性系数。

7.2.2　定量计算分析

根据原勘察报告红岩地块红岩三号路南侧边坡岩土工程勘察报告（2019 年 11 月）成果、原设计红岩地块红岩三号路南侧边坡施工图设计（2020 年 1 月）计算成果，边坡上有碎石土时不稳定，场地开挖支护方案拟采用尽量全部清除坡面上碎石土的方案，补充勘察仅对拟采用的"下部垂直开挖＋上部分级放坡"这一工况进行边坡稳定性计算。

1. BYK1＋860 剖面

K1＋870～K1＋790 段边坡开挖后为岩质边坡，边坡由破碎石英砂岩、中风化较破碎石英砂岩组成，选取最不利 BYK1＋860 剖面进行边坡稳定性计算，边坡高 111.8m。分别按圆弧形滑面计算各级边坡的稳定性系数,按折线形滑面计算破碎石英砂岩的稳定性系数,按平面滑动面计算下部垂直开挖部分岩质边坡沿节理面的稳定性系数。

1)按圆弧形滑面计算

按圆弧形滑面计算图见图 7.2-4。采用边坡计算软件 SlopeLE 按圆弧形滑面计算各级边坡的稳定性系数,计算说明如下:采用规范,《建筑边坡工程技术规范》GB 50330—2013;计算目标,计算稳定系数;计算方法,简化 Bishop;滑裂面形状,圆弧滑动;地震影响,不考虑;岩土层参数取值见表 7.2-1。

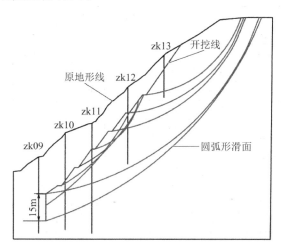

图 7.2-4　BYK1 + 860 剖面圆弧滑动计算图

BYK1 + 860 剖面岩土层参数取值　　　　表 7.2-1

编号	岩土体名称	重度（kN/m³）	c值（kPa）	φ值（°）
1	碎石土	22.5	10.6	13.5
2	中风化破碎石英砂岩	24.3	80.0	37.0
3	中风化较破碎石英砂岩	25.7	330	40.0
4	中风化较破碎泥灰岩	27.1	220	35.0

沿最低开挖面整体剪出的稳定性计算见图 7.2-5,计算结果见表 7.2-2。计算的稳定性系数 $F_s = 1.899$。

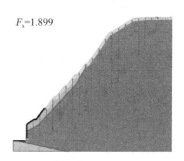

图 7.2-5　BYK1 + 860 剖面沿最低开挖面整体剪出的稳定性计算

BYK1+860 剖面沿最低开挖面整体剪出的稳定性计算结果　　　表 7.2-2

滑块编号	滑块重量 W（kN）	滑面倾角 α（°）	滑面长度 L（m）	滑面c（kPa）	滑面φ（°）	抗滑力 R（kN）	下滑力 T（kN）	系数 m_θ	总抗滑力 R（kN）	总下滑力 T（kN）	稳定系数 F_s
1	1024.302	65.623	14.583	330	40	2845.74	932.987	0.815	3491.003	932.987	3.742
2	2894.612	61.622	12.664	330	40	4415.11	2546.782	0.864	8601.071	3479.769	2.472
3	4430.531	58.091	11.387	330	40	5703.9	3761.035	0.904	14913.34	7240.804	2.060
4	5753.06	54.883	10.463	330	40	6813.63	4705.889	0.937	22187.88	11946.69	1.857
5	6591.582	51.914	9.758	330	40	7517.24	5188.163	0.965	29981.10	17134.86	1.750
6	7121.953	49.131	9.199	330	40	7962.27	5385.695	0.988	38036.55	22520.55	1.689
7	7561.07	46.497	8.743	330	40	8330.73	5484.342	1.009	46294.15	28004.89	1.653
8	7865.51	43.985	8.365	330	40	8586.19	5462.392	1.026	54659.93	33467.29	1.633
9	7486.581	41.576	8.046	330	40	8268.23	4968.189	1.041	62600.46	38435.47	1.629
10	6945.16	39.254	7.773	330	40	7813.92	4394.579	1.054	70014.66	42830.05	1.635
11	6411.111	37.006	7.537	330	40	7365.8	3858.835	1.065	76934.16	46688.89	1.648
12	6138.458	34.823	7.332	330	40	7137.02	3505.327	1.073	83584.29	50194.22	1.665
13	5729.586	32.697	7.152	330	40	6793.94	3095.069	1.08	89873.77	53289.28	1.687
14	5253.032	30.62	6.994	330	40	6394.06	2675.573	1.086	95763.66	55964.86	1.711
15	4911.869	28.587	6.855	330	40	6107.79	2350.27	1.089	101369.7	58315.13	1.738
16	4352.197	26.592	6.731	330	40	5638.17	1948.207	1.092	106532.9	60263.33	1.768
17	3794.529	24.632	6.621	330	40	5170.23	1581.515	1.093	111262.6	61844.85	1.799
18	3305.231	22.702	6.524	330	40	4759.66	1275.618	1.093	115617.1	63120.47	1.832
19	2625.487	20.799	6.439	330	40	4189.29	932.286	1.092	119454.5	64052.75	1.865
20	2406.059	18.92	6.363	330	40	4005.17	780.147	1.089	123131.6	64832.9	1.899

注：表中数据运算时存在四舍五入情况，全书同。

　　沿破碎砂岩垂直开挖面剪出的稳定性计算见图 7.2-6，计算结果见表 7.2-3。计算的稳定性系数 $F_s = 1.829$。

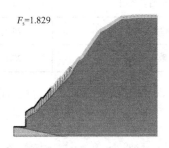

$F_s=1.829$

图 7.2-6　BYK1+860 剖面沿破碎砂岩垂直开挖面剪出的稳定性计算

BYK1+860 剖面沿破碎砂岩垂直开挖面剪出的稳定性计算结果　　　表 7.2-3

滑块编号	滑块重量 W（kN）	滑面倾角 α（°）	滑面长度 L（m）	滑面 c（kPa）	滑面 φ（°）	抗滑力 R（kN）	下滑力 T（kN）	系数 m_θ	总抗滑力 R（kN）	总下滑力 T（kN）	稳定系数 F_s
1	115.151	60.53	4.74	80	37	273.34	100.252	0.851	321.318	100.252	3.205
2	229.22	58.668	4.485	80	37	359.298	195.792	0.872	733.387	296.044	2.477
3	262.92	56.901	4.271	80	37	384.692	220.255	0.891	1165.017	516.298	2.256

续表

滑块编号	滑块重量 W（kN）	滑面倾角 α（°）	滑面长度 L（m）	滑面 c（kPa）	滑面 φ（°）	抗滑力 R（kN）	下滑力 T（kN）	系数 m_θ	总抗滑力 R（kN）	总下滑力 T（kN）	稳定系数 F_s
4	283.201	55.214	4.088	80	37	399.975	232.589	0.909	1605.079	748.887	2.143
5	366.926	53.595	3.93	80	37	463.066	295.319	0.925	2105.639	1044.206	2.016
6	440.938	52.037	3.791	80	37	518.839	347.64	0.94	2657.599	1391.847	1.909
7	429.668	50.531	3.669	80	37	510.346	331.693	0.954	3192.707	1723.539	1.852
8	409.917	49.072	3.56	80	37	495.462	309.708	0.966	3705.394	2033.247	1.822
9	446.503	47.655	3.462	80	37	523.032	330.012	0.978	4240.126	2363.259	1.794
10	498.921	46.275	3.374	80	37	562.532	360.556	0.989	4808.944	2723.815	1.766
11	457.718	44.93	3.294	80	37	531.483	323.257	0.999	5340.98	3047.072	1.753
12	410.382	43.615	3.221	80	37	495.813	283.083	1.008	5832.754	3330.155	1.751
13	410.814	42.328	3.154	80	37	496.138	276.63	1.017	6320.72	3606.785	1.752
14	449.444	41.067	3.093	80	37	525.248	295.257	1.025	6833.348	3902.042	1.751
15	386.463	39.83	3.037	80	37	477.789	247.532	1.032	7296.386	4149.574	1.758
16	318.141	38.614	2.985	80	37	426.304	198.543	1.038	7706.887	4348.118	1.772
17	289.135	37.419	2.936	80	37	404.447	175.69	1.045	8094.075	4523.808	1.789
18	349.703	36.243	2.892	80	37	450.088	206.748	1.05	8522.685	4730.556	1.802
19	359.907	35.084	2.85	80	37	457.778	206.867	1.055	8956.544	4937.422	1.814
20	358.075	33.941	2.757	80	37	452.795	199.93	1.06	9383.846	5137.352	1.827
21	7.083	33.941	0.054	330	40	20.803	3.955	1.086	9403.006	5141.307	1.829

沿第 1 级坡面剪出的稳定性计算见图 7.2-7，计算结果见表 7.2-4。计算的稳定性系数 $F_s = 2.106$。

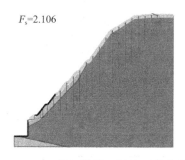

$F_s=2.106$

图 7.2-7　BYK1＋860 剖面沿第 1 级坡面剪出的稳定性计算

BYK1＋860 剖面沿第 1 级坡面剪出的稳定性计算结果　　　　表 7.2-4

滑块编号	滑块重量 W（kN）	滑面倾角 α（°）	滑面长度 L（m）	滑面 c（kPa）	滑面 φ（°）	抗滑力 R（kN）	下滑力 T（kN）	系数 m_θ	总抗滑力 R（kN）	总下滑力 T（kN）	稳定系数 F_s
1	1111.139	67.829	15.751	330	40	2893.85	1028.986	0.746	3877.12	1028.986	3.768
2	3056.6	62.214	12.75	330	40	4526.29	2704.154	0.819	9405.662	3733.14	2.520
3	4554.75	57.521	11.069	330	40	5783.38	3842.35	0.873	16029.28	7575.49	2.116
4	5766.119	53.378	9.964	330	40	6799.84	4627.828	0.916	23449.83	12203.32	1.922
5	6428.461	49.609	9.173	330	40	7355.61	4896.142	0.952	31180.31	17099.46	1.823

滑块编号	滑块重量 W（kN）	滑面倾角 α（°）	滑面长度 L（m）	滑面 c（kPa）	滑面 φ（°）	抗滑力 R（kN）	下滑力 T（kN）	系数 m_θ	总抗滑力 R（kN）	总下滑力 T（kN）	稳定系数 F_s
6	6843.459	46.113	8.574	330	40	7703.84	4932.132	0.98	39037.91	22031.59	1.772
7	7175.558	42.828	8.105	330	40	7982.5	4877.916	1.004	46986.3	26909.51	1.746
8	7280.802	39.709	7.726	330	40	8070.81	4651.67	1.024	54868.84	31561.18	1.738
9	6735.854	36.727	7.416	330	40	7613.55	4028.055	1.04	62191.03	35589.23	1.747
10	6077.422	33.856	7.158	330	40	7061.06	3385.818	1.052	68900.26	38975.05	1.768
11	5471.211	31.08	6.94	330	40	6552.38	2824.404	1.062	75069.18	41799.46	1.796
12	5029.482	28.382	6.756	330	40	6181.73	2390.76	1.069	80850.72	44190.22	1.830
13	4529.884	25.752	6.599	330	40	5762.52	1968.101	1.074	86217.11	46158.32	1.868
14	3903.41	23.178	6.466	330	40	5236.84	1536.358	1.076	91083.49	47694.68	1.910
15	3416.712	20.654	6.352	330	40	4828.46	1205.137	1.076	95569.72	48899.81	1.954
16	2729.435	18.17	6.256	330	40	4251.76	851.159	1.074	99527.06	49750.97	2.001
17	2009.641	15.722	6.175	330	40	3647.78	544.555	1.071	102934.4	50295.53	2.047
18	1034.219	13.303	4.156	330	40	2202.56	237.972	1.065	105002.8	50533.5	2.078
19	352.423	13.303	1.952	80	37	417.509	81.092	1.056	105398.4	50614.59	2.082
20	576.97	10.908	6.053	80	37	910.292	109.178	1.05	106265.6	50723.77	2.095
21	213.759	8.532	6.01	80	37	636.593	31.712	1.042	106876.5	50755.48	2.106

沿第 2 级坡面剪出的稳定性计算见图 7.2-8，计算结果见表 7.2-5。计算的稳定性系数 $F_s = 1.992$。

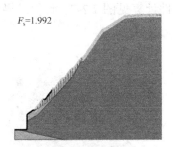

$F_s=1.992$

图 7.2-8　BYK1＋860 剖面沿第 2 级坡面剪出的稳定性计算

BYK1＋860 剖面沿第 2 级坡面剪出的稳定性计算结果　　　　表 7.2-5

滑块编号	滑块重量 W（kN）	滑面倾角 α（°）	滑面长度 L（m）	滑面 c（kPa）	滑面 φ（°）	抗滑力 R（kN）	下滑力 T（kN）	系数 m_θ	总抗滑力 R（kN）	总下滑力 T（kN）	稳定系数 F_s
1	99.875	62.894	5.103	80	37	261.261	88.905	0.792	329.707	88.905	3.709
2	185.213	60.475	4.718	80	37	325.568	161.161	0.822	725.775	250.066	2.902
3	232.066	58.224	4.415	80	37	360.874	197.283	0.848	1151.227	447.349	2.573
4	271.093	56.109	4.17	80	37	390.283	225.034	0.872	1598.974	672.384	2.378
5	401.434	54.105	3.966	80	37	488.502	325.198	0.893	2146.143	997.581	2.151
6	425.019	52.193	3.793	80	37	506.274	335.799	0.912	2701.324	1333.38	2.026
7	413.807	50.361	3.644	80	37	497.826	318.662	0.929	3237.03	1652.042	1.959
8	335.211	48.596	2.979	80	37	410.214	251.432	0.945	3671.061	1903.474	1.929

续表

滑块编号	滑块重量 W（kN）	滑面倾角 α（°）	滑面长度 L（m）	滑面 c（kPa）	滑面 φ（°）	抗滑力 R（kN）	下滑力 T（kN）	系数 m_θ	总抗滑力 R（kN）	总下滑力 T（kN）	稳定系数 F_s
9	621.922	46.899	4.472	80	37	713.112	454.099	0.96	4414.26	2357.573	1.872
10	394.347	45.24	2.768	80	37	453.087	280.012	0.973	4880.03	2637.585	1.850
11	427.57	43.635	3.212	80	37	508.197	295.051	0.985	5396.063	2932.636	1.840
12	376.928	42.072	3.132	80	37	470.036	252.566	0.996	5868.08	3185.202	1.842
13	423.856	40.546	3.06	80	37	505.399	275.533	1.006	6370.557	3460.735	1.841
14	399.661	39.055	2.994	80	37	487.166	251.812	1.015	6850.566	3712.547	1.845
15	328.378	37.594	2.934	80	37	433.45	200.332	1.023	7274.208	3912.879	1.859
16	252.453	36.162	2.88	80	37	376.237	148.964	1.031	7639.278	4061.843	1.881
17	268.408	34.755	2.83	80	37	388.26	153.011	1.037	8013.588	4214.854	1.901
18	234.585	33.372	2.784	80	37	362.772	129.038	1.043	8361.33	4343.891	1.925
19	143.76	32.01	2.742	80	37	294.331	76.203	1.048	8642.048	4420.094	1.955
20	48.623	30.669	2.703	80	37	222.64	24.801	1.053	8853.462	4444.895	1.992

沿第 3 级坡面剪出的稳定性计算见图 7.2-9，计算结果见表 7.2-6。计算的稳定性系数 $F_s = 2.080$。

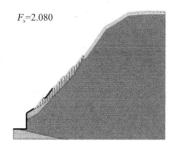

$F_s = 2.080$

图 7.2-9　BYK1＋860 剖面沿第 3 级坡面剪出的稳定性计算

BYK1＋860 剖面沿第 3 级坡面剪出的稳定性计算结果　　　　表 7.2-6

滑块编号	滑块重量 W（kN）	滑面倾角 α（°）	滑面长度 L（m）	滑面 c（kPa）	滑面 φ（°）	抗滑力 R（kN）	下滑力 T（kN）	系数 m_θ	总抗滑力 R（kN）	总下滑力 T（kN）	稳定系数 F_s
1	69.673	67.787	4.788	80	37	197.302	64.502	0.713	276.528	64.502	4.287
2	129.091	64.185	3.719	80	37	226.847	116.208	0.762	574.371	180.71	3.178
3	212.712	61.338	4.175	80	37	320.499	186.647	0.798	976.213	367.357	2.657
4	224.744	58.125	3.423	80	37	313.977	190.853	0.836	1351.89	558.21	2.422
5	258.565	55.46	3.192	80	37	339.643	212.987	0.865	1744.337	771.197	2.262
6	347.81	52.965	3.005	80	37	406.894	277.644	0.892	2200.729	1048.841	2.098
7	357.51	50.607	2.852	80	37	414.203	276.286	0.915	2653.581	1325.127	2.003
8	344.607	48.362	2.724	80	37	404.48	257.544	0.935	3086.08	1582.671	1.950
9	324.76	46.212	2.616	80	37	389.524	234.445	0.954	3494.574	1817.116	1.923
10	304.603	44.143	2.522	80	37	374.335	212.143	0.97	3880.507	2029.259	1.912
11	352.817	42.145	2.441	80	37	410.666	236.744	0.985	4297.607	2266.003	1.897
12	348.092	40.208	2.37	80	37	407.106	224.717	0.998	4705.688	2490.721	1.889

滑块编号	滑块重量 W（kN）	滑面倾角 α（°）	滑面长度 L（m）	滑面 c（kPa）	滑面 φ（°）	抗滑力 R（kN）	下滑力 T（kN）	系数 m_θ	总抗滑力 R（kN）	总下滑力 T（kN）	稳定系数 F_s
13	307.06	38.325	2.307	80	37	376.186	190.416	1.009	5078.447	2681.136	1.894
14	261.822	36.49	2.251	80	37	342.097	155.701	1.019	5414.023	2836.837	1.908
15	213.043	34.697	2.201	80	37	305.339	121.273	1.028	5710.923	2958.11	1.931
16	221.755	32.943	2.157	80	37	311.904	120.591	1.036	6011.916	3078.701	1.953
17	220.923	31.223	2.117	80	37	311.277	114.518	1.043	6310.366	3193.22	1.976
18	161.482	29.533	2.08	80	37	266.485	79.598	1.049	6564.482	3272.818	2.006
19	98.936	27.871	2.048	80	37	219.354	46.251	1.053	6772.719	3319.069	2.041
20	33.457	26.235	2.018	80	37	170.011	14.789	1.057	6933.538	3333.859	2.080

沿第 4 级坡面剪出的稳定性计算见图 7.2-10，计算结果见表 7.2-7。计算的稳定性系数 $F_s = 2.271$。

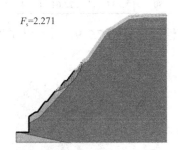

$F_s=2.271$

图 7.2-10　BYK1 + 860 剖面沿第 4 级坡面剪出的稳定性计算

BYK1 + 860 剖面沿第 4 级坡面剪出的稳定性计算结果　　　表 7.2-7

滑块编号	滑块重量 W（kN）	滑面倾角 α（°）	滑面长度 L（m）	滑面 c（kPa）	滑面 φ（°）	抗滑力 R（kN）	下滑力 T（kN）	系数 m_θ	总抗滑力 R（kN）	总下滑力 T（kN）	稳定系数 F_s
1	43.191	74.96	4.702	80	37	130.147	41.712	0.58	224.44	41.712	5.381
2	108.275	68.54	3.335	80	37	179.191	100.769	0.675	490.067	142.48	3.440
3	142.611	63.679	2.751	80	37	205.065	127.826	0.741	766.9	270.306	2.837
4	161.716	59.559	2.408	80	37	219.462	139.424	0.793	1043.765	409.73	2.547
5	178.911	55.898	2.176	80	37	232.419	148.146	0.835	1321.989	557.875	2.37
6	224.856	52.558	2.007	80	37	267.041	178.529	0.871	1628.456	736.404	2.211
7	248.561	49.457	1.877	80	37	284.904	188.886	0.902	1944.272	925.29	2.101
8	240.668	46.542	1.774	80	37	278.956	174.695	0.929	2244.667	1099.985	2.041
9	228.855	43.776	1.69	80	37	270.054	158.332	0.952	2528.467	1258.317	2.009
10	213.753	41.134	1.62	80	37	258.674	140.61	0.971	2794.755	1398.928	1.998
11	195.756	38.594	1.561	80	37	245.113	122.112	0.989	3042.712	1521.04	2.000
12	175.172	36.141	1.511	80	37	229.602	103.313	1.003	3271.576	1624.352	2.014
13	167.175	33.763	1.468	80	37	223.575	92.909	1.016	3491.693	1717.262	2.033
14	188.704	31.449	1.43	80	37	239.798	98.455	1.026	3725.372	1815.717	2.052
15	179.165	29.192	1.397	80	37	232.61	87.384	1.035	3950.16	1903.101	2.076

滑块编号	滑块重量 W（kN）	滑面倾角 α（°）	滑面长度 L（m）	滑面 c（kPa）	滑面 φ（°）	抗滑力 R（kN）	下滑力 T（kN）	系数 m_θ	总抗滑力 R（kN）	总下滑力 T（kN）	稳定系数 F_s
16	150.251	26.983	1.369	80	37	210.822	68.172	1.042	4152.55	1971.273	2.107
17	119.597	24.816	1.344	80	37	187.723	50.196	1.047	4331.863	2021.469	2.143
18	87.295	22.687	1.322	80	37	163.381	33.669	1.051	4487.379	2055.139	2.183
19	53.425	20.591	1.303	80	37	137.859	18.789	1.053	4618.325	2073.927	2.227
20	18.053	18.523	1.287	80	37	111.204	5.735	1.054	4723.873	2079.663	2.271

沿第 5 级坡面剪出的稳定性计算见图 7.2-11，计算结果见表 7.2-8。计算的稳定性系数 $F_s = 2.529$。

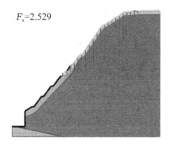

图 7.2-11　BYK1 + 860 剖面沿第 5 级坡面剪出的稳定性计算

BYK1 + 860 剖面沿第 5 级坡面剪出的稳定性计算结果　　　　表 7.2-8

滑块编号	滑块重量 W（kN）	滑面倾角 α（°）	滑面长度 L（m）	滑面 c（kPa）	滑面 φ（°）	抗滑力 R（kN）	下滑力 T（kN）	系数 m_θ	总抗滑力 R（kN）	总下滑力 T（kN）	稳定系数 F_s
1	435.465	68.609	10.161	330	40	1588.42	405.467	0.674	2357.897	405.467	5.815
2	1200.98	62.918	8.14	330	40	2230.76	1069.295	0.751	5329.559	1474.763	3.614
3	1800.572	58.199	7.033	330	40	2733.88	1530.284	0.809	8709.125	3005.047	2.898
4	2292.903	54.05	6.313	330	40	3146.99	1856.172	0.856	12386.94	4861.219	2.548
5	2579.86	50.284	5.8	330	40	3387.78	1984.483	0.894	16175.56	6845.702	2.363
6	2754.294	46.798	5.414	330	40	3534.15	2007.716	0.926	19990.37	8853.418	2.258
7	2883.002	43.525	5.111	330	40	3642.14	1985.455	0.954	23809.89	10838.87	2.197
8	2964.811	40.423	4.868	330	40	3710.79	1922.452	0.976	27610.3	12761.33	2.164
9	3044.832	37.458	4.669	330	40	3777.94	1851.799	0.996	31404.99	14613.12	2.149
10	3089.471	34.607	4.503	330	40	3815.39	1754.627	1.012	35176.99	16367.75	2.149
11	2887.825	31.85	4.363	330	40	3646.19	1523.91	1.025	38735.94	17891.66	2.165
12	2589.944	29.174	4.245	330	40	3396.24	1262.516	1.035	42017.72	19154.18	2.194
13	2270.66	26.567	4.144	330	40	3128.33	1015.525	1.043	45017.65	20169.7	2.232
14	1931.492	24.017	4.057	330	40	2843.73	786.135	1.048	47729.93	20955.84	2.278
15	1577.707	21.517	3.984	330	40	2546.87	578.674	1.052	50150.91	21534.51	2.329
16	1422.925	19.06	3.921	330	40	2416.99	464.664	1.054	52445.11	21999.18	2.384
17	1094.457	16.638	3.868	330	40	2141.38	313.376	1.053	54478.46	22312.55	2.442
18	698.963	14.247	3.404	330	40	1675.18	172.019	1.051	56072.5	22484.57	2.494

滑块编号	滑块重量 W（kN）	滑面倾角 α（°）	滑面长度 L（m）	滑面 c（kPa）	滑面 φ（°）	抗滑力 R（kN）	下滑力 T（kN）	系数 m_θ	总抗滑力 R（kN）	总下滑力 T（kN）	稳定系数 F_s
19	659.974	12.117	4.207	80	37	826.381	138.537	1.04	56866.9	22623.11	2.514
20	194.478	9.535	3.758	80	37	443.039	32.217	1.036	57294.73	22655.32	2.529

沿第 6 级坡面剪出的稳定性计算见图 7.2-12，计算结果见表 7.2-9。计算的稳定性系数 $F_s = 2.826$。

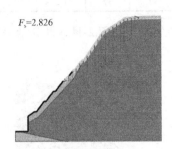

$F_s = 2.826$

图 7.2-12　BYK1＋860 剖面沿第 6 级坡面剪出的稳定性计算

BYK1＋860 剖面沿第 6 级坡面剪出的稳定性计算结果　　　　　表 7.2-9

滑块编号	滑块重量 W（kN）	滑面倾角 α（°）	滑面长度 L（m）	滑面 c（kPa）	滑面 φ（°）	抗滑力 R（kN）	下滑力 T（kN）	系数 m_θ	总抗滑力 R（kN）	总下滑力 T（kN）	稳定系数 F_s
1	325.675	68.887	8.832	330	40	1323.1	303.814	0.637	2076.412	303.814	6.834
2	894.545	62.918	6.988	330	40	1800.44	796.463	0.72	4578.253	1100.277	4.161
3	1334.854	58.015	6.006	330	40	2169.9	1132.212	0.782	7354.666	2232.488	3.294
4	1698.002	53.721	5.376	330	40	2474.62	1368.842	0.831	10332.23	3601.331	2.869
5	1944.799	49.833	4.932	330	40	2681.71	1486.141	0.872	13407.83	5087.472	2.635
6	2068.522	46.237	4.599	330	40	2785.52	1493.899	0.906	16481.93	6581.371	2.504
7	2158.498	42.865	4.34	330	40	2861.02	1468.358	0.935	19541.97	8049.729	2.428
8	2217.51	39.668	4.133	330	40	2910.54	1415.531	0.959	22576	9465.261	2.385
9	2249.598	36.614	3.963	330	40	2937.47	1341.717	0.98	25574.12	10806.98	2.366
10	2281.532	33.677	3.823	330	40	2964.26	1265.14	0.997	28547.81	12072.12	2.365
11	2300.228	30.838	3.705	330	40	2979.95	1179.11	1.011	31495.81	13251.23	2.377
12	2182.023	28.08	3.606	330	40	2880.76	1027.082	1.022	34314.39	14278.31	2.403
13	1940.236	25.391	3.521	330	40	2677.88	831.973	1.031	36912.45	15110.28	2.443
14	1683.639	22.762	3.45	330	40	2462.57	651.4	1.037	39287.14	15761.68	2.493
15	1413.118	20.182	3.389	330	40	2235.58	487.529	1.041	41434.57	16249.21	2.550
16	1129.39	17.644	3.338	330	40	1997.5	342.324	1.043	43349.79	16591.54	2.613
17	833.055	15.142	3.296	330	40	1748.85	217.601	1.043	45026.78	16809.14	2.679
18	677.214	12.669	3.261	330	40	1618.08	148.522	1.041	46581.47	16957.66	2.747
19	399.209	10.219	2.766	330	40	1233.35	70.827	1.037	47771.03	17028.49	2.805
20	191.765	8.097	3.677	80	37	435.724	27.01	1.028	48195.05	17055.5	2.826

沿第 7 级坡面剪出的稳定性计算见图 7.2-13，计算结果见表 7.2-10。计算的稳定性系

数 $F_s = 3.274$。

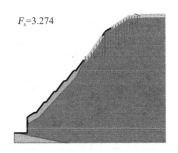

图 7.2-13　BYK1＋860 剖面沿第 7 级坡面剪出的稳定性计算

BYK1＋860 剖面沿第 7 级坡面剪出的稳定性计算结果　　表 7.2-10

滑块编号	滑块重量 W（kN）	滑面倾角 α（°）	滑面长度 L（m）	滑面 c（kPa）	滑面 φ（°）	抗滑力 R（kN）	下滑力 T（kN）	系数 m_θ	总抗滑力 R（kN）	总下滑力 T（kN）	稳定系数 F_s
1	210.255	67.783	6.96	330	40	1044.84	194.645	0.615	1697.944	194.645	8.723
2	580.774	62.074	5.619	330	40	1355.75	513.146	0.695	3649.338	707.792	5.156
3	872.102	57.313	4.873	330	40	1600.2	733.99	0.756	5766.743	1441.782	4.000
4	1114.112	53.113	4.384	330	40	1803.27	891.084	0.805	8006.229	2332.866	3.432
5	1300.288	49.292	4.035	330	40	1959.49	985.68	0.846	10321.14	3318.546	3.110
6	1387.314	45.75	3.771	330	40	2032.51	993.743	0.881	12627.26	4312.289	2.928
7	1446.052	42.422	3.565	330	40	2081.8	975.482	0.911	14912.25	5287.77	2.820
8	1486.173	39.262	3.399	330	40	2115.47	940.555	0.936	17171.29	6228.325	2.757
9	1508.476	36.24	3.263	330	40	2134.18	891.759	0.958	19398.92	7120.084	2.725
10	1510.705	33.33	3.15	330	40	2136.05	830.08	0.976	21586.76	7950.164	2.715
11	1517.494	30.515	3.055	330	40	2141.75	770.538	0.992	23746.61	8720.703	2.723
12	1515.545	27.78	2.974	330	40	2140.11	706.362	1.004	25877.8	9427.065	2.745
13	1497.907	25.112	2.906	330	40	2125.31	635.694	1.014	27973.27	10062.76	2.780
14	1359.123	22.501	2.848	330	40	2008.86	520.136	1.022	29938.99	10582.89	2.829
15	1173.114	19.939	2.799	330	40	1852.78	400.047	1.027	31742.27	10982.94	2.890
16	978.156	17.417	2.758	330	40	1689.19	292.789	1.031	33380.89	11275.73	2.960
17	774.643	14.93	2.724	330	40	1518.42	199.581	1.032	34851.85	11475.31	3.037
18	562.9	12.472	2.695	330	40	1340.75	121.563	1.032	36151.34	11596.87	3.117
19	343.175	10.037	2.672	330	40	1156.38	59.807	1.029	37274.73	11656.68	3.198
20	115.673	7.619	2.655	330	40	965.48	15.337	1.025	38216.53	11672.02	3.274

2）按折线形滑面及平面滑动面计算

采用边坡计算软件 SlopeLE 按折线滑面计算各级边坡的稳定性系数，计算说明如下：采用规范，《建筑边坡工程技术规范》GB 50330—2013；计算目标，计算稳定系数；计算方法，传递系数法（R/K 隐式）；滑裂面形状，指定折线滑面；地震影响，不考虑；岩土层参数取值同表 7.2-1。

按折线形滑面计算破碎砂岩沿底部从垂直开挖面剪出的稳定性计算见图 7.2-14，计算结果见表 7.2-11。计算的稳定性系数 $F_s = 1.700$。

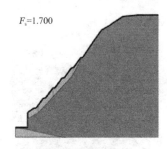

$F_s=1.700$

图 7.2-14　BYK1＋860 剖面沿破碎砂岩底部从垂直开挖面剪出的稳定性计算

BYK1＋860 剖面沿破碎砂岩底部从垂直开挖面剪出的稳定性计算结果　　表 7.2-11

滑块编号	滑块重量 W（kN）	滑面倾角 α（°）	滑面长度 L（m）	滑面 c（kPa）	滑面 φ（°）	抗滑力 R（kN）	下滑力 T（kN）	传递系数 ψ	总抗滑力 R（kN）	总下滑力 T（kN）	稳定系数 F_s	下滑力 P（kN）
1	940.318	61.338	19.922	80	37	1933.59	825.095	0.858	1137.678	825.095	2.343	0
2	3856.39	46.899	29.272	80	37	4327.36	2815.758	1	3522.091	3523.577	1.537	269.64
3	3038.341	46.923	21.963	80	37	3320.73	2219.311	0.806	5475.928	5742.888	1.334	535.114
4	1812.448	28.304	12.391	80	37	2193.74	859.382	0	5704.949	5488.788	1.700	0

按平面滑动计算下部垂直开挖部分岩体沿 J_1 节理面的稳定性计算见图 7.2-15，计算结果见表 7.2-12。计算的稳定性系数 $F_s = 1.146$。

BYK1＋860 剖面沿 J_1 节理面从垂直开挖面剪出的稳定性计算结果　　表 7.2-12

滑块编号	滑块重量 W（kN）	滑面倾角 α（°）	滑面长度 L（m）	滑面 c（kPa）	滑面 φ（°）	抗滑力 R（kN）	下滑力 T（kN）	传递系数 ψ	总抗滑力 R（kN）	总下滑力 T（kN）	稳定系数 F_s	下滑力 P（kN）
1	107.269	79.971	7.625	20	12	156.478	105.63	1	136.52	105.63	1.481	0
2	446.492	80.023	9.578	50	18	504.026	439.741	0	576.26	545.371	1.146	0.001

按平面滑动计算下部垂直开挖部分岩体沿 J_2 节理面的稳定性计算见图 7.2-16，计算结果见表 7.2-13。计算的稳定性系数 $F_s = 0.827$。

BYK1＋860 剖面沿 J_2 节理面从垂直开挖面剪出的稳定性计算结果　　表 7.2-13

滑块编号	滑块重量 W（kN）	滑面倾角 α（°）	滑面长度 L（m）	滑面 c（kPa）	滑面 φ（°）	抗滑力 R（kN）	下滑力 T（kN）	传递系数 ψ	总抗滑力 R（kN）	总下滑力 T（kN）	稳定系数 F_s	下滑力 P（kN）
1	179.997	75	8.468	20	12	179.264	173.864	1	216.862	173.864	1.031	0
2	723.121	75	10.331	50	18	577.386	698.481	0	915.343	872.345	0.827	0

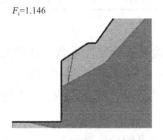

$F_s=1.146$

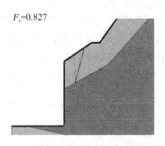

$F_s=0.827$

图 7.2-15　BYK1＋860 剖面沿 J_1 节理面从垂直开挖面剪出的稳定性计算　　图 7.2-16　BYK1＋860 剖面沿 J_2 节理面从垂直开挖面剪出的稳定性计算

2. BYK1＋740 剖面

K1＋790～K1＋610 段边坡开挖后为土岩混合边坡、岩质边坡，边坡由碎石土、破碎石英砂岩、中风化较破碎石英砂岩组成，选取最不利 BYK1＋740 剖面进行边坡稳定性计算，边坡高 96.3m。分别按圆弧形滑面计算各级边坡的稳定性系数，按折线形滑面计算碎石土、破碎石英砂岩的稳定性系数，按平面滑动面计算下部垂直开挖部分岩质边坡沿节理面的稳定性系数。

1）按圆弧形滑面计算

按圆弧形滑面计算图见图 7.2-17。采用边坡计算软件 SlopeLE 按圆弧形滑面计算各级边坡的稳定性系数，计算说明如下：采用规范，《建筑边坡工程技术规范》GB 50330—2013；计算目标，计算稳定系数；计算方法，简化 Bishop；滑裂面形状，圆弧滑动；地震影响，不考虑；岩土层参数取值同表 7.2-1。

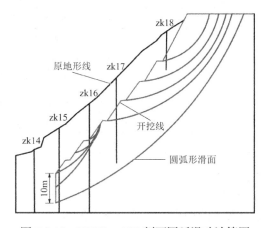

图 7.2-17　BYK1＋740 剖面圆弧滑动计算图

沿最低开挖面整体剪出的稳定性计算见图 7.2-18，计算结果见表 7.2-14。计算的稳定性系数 $F_s = 1.911$。

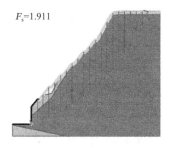

图 7.2-18　BYK1＋740 剖面沿最低开挖面整体剪出的稳定性计算

BYK1＋740 剖面沿最低开挖面整体剪出的稳定性计算结果　　表 7.2-14

滑块编号	滑块重量 W（kN）	滑面倾角 α（°）	滑面长度 L（m）	滑面 c（kPa）	滑面 φ（°）	抗滑力 R（kN）	下滑力 T（kN）	系数 m_θ	总抗滑力 R（kN）	总下滑力 T（kN）	稳定系数 F_s
1	696.128	66.564	12.184	330	40	2183.3	638.699	0.8	2727.492	638.699	4.270
2	1977.216	62.712	10.57	330	40	3258.26	1757.179	0.849	6567.178	2395.878	2.741

续表

滑块编号	滑块重量 W（kN）	滑面倾角 α（°）	滑面长度 L（m）	滑面 c（kPa）	滑面 φ（°）	抗滑力 R（kN）	下滑力 T（kN）	系数 m_θ	总抗滑力 R（kN）	总下滑力 T（kN）	稳定系数 F_s
3	3070.723	59.316	9.496	330	40	4175.82	2640.793	0.888	11270.67	5036.671	2.238
4	4030.589	56.233	8.719	330	40	4981.25	3350.629	0.921	16680.75	8387.299	1.989
5	4870.934	53.382	8.124	330	40	5686.38	3909.545	0.949	22673.96	12296.84	1.844
6	5593.012	50.711	7.653	330	40	6292.27	4328.801	0.973	29141.05	16625.65	1.753
7	5807.305	48.186	7.268	330	40	6472.09	4328.255	0.994	35652.99	20953.9	1.701
8	5358.585	45.78	6.948	330	40	6095.57	3840.301	1.012	41676.23	24794.2	1.681
9	4856.842	43.473	6.678	330	40	5674.55	3341.596	1.028	47197.79	28135.8	1.677
10	4807.93	41.252	6.446	330	40	5633.51	3170.233	1.041	52608.1	31306.03	1.680
11	4558.947	39.104	6.245	330	40	5424.59	2875.491	1.053	57760.31	34181.52	1.690
12	4517.418	37.02	6.069	330	40	5389.74	2719.925	1.063	62831.96	36901.45	1.703
13	4203.295	34.992	5.915	330	40	5126.16	2410.422	1.071	67618.47	39311.87	1.720
14	4077.291	33.013	5.779	330	40	5020.43	2221.405	1.078	72276.9	41533.27	1.740
15	3694.983	31.077	5.658	330	40	4699.64	1907.308	1.083	76616.12	43440.58	1.764
16	3473.715	29.18	5.55	330	40	4513.97	1693.623	1.087	80768.38	45134.2	1.790
17	3023.724	27.317	5.454	330	40	4136.39	1387.648	1.09	84563.49	46521.85	1.818
18	2793.646	25.486	5.368	330	40	3943.33	1202.068	1.092	88176.01	47723.92	1.848
19	2383.715	23.682	5.292	330	40	3599.35	957.428	1.092	91471.81	48681.35	1.879
20	2084.298	21.902	5.223	330	40	3348.11	777.487	1.092	94539.07	49458.83	1.911

沿破碎砂岩垂直开挖面剪出的稳定性计算见图 7.2-19，计算结果见表 7.2-15。计算的稳定性系数 $F_s = 1.355$。

图 7.2-19　BYK1 + 740 剖面沿破碎砂岩垂直开挖面剪出的稳定性计算

BYK1 + 740 剖面沿破碎砂岩垂直开挖面剪出的稳定性计算结果　　　　表 7.2-15

滑块编号	滑块重量 W（kN）	滑面倾角 α（°）	滑面长度 L（m）	滑面 c（kPa）	滑面 φ（°）	抗滑力 R（kN）	下滑力 T（kN）	系数 m_θ	总抗滑力 R（kN）	总下滑力 T（kN）	稳定系数 F_s
1	18.192	68.491	3.161	10.6	13.5	16.651	16.925	0.532	31.327	16.925	1.851
2	50.617	66.275	2.88	10.6	13.5	24.436	46.339	0.565	74.608	63.264	1.179
3	76.016	64.241	2.667	10.6	13.5	30.534	68.463	0.594	125.996	131.727	0.956
4	95.874	62.348	2.497	10.6	13.5	35.301	84.923	0.621	182.834	216.65	0.844

续表

滑块编号	滑块重量 W（kN）	滑面倾角 α（°）	滑面长度 L（m）	滑面 c（kPa）	滑面 φ（°）	抗滑力 R（kN）	下滑力 T（kN）	系数 m_θ	总抗滑力 R（kN）	总下滑力 T（kN）	稳定系数 F_s
5	111.198	60.567	2.358	10.6	13.5	38.98	96.846	0.646	243.198	313.496	0.776
6	129.84	58.824	2.323	10.6	13.5	43.92	111.089	0.669	308.819	424.586	0.727
7	159.609	57.272	2.063	80	37	209.482	134.271	1.009	516.516	558.857	0.924
8	206.827	55.732	2.058	80	37	248.564	170.923	1.023	759.546	729.78	1.041
9	216.171	54.25	1.983	80	37	255.605	175.438	1.036	1006.341	905.217	1.112
10	219.703	52.819	1.918	80	37	258.267	175.044	1.048	1252.891	1080.262	1.160
11	221.035	51.434	1.859	80	37	259.27	172.825	1.058	1497.868	1253.087	1.195
12	220.219	50.09	1.806	80	37	258.656	168.921	1.068	1739.996	1422.008	1.224
13	215.564	48.783	1.759	80	37	255.148	162.151	1.077	1976.827	1584.159	1.248
14	208.817	47.509	1.716	80	37	250.063	153.978	1.086	2207.162	1738.137	1.270
15	226.365	46.265	1.676	80	37	263.287	163.559	1.093	2447.993	1901.696	1.287
16	256.628	45.049	1.64	80	37	286.092	181.619	1.1	2708.036	2083.315	1.300
17	253.761	43.858	1.607	80	37	283.931	175.825	1.106	2964.645	2259.14	1.312
18	241.338	42.691	1.577	80	37	274.57	163.637	1.112	3211.519	2422.777	1.326
19	227.695	41.545	1.548	80	37	264.289	151.009	1.117	3448.051	2573.786	1.340
20	212.896	40.419	1.522	80	37	253.137	138.036	1.122	3673.667	2711.822	1.355

沿第 1 级坡面剪出的稳定性计算见图 7.2-20，计算结果见表 7.2-16。计算的稳定性系数 $F_s = 1.959$。

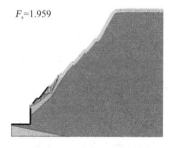

$F_s=1.959$

图 7.2-20　BYK1＋740 剖面沿第 1 级坡面剪出的稳定性计算

BYK1＋740 剖面沿第 1 级坡面剪出的稳定性计算结果　　　　　表 7.2-16

滑块编号	滑块重量 W（kN）	滑面倾角 α（°）	滑面长度 L（m）	滑面 c（kPa）	滑面 φ（°）	抗滑力 R（kN）	下滑力 T（kN）	系数 m_θ	总抗滑力 R（kN）	总下滑力 T（kN）	稳定系数 F_s
1	19.852	69.31	3.279	10.6	13.5	17.047	18.572	0.468	36.428	18.572	1.961
2	36.726	65.258	2.069	10.6	13.5	17.995	33.355	0.53	70.39	51.926	1.356
3	15.989	65.187	0.714	10.6	13.5	7.014	14.513	0.531	83.602	66.439	1.258
4	72.575	61.762	2.434	10.6	13.5	29.633	63.938	0.581	134.594	130.377	1.032
5	85.578	58.631	2.226	10.6	13.5	32.827	73.069	0.625	187.099	203.446	0.920
6	92.265	55.76	2.059	10.6	13.5	34.432	76.274	0.664	238.956	279.72	0.854
7	96.142	53.088	1.929	10.6	13.5	35.363	76.871	0.699	289.576	356.591	0.812

续表

滑块编号	滑块重量 W（kN）	滑面倾角 α（°）	滑面长度 L（m）	滑面 c（kPa）	滑面 φ（°）	抗滑力 R（kN）	下滑力 T（kN）	系数 m_θ	总抗滑力 R（kN）	总下滑力 T（kN）	稳定系数 F_s
8	142.667	50.321	2.039	10.6	13.5	48.054	109.802	0.733	355.15	466.393	0.761
9	136.003	48.187	1.523	80	37	183.691	101.366	0.953	547.808	567.759	0.965
10	151.829	45.907	1.665	80	37	207.101	109.045	0.972	760.842	676.804	1.124
11	143.632	43.717	1.603	80	37	200.924	99.264	0.989	964.072	776.068	1.242
12	133.083	41.605	1.55	80	37	192.974	88.366	1.003	1156.431	864.434	1.338
13	120.271	39.56	1.503	80	37	183.32	76.599	1.016	1336.866	941.033	1.421
14	103.525	37.574	1.462	80	37	170.701	63.128	1.027	1503.052	1004.162	1.497
15	84.585	35.64	1.426	80	37	156.429	49.287	1.037	1653.917	1053.448	1.57
16	89.756	33.751	1.393	80	37	160.326	49.867	1.045	1807.308	1103.316	1.638
17	107.727	31.903	1.365	80	37	173.868	56.932	1.052	1972.538	1160.248	1.700
18	92.541	30.092	1.339	80	37	162.424	46.399	1.058	2126.04	1206.647	1.762
19	67.644	28.313	1.316	80	37	143.663	32.083	1.063	2261.208	1238.73	1.825
20	41.449	26.564	1.295	80	37	123.923	18.536	1.066	2377.406	1257.265	1.891
21	14.018	24.84	1.277	80	37	103.253	5.889	1.069	2473.984	1263.154	1.959

沿第 2 级坡面剪出的稳定性计算见图 7.2-21，计算结果见表 7.2-17。计算的稳定性系数 $F_s = 0.690$。

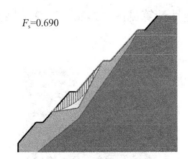

图 7.2-21　BYK1+740 剖面沿第 2 级坡面剪出的稳定性计算

BYK1+740 剖面沿第 2 级坡面剪出的稳定性计算结果　　　　　表 7.2-17

滑块编号	滑块重量 W（kN）	滑面倾角 α（°）	滑面长度 L（m）	滑面 c（kPa）	滑面 φ（°）	抗滑力 R（kN）	下滑力 T（kN）	系数 m_θ	总抗滑力 R（kN）	总下滑力 T（kN）	稳定系数 F_s
1	13.876	78.086	2.915	10.6	13.5	9.71	13.577	0.547	17.757	13.577	1.308
2	27.357	69.524	1.453	10.6	13.5	11.957	25.628	0.676	35.452	39.205	0.904
3	30.894	65.187	1.118	10.6	13.5	12.388	28.042	0.735	52.297	67.247	0.778
4	16.29	63.83	0.513	10.6	13.5	6.308	14.621	0.753	60.672	81.868	0.741
5	45.811	59.146	1.173	10.6	13.5	17.377	39.328	0.811	82.085	121.196	0.677
6	47.594	55.042	1.05	10.6	13.5	17.805	39.007	0.858	102.835	160.203	0.642
7	47.647	51.327	0.963	10.6	13.5	17.818	37.199	0.896	122.711	197.402	0.622
8	46.382	47.893	0.897	10.6	13.5	17.514	34.41	0.929	141.571	231.813	0.611
9	44.054	44.676	0.846	10.6	13.5	16.955	30.974	0.956	159.312	262.787	0.606

续表

滑块编号	滑块重量 W（kN）	滑面倾角 α（°）	滑面长度 L（m）	滑面 c（kPa）	滑面 φ（°）	抗滑力 R（kN）	下滑力 T（kN）	系数 m_θ	总抗滑力 R（kN）	总下滑力 T（kN）	稳定系数 F_s
10	42.334	41.628	0.805	10.6	13.5	16.542	28.123	0.979	176.217	290.909	0.606
11	47.995	38.719	0.771	10.6	13.5	17.901	30.021	0.998	194.157	320.93	0.605
12	54.212	35.925	0.743	10.6	13.5	19.394	31.807	1.014	213.285	352.737	0.605
13	59.563	33.226	0.719	10.6	13.5	20.678	32.637	1.027	233.417	385.374	0.606
14	57.07	30.608	0.699	10.6	13.5	20.08	29.058	1.038	252.766	414.433	0.610
15	50.807	28.06	0.682	10.6	13.5	18.576	23.899	1.046	270.524	438.332	0.617
16	44.083	25.571	0.667	10.6	13.5	16.962	19.027	1.052	286.644	457.359	0.627
17	36.929	23.132	0.654	10.6	13.5	15.244	14.507	1.056	301.077	471.867	0.638
18	29.367	20.737	0.643	10.6	13.5	13.429	10.398	1.058	313.765	482.265	0.651
19	21.418	18.38	0.634	10.6	13.5	11.521	6.753	1.059	324.647	489.018	0.664
20	13.1	16.054	0.626	10.6	13.5	9.524	3.623	1.057	333.655	492.641	0.677
21	4.425	13.755	0.62	10.6	13.5	7.441	1.052	1.054	340.715	493.693	0.690

沿第 3 级坡面剪出的稳定性计算见图 7.2-22，计算结果见表 7.2-18。计算的稳定性系数 $F_s = 0.933$。

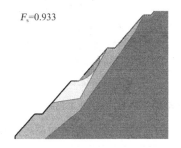

$F_s = 0.933$

图 7.2-22 BYK1 + 740 剖面沿第 3 级坡面剪出的稳定性计算

BYK1 + 740 剖面沿第 3 级坡面剪出的稳定性计算结果　　　　　表 7.2-18

滑块编号	滑块重量 W（kN）	滑面倾角 α（°）	滑面长度 L（m）	滑面 c（kPa）	滑面 φ（°）	抗滑力 R（kN）	下滑力 T（kN）	系数 m_θ	总抗滑力 R（kN）	总下滑力 T（kN）	稳定系数 F_s
1	4.038	80.528	1.686	10.6	13.5	3.911	3.983	0.418	9.346	3.983	2.347
2	9.556	71.804	0.889	10.6	13.5	5.236	9.078	0.557	18.749	13.06	1.436
3	11.868	66.445	0.694	10.6	13.5	5.791	10.879	0.636	27.861	23.94	1.164
4	13.181	62.088	0.593	10.6	13.5	6.106	11.647	0.696	36.639	35.587	1.030
5	13.908	58.295	0.528	10.6	13.5	6.281	11.833	0.745	45.075	47.42	0.951
6	14.232	54.875	0.482	10.6	13.5	6.358	11.64	0.786	53.165	59.06	0.900
7	14.251	51.727	0.448	10.6	13.5	6.363	11.188	0.821	60.911	70.248	0.867
8	14.028	48.785	0.421	10.6	13.5	6.309	10.553	0.853	68.312	80.801	0.845
9	13.605	46.008	0.4	10.6	13.5	6.208	9.788	0.88	75.368	90.589	0.832
10	13.01	43.364	0.382	10.6	13.5	6.065	8.933	0.904	82.079	99.522	0.825
11	12.266	40.831	0.367	10.6	13.5	5.886	8.02	0.925	88.443	107.542	0.822

滑块编号	滑块重量 W（kN）	滑面倾角 α（°）	滑面长度 L（m）	滑面 c（kPa）	滑面 φ（°）	抗滑力 R（kN）	下滑力 T（kN）	系数 m_θ	总抗滑力 R（kN）	总下滑力 T（kN）	稳定系数 F_s
12	11.391	38.392	0.354	10.6	13.5	5.676	7.074	0.944	94.459	114.616	0.824
13	10.398	36.032	0.343	10.6	13.5	5.438	6.116	0.96	100.123	120.733	0.829
14	9.296	33.742	0.334	10.6	13.5	5.173	5.164	0.975	105.431	125.896	0.837
15	8.096	31.511	0.325	10.6	13.5	4.885	4.231	0.987	110.38	130.128	0.848
16	6.804	29.332	0.318	10.6	13.5	4.575	3.333	0.998	114.965	133.461	0.861
17	5.426	27.199	0.312	10.6	13.5	4.244	2.48	1.007	119.179	135.941	0.877
18	3.966	25.106	0.306	10.6	13.5	3.894	1.683	1.015	123.016	137.623	0.894
19	2.431	23.049	0.302	10.6	13.5	3.525	0.952	1.021	126.469	138.575	0.913
20	0.822	21.022	0.297	10.6	13.5	3.139	0.295	1.026	129.529	138.87	0.933

沿第 4 级坡面剪出的稳定性计算见图 7.2-23，计算结果见表 7.2-19。计算的稳定性系数 $F_s = 2.683$。

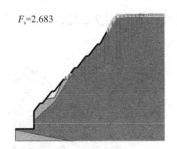

$F_s=2.683$

图 7.2-23　BYK1 + 740 剖面沿第 4 级坡面剪出的稳定性计算

BYK1 + 740 剖面沿第 4 级坡面剪出的稳定性计算结果　　表 7.2-19

滑块编号	滑块重量 W（kN）	滑面倾角 α（°）	滑面长度 L（m）	滑面 c（kPa）	滑面 φ（°）	抗滑力 R（kN）	下滑力 T（kN）	系数 m_θ	总抗滑力 R（kN）	总下滑力 T（kN）	稳定系数 F_s
1	387.561	71.06	9.912	330	40	1386.86	366.577	0.62	2235.446	366.577	6.098
2	1052.391	64.374	7.439	330	40	1944.72	948.877	0.714	4957.351	1315.454	3.769
3	1551.848	59.096	6.264	330	40	2363.81	1331.531	0.782	7980.35	2646.985	3.015
4	1960.814	54.547	5.546	330	40	2706.98	1597.263	0.835	11223.04	4244.248	2.644
5	2302.358	50.464	5.054	330	40	2993.56	1775.641	0.878	14633.52	6019.889	2.431
6	2585.346	46.711	4.692	330	40	3231.02	1881.875	0.913	18171.15	7901.764	2.300
7	2824.209	43.204	4.414	330	40	3431.45	1933.444	0.943	21809.92	9835.207	2.218
8	2859.461	39.889	4.193	330	40	3461.03	1833.792	0.968	25385.93	11669	2.176
9	2612.504	36.729	4.014	330	40	3253.81	1562.346	0.989	28677.57	13231.35	2.167
10	2299.013	33.694	3.867	330	40	2990.76	1275.383	1.006	31651.94	14506.73	2.182
11	1965.458	30.763	3.744	330	40	2710.87	1005.3	1.019	34311.6	15512.03	2.212
12	1789.642	27.919	3.641	330	40	2563.34	837.944	1.03	36800.18	16349.97	2.251
13	1665.506	25.148	3.554	330	40	2459.18	707.768	1.038	39169.07	17057.74	2.296
14	1428.209	22.439	3.481	330	40	2260.07	545.142	1.044	41334.58	17602.88	2.348

续表

滑块编号	滑块重量 W（kN）	滑面倾角 α（°）	滑面长度 L（m）	滑面 c（kPa）	滑面 φ（°）	抗滑力 R（kN）	下滑力 T（kN）	系数 m_θ	总抗滑力 R（kN）	总下滑力 T（kN）	稳定系数 F_s
15	1307.819	19.782	3.419	330	40	2159.05	442.615	1.047	43397.04	18045.5	2.405
16	1131.049	17.168	3.367	330	40	2010.72	333.864	1.048	45316.11	18379.36	2.466
17	852.097	14.591	3.324	330	40	1776.65	214.664	1.047	47013.76	18594.03	2.528
18	700.929	12.044	3.29	330	40	1649.81	146.262	1.043	48595.18	18740.29	2.593
19	467.155	9.521	3.262	330	40	1453.65	77.274	1.038	49995.67	18817.56	2.657
20	61.229	7.017	0.728	330	40	289.754	7.48	1.031	50276.78	18825.04	2.671
21	91.52	7.017	2.514	80	37	268.548	11.18	1.027	50538.32	18836.22	2.683

沿第 5 级坡面剪出的稳定性计算见图 7.2-24，计算结果见表 7.2-20。计算的稳定性系数 $F_s = 2.993$。

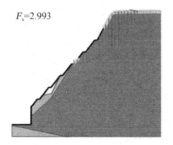

$F_s=2.993$

图 7.2-24　BYK1 + 740 剖面沿第 5 级坡面剪出的稳定性计算

BYK1 + 740 剖面沿第 5 级坡面剪出的稳定性计算结果　　　　表 7.2-20

滑块编号	滑块重量 W（kN）	滑面倾角 α（°）	滑面长度 L（m）	滑面 c（kPa）	滑面 φ（°）	抗滑力 R（kN）	下滑力 T（kN）	系数 m_θ	总抗滑力 R（kN）	总下滑力 T（kN）	稳定系数 F_s
1	268.527	71.852	8.403	330	40	1088.98	255.17	0.578	1884.33	255.17	7.385
2	724.195	64.812	6.149	330	40	1471.33	655.334	0.679	4050.191	910.504	4.448
3	1059.888	59.354	5.134	330	40	1753.01	911.856	0.751	6384.528	1822.36	3.503
4	1332.663	54.681	4.527	330	40	1981.89	1087.385	0.807	8840.676	2909.745	3.038
5	1559.519	50.502	4.115	330	40	2172.25	1203.4	0.852	11389.02	4113.145	2.769
6	1746.818	46.668	3.814	330	40	2329.41	1270.616	0.89	14005.8	5383.761	2.601
7	1909.397	43.091	3.584	330	40	2465.83	1304.412	0.922	16680.74	6688.173	2.494
8	2020.819	39.712	3.402	330	40	2559.33	1291.17	0.948	19379.27	7979.343	2.429
9	1971.465	36.493	3.255	330	40	2517.91	1172.478	0.971	21973.22	9151.821	2.401
10	1775.518	33.403	3.135	330	40	2353.49	977.461	0.989	24352.45	10129.28	2.404
11	1553.416	30.419	3.035	330	40	2167.13	786.533	1.004	26510.27	10915.82	2.429
12	1319.146	27.525	2.951	330	40	1970.55	609.619	1.016	28449.04	11525.43	2.468
13	1085.196	24.705	2.881	330	40	1774.24	453.548	1.026	30178.89	11978.98	2.519
14	1041.897	21.947	2.822	330	40	1737.91	389.412	1.032	31862.38	12368.39	2.576
15	902.804	19.242	2.772	330	40	1621.2	297.534	1.037	33426.43	12665.93	2.639
16	725.03	16.582	2.731	330	40	1472.03	206.91	1.038	34843.98	12872.84	2.707

滑块编号	滑块重量 W（kN）	滑面倾角 α（°）	滑面长度 L（m）	滑面 c（kPa）	滑面 φ（°）	抗滑力 R（kN）	下滑力 T（kN）	系数 m_θ	总抗滑力 R（kN）	总下滑力 T（kN）	稳定系数 F_s
17	585.234	13.957	2.697	330	40	1354.73	141.157	1.038	36148.98	13013.99	2.778
18	520.561	11.362	2.669	330	40	1300.46	102.558	1.036	37404.68	13116.55	2.852
19	319.21	8.791	2.648	330	40	1131.51	48.785	1.031	38502.05	13165.34	2.925
20	107.734	6.237	2.633	330	40	954.056	11.705	1.025	39433.25	13177.04	2.993

沿第 6 级坡面剪出的稳定性计算见图 7.2-25，计算结果见表 7.2-21。计算的稳定性系数 $F_s = 3.370$。

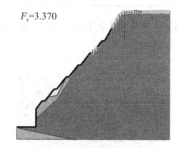

$F_s = 3.370$

图 7.2-25　BYK1＋740 剖面沿第 6 级坡面剪出的稳定性计算

BYK1＋740 剖面沿第 6 级坡面剪出的稳定性计算结果　　　　　表 7.2-21

滑块编号	滑块重量 W（kN）	滑面倾角 α（°）	滑面长度 L（m）	滑面 c（kPa）	滑面 φ（°）	抗滑力 R（kN）	下滑力 T（kN）	系数 m_θ	总抗滑力 R（kN）	总下滑力 T（kN）	稳定系数 F_s
1	166.864	73.807	6.963	330	40	780.844	160.244	0.518	1507.502	160.244	9.408
2	442.908	66.067	4.787	330	40	1012.47	404.828	0.633	3106.403	565.071	5.497
3	637.155	60.332	3.923	330	40	1175.47	553.631	0.711	4758.956	1118.702	4.254
4	792.144	55.493	3.428	330	40	1305.52	652.771	0.772	6450.754	1771.473	3.641
5	917.027	51.196	3.099	330	40	1410.31	714.639	0.821	8169.226	2486.111	3.286
6	1022.564	47.273	2.862	330	40	1498.86	751.167	0.861	9909.254	3237.279	3.061
7	1114.029	43.623	2.683	330	40	1575.61	768.582	0.896	11668.41	4005.86	2.913
8	1192.25	40.184	2.542	330	40	1641.25	769.297	0.925	13443.46	4775.158	2.815
9	1211.169	36.913	2.429	330	40	1657.12	727.423	0.949	15189.48	5502.581	2.706
10	1161.654	33.776	2.336	330	40	1615.57	645.823	0.97	16855.66	6148.404	2.741
11	1042.948	30.751	2.26	330	40	1515.97	533.272	0.987	18392.06	6681.676	2.753
12	914.66	27.819	2.196	330	40	1408.32	426.851	1.001	19799.51	7108.528	2.785
13	780.106	24.964	2.142	330	40	1295.42	329.241	1.012	21080.01	7437.768	2.834
14	639.728	22.174	2.097	330	40	1177.62	241.444	1.02	22234.53	7679.213	2.895
15	493.895	19.438	2.059	330	40	1055.26	164.363	1.026	23263.19	7843.576	2.966
16	415.984	16.748	2.028	330	40	989.881	119.872	1.029	24224.87	7963.447	3.042
17	393.419	14.096	2.002	330	40	970.946	95.813	1.031	25167.05	8059.26	3.123
18	287.386	11.474	1.982	330	40	881.974	57.165	1.03	26023.72	8116.426	3.206
19	175.569	8.876	1.965	330	40	788.149	27.089	1.026	26791.57	8143.515	3.290
20	59.263	6.296	1.954	330	40	690.556	6.499	1.021	27467.74	8150.014	3.370

沿第 7 级坡面剪出的稳定性计算见图 7.2-26，计算结果见表 7.2-22。计算的稳定性系数 $F_s = 3.931$。

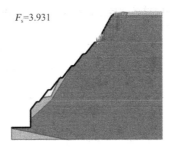

$F_s=3.931$

图 7.2-26　BYK1 + 740 剖面沿第 7 级坡面剪出的稳定性计算

BYK1 + 740 剖面沿第 7 级坡面剪出的稳定性计算结果　　　　　　表 7.2-22

滑块编号	滑块重量 W（kN）	滑面倾角 α（°）	滑面长度 L（m）	滑面 c（kPa）	滑面 φ（°）	抗滑力 R（kN）	下滑力 T（kN）	系数 m_θ	总抗滑力 R（kN）	总下滑力 T（kN）	稳定系数 F_s
1	71.956	74.606	4.678	330	40	470.129	69.374	0.471	997.594	69.374	14.38
2	191.331	67.326	3.221	330	40	570.296	176.543	0.582	1976.705	245.917	8.038
3	274.468	61.927	2.638	330	40	640.057	242.176	0.659	2948.024	488.093	6.04
4	339.624	57.374	2.303	330	40	694.729	286.034	0.719	3914.349	774.127	5.056
5	394.249	53.337	2.079	330	40	740.565	316.25	0.768	4878.187	1090.377	4.474
6	441.247	49.654	1.918	330	40	780.001	336.296	0.81	5841.036	1426.673	4.094
7	482.319	46.234	1.795	330	40	814.464	348.315	0.846	6803.895	1774.988	3.833
8	518.55	43.016	1.698	330	40	844.866	353.754	0.877	7767.478	2128.742	3.649
9	547.743	39.959	1.62	330	40	869.362	351.783	0.904	8729.585	2480.525	3.519
10	552.035	37.034	1.555	330	40	872.963	332.485	0.927	9671.446	2813.01	3.438
11	541.04	34.218	1.502	330	40	863.737	304.251	0.947	10583.57	3117.261	3.395
12	505.174	31.493	1.456	330	40	833.642	263.904	0.964	11448.15	3381.164	3.386
13	453.534	28.846	1.418	330	40	790.311	218.813	0.979	12255.49	3599.977	3.404
14	399.534	26.265	1.385	330	40	744.999	176.804	0.991	13007.09	3776.781	3.444
15	343.334	23.74	1.356	330	40	697.842	138.223	1.001	13704.01	3915.004	3.500
16	285.068	21.263	1.332	330	40	648.951	103.381	1.009	14346.96	4018.386	3.570
17	224.843	18.828	1.312	330	40	598.416	72.562	1.015	14936.31	4090.948	3.651
18	162.751	16.427	1.295	330	40	546.315	46.024	1.02	15472.15	4136.972	3.740
19	98.862	14.055	1.28	330	40	492.706	24.01	1.022	15954.29	4160.982	3.834
20	33.239	11.708	1.268	330	40	437.641	6.745	1.023	16382.3	4167.727	3.931

2）按折线形滑面及平面滑动面计算

采用边坡计算软件 SlopeLE 按折线滑面计算各级边坡的稳定性系数，计算说明如下：采用规范：《建筑边坡工程技术规范》GB 50330—2013；计算目标：计算稳定系数；计算方法：传递系数法（R/K 隐式）；滑裂面形状：指定折线滑面；地震影响：不考虑；岩土层参数取值：同表 7.2-1。

按折线形滑面计算破碎砂岩沿底部从垂直开挖面剪出的稳定性计算见图 7.2-27，计算结果见表 7.2-23。计算的稳定性系数 $F_s = 1.591$。

BYK1 + 740 剖面沿破碎砂岩底部从垂直开挖面剪出的稳定性计算结果　　表 7.2-23

滑块编号	滑块重量 W (kN)	滑面倾角 α (°)	滑面长度 L (m)	滑面 c (kPa)	滑面 φ (°)	抗滑力 R (kN)	下滑力 T (kN)	传递系数 ψ	总抗滑力 R (kN)	总下滑力 T (kN)	稳定系数 F_s	下滑力 P (kN)
1	65.826	65.339	5.647	80	37	472.479	59.822	0.939	296.954	59.822	7.898	0
2	2040.087	58.748	27.794	80	37	3021.1	1744.059	0.839	2177.617	1800.234	1.732	0
3	3514.782	43.437	21.025	80	37	3605.24	2416.608	0.751	4093.889	3927.804	1.492	150.706
4	323.482	21.523	1.777	80	37	368.897	118.676	0	3306.298	3068.393	1.591	0.001

按折线形滑面计算碎石土沿底部从第 2 级坡面剪出的稳定性计算见图 7.2-28，计算结果见表 7.2-24。计算的稳定性系数 $F_s = 1.154$。

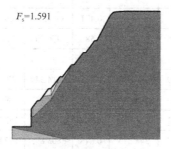

图 7.2-27　BYK1 + 740 剖面沿破碎砂岩底部从垂直开挖面剪出的稳定性计算　　图 7.2-28　BYK1 + 740 剖面沿底部从第 2 级坡面剪出的稳定性计算

BYK1 + 740 剖面沿底部从第 2 级坡面剪出的稳定性计算结果　　表 7.2-24

滑块编号	滑块重量 W (kN)	滑面倾角 α (°)	滑面长度 L (m)	滑面 c (kPa)	滑面 φ (°)	抗滑力 R (kN)	下滑力 T (kN)	传递系数 ψ	总抗滑力 R (kN)	总下滑力 T (kN)	稳定系数 F_s	下滑力 P (kN)
1	449.743	65.187	16.542	10.6	13.5	220.653	408.225	0.4	191.236	408.225	0.541	216.989
2	608.48	10.008	7.39	10.6	13.5	222.199	105.74	0	269.106	269.106	1.154	—

按平面滑动计算下部垂直开挖部分岩体沿 J_1 节理面的稳定性计算见图 7.2-29，计算结果见表 7.2-25。计算的稳定性系数 $F_s = 1.057$。

BYK1 + 740 剖面沿 J_1 节理面从垂直开挖面剪出的稳定性计算结果　　表 7.2-25

滑块编号	滑块重量 W (kN)	滑面倾角 α (°)	滑面长度 L (m)	滑面 c (kPa)	滑面 φ (°)	抗滑力 R (kN)	下滑力 T (kN)	传递系数 ψ	总抗滑力 R (kN)	总下滑力 T (kN)	稳定系数 F_s	下滑力 P (kN)
1	208.681	80	11.421	20	12	236.117	205.511	1	223.461	205.511	1.149	0
2	427.257	80	8.41	50	18	444.596	420.766	0	644.227	626.277	1.057	0.001

按平面滑动计算下部垂直开挖部分岩体沿 J_2 节理面的稳定性计算见图 7.2-30，计算结

果见表 7.2-26。计算的稳定性系数 $F_s = 0.746$。

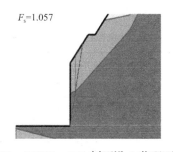 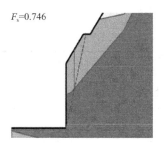

图 7.2-29 BYK1 + 740 剖面沿 J_1 节理面从垂直 图 7.2-30 BYK1 + 740 剖面沿 J_2 节理面从垂直
　　　　　开挖面剪出的稳定性计算 　　　　　　　开挖面剪出的稳定性计算

BYK1 + 740 剖面沿 J_2 节理面从垂直开挖面剪出的稳定性计算结果　　　表 7.2-26

滑块编号	滑块重量 W（kN）	滑面倾角 α（°）	滑面长度 L（m）	滑面 c（kPa）	滑面 φ（°）	抗滑力 R（kN）	下滑力 T（kN）	传递系数 ψ	总抗滑力 R（kN）	总下滑力 T（kN）	稳定系数 F_s	下滑力 P（kN）
1	405.446	75	13.05	20	12	283.3	391.63	1	379.983	391.63	0.723	11.648
2	727.112	75	9.423	50	18	532.318	702.336	0	1093.967	1093.967	0.746	0

3. BYK1 + 540 剖面

K1 + 610～K1 + 530 段边坡开挖后为岩质边坡，边坡由破碎石英砂岩、中风化较破碎石英砂岩组成，选取最不利 BYK1 + 540 剖面进行边坡稳定性计算，边坡高 87.9m。分别按圆弧形滑面计算各级边坡的稳定性系数，按折线形滑面计算破碎石英砂岩的稳定性系数，按平面滑动面计算下部垂直开挖部分岩质边坡沿节理面的稳定性系数。

1）按圆弧形滑面计算

按圆弧形滑面计算图见图 7.2-31。采用边坡计算软件 SlopeLE 按圆弧形滑面计算各级边坡的稳定性系数，计算说明如下：采用规范：《建筑边坡工程技术规范》GB 50330—2013；计算目标：计算稳定系数；计算方法：简化 Bishop；滑裂面形状：圆弧滑动；地震影响：不考虑；岩土层参数取值：同表 7.2-1。

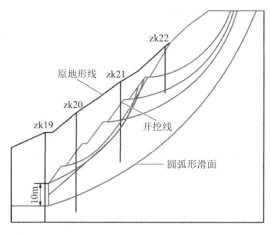

图 7.2-31 BYK1 + 540 剖面圆弧滑动计算图

沿最低开挖面整体剪出的稳定性计算见图 7.2-32, 计算结果见表 7.2-27。计算的稳定性系数 $F_s = 2.070$。

BYK1＋540 剖面沿最低开挖面整体剪出的稳定性计算结果　　表 7.2-27

滑块编号	滑块重量 W（kN）	滑面倾角 α（°）	滑面长度 L（m）	滑面 c（kPa）	滑面 φ（°）	抗滑力 R（kN）	下滑力 T（kN）	系数 m_θ	总抗滑力 R（kN）	总下滑力 T（kN）	稳定系数 F_s
1	667.46	66.979	12.013	330	40	2110.39	614.304	0.764	2761.761	614.304	4.496
2	1882.105	62.602	10.209	330	40	3129.6	1670.992	0.82	6578.066	2285.295	2.878
3	2897.676	58.805	9.07	330	40	3981.77	2478.697	0.865	11182.85	4763.992	2.347
4	3777.023	55.39	8.271	330	40	4719.63	3108.618	0.902	16417.47	7872.61	2.085
5	4515.613	52.25	7.674	330	40	5339.38	3570.426	0.933	22141.9	11443.04	1.935
6	4852.588	49.319	7.207	330	40	5622.13	3679.964	0.959	28002.86	15123	1.852
7	5049.412	46.554	6.832	330	40	5787.29	3666.007	0.982	33896.41	18789.01	1.804
8	5118.675	43.924	6.523	330	40	5845.41	3550.872	1.001	39733.31	22339.88	1.779
9	4988.687	41.406	6.264	330	40	5736.33	3299.5	1.018	45367.44	25639.38	1.769
10	4529.785	38.983	6.044	330	40	5351.27	2849.631	1.032	50551.07	28489.01	1.774
11	4239.095	36.64	5.855	330	40	5107.35	2529.811	1.044	55441.69	31018.82	1.787
12	3999.024	34.366	5.691	330	40	4905.91	2257.355	1.054	60095.08	33276.18	1.806
13	3760.246	32.152	5.549	330	40	4705.55	2001.104	1.062	64524.42	35277.28	1.829
14	3482.557	29.992	5.424	330	40	4472.54	1740.833	1.069	68709.34	37018.11	1.856
15	3210.948	27.877	5.315	330	40	4244.63	1501.348	1.073	72663.39	38519.46	1.886
16	2901.738	25.803	5.218	330	40	3985.17	1263.045	1.077	76364.54	39782.51	1.920
17	2571.676	23.764	5.133	330	40	3708.22	1036.316	1.079	79802.66	40818.82	1.955
18	2220.141	21.757	5.058	330	40	3413.25	822.951	1.079	82965.94	41641.77	1.992
19	1836.514	19.778	4.992	330	40	3091.35	621.434	1.078	85833.14	42263.21	2.031
20	1446.825	17.823	4.935	330	40	2764.36	442.844	1.076	88402.06	42706.05	2.070

沿破碎砂岩垂直开挖面剪出的稳定性计算见图 7.2-33, 计算结果见表 7.2-28。计算的稳定性系数 $F_s = 1.682$。

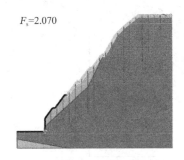

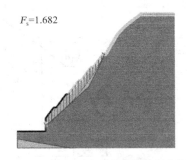

图 7.2-32　BYK1＋540 剖面沿最低开挖面整体剪出的稳定性计算　　图 7.2-33　BYK1＋540 剖面沿破碎砂岩垂直开挖面剪出的稳定性计算

BYK1＋540 剖面沿破碎砂岩垂直开挖面剪出的稳定性计算结果　　　表 7.2-28

滑块编号	滑块重量 W（kN）	滑面倾角 α（°）	滑面长度 L（m）	滑面 c（kPa）	滑面 φ（°）	抗滑力 R（kN）	下滑力 T（kN）	系数 m_θ	总抗滑力 R（kN）	总下滑力 T（kN）	稳定系数 F_s
1	90.043	62.003	4.785	80	37	247.548	79.505	0.865	286.143	79.505	3.599
2	165.353	60.262	4.528	80	37	304.298	143.575	0.885	629.921	223.081	2.824
3	209.65	58.609	4.312	80	37	337.678	178.964	0.903	1003.699	402.045	2.496
4	244.956	57.031	4.128	80	37	364.283	205.509	0.92	1399.592	607.554	2.304
5	369.799	55.517	3.967	80	37	458.359	304.825	0.936	1889.526	912.379	2.071
6	417.334	54.06	3.827	80	37	494.18	337.888	0.95	2409.846	1250.267	1.927
7	418.757	52.653	3.703	80	37	495.252	332.9	0.963	2924.179	1583.167	1.847
8	412.103	51.289	3.592	80	37	490.238	321.568	0.975	3426.947	1904.735	1.799
9	476.865	49.965	3.492	80	37	539.039	365.11	0.986	3973.432	2269.845	1.751
10	522.849	48.676	3.402	80	37	573.691	392.652	0.997	4548.929	2662.497	1.709
11	495.808	47.419	3.32	80	37	553.314	365.075	1.007	5098.614	3027.572	1.684
12	462.953	46.192	3.245	80	37	528.555	334.096	1.016	5619.026	3361.668	1.671
13	471.52	44.992	3.176	80	37	535.011	333.366	1.024	6141.476	3695.033	1.662
14	525.404	43.816	3.113	80	37	575.616	363.759	1.032	6699.333	4058.792	1.651
15	478.699	42.663	3.055	80	37	540.421	324.405	1.039	7219.445	4383.197	1.647
16	426.014	41.531	3.001	80	37	500.72	282.457	1.046	7698.272	4665.654	1.650
17	391.804	40.418	2.95	80	37	474.941	254.03	1.052	8149.785	4919.684	1.657
18	442.796	39.324	2.904	80	37	513.366	280.6	1.058	8635.21	5200.285	1.661
19	388.615	38.246	2.86	80	37	472.538	240.569	1.063	9079.837	5440.854	1.669
20	319.967	37.184	2.819	80	37	420.808	193.383	1.068	9474.022	5634.236	1.682

　　沿第 1 级坡面剪出的稳定性计算见图 7.2-34，计算结果见表 7.2-29。计算的稳定性系数 $F_s = 1.829$。

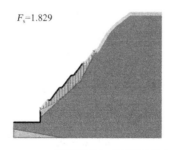

图 7.2-34　BYK1＋540 剖面沿第 1 级坡面剪出的稳定性计算

BYK1＋540 剖面沿第 1 级坡面剪出的稳定性计算结果　　　表 7.2-29

滑块编号	滑块重量 W（kN）	滑面倾角 α（°）	滑面长度 L（m）	滑面 c（kPa）	滑面 φ（°）	抗滑力 R（kN）	下滑力 T（kN）	系数 m_θ	总抗滑力 R（kN）	总下滑力 T（kN）	稳定系数 F_s
1	87.432	70.771	6.577	80	37	239.181	82.554	0.718	332.981	82.554	4.033
2	227.484	66.097	5.346	80	37	344.717	207.972	0.782	773.909	290.527	2.664
3	312.135	62.181	4.642	80	37	408.506	276.061	0.831	1265.494	566.588	2.234

续表

滑块编号	滑块重量 W (kN)	滑面倾角 α (°)	滑面长度 L (m)	滑面 c (kPa)	滑面 φ (°)	抗滑力 R (kN)	下滑力 T (kN)	系数 m_θ	总抗滑力 R (kN)	总下滑力 T (kN)	稳定系数 F_s
4	396.776	58.726	4.173	80	37	472.288	339.124	0.871	1807.603	905.712	1.996
5	522.807	55.588	3.833	80	37	567.259	431.316	0.905	2434.424	1337.027	1.821
6	533.445	52.685	3.573	80	37	575.275	424.259	0.934	3050.475	1761.286	1.732
7	524.072	49.965	3.368	80	37	568.212	401.256	0.959	3643.195	2162.543	1.685
8	508.301	47.391	3.2	80	37	556.328	374.104	0.98	4210.777	2536.647	1.660
9	578.66	44.937	3.06	80	37	609.347	408.727	0.999	4820.831	2945.375	1.637
10	420.965	42.585	2.163	80	37	444.626	284.86	1.015	5258.876	3230.235	1.628
11	182.711	42.128	0.976	80	37	195.561	122.561	1.018	5450.985	3352.796	1.626
12	477.673	40.318	2.645	80	37	521.26	309.071	1.029	5957.556	3661.867	1.627
13	456.177	38.126	2.754	80	37	517.05	281.638	1.041	6454.25	3943.505	1.637
14	452.572	35.997	2.677	80	37	514.333	265.996	1.051	6943.551	4209.5	1.649
15	458.38	33.924	2.611	80	37	518.709	255.821	1.06	7433.05	4465.322	1.665
16	380.206	31.901	2.552	80	37	459.802	200.922	1.067	7864.121	4666.244	1.685
17	296.474	29.922	2.499	80	37	396.705	147.885	1.072	8234.117	4814.13	1.710
18	228.056	27.981	2.453	80	37	345.148	106.998	1.076	8554.775	4921.128	1.738
19	241.671	26.074	2.412	80	37	355.408	106.222	1.079	8884.074	5027.35	1.767
20	155.55	24.198	2.375	80	37	290.511	63.759	1.081	9152.822	5091.109	1.798
21	52.577	22.349	2.342	80	37	212.915	19.993	1.082	9349.688	5111.102	1.829

沿第 2 级坡面剪出的稳定性计算见图 7.2-35，计算结果见表 7.2-30。计算的稳定性系数 $F_s = 1.889$。

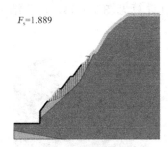

$F_s = 1.889$

图 7.2-35　BYK1 + 540 剖面沿第 2 级坡面剪出的稳定性计算

BYK1 + 540 剖面沿第 2 级坡面剪出的稳定性计算结果　　　　表 7.2-30

滑块编号	滑块重量 W (kN)	滑面倾角 α (°)	滑面长度 L (m)	滑面 c (kPa)	滑面 φ (°)	抗滑力 R (kN)	下滑力 T (kN)	系数 m_θ	总抗滑力 R (kN)	总下滑力 T (kN)	稳定系数 F_s
1	90.026	76.147	6.891	80	37	199.839	87.407	0.627	318.818	87.407	3.648
2	221.259	68.807	4.564	80	37	298.731	206.294	0.734	726.081	293.701	2.472
3	288.027	63.514	3.7	80	37	349.044	257.797	0.803	1160.712	551.499	2.105
4	386.167	59.088	3.212	80	37	422.997	331.314	0.856	1654.852	882.813	1.875
5	439.68	55.181	2.89	80	37	463.322	360.958	0.899	2170.494	1243.77	1.745

滑块编号	滑块重量 W（kN）	滑面倾角 α（°）	滑面长度 L（m）	滑面 c（kPa）	滑面 φ（°）	抗滑力 R（kN）	下滑力 T（kN）	系数 m_θ	总抗滑力 R（kN）	总下滑力 T（kN）	稳定系数 F_s
6	440.808	51.628	2.658	80	37	464.172	345.593	0.934	2667.7	1589.363	1.678
7	431.55	48.337	2.482	80	37	457.196	322.396	0.963	3142.555	1911.759	1.644
8	413.879	45.247	2.344	80	37	443.88	293.915	0.987	3592.105	2205.674	1.629
9	400.857	42.317	2.231	80	37	434.068	269.872	1.008	4022.714	2475.546	1.625
10	443.843	39.519	2.139	80	37	466.46	282.433	1.025	4477.665	2757.979	1.624
11	429.116	36.83	2.061	80	37	455.362	257.228	1.04	4915.688	3015.207	1.630
12	388.188	34.232	1.996	80	37	424.52	218.372	1.051	5319.527	3233.579	1.645
13	342.925	31.712	1.94	80	37	390.412	180.259	1.06	5687.694	3413.838	1.666
14	293.687	29.259	1.891	80	37	353.309	143.543	1.067	6018.686	3557.381	1.692
15	266.077	26.864	1.85	80	37	332.503	120.233	1.072	6328.75	3677.614	1.721
16	282.207	24.519	1.814	80	37	344.658	117.112	1.075	6649.243	3794.726	1.752
17	231.708	22.216	1.782	80	37	306.604	87.609	1.077	6934.028	3882.335	1.786
18	169.016	19.951	1.755	80	37	259.362	57.671	1.076	7175.043	3940.006	1.821
19	103.383	17.718	1.732	80	37	209.905	31.463	1.074	7370.487	3971.469	1.856
20	34.923	15.513	1.712	80	37	158.317	9.34	1.07	7518.408	3980.81	1.889

沿第 3 级坡面剪出的稳定性计算见图 7.2-36，计算结果见表 7.2-31。计算的稳定性系数 $F_s = 2.185$。

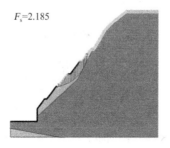

$F_s=2.185$

图 7.2-36　BYK1 + 540 剖面沿第 3 级坡面剪出的稳定性计算

BYK1 + 540 剖面沿第 3 级坡面剪出的稳定性计算结果　　　　表 7.2-31

滑块编号	滑块重量 W（kN）	滑面倾角 α（°）	滑面长度 L（m）	滑面 c（kPa）	滑面 φ（°）	抗滑力 R（kN）	下滑力 T（kN）	系数 m_θ	总抗滑力 R（kN）	总下滑力 T（kN）	稳定系数 F_s
1	63.316	78.923	6.116	80	37	141.712	62.136	0.531	267.098	62.136	4.299
2	149.29	69.566	3.366	80	37	206.498	139.896	0.672	574.26	202.032	2.842
3	116.751	63.639	1.722	80	37	149.144	104.61	0.753	772.322	306.642	2.519
4	80.923	62.898	1.091	80	37	100.744	72.037	0.763	904.433	378.679	2.388
5	186.492	58.795	2.101	80	37	227.602	159.51	0.813	1184.364	538.19	2.201
6	236.755	54.562	2.026	80	37	272.408	192.895	0.861	1500.827	731.085	2.053
7	275.947	50.735	1.857	80	37	301.941	213.645	0.9	1836.352	944.729	1.944

滑块编号	滑块重量 W (kN)	滑面倾角 α (°)	滑面长度 L (m)	滑面 c (kPa)	滑面 φ (°)	抗滑力 R (kN)	下滑力 T (kN)	系数 m_θ	总抗滑力 R (kN)	总下滑力 T (kN)	稳定系数 F_s
8	276.177	47.201	1.729	80	37	302.114	202.641	0.932	2160.346	1147.37	1.883
9	265.696	43.889	1.63	80	37	294.216	184.198	0.96	2466.899	1331.568	1.853
10	251.556	40.753	1.551	80	37	283.561	164.217	0.983	2755.467	1495.785	1.842
11	234.272	37.76	1.486	80	37	270.537	143.458	1.002	3025.53	1639.243	1.846
12	214.228	34.883	1.432	80	37	255.432	122.519	1.018	3276.558	1761.762	1.860
13	191.878	32.105	1.387	80	37	238.59	101.977	1.03	3508.119	1863.739	1.882
14	193.136	29.408	1.349	80	37	239.538	94.835	1.04	3738.339	1958.574	1.909
15	207.777	26.782	1.316	80	37	250.571	93.623	1.048	3977.407	2052.197	1.938
16	187.571	24.215	1.288	80	37	235.345	76.934	1.053	4200.809	2129.131	1.973
17	157.058	21.699	1.265	80	37	212.352	58.069	1.057	4401.777	2187.2	2.013
18	124.851	19.226	1.244	80	37	188.082	41.113	1.058	4579.584	2228.313	2.055
19	91.03	16.79	1.227	80	37	162.596	26.296	1.057	4733.414	2254.608	2.099
20	55.662	14.385	1.213	80	37	135.944	13.828	1.054	4862.354	2268.437	2.143
21	18.799	12.006	1.201	80	37	108.166	3.91	1.05	4965.382	2272.347	2.185

沿第 4 级坡面剪出的稳定性计算见图 7.2-37，计算结果见表 7.2-32。计算的稳定性系数 $F_s = 2.715$。

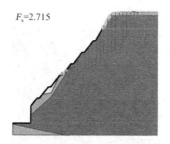

图 7.2-37　BYK1＋540 剖面沿第 4 级坡面剪出的稳定性计算

BYK1＋540 剖面沿第 4 级坡面剪出的稳定性计算结果　　表 7.2-32

滑块编号	滑块重量 W (kN)	滑面倾角 α (°)	滑面长度 L (m)	滑面 c (kPa)	滑面 φ (°)	抗滑力 R (kN)	下滑力 T (kN)	系数 m_θ	总抗滑力 R (kN)	总下滑力 T (kN)	稳定系数 F_s
1	315.49	70.766	8.885	330	40	1230.56	297.88	0.621	1980.93	297.88	6.650
2	859.384	64.27	6.742	330	40	1686.94	774.175	0.713	4348.481	1072.055	4.056
3	1271.697	59.099	5.699	330	40	2032.91	1091.183	0.779	6959.038	2163.238	3.217
4	1610.656	54.629	5.056	330	40	2317.33	1313.356	0.831	9748.101	3476.593	2.804
5	1873.707	50.61	4.612	330	40	2538.06	1448.094	0.873	12653.97	4924.687	2.569
6	1974.542	46.913	4.284	330	40	2622.67	1442.046	0.909	15539.84	6366.733	2.441
7	2029.3	43.457	4.032	330	40	2668.62	1395.771	0.938	18383.49	7762.504	2.368
8	2059.368	40.189	3.831	330	40	2693.85	1328.937	0.963	21179.85	9091.442	2.330

滑块编号	滑块重量 W (kN)	滑面倾角 α (°)	滑面长度 L (m)	滑面 c (kPa)	滑面 φ (°)	抗滑力 R (kN)	下滑力 T (kN)	系数 m_θ	总抗滑力 R (kN)	总下滑力 T (kN)	稳定系数 F_s
9	2049.861	37.073	3.668	330	40	2685.87	1235.711	0.984	23908.94	10327.15	2.315
10	1995.525	34.08	3.534	330	40	2640.28	1118.185	1.001	26545.46	11445.34	2.319
11	1892.762	31.19	3.421	330	40	2554.05	980.206	1.015	29060.53	12425.54	2.339
12	1665.614	28.385	3.327	330	40	2363.45	791.83	1.027	31362.55	13217.37	2.373
13	1403.434	25.654	3.247	330	40	2143.45	607.587	1.035	33433.09	13824.96	2.418
14	1172.935	22.983	3.179	330	40	1950.04	457.986	1.041	35305.82	14282.95	2.472
15	1103.847	20.365	3.122	330	40	1892.07	384.134	1.045	37116.34	14667.08	2.531
16	884.136	17.79	3.074	330	40	1707.71	270.132	1.047	38748.02	14937.21	2.594
17	608.008	15.252	2.784	330	40	1396.63	159.948	1.046	40083.14	15097.16	2.655
18	626.111	12.937	3.25	80	37	725.193	140.173	1.037	40782.62	15237.33	2.676
19	368.957	10.262	2.974	80	37	512.17	65.728	1.033	41278.22	15303.06	2.697
20	124.515	7.798	2.954	80	37	327.97	16.895	1.028	41597.13	15319.95	2.715

沿第 5 级坡面剪出的稳定性计算见图 7.2-38，计算结果见表 7.2-33。计算的稳定性系数 $F_s = 3.136$。

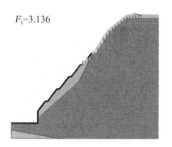

$F_s = 3.136$

图 7.2-38　BYK1 + 540 剖面沿第 5 级坡面剪出的稳定性计算

BYK1 + 540 剖面沿第 5 级坡面剪出的稳定性计算结果　　　　表 7.2-33

滑块编号	滑块重量 W (kN)	滑面倾角 α (°)	滑面长度 L (m)	滑面 c (kPa)	滑面 φ (°)	抗滑力 R (kN)	下滑力 T (kN)	系数 m_θ	总抗滑力 R (kN)	总下滑力 T (kN)	稳定系数 F_s
1	207.955	70.758	7.212	330	40	958.828	196.338	0.582	1646.888	196.338	8.388
2	565.756	64.153	5.452	330	40	1259.06	509.158	0.677	3507.219	705.496	4.971
3	835.983	58.91	4.603	330	40	1485.81	715.901	0.746	5500.156	1421.398	3.87
4	1057.692	54.382	4.081	330	40	1671.84	859.822	0.8	7590.21	2281.219	3.327
5	1245.059	50.314	3.722	330	40	1829.06	958.145	0.845	9756.049	3239.364	3.012
6	1337.714	46.571	3.457	330	40	1906.81	971.488	0.882	11918.49	4210.852	2.83
7	1371.991	43.073	3.254	330	40	1935.57	936.966	0.913	14037.96	5147.818	2.727
8	1389.979	39.764	3.092	330	40	1950.66	889.076	0.94	16113.48	6036.894	2.669
9	1394.035	36.609	2.961	330	40	1954.07	831.333	0.962	18144.1	6868.226	2.642
10	1378.84	33.578	2.853	330	40	1941.32	762.601	0.981	20122.75	7630.827	2.637

滑块编号	滑块重量 W (kN)	滑面倾角 α (°)	滑面长度 L (m)	滑面 c (kPa)	滑面 φ (°)	抗滑力 R (kN)	下滑力 T (kN)	系数 m_θ	总抗滑力 R (kN)	总下滑力 T (kN)	稳定系数 F_s
11	1334.237	30.651	2.763	330	40	1903.89	680.198	0.997	22032.92	8311.025	2.651
12	1269.724	27.81	2.687	330	40	1849.76	592.372	1.009	23865.56	8903.397	2.681
13	1170.07	25.041	2.623	330	40	1766.14	495.257	1.019	25598.31	9398.654	2.724
14	992.689	22.334	2.57	330	40	1617.3	377.231	1.027	27173.6	9775.885	2.78
15	801.485	19.679	2.524	330	40	1456.86	269.898	1.032	28585.68	10045.78	2.846
16	602.745	17.067	2.486	330	40	1290.1	176.899	1.034	29832.76	10222.68	2.918
17	513.231	14.491	2.455	330	40	1214.98	128.426	1.035	31006.49	10351.11	2.995
18	414.496	11.945	2.429	330	40	1132.14	85.789	1.034	32101.68	10436.9	3.076
19	86.4	9.423	0.68	330	40	293.964	14.145	1.03	32387	10451.04	3.099
20	160.658	9.423	1.729	80	37	257.517	26.302	1.026	32638.02	10477.35	3.115
21	83.186	6.919	2.394	80	37	252.826	10.02	1.022	32885.49	10487.37	3.136

沿第 6 级坡面剪出的稳定性计算见图 7.2-39，计算结果见表 7.2-34。计算的稳定性系数 $F_s = 3.829$。

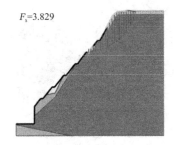

图 7.2-39　BYK1 + 540 剖面沿第 6 级坡面剪出的稳定性计算

BYK1 + 540 剖面沿第 6 级坡面剪出的稳定性计算结果　　　　　　　　表 7.2-34

滑块编号	滑块重量 W (kN)	滑面倾角 α (°)	滑面长度 L (m)	滑面 c (kPa)	滑面 φ (°)	抗滑力 R (kN)	下滑力 T (kN)	系数 m_θ	总抗滑力 R (kN)	总下滑力 T (kN)	稳定系数 F_s
1	109.318	68.586	5.003	330	40	694.501	101.771	0.569	1220.264	101.771	11.99
2	301.845	62.74	3.988	330	40	856.05	268.322	0.653	2531.528	370.094	6.84
3	453.433	57.913	3.439	330	40	983.248	384.167	0.717	3903.073	754.26	5.175
4	580.12	53.674	3.083	330	40	1089.55	467.377	0.769	5320.001	1221.637	4.355
5	689.213	49.829	2.832	330	40	1181.09	526.643	0.813	6773.585	1748.28	3.874
6	775.831	46.271	2.642	330	40	1253.77	560.63	0.85	8249.277	2308.91	3.573
7	802.741	42.932	2.495	330	40	1276.35	546.773	0.881	9697.312	2855.684	3.396
8	813.176	39.766	2.376	330	40	1285.11	520.155	0.909	11111.31	3375.838	3.291
9	815.727	36.741	2.279	330	40	1287.25	487.961	0.932	12491.81	3863.8	3.233

续表

滑块编号	滑块重量 W（kN）	滑面倾角 α（°）	滑面长度 L（m）	滑面 c（kPa）	滑面 φ（°）	抗滑力 R（kN）	下滑力 T（kN）	系数 m_θ	总抗滑力 R（kN）	总下滑力 T（kN）	稳定系数 F_s
10	811.331	33.83	2.199	330	40	1283.56	451.693	0.953	13839.08	4315.493	3.207
11	800.713	31.016	2.131	330	40	1274.65	412.587	0.97	15153.22	4728.08	3.205
12	779.933	28.283	2.074	330	40	1257.21	369.548	0.984	16430.27	5097.628	3.223
13	743.284	25.618	2.026	330	40	1226.46	321.373	0.996	17661.1	5419.002	3.259
14	699.443	23.012	1.985	330	40	1189.68	273.427	1.006	18843.56	5692.428	3.31
15	644.511	20.455	1.95	330	40	1143.58	225.239	1.014	19971.87	5917.667	3.375
16	568.918	17.94	1.92	330	40	1080.15	175.242	1.019	21032	6092.909	3.452
17	450.547	15.461	1.895	330	40	980.826	120.107	1.022	21991.49	6213.016	3.540
18	326.436	13.011	1.875	330	40	876.685	73.493	1.024	22847.91	6286.509	3.634
19	198.478	10.585	1.858	330	40	769.316	36.459	1.023	23599.75	6322.968	3.732
20	66.777	8.178	1.845	330	40	658.805	9.499	1.021	24245	6332.466	3.829

2）按折线形滑面及平面滑动面计算

采用边坡计算软件 SlopeLE 按折线滑面计算各级边坡的稳定性系数，计算说明如下：采用规范：《建筑边坡工程技术规范》GB 50330—2013；计算目标：计算稳定系数；计算方法：传递系数法（R/K 隐式）；滑裂面形状：指定折线滑面；地震影响：不考虑；岩土层参数取值：同表 7.2-1。

按折线形滑面计算破碎砂岩沿底部从垂直开挖面剪出的稳定性计算见图 7.2-40，计算结果见表 7.2-35。计算的稳定性系数 $F_s = 1.548$。

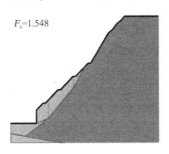

$F_s = 1.548$

图 7.2-40　BYK1 + 540 剖面沿破碎砂岩底部从垂直开挖面剪出的稳定性计算

BYK1 + 540 剖面沿破碎砂岩底部从垂直开挖面剪出的稳定性计算结果　表 7.2-35

滑块编号	滑块重量 W（kN）	滑面倾角 α（°）	滑面长度 L（m）	滑面 c（kPa）	滑面 φ（°）	抗滑力 R（kN）	下滑力 T（kN）	传递系数 ψ	总抗滑力 R（kN）	总下滑力 T（kN）	稳定系数 F_s	下滑力 P（kN）
1	1882.946	62.898	27.431	80	37	2840.93	1676.188	0.762	1835.4	1676.188	1.695	0
2	4985.304	42.128	27.039	80	37	4949.28	3344.115	1	4596.79	4622.009	1.48	146.599
3	2402.742	42.128	17.236	80	37	2721.66	1611.746	0	6355.134	6233.755	1.548	0.001

按平面滑动计算下部垂直开挖部分岩体沿 J_1 节理面的稳定性计算见图 7.2-41，计算结果见表 7.2-36。计算的稳定性系数 $F_s = 1.492$。

BYK1 + 540 剖面沿 J_1 节理面从垂直开挖面剪出的稳定性计算结果　　　　表 7.2-36

滑块编号	滑块重量 W（kN）	滑面倾角 α（°）	滑面长度 L（m）	滑面 c（kPa）	滑面 φ（°）	抗滑力 R（kN）	下滑力 T（kN）	传递系数 ψ	总抗滑力 R（kN）	总下滑力 T（kN）	稳定系数 F_s	下滑力 P（kN）
1	120.421	80	8.705	20	12	178.538	118.592	1	119.677	118.592	1.505	0
2	161.767	80	4.571	50	18	237.662	159.309	0	278.985	277.901	1.492	0.001

按平面滑动计算下部垂直开挖部分岩体沿 J_2 节理面的稳定性计算见图 7.2-42，计算结果见表 7.2-37。计算的稳定性系数 $F_s = 1.042$。

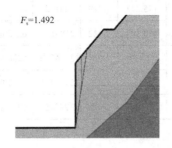

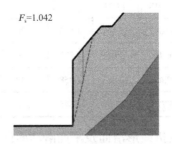

图 7.2-41　BYK1 + 540 剖面沿 J_1 节理面从垂直开挖面剪出的稳定性计算　　图 7.2-42　BYK1 + 540 剖面沿 J_2 节理面从垂直开挖面剪出的稳定性计算

BYK1 + 540 剖面沿 J_2 节理面从垂直开挖面剪出的稳定性计算结果　　　　表 7.2-37

滑块编号	滑块重量 W（kN）	滑面倾角 α（°）	滑面长度 L（m）	滑面 c（kPa）	滑面 φ（°）	抗滑力 R（kN）	下滑力 T（kN）	传递系数 ψ	总抗滑力 R（kN）	总下滑力 T（kN）	稳定系数 F_s	下滑力 P（kN）
1	233.558	75	10.938	20	12	231.601	225.599	1	222.282	225.599	1.027	3.318
2	276.506	75	5.17	50	18	281.74	267.085	0	492.684	492.684	1.042	0

4. BYK1 + 500 剖面

K1 + 530～K1 + 280 段边坡开挖后为土岩混合边坡、岩质边坡，边坡由碎石土、破碎石英砂岩、中风化较破碎石英砂岩组成，选取最不利 BYK1 + 500 剖面进行稳定性计算，边坡高 80.2m。分别按圆弧形滑面计算各级边坡的稳定性系数，按折线形滑面计算破碎石英砂岩的稳定性系数，按平面滑动面计算下部垂直开挖部分岩质边坡沿节理面的稳定性系数。

1）按圆弧形滑面计算

按圆弧形滑面计算图见图 7.2-43。采用边坡计算软件 SlopeLE 按圆弧形滑面计算各级边坡的稳定性系数，计算说明如下：采用规范：《建筑边坡工程技术规范》GB 50330—2013；计算目标：计算稳定系数；计算方法：简化 Bishop；滑裂面形状：圆弧滑动；地震影响：不考虑；岩土层参数取值：同表 7.2-1。

沿最低开挖面整体剪出的稳定性计算见图 7.2-44，计算结果见表 7.2-38。计算的稳定性系数 $F_s = 1.572$。

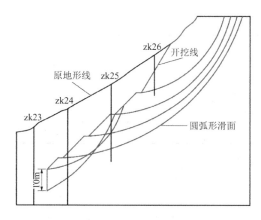

图 7.2-43 BYK1 + 500 剖面圆弧滑动计算图

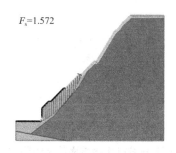

图 7.2-44 BYK1 + 500 剖面沿最低开挖面整体剪出的稳定性计算

BYK1 + 500 剖面沿最低开挖面整体剪出的稳定性计算结果 表 7.2-38

滑块编号	滑块重量 W（kN）	滑面倾角 α（°）	滑面长度 L（m）	滑面 c（kPa）	滑面 φ（°）	抗滑力 R（kN）	下滑力 T（kN）	系数 m_θ	总抗滑力 R（kN）	总下滑力 T（kN）	稳定系数 F_s
1	70.301	67.241	4.027	80	37	177.615	64.827	0.829	214.276	64.827	3.305
2	185.94	64.001	3.554	80	37	264.756	167.123	0.869	518.865	231.95	2.237
3	243.234	61.104	3.224	80	37	307.93	212.952	0.903	859.905	444.902	1.933
4	285.724	58.454	2.978	80	37	339.949	243.499	0.932	1224.765	688.401	1.779
5	318.488	55.991	2.785	80	37	364.638	264.01	0.957	1605.904	952.41	1.686
6	343.327	53.676	2.63	80	37	383.355	276.612	0.979	1997.652	1229.023	1.625
7	361.511	51.483	2.502	80	37	397.058	282.855	0.998	2395.577	1511.878	1.585
8	376.595	49.391	2.394	80	37	408.425	285.9	1.015	2798.036	1797.778	1.556
9	428.502	47.385	2.301	80	37	447.54	315.343	1.03	3232.602	2113.121	1.530
10	460.201	45.453	2.221	80	37	471.426	327.971	1.043	3684.533	2441.092	1.509
11	459.248	43.584	2.151	80	37	470.708	316.615	1.055	4130.763	2757.707	1.498
12	454.676	41.772	2.089	80	37	467.263	302.893	1.065	4569.447	3060.6	1.493
13	446.792	40.01	2.034	80	37	461.322	287.255	1.074	4998.93	3347.855	1.493
14	435.849	38.293	1.985	80	37	453.076	270.088	1.082	5417.702	3617.942	1.497
15	422.066	36.615	1.941	80	37	442.69	251.736	1.089	5824.369	3869.679	1.505
16	416.089	34.973	1.901	80	37	438.185	238.499	1.094	6224.832	4108.178	1.515
17	448.447	33.364	1.865	80	37	462.569	246.623	1.099	6645.796	4354.801	1.526

滑块编号	滑块重量 W（kN）	滑面倾角 α（°）	滑面长度 L（m）	滑面 c（kPa）	滑面 φ（°）	抗滑力 R（kN）	下滑力 T（kN）	系数 m_θ	总抗滑力 R（kN）	总下滑力 T（kN）	稳定系数 F_s
18	441.118	31.783	1.833	80	37	457.047	232.34	1.103	7060.337	4587.141	1.539
19	417.593	30.229	1.803	80	37	439.319	210.243	1.105	7457.778	4797.384	1.555
20	391.94	28.7	1.776	80	37	419.988	188.218	1.107	7837.05	4985.602	1.572

沿第 1 级坡面剪出的稳定性计算见图 7.2-45，计算结果见表 7.2-39。计算的稳定性系数 $F_s = 2.360$。

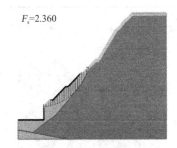

$F_s = 2.360$

图 7.2-45 BYK1＋500 剖面沿第 1 级坡面剪出的稳定性计算

BYK1＋500 剖面沿第 1 级坡面剪出的稳定性计算结果　　　　　表 7.2-39

滑块编号	滑块重量 W（kN）	滑面倾角 α（°）	滑面长度 L（m）	滑面 c（kPa）	滑面 φ（°）	抗滑力 R（kN）	下滑力 T（kN）	系数 m_θ	总抗滑力 R（kN）	总下滑力 T（kN）	稳定系数 F_s
1	68.869	70.404	5.278	80	37	193.507	64.88	0.636	304.193	64.88	4.689
2	177.242	63.86	4.018	80	37	275.172	159.114	0.727	682.617	223.994	3.047
3	254.992	58.638	3.401	80	37	333.761	217.738	0.793	1103.483	441.732	2.498
4	355.562	54.119	3.02	80	37	409.546	288.09	0.845	1588.29	729.822	2.176
5	341.837	50.054	2.434	80	37	382.612	262.069	0.887	2019.738	991.892	2.036
6	74.142	48.709	0.504	80	37	82.47	55.708	0.9	2111.397	1047.6	2.015
7	369.277	46.311	2.382	80	37	409.872	267.022	0.922	2556.141	1314.622	1.944
8	396.215	42.809	2.413	80	37	440.18	269.252	0.951	3019.215	1583.875	1.906
9	386.719	39.497	2.294	80	37	433.024	245.97	0.975	3463.477	1829.845	1.893
10	369.961	36.337	2.197	80	37	420.396	219.214	0.995	3886.111	2049.059	1.897
11	372.684	33.301	2.118	80	37	422.448	204.615	1.011	4303.932	2253.674	1.910
12	400.472	30.367	2.052	80	37	443.388	202.452	1.024	4736.846	2456.126	1.929
13	370.033	27.519	1.996	80	37	420.45	170.969	1.034	5143.329	2627.095	1.958
14	331.271	24.743	1.949	80	37	391.241	138.652	1.042	5518.868	2765.747	1.995
15	288.078	22.028	1.91	80	37	358.693	108.045	1.047	5861.546	2873.792	2.04
16	240.72	19.364	1.876	80	37	323.006	79.815	1.049	6169.381	2953.607	2.089
17	189.488	16.743	1.848	80	37	284.4	54.588	1.05	6440.349	3008.195	2.141
18	175.816	14.158	1.826	80	37	274.097	43.004	1.048	6701.964	3051.199	2.197
19	161.36	11.602	1.807	80	37	263.204	32.451	1.044	6954.13	3083.65	2.255

滑块编号	滑块重量 W（kN）	滑面倾角 α（°）	滑面长度 L（m）	滑面 c（kPa）	滑面 φ（°）	抗滑力 R（kN）	下滑力 T（kN）	系数 m_θ	总抗滑力 R（kN）	总下滑力 T（kN）	稳定系数 F_s
20	99.386	9.069	1.793	80	37	216.504	15.666	1.038	7162.744	3099.316	2.311
21	33.696	6.554	1.782	80	37	167.003	3.846	1.03	7324.898	3103.162	2.360

沿第 2 级坡面剪出的稳定性计算见图 7.2-46，计算结果见表 7.2-40。计算的稳定性系数 $F_s = 2.507$。

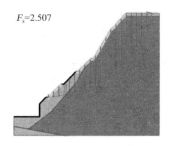

$F_s = 2.507$

图 7.2-46 BYK1 + 500 剖面沿第 2 级坡面剪出的稳定性计算

BYK1 + 500 剖面沿第 2 级坡面剪出的稳定性计算结果   表 7.2-40

滑块编号	滑块重量 W（kN）	滑面倾角 α（°）	滑面长度 L（m）	滑面 c（kPa）	滑面 φ（°）	抗滑力 R（kN）	下滑力 T（kN）	系数 m_θ	总抗滑力 R（kN）	总下滑力 T（kN）	稳定系数 F_s
1	568.515	68.58	11.408	330	40	1851.84	529.248	0.677	2736.34	529.248	5.17
2	1563.267	62.379	8.986	330	40	2686.54	1385.113	0.76	6270.563	1914.36	3.276
3	2336.946	57.303	7.712	330	40	3335.73	1966.635	0.822	10329.44	3880.995	2.662
4	2978.868	52.861	6.9	330	40	3874.37	2374.684	0.871	14779.96	6255.679	2.363
5	3528.465	48.84	6.33	330	40	4335.54	2656.488	0.91	19543.59	8912.167	2.193
6	3763.167	45.121	5.904	330	40	4532.48	2666.592	0.943	24351.25	11578.76	2.103
7	3772.072	41.633	5.574	330	40	4539.95	2505.985	0.97	29032.76	14084.74	2.061
8	3653.156	38.324	5.31	330	40	4440.17	2265.374	0.992	33508.51	16350.12	2.049
9	3454.268	35.162	5.096	330	40	4273.28	1989.261	1.01	37738.37	18339.38	2.058
10	3029.464	32.118	4.919	330	40	3916.83	1610.651	1.025	41560.07	19950.03	2.083
11	2571.96	29.173	4.771	330	40	3532.93	1253.686	1.036	44969.28	21203.72	2.121
12	2227.384	26.31	4.648	330	40	3243.8	987.24	1.045	48074.15	22190.96	2.166
13	2095.63	23.517	4.543	330	40	3133.25	836.191	1.05	51056.81	23027.15	2.217
14	1815.069	20.782	4.456	330	40	2897.83	643.997	1.054	53807	23671.15	2.273
15	1615.508	18.095	4.383	330	40	2730.38	501.772	1.054	56396.28	24172.92	2.333
16	1394.741	15.45	4.322	330	40	2545.13	371.544	1.053	58813.26	24544.46	2.396
17	726.55	12.837	2.775	330	40	1502.49	161.427	1.049	60245.07	24705.89	2.438
18	332.593	12.837	1.498	80	37	367.465	73.897	1.042	60597.8	24779.79	2.445
19	848.573	10.252	4.234	80	37	972.732	151.027	1.038	61535.35	24930.81	2.468
20	566.238	7.688	4.204	80	37	759.977	75.747	1.031	62272.32	25006.56	2.49
21	191.913	5.139	4.183	80	37	477.903	17.189	1.023	62739.52	25023.75	2.507

沿第 3 级坡面剪出的稳定性计算见图 7.2-47，计算结果见表 7.2-41。计算的稳定性系数 $F_s = 2.675$。

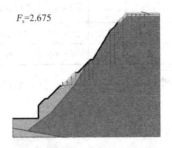

$F_s = 2.675$

图 7.2-47　BYK1 + 500 剖面沿第 3 级坡面剪出的稳定性计算

BYK1 + 500 剖面沿第 3 级坡面剪出的稳定性计算结果　　　　　表 7.2-41

滑块编号	滑块重量 W（kN）	滑面倾角 α（°）	滑面长度 L（m）	滑面 c（kPa）	滑面 φ（°）	抗滑力 R（kN）	下滑力 T（kN）	系数 m_θ	总抗滑力 R（kN）	总下滑力 T（kN）	稳定系数 F_s
1	415.093	69.869	9.998	330	40	1483.86	389.734	0.639	2323.394	389.734	5.961
2	1132.524	63.286	7.655	330	40	2085.85	1011.636	0.73	5181.829	1401.37	3.698
3	1678.455	58.01	6.495	330	40	2543.94	1423.559	0.796	8378.544	2824.93	2.966
4	2127.181	53.434	5.776	330	40	2920.47	1708.5	0.848	11823.87	4533.43	2.608
5	2509.301	49.313	5.278	330	40	3241.11	1902.765	0.89	15466.53	6436.195	2.403
6	2761.122	45.515	4.911	330	40	3452.41	1969.87	0.924	19200.9	8406.066	2.284
7	2772.377	41.959	4.627	330	40	3461.85	1853.61	0.953	22832.22	10259.68	2.225
8	2724.379	38.593	4.403	330	40	3421.58	1699.418	0.977	26333.45	11959.09	2.202
9	2629.497	35.378	4.22	330	40	3341.96	1522.408	0.997	29685.66	13481.5	2.202
10	2466.13	32.288	4.07	330	40	3204.88	1317.337	1.013	32849.66	14798.84	2.22
11	2155.08	29.3	3.946	330	40	2943.88	1054.642	1.026	35720.14	15853.48	2.253
12	1823.403	26.397	3.842	330	40	2665.57	810.652	1.035	38295.12	16664.13	2.298
13	1472.713	23.565	3.754	330	40	2371.31	588.778	1.042	40570.84	17252.91	2.352
14	1314.658	20.794	3.681	330	40	2238.68	466.708	1.046	42710.63	17719.62	2.41
15	1170.237	18.072	3.62	330	40	2117.5	363.027	1.048	44731.21	18082.65	2.474
16	945.973	15.393	3.569	330	40	1929.32	251.091	1.047	46573.25	18333.74	2.54
17	779.261	12.613	3.718	330	40	1851.21	170.166	1.044	48345.83	18503.9	2.613
18	590.054	10.129	3.305	80	37	704.946	103.769	1.034	49027.62	18607.67	2.635
19	387.656	7.532	3.471	80	37	567.405	50.815	1.028	49579.42	18658.49	2.657
20	131.406	4.951	3.454	80	37	374.307	11.34	1.021	49946.18	18669.83	2.675

沿第 4 级坡面剪出的稳定性计算见图 7.2-48，计算结果见表 7.2-42。计算的稳定性系数 $F_s = 2.970$。

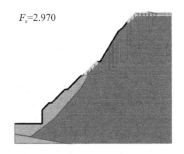

图 7.2-48 BYK1＋500 剖面沿第 4 级坡面剪出的稳定性计算

BYK1＋500 剖面沿第 4 级坡面剪出的稳定性计算结果 表 7.2-42

滑块编号	滑块重量 W（kN）	滑面倾角 α（°）	滑面长度 L（m）	滑面 c（kPa）	滑面 φ（°）	抗滑力 R（kN）	下滑力 T（kN）	系数 m_θ	总抗滑力 R（kN）	总下滑力 T（kN）	稳定系数 F_s
1	290.864	72.259	8.831	330	40	1132.12	277.031	0.574	1973.015	277.031	7.122
2	779.993	64.856	6.334	330	40	1542.55	706.085	0.681	4239.346	983.116	4.312
3	1134.371	59.201	5.256	330	40	1839.9	974.392	0.755	6677.283	1957.508	3.411
4	1420.383	54.383	4.621	330	40	2079.9	1154.662	0.812	9238.62	3112.171	2.969
5	1661.507	50.082	4.194	330	40	2282.22	1274.318	0.858	11897.41	4386.488	2.712
6	1861.976	46.141	3.884	330	40	2450.44	1342.583	0.897	14630.48	5729.071	2.554
7	1882.062	42.467	3.648	330	40	2467.29	1270.706	0.928	17288.02	6999.777	2.470
8	1884.362	38.998	3.463	330	40	2469.22	1185.824	0.955	19873.72	8185.601	2.428
9	1827.954	35.693	3.313	330	40	2421.89	1066.498	0.977	22352.65	9252.099	2.416
10	1743.313	32.52	3.191	330	40	2350.87	937.182	0.995	24715.13	10189.28	2.426
11	1679.243	29.455	3.091	330	40	2297.11	825.753	1.01	26990.24	11015.03	2.450
12	1487.996	26.481	3.007	330	40	2136.63	663.496	1.021	29082.81	11678.53	2.490
13	1273.72	23.582	2.936	330	40	1956.83	509.566	1.03	30983.55	12188.1	2.542
14	1048.331	20.746	2.878	330	40	1767.71	371.344	1.035	32691.09	12559.44	2.603
15	812.493	17.962	2.829	330	40	1569.82	250.565	1.038	34202.88	12810.01	2.670
16	598.486	15.222	2.789	330	40	1390.24	157.137	1.039	35540.81	12967.14	2.741
17	552.705	12.517	2.757	330	40	1351.83	119.785	1.037	36843.83	13086.93	2.815
18	407.962	9.84	2.731	330	40	1230.37	69.718	1.034	38034.24	13156.65	2.891
19	192.72	7.184	1.966	330	40	805.394	24.102	1.027	38818.09	13180.75	2.945
20	50.398	7.184	0.746	80	37	97.219	6.303	1.024	38913.04	13187.05	2.951
21	80.995	4.545	2.7	80	37	276.32	6.418	1.017	39184.76	13193.47	2.970

　　沿第 5 级坡面剪出的稳定性计算见图 7.2-49，计算结果见表 7.2-43。计算的稳定性系数 $F_s = 3.325$。

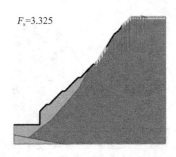

$F_s=3.325$

图 7.2-49　BYK1＋500 剖面沿第 5 级坡面剪出的稳定性计算

BYK1＋500 剖面沿第 5 级坡面剪出的稳定性计算结果　　　　表 7.2-43

滑块编号	滑块重量 W（kN）	滑面倾角 α（°）	滑面长度 L（m）	滑面 c（kPa）	滑面 φ（°）	抗滑力 R（kN）	下滑力 T（kN）	系数 m_θ	总抗滑力 R（kN）	总下滑力 T（kN）	稳定系数 F_s
1	144.089	71.427	6.094	330	40	761.458	136.584	0.558	1365.27	136.584	9.996
2	392.165	65.034	4.599	330	40	969.618	355.52	0.651	2855.003	492.104	5.802
3	579.898	59.967	3.878	330	40	1127.15	502.037	0.719	4422.689	994.14	4.449
4	734.339	55.595	3.435	330	40	1256.74	605.878	0.773	6047.947	1600.019	3.78
5	866.278	51.671	3.13	330	40	1367.45	679.565	0.818	7719.347	2279.584	3.386
6	981.413	48.065	2.905	330	40	1464.06	730.073	0.856	9429.643	3009.657	3.133
7	1061.713	44.697	2.731	330	40	1531.44	746.761	0.888	11153.57	3756.418	2.969
8	1046.609	41.516	2.592	330	40	1518.76	693.718	0.916	12811.52	4450.136	2.879
9	1045.663	38.484	2.48	330	40	1517.97	650.718	0.94	14426.68	5100.854	2.828
10	1036.593	35.576	2.387	330	40	1510.36	603.074	0.96	15999.7	5703.928	2.805
11	981.208	32.77	2.308	330	40	1463.88	531.101	0.977	17497.37	6235.029	2.806
12	930.721	30.051	2.242	330	40	1421.52	466.072	0.992	18930.41	6701.101	2.825
13	907.227	27.404	2.186	330	40	1401.81	417.559	1.004	20326.72	7118.66	2.855
14	826.815	24.819	2.139	330	40	1334.33	347.059	1.014	21643.19	7465.719	2.899
15	712.315	22.287	2.098	330	40	1238.26	270.147	1.021	22855.97	7735.866	2.955
16	592.854	19.801	2.063	330	40	1138.02	200.83	1.026	23964.76	7936.696	3.019
17	468.676	17.353	2.034	330	40	1033.82	139.783	1.03	24968.7	8076.48	3.092
18	339.985	14.937	2.009	330	40	925.834	87.632	1.031	25866.47	8164.111	3.168
19	206.94	12.548	1.989	330	40	814.196	44.958	1.031	26656.23	8209.07	3.247
20	69.673	10.181	1.972	330	40	699.016	12.315	1.029	27335.64	8221.385	3.325

2）按折线形滑面及平面滑动面计算

采用边坡计算软件 SlopeLE 按折线滑面计算各级边坡的稳定性系数，计算说明如下：采用规范：《建筑边坡工程技术规范》GB 50330—2013；计算目标，计算稳定系数；计算方法，传递系数法（R/K 隐式）；滑裂面形状，指定折线滑面；地震影响，不考虑；岩土层参数取值同表 7.2-1。

按折线形滑面计算破碎砂岩沿底部从垂直开挖面剪出的稳定性计算见图 7.2-50，计算结果见表 7.2-44。计算的稳定性系数 $F_s = 1.633$。

BYK1 + 500 剖面沿破碎砂岩底部从垂直开挖面剪出的稳定性计算结果　表 7.2-44

滑块编号	滑块重量 W（kN）	滑面倾角 α（°）	滑面长度 L（m）	滑面 c（kPa）	滑面 φ（°）	抗滑力 R（kN）	下滑力 T（kN）	传递系数 ψ	总抗滑力 R（kN）	总下滑力 T（kN）	稳定系数 F_s	下滑力 P（kN）
1	814.908	59.748	18.822	80	37	1815.11	703.93	0.893	1111.615	703.93	2.579	0
2	5359.437	48.709	30.308	80	37	5089.69	4026.918	0.692	4109.865	4655.624	1.264	909.877
3	2778.81	22.394	10.255	80	37	2756.45	1058.666	0	4531.27	4279.378	1.633	0

按平面滑动计算下部垂直开挖部分岩体沿 J_1 节理面的稳定性计算见图 7.2-51，计算结果见表 7.2-45。计算的稳定性系数 $F_s = 0.679$。

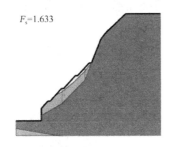

图 7.2-50　BYK1 + 500 剖面沿破碎砂岩底部从垂直　图 7.2-51　BYK1 + 500 剖面沿 J_1 节理面从垂直
开挖面剪出的稳定性计算　　　　　　　开挖面剪出的稳定性计算

BYK1 + 500 剖面沿 J_1 节理面从垂直开挖面剪出的稳定性计算结果　　表 7.2-45

滑块编号	滑块重量 W（kN）	滑面倾角 α（°）	滑面长度 L（m）	滑面 c（kPa）	滑面 φ（°）	抗滑力 R（kN）	下滑力 T（kN）	传递系数 ψ	总抗滑力 R（kN）	总下滑力 T（kN）	稳定系数 F_s	下滑力 P（kN）
1	65.025	80	6.164	20	12	125.68	64.037	1	185.043	64.037	1.963	0
2	195.075	80	6.164	20	12	130.481	192.112	0	377.154	256.148	0.679	0.001

按平面滑动计算下部垂直开挖部分岩体沿 J_2 节理面的稳定性计算见图 7.2-52，计算结果见表 7.2-46。计算的稳定性系数 $F_s = 0.496$。

BYK1 + 500 剖面沿 J_2 节理面从垂直开挖面剪出的稳定性计算结果　　表 7.2-46

滑块编号	滑块重量 W（kN）	滑面倾角 α（°）	滑面长度 L（m）	滑面 c（kPa）	滑面 φ（°）	抗滑力 R（kN）	下滑力 T（kN）	传递系数 ψ	总抗滑力 R（kN）	总下滑力 T（kN）	稳定系数 F_s	下滑力 P（kN）
1	111.18	75	7.071	20	12	147.538	107.392	1	297.507	107.392	1.374	0
2	333.541	75	7.071	20	12	159.771	322.176	0	619.682	429.568	0.496	0.001

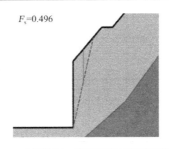

图 7.2-52　BYK1 + 500 剖面沿 J_2 节理面从垂直开挖面剪出的稳定性计算

5. K1+360 剖面

K1+530~K1+280 段边坡开挖后为土岩混合边坡，边坡由碎石土、破碎石英砂岩、中风化较破碎石英砂岩组成，选取最不利 BYK1+360 剖面进行边坡稳定性计算，边坡高 84.2m。分别按圆弧形滑面计算各级边坡的稳定性系数，按折线形滑面计算碎石土、破碎石英砂岩的稳定性系数。

1）按圆弧形滑面计算

按圆弧形滑面计算图见图 7.2-53。采用边坡计算软件 SlopeLE 按圆弧形滑面计算各级边坡的稳定性系数，计算说明如下：采用规范：《建筑边坡工程技术规范》GB 50330—2013；计算目标：计算稳定系数；计算方法：简化 Bishop；滑裂面形状：圆弧滑动；地震影响：不考虑；岩土层参数取值：同表 7.2-1。

沿最低开挖面整体剪出的稳定性计算见图 7.2-54，计算结果见表 7.2-47。计算的稳定性系数 $F_s = 2.214$。

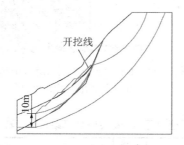

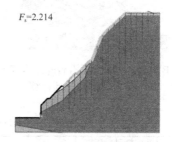

图 7.2-53　BYK1+360 剖面圆弧滑动计算图　图 7.2-54　BYK1+360 剖面沿最低开挖面整体剪出的稳定性计算

BYK1+360 剖面沿最低开挖面整体剪出的稳定性计算结果　　　　表 7.2-47

滑块编号	滑块重量 W（kN）	滑面倾角 α（°）	滑面长度 L（m）	滑面 c（kPa）	滑面 φ（°）	抗滑力 R（kN）	下滑力 T（kN）	系数 m_θ	总抗滑力 R（kN）	总下滑力 T（kN）	稳定系数 F_s
1	706.416	66.723	12.306	330	40	2197.56	648.918	0.743	2956.407	648.918	4.556
2	1982.343	61.915	10.33	330	40	3268.19	1748.929	0.805	7015.549	2397.846	2.926
3	3034.136	57.784	9.122	330	40	4150.75	2567.023	0.854	11877.31	4964.869	2.392
4	3936.021	54.086	8.291	330	40	4907.52	3187.796	0.894	17369.71	8152.665	2.131
5	4726.85	50.696	7.677	330	40	5571.11	3657.594	0.927	23381.46	11810.26	1.980
6	5189.597	47.536	7.203	330	40	5959.4	3828.353	0.955	29623.53	15638.61	1.894
7	5294.91	44.557	6.825	330	40	6047.77	3714.995	0.978	35804.41	19353.61	1.850
8	5332.747	41.724	6.516	330	40	6079.51	3549.171	0.999	41892.47	22902.78	1.829
9	5309.809	39.011	6.259	330	40	6060.27	3342.393	1.016	47859.72	26245.17	1.824
10	4952.316	36.399	6.042	330	40	5760.3	2938.761	1.03	53453.33	29183.93	1.832
11	4001.953	33.873	5.857	330	40	4962.85	2230.493	1.042	58218.38	31414.43	1.853
12	3476.448	31.419	5.699	330	40	4521.9	1812.248	1.051	62521.08	33226.67	1.882
13	3242.123	29.028	5.562	330	40	4325.27	1573.197	1.058	66608.14	34799.87	1.914
14	3023.895	26.691	5.443	330	40	4142.16	1358.28	1.064	70502.32	36158.15	1.950

滑块编号	滑块重量 W（kN）	滑面倾角 α（°）	滑面长度 L（m）	滑面 c（kPa）	滑面 φ（°）	抗滑力 R（kN）	下滑力 T（kN）	系数 m_θ	总抗滑力 R（kN）	总下滑力 T（kN）	稳定系数 F_s
15	2872.274	24.402	5.34	330	40	4014.93	1186.619	1.067	74264.28	37344.77	1.989
16	2539.434	22.153	5.251	330	40	3735.65	957.56	1.069	77758.5	38302.33	2.030
17	2364.084	19.939	5.173	330	40	3588.51	806.21	1.069	81114.44	39108.54	2.074
18	2039.125	17.757	5.106	330	40	3315.84	621.879	1.068	84219.32	39730.42	2.120
19	1714.388	15.6	5.049	330	40	3043.35	461.038	1.065	87076.71	40191.46	2.167
20	1434.095	13.466	5.001	330	40	2808.16	333.962	1.061	89724.01	40525.42	2.214

沿破碎砂岩从垂直开挖面剪出的稳定性计算见图 7.2-55，计算结果见表 7.2-48。计算的稳定性系数 $F_s = 1.842$。

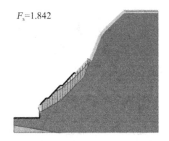

$F_s=1.842$

图 7.2-55　BYK1 + 360 剖面沿破碎砂岩从垂直开挖面剪出的稳定性计算

BYK1 + 360 剖面沿破碎砂岩从垂直开挖面剪出的稳定性计算结果　　　表 7.2-48

滑块编号	滑块重量 W（kN）	滑面倾角 α（°）	滑面长度 L（m）	滑面 c（kPa）	滑面 φ（°）	抗滑力 R（kN）	下滑力 T（kN）	系数 m_θ	总抗滑力 R（kN）	总下滑力 T（kN）	稳定系数 F_s
1	110.396	63.198	4.83	80	37	257.429	98.536	0.816	315.435	98.536	3.201
2	251.614	59.921	4.346	80	37	363.845	217.731	0.855	740.866	316.267	2.343
3	323.018	56.944	3.993	80	37	417.651	270.734	0.888	1210.993	587.001	2.063
4	376.718	54.19	3.722	80	37	458.117	305.502	0.917	1710.627	892.503	1.917
5	414.956	51.609	3.507	80	37	486.932	325.237	0.942	2227.695	1217.74	1.829
6	452.836	49.167	3.331	80	37	515.476	342.626	0.963	2762.742	1560.366	1.771
7	542.016	46.841	3.184	80	37	582.678	395.38	0.982	3355.811	1955.745	1.716
8	556.247	44.612	3.06	80	37	593.402	390.655	0.999	3949.674	2346.4	1.683
9	552.766	42.466	2.952	80	37	590.779	373.2	1.014	4532.344	2719.6	1.667
10	541.466	40.391	2.86	80	37	582.264	350.869	1.027	5099.427	3070.469	1.661
11	523.062	38.378	2.778	80	37	568.396	324.742	1.038	5647.04	3395.211	1.663
12	549.371	36.42	2.707	80	37	588.22	326.16	1.048	6208.534	3721.371	1.668
13	567.233	34.51	2.643	80	37	601.68	321.366	1.056	6778.399	4042.737	1.677
14	533.246	32.643	2.587	80	37	576.07	287.634	1.063	7320.458	4330.371	1.690
15	492.884	30.814	2.536	80	37	545.655	252.483	1.068	7831.169	4582.853	1.709
16	444.191	29.02	2.491	80	37	508.962	215.481	1.073	8305.533	4798.334	1.731
17	403.376	27.256	2.45	80	37	478.205	184.731	1.076	8749.819	4983.066	1.756

滑块编号	滑块重量 W (kN)	滑面倾角 α (°)	滑面长度 L (m)	滑面 c (kPa)	滑面 φ (°)	抗滑力 R (kN)	下滑力 T (kN)	系数 m_θ	总抗滑力 R (kN)	总下滑力 T (kN)	稳定系数 F_s
18	426.844	25.519	2.413	80	37	495.89	183.892	1.079	9209.526	5166.958	1.782
19	376.045	23.808	2.381	80	37	457.61	151.799	1.08	9633.214	5318.757	1.811
20	309.628	22.119	2.351	80	37	407.561	116.584	1.08	10010.42	5435.34	1.842

沿第 1 级坡面剪出的稳定性计算见图 7.2-56，计算结果见表 7.2-49。计算的稳定性系数 $F_s = 2.150$。

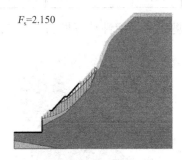

$F_s = 2.150$

图 7.2-56 BYK1 + 360 剖面沿第 1 级坡面剪出的稳定性计算

BYK1 + 360 剖面沿第 1 级坡面剪出的稳定性计算结果 表 7.2-49

滑块编号	滑块重量 W (kN)	滑面倾角 α (°)	滑面长度 L (m)	滑面 c (kPa)	滑面 φ (°)	抗滑力 R (kN)	下滑力 T (kN)	系数 m_θ	总抗滑力 R (kN)	总下滑力 T (kN)	稳定系数 F_s
1	132.895	67.122	5.602	80	37	274.384	122.441	0.712	385.551	122.441	3.149
2	304.544	61.79	4.607	80	37	403.73	268.37	0.782	902.133	390.81	2.308
3	385.022	57.28	4.029	80	37	464.375	323.926	0.835	1458.012	714.737	2.040
4	437.233	53.274	3.642	80	37	503.719	350.443	0.879	2031.145	1065.18	1.907
5	467.86	49.617	3.362	80	37	526.798	356.382	0.915	2606.972	1421.562	1.834
6	494.206	46.218	3.148	80	37	546.651	356.805	0.945	3185.475	1778.367	1.791
7	569.148	43.019	2.979	80	37	603.124	388.296	0.97	3807.107	2166.663	1.757
8	567.163	39.98	2.842	80	37	601.628	364.41	0.991	4413.924	2531.074	1.744
9	545.941	37.07	2.73	80	37	585.636	329.09	1.009	4994.248	2860.164	1.746
10	515.668	34.269	2.636	80	37	562.824	290.363	1.024	5544.021	3150.527	1.76
11	477.255	31.559	2.556	80	37	533.877	249.781	1.036	6059.582	3400.307	1.782
12	482.643	28.925	2.488	80	37	537.938	233.436	1.045	6574.474	3633.743	1.809
13	478.76	26.357	2.431	80	37	535.011	212.548	1.052	7083.215	3846.292	1.842
14	422.256	23.844	2.381	80	37	492.433	170.698	1.056	7549.392	4016.99	1.879
15	358.634	21.38	2.339	80	37	444.49	130.74	1.059	7969.14	4147.729	1.921
16	285.95	18.956	2.303	80	37	389.719	92.89	1.06	8336.934	4240.62	1.966
17	220.412	16.568	2.272	80	37	340.332	62.85	1.058	8658.483	4303.469	2.012
18	218.414	14.208	2.247	80	37	338.827	53.609	1.055	8979.514	4357.078	2.061

滑块编号	滑块重量 W（kN）	滑面倾角 α（°）	滑面长度 L（m）	滑面 c（kPa）	滑面 φ（°）	抗滑力 R（kN）	下滑力 T（kN）	系数 m_θ	总抗滑力 R（kN）	总下滑力 T（kN）	稳定系数 F_s
19	141.38	11.873	2.226	80	37	280.777	29.088	1.051	9246.74	4386.167	2.108
20	47.931	9.558	2.209	80	37	210.358	7.959	1.044	9448.173	4394.126	2.150

　　沿第 2 级坡面剪出的稳定性计算见图 7.2-57，计算结果见表 7.2-50。计算的稳定性系数 $F_s = 0.774$。

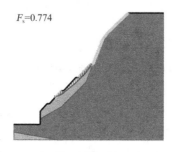

$F_s=0.774$

图 7.2-57　BYK1＋360 剖面沿第 2 级坡面剪出的稳定性计算

BYK1＋360 剖面沿第 2 级坡面剪出的稳定性计算结果　　　　表 7.2-50

滑块编号	滑块重量 W（kN）	滑面倾角 α（°）	滑面长度 L（m）	滑面 c（kPa）	滑面 φ（°）	抗滑力 R（kN）	下滑力 T（kN）	系数 m_θ	总抗滑力 R（kN）	总下滑力 T（kN）	稳定系数 F_s
1	29.967	52.096	2.455	10.6	13.5	23.183	23.645	0.859	26.985	23.645	1.141
2	53.954	50.504	2.372	10.6	13.5	28.942	41.635	0.875	60.046	65.279	0.920
3	63.224	48.964	2.297	10.6	13.5	31.168	47.69	0.891	95.046	112.97	0.841
4	69.345	47.471	2.231	10.6	13.5	32.637	51.102	0.905	131.126	164.072	0.799
5	72.58	46.018	2.172	10.6	13.5	33.414	52.226	0.918	167.538	216.297	0.775
6	73.154	44.604	2.119	10.6	13.5	33.552	51.369	0.93	203.622	267.666	0.761
7	71.261	43.222	2.07	10.6	13.5	33.097	48.802	0.941	238.789	316.468	0.755
8	79.876	41.872	2.026	10.6	13.5	35.165	53.314	0.952	275.739	369.782	0.746
9	118.802	40.549	1.985	10.6	13.5	44.511	77.233	0.962	322.031	447.015	0.720
10	120.216	39.252	1.948	10.6	13.5	44.85	76.065	0.971	368.238	523.08	0.704
11	109.921	37.979	1.914	10.6	13.5	42.378	67.642	0.979	411.519	590.722	0.697
12	97.809	36.727	1.882	10.6	13.5	39.471	58.49	0.987	451.51	649.212	0.695
13	83.969	35.495	1.853	10.6	13.5	36.148	48.755	0.994	487.866	697.967	0.699
14	68.48	34.283	1.826	10.6	13.5	32.429	38.573	1.001	520.262	736.54	0.706
15	51.414	33.087	1.8	10.6	13.5	28.332	28.068	1.007	548.392	764.608	0.717
16	47.304	31.907	1.777	10.6	13.5	27.346	25.002	1.013	575.391	789.61	0.729
17	72.245	30.742	1.755	10.6	13.5	33.333	36.93	1.018	608.133	826.541	0.736
18	59.248	29.592	1.735	10.6	13.5	30.213	29.258	1.023	637.674	855.798	0.745
19	36.463	28.454	1.716	10.6	13.5	24.743	17.373	1.027	661.766	873.171	0.758
20	12.369	27.328	1.698	10.6	13.5	18.958	5.678	1.031	680.158	878.85	0.774

沿第 3 级坡面剪出的稳定性计算见图 7.2-58，计算结果见表 7.2-51。计算的稳定性系数 $F_s = 0.753$。

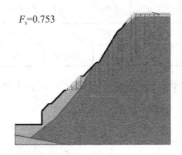

$F_s=0.753$

图 7.2-58　BYK1＋360 剖面沿第 3 级坡面剪出的稳定性计算

BYK1＋360 剖面沿第 3 级坡面剪出的稳定性计算结果　　　　　表 7.2-51

滑块编号	滑块重量 W（kN）	滑面倾角 α（°）	滑面长度 L（m）	滑面 c（kPa）	滑面 φ（°）	抗滑力 R（kN）	下滑力 T（kN）	系数 m_θ	总抗滑力 R（kN）	总下滑力 T（kN）	稳定系数 F_s
1	7.451	61.474	1.256	10.6	13.5	8.149	6.546	0.758	10.754	6.546	1.643
2	21.378	57.98	1.132	10.6	13.5	11.492	18.126	0.801	25.108	24.672	1.018
3	33.596	54.801	1.041	10.6	13.5	14.426	27.453	0.837	42.342	52.125	0.812
4	42.694	51.856	0.971	10.6	13.5	16.61	33.578	0.868	61.468	85.703	0.717
5	44.876	49.094	0.916	10.6	13.5	17.134	33.917	0.896	80.594	119.62	0.674
6	45.715	46.479	0.871	10.6	13.5	17.335	33.149	0.92	99.439	152.769	0.651
7	45.789	43.984	0.834	10.6	13.5	17.353	31.798	0.941	117.88	184.567	0.639
8	45.192	41.59	0.802	10.6	13.5	17.21	29.998	0.96	135.814	214.565	0.633
9	44	39.282	0.775	10.6	13.5	16.923	27.858	0.976	153.154	242.424	0.632
10	42.27	37.048	0.752	10.6	13.5	16.508	25.467	0.99	169.824	267.891	0.634
11	40.05	34.878	0.731	10.6	13.5	15.975	22.902	1.003	185.755	290.793	0.639
12	37.38	32.764	0.714	10.6	13.5	15.334	20.229	1.014	200.885	311.022	0.646
13	34.29	30.7	0.698	10.6	13.5	14.592	17.507	1.023	215.154	328.528	0.655
14	30.811	28.678	0.684	10.6	13.5	13.757	14.786	1.03	228.505	343.314	0.666
15	26.962	26.695	0.672	10.6	13.5	12.833	12.113	1.037	240.884	355.427	0.678
16	22.766	24.746	0.661	10.6	13.5	11.826	9.529	1.042	252.237	364.956	0.691
17	18.237	22.827	0.651	10.6	13.5	10.738	7.075	1.045	262.509	372.031	0.706
18	13.391	20.934	0.642	10.6	13.5	9.575	4.785	1.048	271.646	376.816	0.721
19	8.24	19.066	0.635	10.6	13.5	8.338	2.692	1.049	279.592	379.508	0.737
20	2.795	17.218	0.628	10.6	13.5	7.031	0.827	1.05	286.291	380.335	0.753

沿第 4 级坡面剪出的稳定性计算见图 7.2-59，计算结果见表 7.2-52。计算的稳定性系数 $F_s = 0.857$。

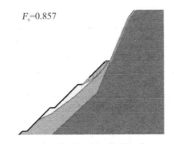

$F_s = 0.857$

图 7.2-59　BYK1＋360 剖面沿第 4 级坡面剪出的稳定性计算

BYK1＋360 剖面沿第 4 级坡面剪出的稳定性计算结果　　　表 7.2-52

滑块编号	滑块重量 W（kN）	滑面倾角 α（°）	滑面长度 L（m）	滑面 c（kPa）	滑面 φ（°）	抗滑力 R（kN）	下滑力 T（kN）	系数 m_θ	总抗滑力 R（kN）	总下滑力 T（kN）	稳定系数 F_s
1	6.304	61.638	1.158	10.6	13.5	7.343	5.547	0.721	10.179	5.547	1.835
2	18.068	58.586	1.055	10.6	13.5	10.168	15.419	0.76	23.554	20.967	1.123
3	24.116	55.783	0.978	10.6	13.5	11.62	19.942	0.794	38.19	40.908	0.934
4	26.858	53.169	0.917	10.6	13.5	12.278	21.497	0.824	53.098	62.406	0.851
5	28.754	50.706	0.868	10.6	13.5	12.733	22.253	0.85	68.078	84.659	0.804
6	29.936	48.368	0.828	10.6	13.5	13.017	22.375	0.874	82.978	107.034	0.775
7	30.498	46.132	0.794	10.6	13.5	13.152	21.987	0.895	97.674	129.021	0.757
8	30.517	43.983	0.764	10.6	13.5	13.156	21.192	0.914	112.069	150.213	0.746
9	30.05	41.911	0.739	10.6	13.5	13.044	20.072	0.931	126.076	170.286	0.740
10	29.144	39.903	0.717	10.6	13.5	12.827	18.695	0.947	139.624	188.981	0.739
11	27.838	37.953	0.698	10.6	13.5	12.513	17.12	0.961	152.649	206.101	0.741
12	26.163	36.053	0.68	10.6	13.5	12.111	15.398	0.973	165.092	221.499	0.745
13	24.147	34.198	0.665	10.6	13.5	11.627	13.572	0.984	176.903	235.071	0.753
14	21.811	32.383	0.651	10.6	13.5	11.066	11.682	0.994	188.031	246.753	0.762
15	19.176	30.604	0.639	10.6	13.5	10.434	9.763	1.003	198.43	256.515	0.774
16	16.258	28.857	0.628	10.6	13.5	9.733	7.847	1.011	208.058	264.362	0.787
17	13.072	27.139	0.618	10.6	13.5	8.968	5.963	1.018	216.871	270.325	0.802
18	9.629	25.447	0.609	10.6	13.5	8.142	4.138	1.023	224.827	274.462	0.819
19	5.942	23.779	0.601	10.6	13.5	7.257	2.396	1.028	231.886	276.858	0.838
20	2.019	22.132	0.594	10.6	13.5	6.315	0.761	1.032	238.006	277.619	0.857

沿第 5 级坡面剪出的稳定性计算见图 7.2-60，计算结果见表 7.2-53。计算的稳定性系数 $F_s = 3.021$。

BYK1＋360 剖面沿第 5 级坡面剪出的稳定性计算结果　　　表 7.2-53

滑块编号	滑块重量 W（kN）	滑面倾角 α（°）	滑面长度 L（m）	滑面 c（kPa）	滑面 φ（°）	抗滑力 R（kN）	下滑力 T（kN）	系数 m_θ	总抗滑力 R（kN）	总下滑力 T（kN）	稳定系数 F_s
1	143.042	70.051	5.891	330	40	783.345	134.459	0.602	1300.661	134.459	9.673
2	396.106	64.738	4.71	330	40	995.691	358.225	0.678	2769.344	492.684	5.621

山区城市复杂成因堆积体高边坡稳定性分析

续表

滑块编号	滑块重量 W（kN）	滑面倾角 α（°）	滑面长度 L（m）	滑面 c（kPa）	滑面 φ（°）	抗滑力 R（kN）	下滑力 T（kN）	系数 m_θ	总抗滑力 R（kN）	总下滑力 T（kN）	稳定系数 F_s
3	597.307	60.342	4.062	330	40	1164.52	519.057	0.736	4351.168	1011.741	4.301
4	766.872	56.483	3.64	330	40	1306.8	639.355	0.784	6018.519	1651.095	3.645
5	914.122	52.986	3.339	330	40	1430.36	729.911	0.824	7754.817	2381.007	3.257
6	1031.964	49.754	3.111	330	40	1529.24	787.671	0.858	9536.988	3168.678	3.010
7	1069.546	46.726	2.932	330	40	1560.77	778.714	0.888	11295.17	3947.392	2.861
8	1085.772	43.86	2.788	330	40	1574.39	752.325	0.913	13018.66	4699.717	2.770
9	1091.088	41.126	2.668	330	40	1578.85	717.626	0.936	14705.55	5417.343	2.715
10	1085.909	38.502	2.568	330	40	1574.5	676.024	0.955	16353.39	6093.367	2.684
11	1073.04	35.971	2.484	330	40	1563.71	630.273	0.972	17961.38	6723.641	2.671
12	1054.959	33.518	2.411	330	40	1548.53	582.553	0.987	19530.17	7306.194	2.673
13	1033.674	31.134	2.348	330	40	1530.67	534.45	1	21061.5	7840.644	2.686
14	1005.739	28.808	2.294	330	40	1507.23	484.641	1.01	22553.69	8325.285	2.709
15	948.137	26.533	2.247	330	40	1458.9	423.545	1.019	23985.74	8748.83	2.742
16	873.777	24.302	2.205	330	40	1396.51	359.605	1.026	25347.26	9108.435	2.783
17	737.075	22.11	2.17	330	40	1281.8	277.429	1.031	26590.51	9385.864	2.833
18	532.202	19.952	2.138	330	40	1109.89	181.604	1.035	27663.12	9567.468	2.891
19	322.279	17.823	2.111	330	40	933.742	98.641	1.037	28563.52	9666.108	2.955
20	108.12	15.719	2.088	330	40	754.042	29.291	1.038	29290.07	9695.4	3.021

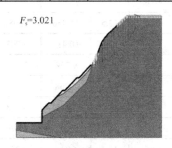

图 7.2-60　BYK1＋360 剖面沿第 5 级坡面剪出的稳定性计算

2）按折线形滑面及平面滑动面计算

采用边坡计算软件 SlopeLE 按折线滑面计算各级边坡的稳定性系数，计算说明如下：采用规范：《建筑边坡工程技术规范》GB 50330—2013；计算目标：计算稳定系数；计算方法：传递系数法（R/K 隐式）；滑裂面形状：指定折线滑面；地震影响：不考虑；岩土层参数取值：同表 7.2-1。

按折线形滑面计算破碎砂岩沿底部从垂直开挖面剪出的稳定性计算见图 7.2-61，计算结果见表 7.2-54。计算的稳定性系数 $F_s = 1.806$。

208

BYK1＋360 剖面沿破碎砂岩底部从垂直开挖面剪出的稳定性计算结果　　表 7.2-54

滑块编号	滑块重量 W（kN）	滑面倾角 α（°）	滑面长度 L（m）	滑面 c（kPa）	滑面 φ（°）	抗滑力 R（kN）	下滑力 T（kN）	传递系数 ψ	总抗滑力 R（kN）	总下滑力 T（kN）	稳定系数 F_s	下滑力 P（kN）
1	732.567	67.722	14.53	80	37	1371.71	677.886	0.73	759.477	677.886	2.024	0
2	5003.893	42.756	27.239	80	37	4947.74	3397.014	0.853	3294.181	3892.177	1.456	657.593
3	3838.45	27.324	20.319	80	37	4195.24	1761.908	0	5132.475	5081.642	1.806	

折线形滑面计算碎石土沿底部从第 2 级坡面剪出的稳定性计算见图 7.2-62，计算结果见表 7.2-55。计算的稳定性系数 F_s = 0.718。

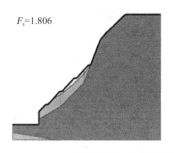

F_s=1.806　　　　　　　　　　　　　F_s=0.718

图 7.2-61　BYK1＋360 剖面沿破碎砂岩底部从垂直　　图 7.2-62　BYK1＋360 剖面沿底部从第 2 级
开挖面剪出的稳定性计算　　　　　　　　　　坡面剪出的稳定性计算

BYK1＋360 剖面沿底部从第 2 级坡面剪出的稳定性计算结果　　表 7.2-55

滑块编号	滑块重量 W（kN）	滑面倾角 α（°）	滑面长度 L（m）	滑面 c（kPa）	滑面 φ（°）	抗滑力 R（kN）	下滑力 T（kN）	传递系数 ψ	总抗滑力 R（kN）	总下滑力 T（kN）	稳定系数 F_s	下滑力 P（kN）
1	8.029	65.126	1.368	10.6	13.5	15.307	7.284	0.879	21.328	7.284	2.101	0
2	214.182	50.132	6.528	10.6	13.5	102.156	164.39	0.942	161.096	170.795	0.621	22.050
3	610.454	41.871	13.383	10.6	13.5	250.999	407.448	0.965	501.413	568.262	0.586	78.477
4	573.054	36.65	12.507	10.6	13.5	242.948	342.068	0.902	822.585	890.675	0.581	79.316
5	197.228	23.99	6.194	10.6	13.5	108.918	80.19		894.047	883.917	0.718	0

按平面滑动计算下部垂直开挖部分岩体沿 J_1 节理面的稳定性计算见图 7.2-63，计算结果见表 7.2-56。计算的稳定性系数 F_s = 1.529。

BYK1＋360 剖面沿 J_1 节理面从垂直开挖面剪出的稳定性计算结果　　表 7.2-56

滑块编号	滑块重量 W（kN）	滑面倾角 α（°）	滑面长度 L（m）	滑面 c（kPa）	滑面 φ（°）	抗滑力 R（kN）	下滑力 T（kN）	传递系数 ψ	总抗滑力 R（kN）	总下滑力 T（kN）	稳定系数 F_s	下滑力 P（kN）
1	96.997	80	7.528	20	12	154.148	95.523	1	100.834	95.523	1.614	0
2	165.609	80	4.8	50	18	249.326	163.093	0	263.927	258.617	1.529	0.001

按平面滑动计算下部垂直开挖部分岩体沿 J_2 节理面的稳定性计算见图 7.2-64，计算结果见表 7.2-57。计算的稳定性系数 F_s = 1.079。

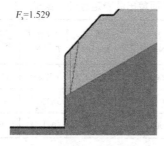
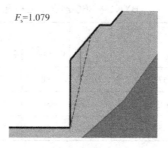

图 7.2-63　BYK1 + 360 剖面沿 J_1 节理面从垂直　　图 7.2-64　BYK1 + 360 剖面沿 J_2 节理面从垂直
　　　　　开挖面剪出的稳定性计算　　　　　　　　　　　　开挖面剪出的稳定性计算

BYK1 + 360 剖面沿 J_2 节理面从垂直开挖面剪出的稳定性计算结果　　表 7.2-57

滑块编号	滑块重量 W（kN）	滑面倾角 α（°）	滑面长度 L（m）	滑面 c（kPa）	滑面 φ（°）	抗滑力 R（kN）	下滑力 T（kN）	传递系数 ψ	总抗滑力 R（kN）	总下滑力 T（kN）	稳定系数 F_s	下滑力 P（kN）
1	179.305	75	8.98	20	12	189.46	173.195	1	175.613	173.195	1.094	0
2	269.434	75	5.162	50	18	280.774	260.253	0	435.865	433.448	1.079	0.001

7.3　开挖工况下边坡稳定性评价

各段边坡按"下部垂直开挖 + 上部分级放坡开挖"进行稳定性评价。各段边坡的稳定性计算结果及评价见表 7.3-1。由表 7.3-1 分析可知，边坡按"下部垂直开挖 + 上部分级放坡开挖"后，边坡上部残留的碎石土不稳定；部分边坡段上部的破碎石英砂岩稳定，部分边坡段基本稳定、安全储备不足；各段边坡的下部岩质边坡不稳定。各段边坡按"下部垂直开挖 + 上部分级放坡开挖"后总体均不稳定。

拟开挖工况下各段边坡稳定性评价　　表 7.3-1

边坡分段及里程	典型剖面	边坡高度（m）	滑面位置/滑面形态	F_s	稳定性状况
K1 + 870～K1 + 790	BYK1 + 860	111.8	沿最低开挖面整体剪出/圆弧	1.899	稳定
			破碎砂岩从垂直开挖面面剪出/圆弧	1.829	稳定
			沿第 1 级边坡坡面剪出/圆弧	2.106	稳定
			沿第 2 级边坡坡面剪出/圆弧	1.992	稳定
			沿第 3 级边坡坡面剪出/圆弧	2.080	稳定
			沿第 4 级边坡坡面剪出/圆弧	2.271	稳定
			沿第 5 级边坡坡面剪出/圆弧	2.529	稳定
			沿第 6 级边坡坡面剪出/圆弧	2.826	稳定
			沿第 7 级边坡坡面剪出/圆弧	3.274	稳定
			破碎砂岩沿底部从垂直开挖面剪出/折线	1.700	稳定
			J_1 节理/平面	1.146	基本稳定
			J_2 节理/平面	0.827	不稳定

续表

边坡分段 及里程	典型剖面	边坡高度 （m）	滑面位置/滑面形态	F_s	稳定性状况
K1+790～ K1+610	BYK1+740	96.3	沿最低开挖面整体剪出/圆弧	1.911	稳定
			破碎砂岩从垂直开挖面剪出/圆弧	1.355	基本稳定
			沿第 1 级边坡坡面剪出/圆弧	1.959	稳定
			沿第 2 级边坡坡面剪出/圆弧	0.690	不稳定
			沿第 3 级边坡坡面剪出/圆弧	0.933	不稳定
			沿第 4 级边坡坡面剪出/圆弧	2.683	稳定
			沿第 5 级边坡坡面剪出/圆弧	2.993	稳定
			沿第 6 级边坡坡面剪出/圆弧	3.370	稳定
			沿第 7 级边坡坡面剪出/圆弧	3.931	稳定
			破碎砂岩沿底部从垂直开挖面剪出/折线	1.591	稳定
			碎石土沿底部从第 2 级坡面剪出/折线	1.154	基本稳定
			J_1 节理/平面	1.057	基本稳定
			J_2 节理/平面	0.746	不稳定
K1+610～ K1+530	BYK1+540	87.9	沿最低开挖面整体剪出/圆弧	2.070	稳定
			破碎砂岩从垂直开挖面剪出/圆弧	1.682	稳定
			沿第 1 级边坡坡面剪出/圆弧	1.829	稳定
			沿第 2 级边坡坡面剪出/圆弧	1.889	稳定
			沿第 3 级边坡坡面剪出/圆弧	2.185	稳定
			沿第 4 级边坡坡面剪出/圆弧	2.715	稳定
			沿第 5 级边坡坡面剪出/圆弧	3.136	稳定
			沿第 6 级边坡坡面剪出/圆弧	3.829	稳定
			破碎砂岩沿底部从垂直开挖面剪出/折线	1.548	稳定
			J_1 节理/平面	1.492	稳定
			J_2 节理/平面	1.042	欠稳定
K1+530～ K1+280	BYK1+500	80.2	沿最低开挖面整体剪出/圆弧	1.572	稳定
			沿第 1 级边坡坡面剪出/圆弧	2.360	稳定
			沿第 2 级边坡坡面剪出/圆弧	2.507	稳定
			沿第 3 级边坡坡面剪出/圆弧	2.675	稳定
			沿第 4 级边坡坡面剪出/圆弧	2.970	稳定
			沿第 5 级边坡坡面剪出/圆弧	3.325	稳定
			破碎砂岩沿底部从垂直开挖面剪出/折线	1.633	稳定
			J_1 节理/平面	0.679	不稳定
			J_2 节理/平面	0.496	不稳定

边坡分段 及里程	典型剖面	边坡高度 （m）	滑面位置/滑面形态	F_s	稳定性状况
K1 + 530～ K1 + 280	BYK1 + 360	84.2	沿最低开挖面整体剪出/圆弧	2.214	稳定
			破碎砂岩从垂直开挖面剪出/圆弧	1.842	稳定
			沿第 1 级边坡坡面剪出/圆弧	2.150	稳定
			沿第 2 级边坡坡面剪出/圆弧	0.774	不稳定
			沿第 3 级边坡坡面剪出/圆弧	0.753	不稳定
			沿第 4 级边坡坡面剪出/圆弧	0.857	不稳定
			沿第 5 级边坡坡面剪出/圆弧	3.021	稳定
			破碎砂岩沿底部从垂直开挖面剪出/折线	1.806	稳定
			碎石土沿底部从第 2 级坡面剪出/折线	0.718	不稳定
			J_1 节理/平面	1.529	稳定
			J_2 节理/平面	1.079	基本稳定

第 8 章

贵阳红岩地块边坡稳定性数值分析

8.1 模型建立及参数设置

8.1.1 三维数值建模软件

FLAC 虽然在分析诸多岩土工程问题上具备很强优势，但是却在模型建立以及网格划分等前处理程序上存在一定困难。因此，需要寻求一款建模方便，网格划分规则易行且能与 FLAC 接口互通的前处理建模软件。现阶段常用的前处理软件有 ANSYS、Rhino、midas、ABAQUS 等。四川大学研究团队参与的不同工程及使用不同软件建立的 FLAC 前处理模型如图 8.1-1～图 8.1-4 所示。

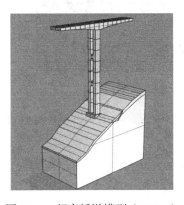
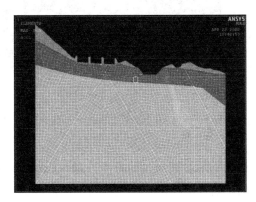

图 8.1-1　超高桥墩模型（Rhino）　　图 8.1-2　储能厂房深基坑开挖模型（ANSYS）

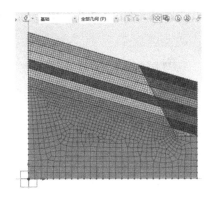
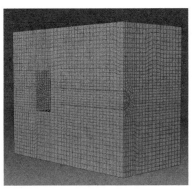

图 8.1-3　边坡开挖模型（midas）　　图 8.1-4　隧洞开挖模型（ABAQUS）

在贵阳红岩地块范围内广泛分布厚度较大的老滑坡堆积体，存在岩性的变化。相同岩性中也存在风化层厚度的变化，地貌特征多变。总体而言，工程区内需要考虑建模因素较多，模型相对复杂。为此选择 Rhino 作为前处理软件进行 FLAC 的模型建立。Rhino 是美国 Robert McNeel & Assoc 开发的 PC 上强大的专业 3D 造型软件，它可以广泛地应用于三维动画制作、工业制造、科学研究以及机械设计等领域。对要求精细、复杂的 3D NURBS 模型，有极强的适用性。使用 Rhino 软件建立实体模型，再通过 Itasca 开发的 Griddle 网格划分软件，导入 FLAC 数值模拟软件中进行计算。

8.1.2　模型建立

贵阳红岩地块位于贵阳市南明区红岩地块，北侧为南明河、南侧为山地，北侧紧邻水东路、西侧邻近中环路，交通便利，工程区平面图如图 8.1-5 所示。

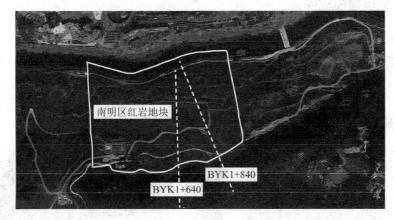

图 8.1-5　工程区平面图

基于勘察资料中的 30 条地质剖面，选取高差最大的两条剖面（BYK1 + 840、BYK1 + 640）作为研究对象，如图 8.1-5 中虚线段所示。

依据选取的地址剖面结合施工方案，通过 AutoCAD 绘制边坡的二维剖面图，在图中区分基覆面、岩性交界面、开挖面、加固区、扰动区等要素（图 8.1-6）。将绘制好的 CAD 图形导入 Rhino 建立半整体三维实体（图 8.1-7）。再通过 Griddle 实现网格划分（图 8.1-8）。最后导入 FLAC 软件中，通过 Model 模块进行组别划分。图 8.1-9 为分组完成的数值模型。至此，前处理工作就全部完成。

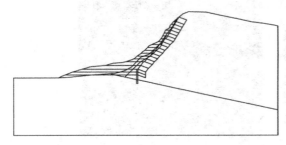
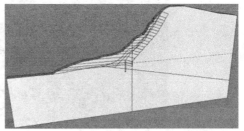

图 8.1-6　绘制模型轮廓线（AutoCAD）　　　　图 8.1-7　绘制三维实体（Rhino）

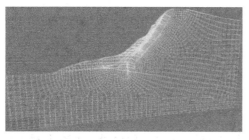

图 8.1-8　网格划分（Griddle）

图 8.1-9　模型分组（FLAC）

8.1.3　参数标定

基于勘察报告中的试验成果，并结合《工程地质手册》和《岩石力学手册》对数值模拟软件内的各单元进行参数标定，参数选取结果见表 8.1-1。

岩体物理力学参数值　　　　　　　　　　　表 8.1-1

边坡岩土体		重度γ（kN/m³）	内聚力c_k（kPa）	内摩擦角φ_k（°）	泊松比（μ）
①碎石土		22.5	10.6	13.5	0.35
②₁强风化石英砂岩		23.0	30.0	20.0	0.30
②₂中风化破碎石英砂岩	岩体	24.3	80	37	—
	层面	—	（c_s）16.5	（φ_s）11.4	—
	节理面	—	（c_s）20	（φ_s）12	—
②₃中风化较破碎石英砂岩	岩体	25.7	330	40	0.25
	层面	—	（c_s）16.5	（φ_s）11.4	—
	节理面	—	（c_s）50	（φ_s）18	—
③中风化较碎泥灰岩	岩体	27.1	220	35	0.23
	层面	—	（c_s）16.5	（φ_s）11.4	—
	节理面	—	（c_s）50	（φ_s）18	—
岩层层间泥岩夹层		26.0	16.5	11.4	

8.2　边坡分层开挖稳定性评价

8.2.1　BYK1＋840 剖面不同分层垂高开挖的对比分析

开挖方案按照先总后分的方式进行，即开挖时从上往下、从左往右依次分区段跳段开挖，跳段间隔为 1 个单元。第一批开挖顺序为第 1-1、1-3、1-5 单元；区段内分层开挖，自坡顶往下，5m 为一个施工平台，挖至施工平台后完成平台以上锚索锚杆制作安装与注浆，支护达到强度后从上往下进行第 2 个施工平台的开挖。

后期为了加快施工进度，区段内分层开挖时，自坡顶往下，10m 为一个施工平台，挖至施工平台后完成平台以上锚索锚杆制作安装与注浆，支护达到强度后从上往下进行第 2

个施工平台的开挖。

数值模拟的目的是对比研究 BYK1＋840 剖面边坡在两种不同分层垂高（5m、10m）的裸坡开挖过程中，边坡内主应力、位移场、剪应变和破坏区的特征。进而论证分层垂高 10m 的开挖方式的可行性。

1. 数值模型

依据地质剖面并结合现场勘察，根据物质组成差异，将模型区分为：碎石土层、中风化破碎石英砂岩、中风化较破碎石英砂岩和中风化较破碎泥灰岩。现阶段因调查资料不足，暂未考虑坡体内部结构面对边坡开挖过程的变形和稳定性的影响。

FLAC 有限元数值模拟软件中分组完成的 BYK1＋840 剖面边坡模型如图 8.2-1 所示，模型长 467m、高 90m，节点总数 12041 个，单元总数 13718 个。

依据开挖的施工组织设计，将模型开挖区以开挖面为界，按照 5m 垂高划分为一个单元，开挖单元的划分如图 8.2-2 所示。模拟 5m 垂高的裸坡开挖时，由上至下将每一个单元赋值为 null 后迭代计算至稳定后，进行下一个开挖步的计算。当模拟 10m 垂高的裸坡开挖时，由上至下将每两个单元赋值为 null 后迭代计算至稳定后，进行下一个开挖步的计算。

■ 碎石土层
■ 较破碎泥灰岩
■ 破碎石英砂岩
■ 较破碎石英砂岩

图 8.2-1　BYK1＋840 剖面计算模型　　　　图 8.2-2　BYK1＋840 开挖分区设置

分析和对比 BYK1＋840 剖面 5m 垂高的裸坡开挖方案（以下简称方案 1）和 10m 垂高的裸坡开挖方案（以下简称方案 2）在施工过程中，边坡的宏细观演化特征。以下主要通过两个施工方案在开挖至高程 1195.00m、1175.00m、1155.00m、1135.00m、1115.00m 时的应力特征、位移场特征、剪应变特征和破坏区特征的对比，对分层垂高 10m 的开挖方案的可行性进行论证。在此，先列出开挖前 BYK1＋840 剖面的最大主应力（Zone Maximum Principal Stress）与最小主应力（Zone Minimum Principal Stress）成果，见图 8.2-3 和图 8.2-4。需要说明的是，FLAC 数值模拟结果中主应力的表示方式与弹性力学相同，即"＋"表示拉应力，"－"表示压应力。

由图 8.2-3 可知，在初始地形情况下，最大主应力量值在−5.066MPa 到−0.014MPa 之间，表明坡体在未开挖时，其内部无以拉应力形式存在的最大主应力，最大主应力等值线总体表现为连续变化的特征；在基覆面上有一定的应力集中情况，最大主应力随着深度的增加而增大。由图 8.2-4 可知，在未开挖的情况下，最小主应力量值在−1.1647MPa 到 0.037MPa，表明边坡在未开挖时，就有以拉应力形式存在的最小主应力，且普遍分布于覆盖层中；致使坡表覆盖层出现拉应力的原因有二，首先是坡表有显著的风化卸荷作用导致拉应力的出现，其次是覆盖层的强度低、基覆面倾角大，导致覆盖层拉应力的出现；最小主应力等值线总体表现为连续变化的特征，但在基覆面上有一定的应力集中情况。

 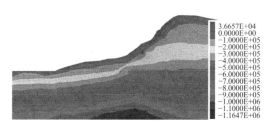

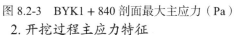

图 8.2-3　BYK1＋840 剖面最大主应力（Pa）　　　图 8.2-4　BYK1＋840 剖面最小主应力（Pa）

2. 开挖过程主应力特征

BYK1＋840 剖面边坡在两种施工方案下，开挖至高程 1195.00m、1175.00m、1155.00m、1135.00m、1115.00m 时最大主应力与最小主应力的数值模拟计算成果分别分析。

图 8.2-5～图 8.2-9 为 BYK1＋840 剖面开挖过程的最大主应力结果。由图 8.2-5～图 8.2-9 可知，最大主应力的最大值在开挖过程中基本没有变化。最大主应力的最小值，在开挖过程中有一定的波动，但变化幅度不大。平行比较施工方案 1 和施工方案 2 在开挖过程中的最大主应力计算结果，可知两者的应力演化趋势十分一致。开挖至相同高程时，最大主应力的最大值相等。最大主应力的最小值越大，越不利于坡表覆盖层的稳定。在方案 2 的开挖过程中，坡表最大主应力的最小值略大于方案 1，10m 垂高的分层开挖，确实在一定程度上减小了边坡在开挖各阶段的稳定性。但应力量值相差不大，对开挖边坡的稳定性影响极其有限。说明，为加快施工进度的方案 2 相较于方案 1，在最大主应力方面无明显影响。

图 8.2-10～图 8.2-14 为 BYK1＋840 剖面开挖过程的最小主应力成果。由图 8.2-10～图 8.2-14 可知，在开挖过程中，最小主应力的拉应力值逐渐减小，当完成开挖时，拉应力的量值由 0.037MPa 减小至 0.017MPa 左右，减幅达 20kPa，最小主应力的拉应力值越小，越有利于坡表的稳定；就最小主应力来看，边坡在开挖的过程中逐渐趋于稳定；坡表附近的最小主应力较小，表明开挖面上的岩体基本处于单轴应力状态，最大主应力平行坡面，垂直坡面的最小主应力接近 0。平行比较施工方案 1 和施工方案 2 在开挖过程中最小主应力的计算结果，可知两者应力演化的趋势十分一致。开挖至相同高程时，两者最小主应力的最大值相等。开挖至相同高程时，方案 2 的最小主应力的最小值略大于方案 1，但差距较小，在 0.5～3kPa 之间。这表明，为加快施工进度的方案 2 相较于方案 1，在最小主应力方面变化不明显。

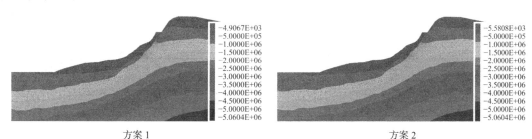

方案 1　　　　　　　　　　　　　　方案 2

图 8.2-5　BYK1＋840 剖面开挖至 1195.00m 的最大主应力特征（Pa）

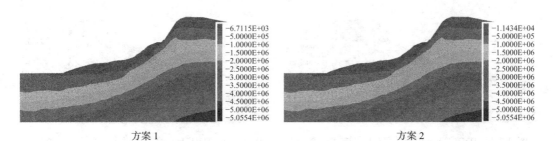

图 8.2-6　BYK1 + 840 剖面开挖至 1175.00m 的最大主应力特征（Pa）

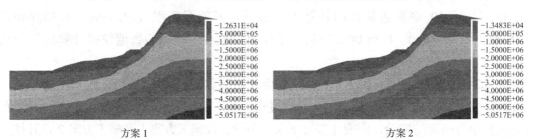

图 8.2-7　BYK1 + 840 剖面开挖至 1155.00m 的最大主应力特征（Pa）

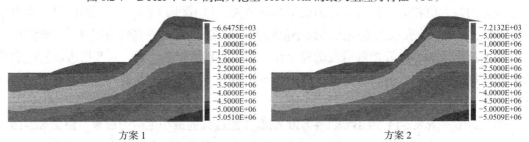

图 8.2-8　BYK1 + 840 剖面开挖至 1135.00m 的最大主应力特征（Pa）

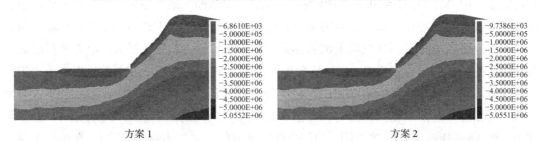

图 8.2-9　BYK1 + 840 剖面开挖至 1115.00m 的最大主应力特征（Pa）

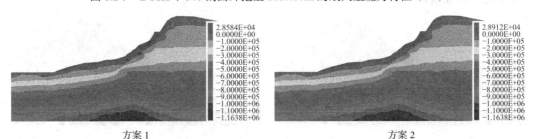

图 8.2-10　BYK1 + 840 剖面开挖至 1195.00m 的最小主应力特征（Pa）

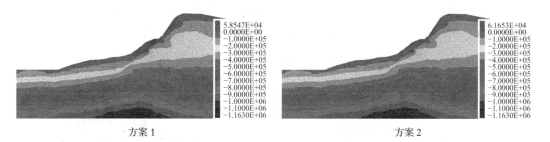

图 8.2-11　BYK1 + 840 剖面开挖至 1175.00m 的最小主应力特征（Pa）

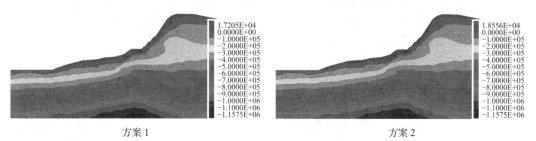

图 8.2-12　BYK1 + 840 剖面开挖至 1155.00m 的最小主应力特征（Pa）

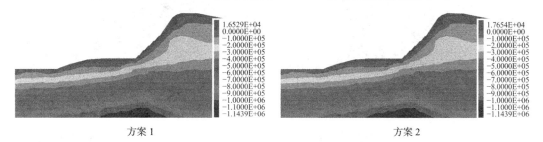

图 8.2-13　BYK1 + 840 剖面开挖至 1135.00m 的最小主应力特征（Pa）

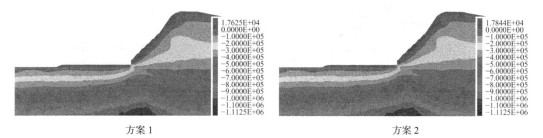

图 8.2-14　BYK1 + 840 剖面开挖至 1115.00m 的最小主应力特征（Pa）

3. 开挖过程位移场特征

BYK1 + 840 剖面边坡在两种施工方案下,开挖至高程 1195.00m、1175.00m、1155.00m、1135.00m、1115.00m 时位移场计算成果如图 8.2-15～图 8.2-19 所示。由图 8.2-15～图 8.2-19 可知, 边坡在开挖过程中主要的变形都来自于覆盖层。BYK1 + 840 剖面边坡在高程 1155.00m 以上开挖时,因其基覆面倾角较大,覆盖层强度低,致使覆盖层表面在开挖的过程中出现数米的溜滑, 位移方向为坡面的切线方向。在高程 1155.00m 以下开挖时,基覆面的倾角有所减小,坡体的位移量明显下降,量值仅为几毫米,以开挖面的卸荷回弹为主。

平行比较施工方案 1 和施工方案 2 在开挖过程中位移场的计算结果可知：施工方案 2 在各阶段的位移量值略大于方案 1，但差值极小，两者的总体位移趋势十分一致。这表明，为加快施工进度的方案 2 相较于方案 1，在位移场特征方面的变化不明显。

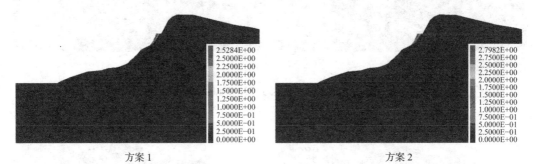

图 8.2-15　BYK1 + 840 剖面开挖至 1195.00m 的位移场特征（m）

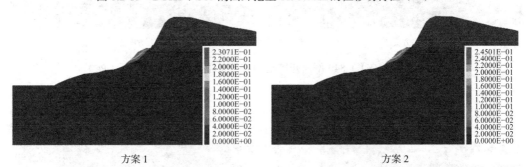

图 8.2-16　BYK1 + 840 剖面开挖至 1175.00m 的位移场特征（m）

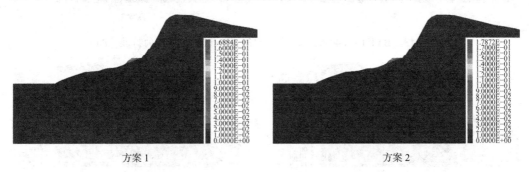

图 8.2-17　BYK1 + 840 剖面开挖至 1155.00m 的位移场特征（m）

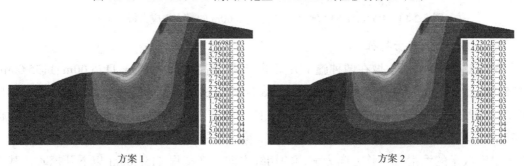

图 8.2-18　BYK1 + 840 剖面开挖至 1135.00m 的位移场特征（m）

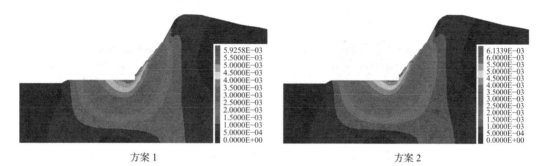

方案 1　　　　　　　　　　　　方案 2

图 8.2-19　BYK1 + 840 剖面开挖至 1115.00m 的位移场特征（m）

4. 开挖过程剪应变特征

BYK1 + 840 剖面边坡在两种施工方案下，开挖至高程 1195.00m、1175.00m、1155.00m、1135.00m、1115.00m 时剪应变计算成果如图 8.2-20～图 8.2-24 所示。由图 8.2-20～图 8.2-24 可知，BYK1 + 840 剖面在高程 1155.00m 以上的基覆面倾角较大，且碎石覆盖层强度低。开挖初期，坡体变形以覆盖层整体沿基覆面滑移为主，在覆盖层底部出现明显的剪切带，剪应变值较大。当开挖至高程 1155.00m 以下时，基覆面的倾角有所减小，覆盖层的位移明显减小，此时的位移以卸荷回弹为主，剪应变量值显著下降，主要分布在开挖面上。当完成所有开挖时，坡体内形成初步的剪切带，剪切带与水平面大致成 45°，剪出口位于坡脚。剪切带未完全贯通且剪应变量值极小，边坡仍具有较高的稳定性。平行比较施工方案 1 和施工方案 2 在开挖过程中剪应变的计算结果可知：在剪应变量值方面，施工方案 2 略大于方案 1，但差距极小。在剪应变的空间分布方面，两种施工方案具有极高的一致性。这表明，为加快施工进度的方案 2 相较于方案 1，在剪应变方面的变化不明显。

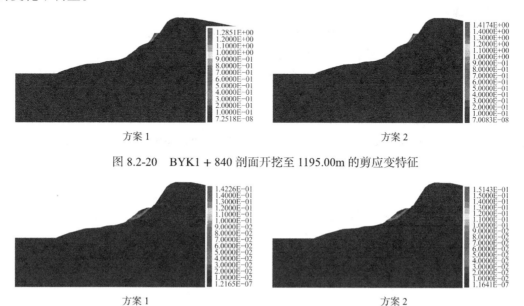

方案 1　　　　　　　　　　　　方案 2

图 8.2-20　BYK1 + 840 剖面开挖至 1195.00m 的剪应变特征

方案 1　　　　　　　　　　　　方案 2

图 8.2-21　BYK1 + 840 剖面开挖至 1175.00m 的剪应变特征

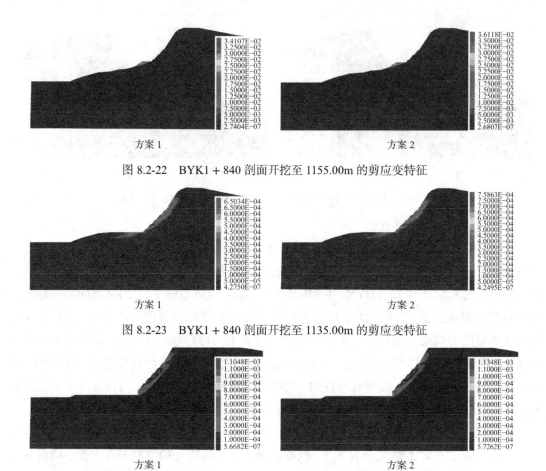

方案 1　　　　　　　　　　　方案 2

图 8.2-22　BYK1 + 840 剖面开挖至 1155.00m 的剪应变特征

方案 1　　　　　　　　　　　方案 2

图 8.2-23　BYK1 + 840 剖面开挖至 1135.00m 的剪应变特征

方案 1　　　　　　　　　　　方案 2

图 8.2-24　BYK1 + 840 剖面开挖至 1115.00m 的剪应变特征

5. 开挖过程破坏区特征

BYK1 + 840 剖面边坡在两种施工方案下,开挖至高程 1195.00m、1175.00m、1155.00m、1135.00m、1115.00m 时破坏区的计算成果如图 8.2-25～图 8.2-29 所示。需要说明的是,FLAC 采用全部动力运动平衡方程求解应力、应变问题,因此输出的破坏区分布数据均赋予相对时间概念,分为现在(n)和过去(p)两种形式。对于破坏区的基础状态,共分 5 种情况:shear-n,表示目前处于剪切破坏状态;shear-p,表示目前处于弹性状态,但在此之前发生过剪切破坏;tension-n,表示目前处于拉张破坏状态;tension-p,表示目前处于弹性状态,但在此之前发生过张拉破坏;None,表示未破坏。

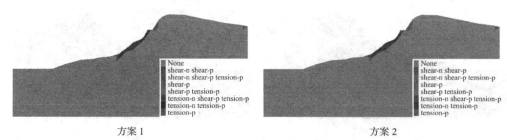

方案 1　　　　　　　　　　　方案 2

图 8.2-25　BYK1 + 840 剖面开挖至 1195.00m 的破坏区剪应变特征

由图 8.2-25～图 8.2-29 可知，开挖初期坡体中上部覆盖层内广泛分布着剪切和张拉形成的破坏区。基岩开挖面浅表，分布少量剪切形成的破坏区。随着开挖的进行，坡体中上部覆盖层被移除，覆盖层的破坏区减小，开挖面上的破坏区增多，但都处于弹性稳定状态。当开挖至设计高程时，开挖面上一定深度内广泛地分布着剪切形成破坏区，虽然大部分破坏区处于弹性稳定状态，但仍要做好支护工作提高开挖面后一定深度内的抗剪强度，减小破坏区的产生提高边坡稳定性。平行比较施工方案 1 和施工方案 2 在开挖过程中破坏区的计算结果可知：两种施工方案的破坏区类型和分布范围都具有明显的一致性。这表明，为加快施工进度的方案 2 相较于方案 1，在破坏区方面的变化不明显。

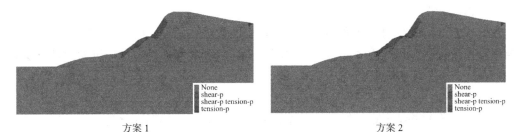

方案 1　　　　　　　　　　　　　　　　　　方案 2

图 8.2-26　BYK1＋840 剖面开挖至 1175.00m 的破坏区剪应变特征

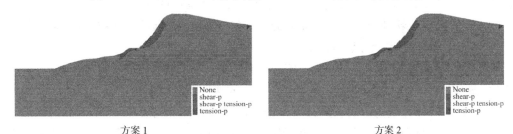

方案 1　　　　　　　　　　　　　　　　　　方案 2

图 8.2-27　BYK1＋840 剖面开挖至 1155.00m 的破坏区剪应变特征

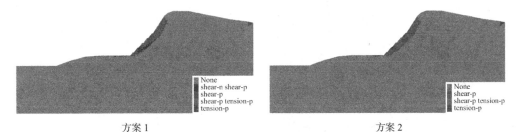

方案 1　　　　　　　　　　　　　　　　　　方案 2

图 8.2-28　BYK1＋840 剖面开挖至 1135.00m 的破坏区剪应变特征

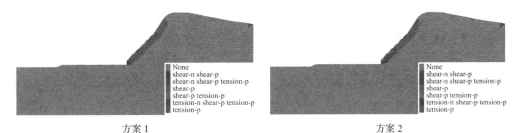

方案 1　　　　　　　　　　　　　　　　　　方案 2

图 8.2-29　BYK1＋840 剖面开挖至 1115.00m 的破坏区剪应变特征

8.2.2　BYK1+640 剖面不同分层垂高开挖的对比分析

开挖方案按照先总后分的方式进行，即开挖时从上往下、从左往右依次分区段跳段开挖，跳段间隔为 1 个单元。第一批开挖顺序为第 1-1、1-3、1-5 单元；区段内分层开挖，自坡顶往下，5m 为一个施工平台，挖至施工平台后完成平台以上锚索锚杆制作安装与注浆，支护达到强度后从上往下进行第 2 个施工平台的开挖。

后期为了增加施工进度，区段内分层开挖时，自坡顶往下，10m 为一个施工平台，挖至施工平台后完成平台以上锚索锚杆制作安装与注浆，支护达到强度后从上往下进行第 2 个施工平台的开挖。

数值模拟的目的是对比研究 BYK1+640 剖面边坡在两种不同分层垂高（5m、10m）的裸坡开挖过程中，边坡内主应力、位移场、剪应变和破坏区的特征。进而论证分层垂高 10m 的开挖方式的可行性。

1. 数值模型

依据地质剖面并结合现场勘察，根据物质组成差异，将模型区分为碎石土层、中风化破碎石英砂岩、中风化较破碎石英砂岩和中风化较破碎泥灰岩。现阶段因为调查资料的不足，暂未考虑坡体内部结构面对边坡开挖过程的变形和稳定性的影响。

FLAC 数值模拟软件中网格划分完成的 BYK1+640 剖面边坡模型如图 8.2-30 所示，模型长 360m、高 190m，节点总数 9246 个，单元总数 12652 个。

依据开挖施工组织设计，将模型开挖区以开挖面为界，按照 5m 垂高划分为一个单元，开挖单元的划分如图 8.2-31 所示。模拟 5m 垂高的裸坡开挖时，由上至下将每一个单元赋值为 null 后迭代计算至稳定后，进行下一个开挖步的计算。当模拟 10m 垂高的裸坡开挖时，由上至下将每两个单元赋值为 null 后迭代计算至稳定后，进行下一个开挖步的计算。

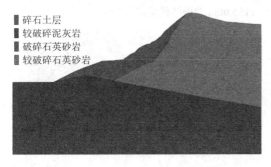

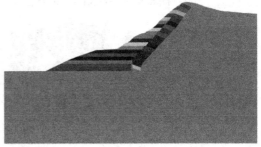

图 8.2-30　BYK1+640 计算剖面　　　　　图 8.2-31　BYK1+640 开挖分区设置

分析和对比 BYK1+640 剖面 5m 垂高的裸坡开挖方案（以下简称方案 1）和 10m 垂高的裸坡开挖方案（以下简称方案 2）在施工过程中，边坡的宏细观演化特征。以下主要通过两个施工方案在开挖至高程 1200.00m、1180.00m、1160.00m、1140.00m、1120.00m 时的应力特征、位移场特征、剪应变特征和破坏区特征的对比，对分层垂高 10m 的开挖方案的可行性进行论证。在此，先列出开挖前 BYK1+840 剖面的最大主应力（Zone Maximum Principal Stress）与最小主应力（Zone Minimum Principal Stress）成果，见图 8.2-32 和图 8.2-33。

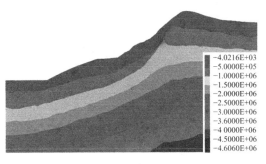 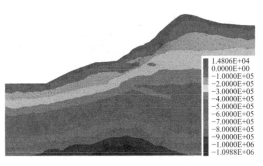

图 8.2-32　BYK1 + 640 剖面最大主应力（Pa）　　　图 8.2-33　BYK1 + 640 剖面最小主应力（Pa）

由图 8.2-32 可知，在初始地形情况下，最大主应力量值在−4.606MPa 到−0.004MPa 之间，表明坡体在未开挖时，其内部无以拉应力形式存在的最大主应力；最大主应力等值线总体表现为连续变化的特征，但在基覆面上有一定的应力集中情况；最大主应力随着深度的增加而增大。由图 8.2-33 可知，在初始地形情况下，最小主应力量值在−1.0988MPa 到0.015MPa 之间，表明边坡表面在未开挖的情况下，就有以拉应力形式存在的最小主应力，普遍分布于覆盖层中；致使坡表覆盖层出现拉应力的原因有二，首先是坡表有显著的风化卸荷作用导致拉应力的出现，其次是覆盖层的强度低、基覆面倾角大，导致覆盖出现拉应力。最小主应力等值线总体表现为连续变化的特征，在基覆面上有一定的应力集中情况。

2. 开挖过程主应力特征

BYK1 + 640 剖面边坡在两种施工方案下，开挖至高程 1200.00m、1180.00m、1160.00m、1140.00m、1120.00m 时的最大主应力与最小主应力的数值模拟计算成果分别分析。

图 8.2-34～图 8.2-38 为 BYK1 + 640 剖面开挖过程的最大主应力计算结果。由图 8.2-34～图 8.2-38 可知，最大主应力的最大值在开挖过程中基本没有变化，最大主应力的最小值在开挖过程中有一定的波动，但变化幅度不大。平行比较施工方案 1 和施工方案 2 在开挖过程中的最大主应力计算结果，可知两者的应力演化趋势十分一致。开挖至相同高程时，最大主应力的最大值相等。最大主应力的最小值越大，越不利于坡表覆盖层的稳定。在方案 2 的开挖过程中，坡表最大主应力的最小值较小略大于方案 1。10m 垂高的分层开挖，确实在一定程度上减小了边坡在开挖各阶段的稳定性。但应力量值相差不大，对开挖边坡的总体稳定性影响极其有限。说明，为加快施工进度的方案 2 相较于方案 1，在最大主应力方面无明显影响。

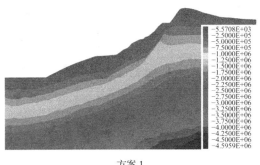 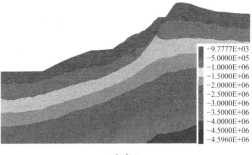

方案 1　　　　　　　　　　　　　　　　　方案 2

图 8.2-34　BYK1 + 640 剖面开挖至 1200.00m 的最大主应力特征（Pa）

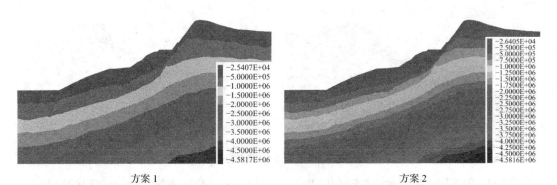

方案 1 　　　　　　　　　　　　方案 2

图 8.2-35　BYK1 + 640 剖面开挖至 1180.00m 的最大主应力特征（Pa）

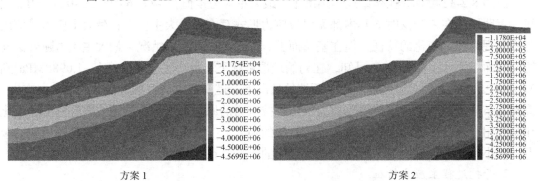

方案 1 　　　　　　　　　　　　方案 2

图 8.2-36　BYK1 + 640 剖面开挖至 1160.00m 的最大主应力特征（Pa）

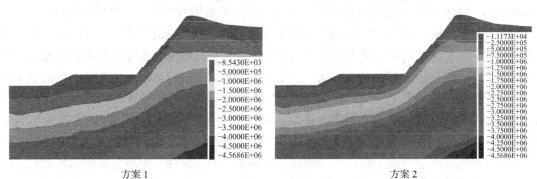

方案 1 　　　　　　　　　　　　方案 2

图 8.2-37　BYK1 + 640 剖面开挖至 1140.00m 的最大主应力特征（Pa）

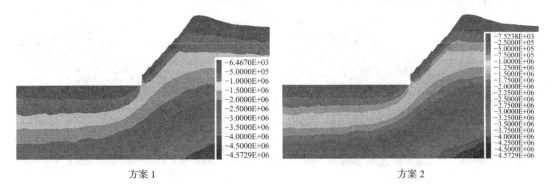

方案 1 　　　　　　　　　　　　方案 2

图 8.2-38　BYK1 + 640 剖面开挖至 1120.00m 的最大主应力特征（Pa）

图 8.2-39～图 8.2-43 为 BYK1＋640 剖面初始状态和开挖过程的最小主应力计算成果。由图 8.2-39～图 8.2-43 可知，在整个开挖过程中，拉应力始终存在于坡体表面；坡表附近的最小主应力较小，表明开挖面上的岩体基本处于单轴应力状态，最大主应力平行坡面，垂直坡面的最小主应力接近 0。平行比较施工方案 1 和施工方案 2 在开挖过程中最小主应力的计算结果，可知两者应力演化的趋势十分一致。开挖至相同高程时，最小主应力的最大值相等。最小主应力的拉应力值越小，越有利于坡表的稳定。开挖至相同高程时，方案 2 的最小主应力的最小值略大于方案 1，证明 10m 垂高的分层开挖降低了各阶段的稳定性。但是，由于两者主应力的差值较小，在 5kPa 以内，所以对边坡的整体稳定影响不明显。这表明，为加快施工进度的方案 2 相较于方案 1，在最小主应力方面变化不明显。

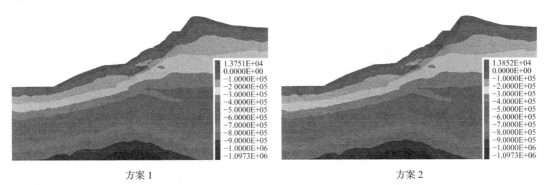

图 8.2-39 BYK1＋640 剖面开挖至 1200.00m 的最小主应力特征（Pa）

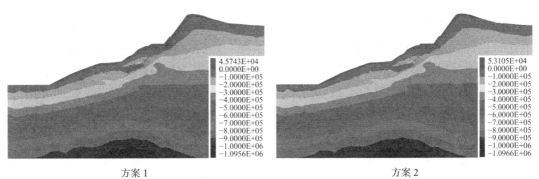

图 8.2-40 BYK1＋640 剖面开挖至 1180.00m 的最小主应力特征（Pa）

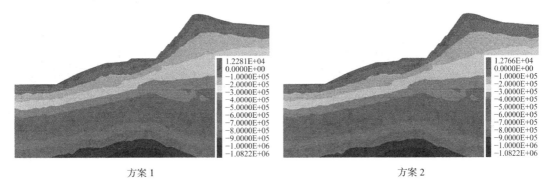

图 8.2-41 BYK1＋640 剖面开挖至 1160.00m 的最小主应力特征（Pa）

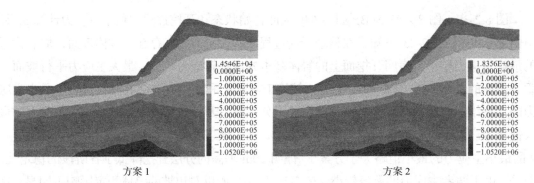

图 8.2-42　BYK1 + 640 剖面开挖至 1140.00m 的最小主应力特征（Pa）

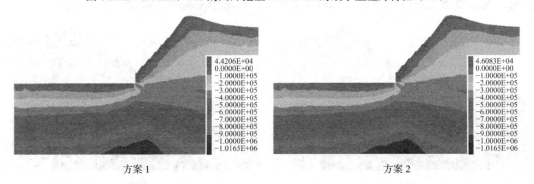

图 8.2-43　BYK1 + 640 剖面开挖至 1120.00m 的最小主应力特征（Pa）

3. 开挖过程位移场特征

BYK1 + 640 剖面边坡在两种施工方案下，开挖至高程 1200.00m、1180.00m、1160.00m、1140.00m、1120.00m 时位移场计算成果如图 8.2-44～图 8.2-48 所示。由图 8.2-44～图 8.2-48 可知，边坡开挖过程中主要位移量值都来自于覆盖层。BYK1 + 640 剖面边坡在高程 1160.00m 以上开挖时，因基覆面倾角较大，覆盖层强度低，致使覆盖层表面在开挖的过程中出现数十厘米的溜滑，位移方向为坡面的切线方向。在高程 1160.00m 以下开挖时，基覆面的倾角有所减小，坡体内的位移量明显下降，此时的变形以开挖面的卸荷回弹为主，其量值仅为几毫米。平行比较施工方案 1 和施工方案 2 在开挖过程中位移场的计算结果可知：施工方案 2 在各阶段的位移量值略大于方案 1，但差值极小，两者的总体位移趋势十分一致。这表明，为加快施工进度的方案 2 相较于方案 1，在位移场特征方面的变化不明显。

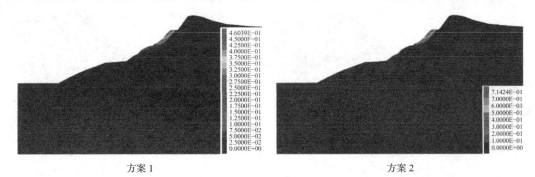

图 8.2-44　BYK1 + 640 剖面开挖至 1200.00m 的位移场特征（m）

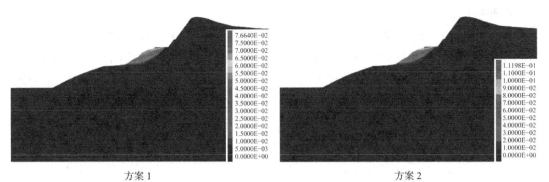

图 8.2-45　BYK1 + 640 剖面开挖至 1180.00m 的位移场特征（m）

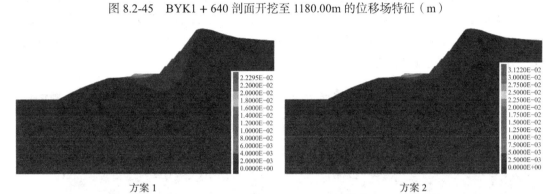

图 8.2-46　BYK1 + 640 剖面开挖至 1160.00m 的位移场特征（m）

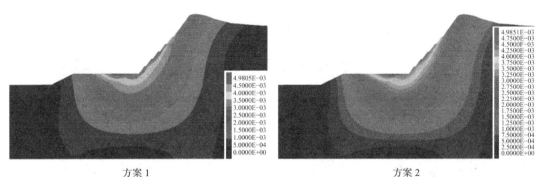

图 8.2-47　BYK1 + 640 剖面开挖至 1140.00m 的位移场特征（m）

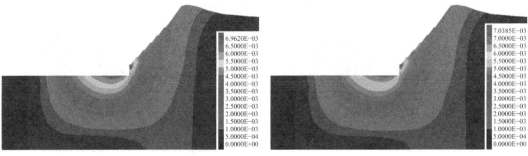

图 8.2-48　BYK1 + 640 剖面开挖至 1120.00m 的位移场特征（m）

4. 开挖过程剪应变特征

BYK1+640剖面边坡在两种施工方案下，开挖至高程1200.00m、1180.00m、1160.00m、1140.00m、1120.00m时剪应变计算成果如图8.2-49～图8.2-53所示。由图8.2-49～图8.2-53可知，BYK1+640剖面在高程1160.00m以上的基覆面倾角较大，且碎石覆盖层强度低。开挖初期，坡体整体变形以覆盖层岩基覆面滑移为主，在覆盖层底部出现明显的剪切带，且剪应变值较大。当开挖至高程1160.00m以下时基覆面的倾角有所减小，覆盖层的位移明显减小，此时的位移以卸荷回弹为主，剪应变量值显著下降，主要分布在开挖面上。当开挖至设计高程时，坡脚处的剪应变较为集中，形成初步的剪切带与水平面大致成45°。剪切带并没有贯通的趋势，边坡具有较高的稳定性。平行比较施工方案1和施工方案2在开挖过程中剪应变的计算结果可知：在剪应变量值方面，施工方案2略大于方案1，但差距极小。在剪应变的空间分布方面，两种施工方案具有极高的一致性。这表明，为加快施工进度的方案2相较于方案1，在剪应变方面的变化不明显。

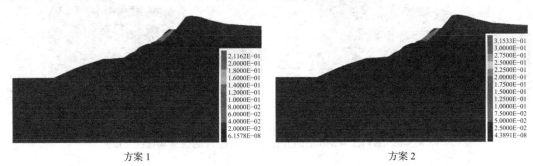

方案1　　　　　　　　　　　　　　　　方案2

图8.2-49　BYK1+640剖面开挖至1200.00m的剪应变特征

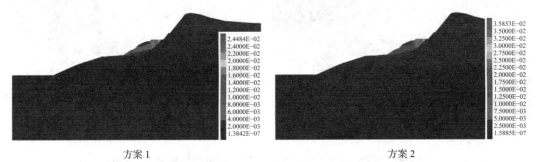

方案1　　　　　　　　　　　　　　　　方案2

图8.2-50　BYK1+640剖面开挖至1180.00m的剪应变特征

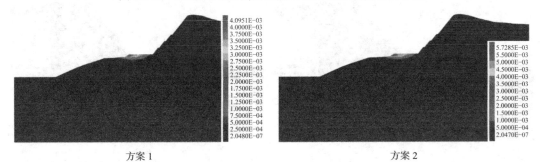

方案1　　　　　　　　　　　　　　　　方案2

图8.2-51　BYK1+640剖面开挖至1160.00m的剪应变特征

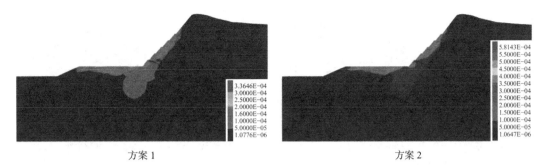

方案 1　　　　　　　　　　　　　　　　方案 2

图 8.2-52　BYK1 + 640 剖面开挖至 1140.00m 的剪应变特征

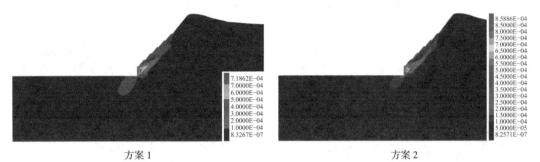

方案 1　　　　　　　　　　　　　　　　方案 2

图 8.2-53　BYK1 + 640 剖面开挖至 1120.00m 的剪应变特征

5. 开挖过程破坏区特征

BYK1 + 640 剖面边坡在两种施工方案下,开挖至高程 1200.00m、1180.00m、1160.00m、1140.00m、1120.00m 时的破坏区计算成果如图 8.2-54～图 8.2-58 所示。由图 8.2-54～图 8.2-58 可知,开挖初期,坡体中上部覆盖层内广泛分布着剪切和张拉形成的破坏区。基岩开挖面浅表,分布少量剪切形成的破坏区。随着开挖的进行,坡体中上部覆盖层被挖除,覆盖层的破坏区减小,开挖面上的破坏区增多,但都处于弹性稳定状态。当开挖至设计高程时,开挖面上一定深度内分布着剪切破坏区,虽然大部分破坏区处于弹性稳定状态,但仍要做好支护工作提高开挖面后一定深度内的抗剪强度,减小破坏区的产生。平行比较施工方案 1 和施工方案 2 在开挖过程中破坏区的计算结果可知:两种施工方案的破坏区类型和分布范围都具有明显的一致性。这表明,为加快施工进度的方案 2 相较于方案 1,在破坏区方面的变化不明显。

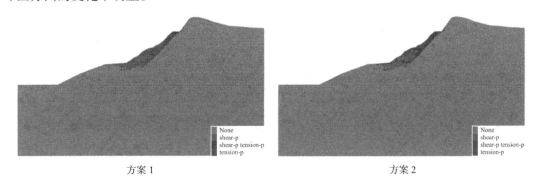

方案 1　　　　　　　　　　　　　　　　方案 2

图 8.2-54　BYK1 + 640 剖面开挖至 1200.00m 的破坏区剪应变特征

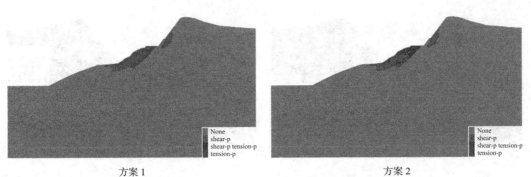

方案 1   方案 2

图 8.2-55　BYK1 + 640 剖面开挖至 1180.00m 的破坏区剪应变特征

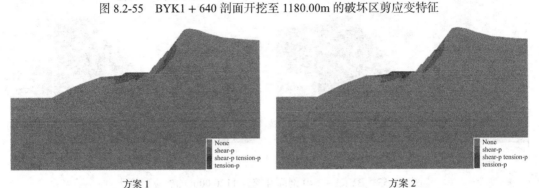

方案 1   方案 2

图 8.2-56　BYK1 + 640 剖面开挖至 1160.00m 的破坏区剪应变特征

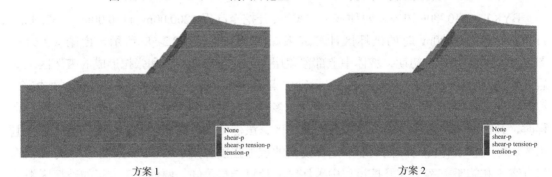

方案 1   方案 2

图 8.2-57　BYK1 + 640 剖面开挖至 1140.00m 的破坏区剪应变特征

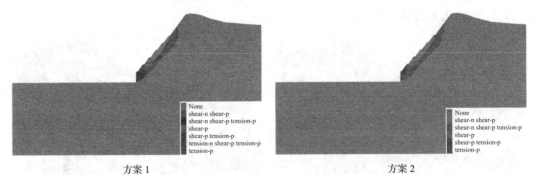

方案 1   方案 2

图 8.2-58　BYK1 + 640 剖面开挖至 1120.00m 的破坏区剪应变特征

第 9 章

贵阳红岩地块边坡监测反馈分析

9.1 概述

边坡位移监测是地质灾害监测的重要组成，对于评估和预测地质灾害的发展趋势具有重要意义。边坡位移监测数据分析方法是通过对监测数据进行处理和分析，以提取有用的信息和规律，并用于评估边坡稳定性的方法。下面介绍边坡位移监测数据分析方法。

边坡位移监测主要通过安装位移传感器对边坡进行实时监测，常用的传感器包括全站仪、GNSS 等。在数据采集过程中，需要考虑传感器的布设位置和密度，以确保监测数据的准确性和代表性。然后对采集到的原始数据进行处理，包括数据清洗、异常值剔除、数据校正等，以获取可靠的位移监测数据。位移监测数据一般包括水平位移和垂直位移两个方向的变化。通过对位移数据进行处理和分析，可以提取出边坡位移的变形特征。常用的分析方法包括计算位移、速度和加速度，构建位移时间曲线和变形剖面，确定边坡变形的趋势和规律。此外，还可以利用统计学方法分析位移数据的分布特征和变异性，以评估边坡的稳定性。边坡位移监测数据还可以用于分析边坡的动力响应特性。通过对位移数据进行频谱分析、滤波处理等，可以获取边坡在不同频率下的位移响应，进而评估边坡的振动特性和抗震能力。同时，动力响应分析还可以用于判断地震等外界作用对边坡稳定性的影响，并为防灾减灾提供科学依据。除了对位移数据进行直接分析，还可以借助数学建模和分析方法对边坡位移进行模拟和预测。常用的模型包括物理力学模型、统计学模型和机器学习模型等。通过对已知监测数据进行建模和拟合，可以预测未来边坡位移的变化趋势，为边坡稳定性的评估和风险管理提供参考。边坡位移监测数据通常需要结合其他监测数据进行综合分析。比如，可以结合地下水位、降雨量、地震动等因素，分析它们与边坡位移的关系，探讨其对边坡稳定性的影响。同时，还可以结合遥感技术获取的影像数据，进行边坡形态变化的监测和分析。通过多源数据的综合分析，可以更全面地了解边坡的状态和变化趋势。显然，边坡位移监测数据分析方法是评估边坡稳定性和预测地质灾害发展趋势的重要手段。通过合理的数据采集与处理、位移变形特征提取、动力响应分析、模型分析与评估以及结合其他监测数据等方法，可以全面、准确地分析边坡位移监测数据，为工程设计和风险管理提供科学依据。同时，需要注意数据的可靠性和合理性，以及合理选择适用的分析方法和模型，提高分析结果的可信度和实用性。

边坡位移监测是指对边坡的变形情况进行实时观测和记录，以便及时发现可能存在的变形危险，并采取相应的措施保障边坡稳定性。边坡位移监测数据的来源主要包括工程勘察、边坡设计及建设阶段的监测等，其中监测数据是获取边坡变形信息的关键。以下是一些典型的边坡位移监测设备和监测点设置方法。

1. 常规监测设备

常规的边坡位移监测设备包括测量标志（Markers）、倾斜仪（Inclinometer）、测深仪（Extensometer）、补偿支架（Compensation Bracket）以及传感器等。测量标志是用于标示监测点位置的固定标记，通常采用墨线或其他标记方式进行。倾斜仪可用于对边坡的倾斜角度进行实时监测。测深仪可以测量深层土壤中的垂直变形情况。补偿支架则用于保证测量设备的稳定性。传感器则可用于监测边坡位移情况。

2. 监测点设置方法

边坡位移监测点的设置应该考虑到以下因素：土体的类型和特性、地形、桩基的类型以及边坡的大小和形状等。在选择监测点时，应根据实际情况进行选址，并进行必要的测量和监测。通常情况下，监测点设置应考虑以下几个方面。常规监测在边坡顶部、中部、底部或者其他关键位置标记测量标志，边坡位移监测并使用倾斜仪、测深仪等设备进行实边坡位移监测时监测。这样可以获得较为全面和准确的边坡状态信息。采用方法包括前后比较法、点连线法、对比法。前后比较法是通过对同一位置的边坡进行前后两次监测，并将数据进行比较，从而获取边坡变化情况，例如使用水平垂直位移尺、全站仪等设备进行监测。点连线法是通过选取关键监测点，利用连线法形成一个小网格，对其进行位移监测，并进行分析判断边坡的稳定性情况。对比法是指在新建边坡的同时，应与周围已经建好的边坡进行对比。如果发现新建的边坡移动情况较大，则说明存在安全隐患，需要采取措施。总之，边坡位移监测数据的来源和采集方式与具体的实际情况有关，应根据边坡特点、监测需求和监测设备等多方面考虑，从而保证监测结果的准确性和稳定性。常规仪器设备多采用徕卡 TM30 型全站仪（0.5″，1 + 1ppm）。监测依据《工程测量规范》GB 50026—2020[220]、《建筑边坡工程技术规范》GB 50330—2013[217]以及委托方、设计方对监测的要求。依托的红岩地块边坡位移监测数据时段和频率为：2021 年 1 月 21 日至 2022 年 5 月 16 日、平均 2～3d 收集一次观测数据。

3. 深层监测

深层监测是对地下工程或深层土体变形进行实时观测和记录的过程。深层监测数据的获取对于评估工程稳定性、预测地下变形以及有效监控风险至关重要。在此介绍一些常见的深层监测设备和监测点设置方法。常见的深层监测设备包括测斜仪（Inclinometer）、应变计（Strain Gauge）、孔隙压力计（Pore Pressure Gauge）、沉降计（Settlement Gauge）等。测斜仪用于测量地下土体的倾斜变形情况，应变计则用于测量土体内部的应变变化。孔隙压力计可以监测土体中的水压变化情况，而沉降计则用于测量地下土壤的沉降变化。在进行深层监测时，需要根据具体情况合理设置监测点，一些常用的设置方法包括竖向监测点设置、横向监测点设置、网格状监测点设置、预留孔设置。竖向监测点设置是指在垂直方向上按照一定间距设置测斜仪、应变计、孔隙压力计、沉降计等设备，以监测地下土体的倾斜、应变、水压和沉降等变化情况。横向监测点设置是指在水平方向上布设监测点，通常采用孔隙压力计和应变计，以监测土体内部的水压变化和应变情况。对于较大的深层监测范围，可以采用网格状的监测点布置方式，通过设置多个监测点形成一个监测网格，从而更全面地了解整个区域的变形情况。在地下工程施工时，预先埋设监测点孔，以便后期安装监测设备。这种设置方式灵活性较高，可以根据实际需求进行调整。深层监测的设备选择和监测点设置需要根据具体工程背景和监测目的进行合理规划。通过有效的深层监测，可以及时发现地下变形情况，为工程安全提供科学依据和参考。常规仪器设备主要采用深层测斜仪 CX-901F（0.1mm/500mm）。监测依据包括《工程测量标准》GB 50026—2020[220]、《建筑边坡工程技术规范》GB 50330—2013[217]以及委托方、设计方对监测的要求。依托的红岩地块边坡深层监测数据时段和频率为：2021年 9 月 3 日至 2022 年 5 月 17 日、平均 8～9d 收集一次观测数据。

9.2　监测布置与数据获取处理

为充分了解红岩地块的变形过程，自 2021 年 1 月起在主要工程区域前后布设了 45 个监测点进行变形监测。2021 年 1 月 21 日至 2022 年 5 月 16 日期间的监测数据显示：在此期间，JC6、JC17、JC19 监测点报废无监测数据，JC31 监测点在 2021 年 11 月 5 日至 2021年 12 月 17 日之间数据无变动后又正常运行。JC9、JC10、JC15、JC2、JC16、JC4、JC32、JC33、JC18、JC7、JC35、JC20 和 JC8 监测点在 2021 年 4 月至 2022 年 4 月间相继失效。为保障监测数据的广泛性和有效性，于 2021 年 2 月至 2022 年 4 月间共计新增监测点 7 次、新增监测点位 35 个。部分监测点布设位置如图 9.2-1 所示。

数据处理：对原始监测数据进行校正、筛选、填补处理，确保数据的准确性和连续性。整体位移选取了 JC1、JC8、JC30 监测点数据作为代表，数据处理结果见表 9.2-1～表 9.2-3。深层位移部分选取了 CX1、CX2、CX4、CX7 孔监测点数据作为代表，数据处理结果见表 9.2-4～表 9.2-7。

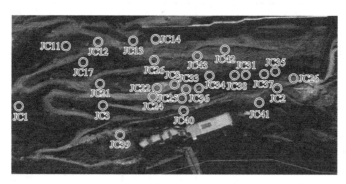

图 9.2-1　部分监测布点图

南明河壹号场地内 JC1 整体情况监测表　　　　　　　　　　表 9.2-1

监测日期（年/月/日）	累计变化量（mm）			相对上一次变化量（mm）		
	X	Y	H	X	Y	H
2021/1/21	−4.4	−1.9	2	−4.4	−1.9	2
2021/1/24	−5.5	−6.6	−1.9	−1.1	−4.7	−3.9

监测日期（年/月/日）	累计变化量（mm）			相对上一次变化量（mm）		
	X	Y	H	X	Y	H
2021/1/27	−3.3	−7.9	1.2	2.2	−1.3	3.1
2021/1/30	−6.5	−5.7	−1.5	−3.2	2.2	−2.7
2021/2/1	−4.6	−4.6	1.5	1.9	1.1	3
2021/2/4	−6.7	−2.9	1.5	−2.1	1.7	0
2021/2/10	−5.1	−3.7	1.3	1.6	−0.8	−0.2
2021/2/19	−4.8	−3	1	0.3	0.7	−0.3
2021/2/22	−4.7	−1	1.1	0.1	2	0.1
2021/2/27	−6.5	−4.2	2.4	−1.8	−3.2	1.3
2021/3/1	−7	−2.8	4.8	−0.5	1.4	2.4
2021/3/5	−9.1	−0.3	4.9	−2.1	2.5	0.1
2021/3/11	−8.8	0	4.9	0.3	0.3	0
2021/3/15	−8.4	2.9	6.1	0.4	2.9	1.2
2021/3/18	−8.5	3.5	7	−0.1	0.6	0.9
2021/3/20	−10.2	−0.5	4.3	−1.7	−4	−2.7
2021/3/24	−9.3	−3.3	4.1	0.9	−2.8	−0.2
2021/3/26	−8.4	−4.1	4.3	0.9	−0.8	0.2
2021/3/31	−8.5	−1.2	4.8	−0.1	2.9	0.5
2021/4/2	−7.9	−2.1	5.6	0.6	−0.9	0.8
2021/4/7	−10.1	−5.3	3.2	−2.2	−3.2	−2.4
2021/4/10	−9.6	−5.6	3.2	0.5	−0.3	0
2021/4/14	−10.2	−4.9	2.6	−0.6	0.7	−0.6
2021/4/18	−9.9	−4.2	2.8	0.3	0.7	0.2
2021/5/8	−9.5	−0.3	3.5	0.8	2.4	0.8
2021/5/10	−10.3	0.3	3.2	−0.8	0.6	−0.3
2021/5/12	−9.7	1.2	3.7	0.6	0.9	0.5
2021/5/14	−11.9	3.2	5.1	−0.4	2.3	0.9
2021/5/15	−13.1	4.7	4.6	−1.2	1.5	−0.5
2021/5/16	−11.1	5.1	4.7	2	0.4	0.1
2021/5/17	−12.2	4.9	4.6	−1.1	−0.2	−0.1
2021/5/18	−13.2	3.7	3.6	−1	−1.2	−1
2021/5/19	−13.3	3.8	4.5	−0.1	0.1	0.9
2021/5/20	−14.4	3.3	3.8	−1.1	−0.5	−0.7
2021/5/21	−13.4	4.6	5.3	1	1.3	1.5
2021/5/22	−13.1	4.8	4.2	0.3	0.2	−1.1
2021/5/24	−13.4	5.3	4.5	−0.3	0.5	0.3
2021/5/25	−13.4	5.1	4.7	0	−0.2	0.2

监测日期（年/月/日）	累计变化量（mm）			相对上一次变化量（mm）		
	X	Y	H	X	Y	H
2021/5/26	−13.9	6.1	5.2	−0.5	1	0.5
2021/5/27	−14.9	5.4	4.5	−1	−0.7	−0.7
2021/5/28	−13.5	7	4.9	1.4	1.6	0.4
2021/5/29	−14	6.6	5.2	−0.5	−0.4	0.3
2021/5/30	−15.4	5.4	5.1	−1.4	−1.2	−0.1
2021/5/31	−14.6	4.8	4.9	0.8	−0.6	−0.2
2021/6/2	−14.9	7.2	5	−0.3	2.4	0.1
2021/6/3	−14.7	7.5	5.1	0.2	0.3	0.1
2021/6/4	−14.1	7.4	5	0.6	−0.1	−0.1
2021/6/5	−12.5	10.7	6.6	1.6	3.3	1.6
2021/6/6	−13.8	10.5	5.8	−1.3	−0.2	−0.8
2021/6/7	−14.1	10.4	8.6	−0.3	−0.1	2.8
2021/6/8	−14.9	9.8	7.7	−0.8	−0.6	−0.9
2021/6/9	−16.2	9	7.4	−1.3	−0.8	−0.3
2021/6/11	−17.6	12	7.3	−1.4	3	−0.1
2021/6/12	−19.8	11.6	7.5	−2.2	−0.4	0.2
2021/6/13	−21.5	19.2	9.7	−1.7	7.6	2.2
2021/6/14	−22.4	21.6	10.8	−0.9	2.4	1.1
2021/6/15	−23	22.5	11	−0.6	0.9	0.2
2021/6/16	−23.2	23.2	10.9	−0.2	0.7	−0.1
2021/6/17	−23.8	22.9	10.8	−0.6	−0.3	−0.1
2021/6/18	−22.7	24.6	10.8	1.1	1.7	0
2021/6/19	−22.8	24.3	12.1	−0.1	−0.3	1.3
2021/6/20	−24.3	23	10.9	−1.5	−1.3	−1.2
2021/6/21	−24.3	23.3	11.2	0	0.3	0.3
2021/6/22	−23.6	23.3	11.6	0.7	0	0.4
2021/6/23	−23.7	24.3	11.2	−0.1	1	−0.4
2021/6/24	−24	24.2	10.7	−0.3	−0.1	−0.5
2021/6/27	−23.6	24.3	11	0.4	0.1	0.3
2021/6/28	−24.6	24.2	12.3	−1	−0.1	1.3
2021/6/29	−25	23.7	11.9	−0.4	−0.5	−0.4
2021/6/30	−26.6	25.3	12.3	−1.6	1.6	0.4
2021/7/1	−29.9	33.3	13	−3.3	8	0.7
2021/7/2	−38	49.5	18.3	−8.1	16.2	5.3
2021/7/3	−41.6	57.1	21.4	−3.6	7.6	3.1
2021/7/4	−53.4	80.2	25	−11.8	23.1	3.6

监测日期（年/月/日）	累计变化量（mm）			相对上一次变化量（mm）		
	X	Y	H	X	Y	H
2021/7/6	−56.3	84.9	27.6	−1.8	1.6	0.5
2021/7/7	−55.3	87.1	28.5	1	2.2	0.9
2021/7/8	−56.7	87.4	28	−1.4	0.3	−0.5
2021/7/9	−56.7	87.7	28.8	0	0.3	0.8
2021/7/10	−57.1	88.8	30	−0.4	1.1	1.2
2021/7/11	−57.8	89.8	31.2	−0.7	1	1.2
2021/7/12	−58.7	91	30.5	−0.9	1.2	−0.7
2021/7/13	−60.4	90.7	30.1	−1.7	−0.3	−0.4
2021/7/14	−60.3	91.4	31.1	0.1	0.7	1
2021/7/16	−59.2	92.8	31	1.1	1.4	−0.1
2021/7/20	−62.5	94.2	30.6	−1.2	1.1	0.4
2021/7/22	−62.7	93.7	30.7	−0.2	−0.5	0.1
2021/7/24	−62.1	94.8	30.8	0.6	1.1	0.1
2021/7/28	−62.9	96.5	30.9	−0.2	2.8	0.2
2021/7/29	−61.5	96.5	31.8	1.4	0	0.9
2021/7/30	−61.6	96.6	31	−0.1	0.1	−0.8
2021/8/2	−61.3	98.2	32	0.3	1.6	1
2021/8/4	−61.3	97.4	31.8	0	−0.8	−0.2
2021/8/6	−61.6	97.4	32	−0.3	0	0.2
2021/8/9	−63	96.9	32	−1.4	−0.5	0
2021/8/11	−62.5	97.2	31.3	0.5	0.3	−0.7
2021/8/12	−63.7	95.9	31.1	−1.2	−1.3	−0.2
2021/8/14	−63.6	94.7	30.7	0.1	−1.2	−0.4
2021/8/15	−63.8	94.8	29.9	−0.2	0.1	−0.8
2021/8/16	−64.3	95.5	30.9	−0.5	0.7	1
2021/8/17	−64.3	96	31	0	0.5	0.1
2021/8/18	−62.6	97.6	30	1.2	1.1	−1.3
2021/8/19	−63.8	96.5	28.5	0.8	0.5	0.6
2021/8/20	−62.8	97.2	28.7	1.5	1.5	0.7
2021/8/21	−63.5	97.4	28.8	−0.7	0.2	0.1
2021/8/22	−62.7	97.9	28.6	0.8	0.5	−0.2
2021/8/23	−63.6	97.9	29.1	−0.9	0	0.5
2021/8/24	−63.7	96.6	28.7	0.6	0.6	0.4
2021/8/25	−64.1	96.2	29.5	−0.4	−0.4	0.8
2021/8/26	−64.6	95.9	29.5	−0.5	−0.3	0
2021/8/27	−64.2	95.3	28.1	0.4	−0.6	−1.4

监测日期（年/月/日）	累计变化量（mm）			相对上一次变化量（mm）		
	X	Y	H	X	Y	H
2021/8/28	−64.8	95.4	29.1	−0.6	0.1	1
2021/8/29	−64.1	97.5	29.5	0.7	2.1	0.4
2021/8/30	−64.5	96.3	31.4	−0.4	−1.2	1.9
2021/8/31	−65	95.8	30.9	−0.5	−0.5	−0.5
2021/9/1	−63.5	97.7	31.8	1.5	1.9	0.9
2021/9/2	−63.6	96.8	30.3	−0.1	−0.9	−1.5
2021/9/3	−63.4	97.6	31.8	0.2	0.8	1.5
2021/9/4	−64	96.7	31.4	−0.6	−0.9	−0.4
2021/9/5	−65.2	96.7	31.7	−1.2	0	0.3
2021/9/6	−64.1	96.5	31.1	1.1	−0.2	−0.6
2021/9/7	−64.1	95.4	30.8	0	−1.1	−0.3
2021/9/8	−64	95.3	30	0.1	−0.1	−0.8
2021/9/9	−62.7	96.7	31	1.3	1.4	1
2021/9/10	−62.3	98.2	32	0.4	1.5	1
2021/9/11	−61.7	98.7	32.9	0.6	0.5	0.9
2021/9/12	−62.8	97.9	31.8	−0.5	−0.3	−0.2
2021/9/13	−63.6	96.8	31.2	−0.8	−1.1	−0.6
2021/9/14	−64.1	96.2	30.5	−0.5	−0.6	−0.7
2021/9/15	−64.4	97.2	31.6	−0.3	1	1.1
2021/9/16	−64.1	97.1	30.6	0.3	−0.1	−1
2021/9/17	−64.9	96.9	30.6	−0.8	−0.2	0
2021/9/18	−64.3	96.7	30.7	0.6	−0.2	0.1
2021/9/22	−64.5	97.5	31.3	−0.2	0.8	0.6
2021/9/23	−64.4	97.2	32	0.1	−0.3	0.7
2021/9/26	−64	97.8	31.7	0.4	0.6	−0.3
2021/9/28	−63.9	97	31.5	0.1	−0.8	−0.2
2021/9/30	−62.8	98.6	31.5	1.1	1.6	0
2021/10/3	−63.8	98.8	32.3	−1	0.2	0.8
2021/10/8	−63.4	97.9	31.8	0.4	−0.9	−0.5
2021/10/11	−63	98.6	32.3	0.4	0.7	0.5
2021/10/15	−63.5	96.9	31.8	−0.5	−1.7	−0.5
2021/10/18	−62.8	96.6	31.1	0.7	−0.3	−0.7
2021/10/22	−64.1	95.4	30.7	−1.3	−1.2	−0.4
2021/10/25	−64.9	94.8	31.5	−0.8	−0.6	0.8
2021/10/29	−64.1	96	30.9	0.8	1.2	−0.6
2021/11/1	−65.3	95	29.9	−1.2	−1	−1

续表

监测日期（年/月/日）	累计变化量（mm）			相对上一次变化量（mm）		
	X	Y	H	X	Y	H
2021/11/5	−65.8	94.4	29.5	−0.5	−0.6	−0.4
2021/11/9	−65	93.6	28.7	0.8	−0.8	−0.8
2021/11/12	−66	92	28.4	−1	−1.6	−0.3
2021/11/15	−65.4	92.3	28.9	0.6	0.3	0.5
2021/11/18	−64.9	93.2	28.4	0.5	0.9	−0.5
2021/11/24	−63.9	94.1	27.5	1	0.9	−0.9
2021/11/26	−64.5	93.4	27.7	−0.6	−0.7	0.2
2021/11/29	−64.2	93.9	28.3	0.3	0.5	0.6
2021/12/3	−64.3	94.7	27.5	−0.1	0.8	−0.8
2021/12/6	−63.9	94.7	26.7	0.4	0	−0.8
2021/12/13	−64.1	94.5	27.6	−0.2	−0.2	0.9
2021/12/17	−64.1	93.4	26.8	0	−1.1	−0.8
2021/12/20	−63.5	94.1	26.7	0.6	−0.6	0
2021/12/24	−64.1	93.9	26.6	−0.6	−0.2	−0.1
2021/12/31	−63.7	93.3	27.2	0.4	−0.6	0.6
2022/1/5	−63.5	94.6	27.2	0.2	1.3	0
2022/1/10	−63.7	93.8	27.1	−0.2	−0.8	−0.1
2022/1/17	−64.2	93.7	25.9	−0.5	−0.1	−1.2
2022/1/22	−64.1	94.5	27	0.1	0.8	1.1
2022/1/26	−63.7	94	26.7	0.4	−0.5	−0.3
2022/2/8	−63.8	93	25.7	−0.1	−1	−1
2022/2/17	−64.5	93.1	25.8	−0.7	0.1	0.1
2022/2/25	−63.8	93.5	25.6	0.7	0.4	−0.2
2022/2/28	−64.5	94.2	26.2	−0.7	0.7	0.6
2022/3/7	−64.9	95.2	26.7	−0.4	1	0.5
2022/3/14	−65.7	96.7	27.7	−0.8	1.5	1
2022/3/17	−66.9	95.9	28.7	−1.2	−0.8	1
2022/3/21	−67	96.8	29.9	−0.1	0.9	1.2
2022/3/27	−66.4	95.3	29.6	0.6	−1.5	−0.3
2022/3/31	−66.4	95.5	29.1	0	0.2	−0.5
2022/4/1	−66.1	95.1	28	0.3	−0.4	−1.1
2022/4/6	−65.3	97.4	26.9	0.8	2.3	−1.1
2022/4/12	−66.5	97.3	28.7	−1.2	−0.1	1.8
2022/4/15	−66.8	95.2	28	−0.3	−2.1	−0.7
2022/4/22	−67.6	96.6	28.7	−0.8	1.4	0.7
2022/4/25	−68.4	96.9	30.5	−0.8	0.3	1.8

续表

监测日期（年/月/日）	累计变化量（mm）			相对上一次变化量（mm）		
	X	Y	H	X	Y	H
2022/4/27	−69.1	96.2	32.1	−0.7	−0.7	1.6
2022/4/28	−68.9	97.4	33.2	0.2	1.2	1.1
2022/5/5	−69.6	99.3	31.8	−0.7	1.9	−1.4
2022/5/10	−70.2	98.9	31.6	−0.6	−0.4	−0.2
2022/5/13	−70.6	97.6	30.6	−0.4	−1.3	−1
2022/5/16	−69.6	97.3	30.5	1	−0.3	−0.1

南明河壹号场地内 JC8 整体情况监测表 表 9.2-2

监测日期（年/月/日）	累计变化量（mm）			相对上一次变化量（mm）		
	X	Y	H	X	Y	H
2021/1/21	0.6	3.3	−3.4	0.6	3.3	−3.4
2021/1/24	0.1	1.6	−3.3	−0.5	−1.7	0.1
2021/1/27	1.1	3.3	−5.4	1	1.7	−2.1
2021/1/30	1.9	6.5	−1.6	0.8	3.2	3.8
2021/2/1	−1.4	1.2	−4.6	−3.3	−5.3	−3
2021/2/4	−2.1	4.4	−2.6	−0.7	3.2	2
2021/2/10	−2.4	4	−3.9	−0.3	−0.4	−1.3
2021/2/19	−2.1	4.4	−2.7	0.3	0.4	1.2
2021/2/22	1.8	6.6	−0.3	3.9	2.2	2.4
2021/2/27	−0.7	5.8	−1.1	−2.5	−0.8	−0.8
2021/3/1	−4.4	3.5	0.9	−3.7	−2.3	2
2021/3/5	−3.6	6.7	1.1	0.8	3.2	0.2
2021/3/11	−4.5	5.4	1.1	−0.9	−1.3	0.6
2021/3/15	0.1	7.1	1.5	4.6	1.7	1
2021/3/18	−1.3	6.8	4	−1.4	−0.3	2.5
2021/3/20	−6.2	5	1.7	−4.9	−1.8	−2.3
2021/3/24	−5.3	4.1	0.7	0.9	−0.9	−1
2021/3/26	−3.5	2.5	1.9	1.8	−1.6	1.2
2021/3/31	−4.1	5.1	0.7	−0.6	2.6	−1.2
2021/4/2	−2	4.1	1.9	2.1	−1	1.2
2021/4/7	−6.6	3.4	0	−4.6	−0.7	−1.9
2021/4/10	−12.1	−0.6	0.4	−5.5	−4	0.4
2021/4/14	−8.1	5.9	2.5	4	6.5	2.1
2021/4/18	−11.9	1.4	1.4	−3.8	−4.5	−1.1
2021/5/8	−3.7	27.9	15.7	4.7	4.3	−0.7
2021/5/10	−5.3	32.2	17.1	−1.6	4.3	1.4

监测日期（年/月/日）	累计变化量（mm）			相对上一次变化量（mm）		
	X	Y	H	X	Y	H
2021/5/12	−5.1	34.8	20.1	0.2	2.6	3
2021/5/14	−5.4	40.5	19.7	6.7	3.2	0.2
2021/5/15	−5	42.8	21.8	0.4	2.3	2.1
2021/5/16	−9.9	39.5	21	−4.9	−3.3	−0.8
2021/5/17	−13.5	44.5	18.3	−3.6	5	−2.7
2021/5/18	−10.5	45.2	24.5	3	0.7	6.2
2021/5/19	−11.6	42.4	21.4	−1.1	−2.8	−3.1
2021/5/20	−10.5	44.3	19.8	1.1	1.9	−1.6
2021/5/21	−7.6	47.9	22.9	2.9	3.6	3.1
2021/5/22	−8.7	48.2	25.7	−1.1	0.3	2.8
2021/5/24	−8.7	50.2	27.4	0	2	1.7
2021/5/25	−6.9	47.4	27.4	1.8	−2.8	0
2021/5/26	−8.3	48.4	28.6	−1.4	1	1.2
2021/5/27	−8.7	50.5	28.5	−0.4	2.1	−0.1
2021/5/28	−7.8	51.3	29.4	0.9	0.8	0.9
2021/5/29	−7.5	51.5	30.4	0.3	0.2	1
2021/5/30	−10.4	52.1	28.7	−2.9	0.6	−1.7
2021/5/31	−11.1	51.7	29.5	−0.7	−0.4	0.8
2021/6/2	−8.8	54	29.1	2.3	2.3	−0.4
2021/6/3	−6.5	54.4	28.2	2.3	0.4	−0.9
2021/6/4	−9.1	55	28.5	−2.6	0.6	0.3
2021/6/5	−3.9	58	29.9	5.2	3	1.4
2021/6/6	−5.8	59	29.3	−1.9	1	−0.6
2021/6/7	−7.4	59.4	33.2	−1.6	0.4	3.9
2021/6/8	−9.3	59.5	31.5	−1.9	0.1	−1.7
2021/6/9	−8.2	60.3	32.5	1.1	0.8	1
2021/6/11	−9	62.8	31	−0.8	2.5	−1.5
2021/6/12	−7.3	63.3	29.6	1.7	0.5	−1.4
2021/6/13	−8.7	65.8	33.6	−1.4	2.5	4
2021/6/14	−9.7	67.6	33.6	−1	1.8	0
2021/6/15	−8.4	69.1	34	1.3	1.5	0.4
2021/6/16	−8.7	69.8	34.7	−0.3	0.7	0.7
2021/6/17	−8.9	70.6	34.1	−0.2	0.8	−0.6
2021/6/18	−9.9	72.2	34.6	−1	1.6	0.5
2021/6/19	−9.1	72.5	36.6	0.8	0.3	2
2021/6/20	−10.6	73.4	35	−1.5	0.9	−1.6

监测日期（年/月/日）	累计变化量（mm）			相对上一次变化量（mm）		
	X	Y	H	X	Y	H
2021/6/21	−11.9	75.5	35	−1.3	2.1	0
2021/6/22	−10.1	75.4	34.8	1.8	−0.1	−0.2
2021/6/23	−10	78	34.5	0.1	2.6	−0.3
2021/6/24	−11.2	79.6	34.2	−1.2	1.6	−0.3
2021/6/27	−11.6	79.3	37.7	−0.4	−0.3	3.5
2021/6/28	−10.5	82.5	39.1	1.1	3.2	1.4
2021/6/29	−9.4	83.2	37.1	1.1	0.7	−2
2021/6/30	−12.9	85.1	39.7	−3.5	1.9	2.6
2021/7/1	−12.4	86.5	37.4	0.5	1.4	−2.3
2021/7/2	−12.7	90.8	39.3	−0.3	4.3	1.9
2021/7/3	−12.1	89.6	39.7	0.6	−1.2	0.4
2021/7/4	−11.7	98.7	40.4	0.4	9.1	0.7
2021/7/6	−11	103	43	1.1	2.4	0.5
2021/7/7	−8.9	106.6	44	2.1	3.6	1
2021/7/8	−9.8	109.4	44.1	−0.9	2.8	0.1
2021/7/9	−12.8	112.2	44.9	−3	2.8	0.8
2021/7/10	−12.4	115.7	47.1	0.4	3.5	2.2
2021/7/11	−12.7	116.4	47.6	−0.3	0.7	0.5
2021/7/12	−13.6	119.9	48.7	−0.9	3.5	1.1
2021/7/13	−14.7	121.6	48.2	−1.1	1.7	−0.5
2021/7/14	−15.3	124	49.7	−0.6	2.4	1.5
2021/7/16	−13.9	127.1	50.5	1.4	3.1	0.8
2021/7/20	−17.7	127.6	47.9	−1.7	−3.4	−4.1
2021/7/22	−19.6	142	54.6	−1.9	14.4	6.7
2021/7/24	−16.8	145.1	55.9	2.8	3.1	1.3
2021/7/28	−16.3	145.4	58.1	3.3	3.4	3.5
2021/7/29	−16.3	148.5	58.5	0	3.1	0.4
2021/7/30	−15.3	151.8	57.4	1	3.3	−1.1
2021/8/2	−13.7	155.8	59.5	1.6	4	2.1
2021/8/4	−17.1	155.4	60	−3.4	−0.4	0.5
2021/8/6	−17.7	155.8	59.5	−0.6	0.4	−0.5
2021/8/9	−18.4	160.2	59.5	−0.7	4.4	0
2021/8/11	−19.4	165.5	62.5	−1	5.3	3
2021/8/12	−21.2	167.7	62.8	−1.8	2.2	0.3
2021/8/14	−23	171	61.9	−1.8	3.3	−0.9
2021/8/15	−23.6	174.5	63.8	−0.6	3.5	1.9

监测日期（年/月/日）	累计变化量（mm）			相对上一次变化量（mm）		
	X	Y	H	X	Y	H
2021/8/16	−24.3	179	67.1	−0.7	4.5	3.3
2021/8/17	−23.7	182.8	69.1	0.6	3.8	2
2021/8/18	−23.2	188.5	69.8	2.4	2.7	0.3
2021/8/19	−26.5	192	67.1	−1.3	1.9	0.8
2021/8/20	−25.3	195.6	69.1	2	2.2	1.2
2021/8/21	−27	198.9	70.8	−1.7	3.3	1.7
2021/8/22	−27.3	200.9	71.3	−0.3	2	0.5
2021/8/23	−26.9	203.7	72.1	0.4	2.8	0.8
2021/8/24	−27.3	205	70.8	0.9	0.9	−0.9
2021/8/25	−28.8	206.8	72.6	−1.5	1.8	1.8
2021/8/26	−29.8	208.5	73.7	−1	1.7	1.1
2021/8/27	−30.1	210.1	74.5	−0.3	1.6	0.8
2021/8/28	−31.3	212.1	73.8	−1.2	2	−0.7
2021/8/29	−30	212.7	74.9	1.3	0.6	1.1
2021/8/30	−31.3	213.7	75.9	−1.3	1	1
2021/8/31	−31.4	215.1	77	−0.1	1.4	1.1
2021/9/1	−30.7	216.4	78	0.7	1.3	1
2021/9/2	−32	216.9	78.8	−1.3	0.5	0.8
2021/9/3	−31	218	79.5	1	1.1	0.7
2021/9/4	−31	220.1	79.7	0	2.1	0.2
2021/9/5	−31.1	221.6	79.3	−0.1	1.5	−0.4
2021/9/6	−30.2	222	79.5	0.9	0.4	0.2
2021/9/7	−30.9	222.7	79.1	−0.7	0.7	−0.4
2021/9/8	−30.7	223.4	79.6	0.2	0.7	0.5
2021/9/9	−30.9	225.1	80.3	−0.2	1.7	0.7
2021/9/10	−29.7	225.9	80.9	1.2	0.8	0.6
2021/9/11	−29.5	226.7	81.5	0.2	0.8	0.6
2021/9/12	−30	225.1	80.3	−0.3	−0.8	−0.6
2021/9/13	−31.8	224.9	80	−1.8	−0.2	−0.3
2021/9/14	−32.6	225.5	81	−0.8	0.6	1
2021/9/15	−31.5	226.5	81	1.1	1	0
2021/9/16	−31.4	227.2	80	0.1	0.7	−1
2021/9/17	−31.5	228.4	80.9	−0.1	1.2	0.9
2021/9/18	−31.1	229.2	81.7	0.4	0.8	0.8
2021/9/22	−30.4	230.4	82.6	0.7	1.2	0.9
2021/9/23	−31.5	230.8	83.6	−1.1	0.4	1

监测日期（年/月/日）	累计变化量（mm）			相对上一次变化量（mm）		
	X	Y	H	X	Y	H
2021/9/26	−30.4	231.9	83.5	1.1	1.1	−0.1
2021/9/28	−30.8	231.8	82.9	−0.4	−0.1	−0.6
2021/9/30	−30.6	232.6	83.7	0.2	0.8	0.8
2021/10/3	−31.9	232.9	84.7	−1.3	0.3	1
2021/10/8	−31.1	231.9	85.2	0.8	−1	0.5
2021/10/11	−30.2	232.6	84.7	0.9	0.7	−0.5
2021/10/15	−31.4	232.7	84.1	−1.2	0.1	−0.6
2021/10/18	−31.1	233.6	83.2	0.3	0.9	−0.9
2021/10/22	−31.9	234.8	82.8	−0.8	1.2	−0.4
2021/10/25	−31.1	235.7	83.2	0.8	0.9	0.4
2021/10/29	−31.1	236.7	82.4	0	1	−0.8
2021/11/1	−32	235.9	82.8	−0.9	−0.8	0.4
2021/11/5	−30.8	237.2	82.9	1.2	1.3	0.1
2021/11/9	−31.8	238.5	81.7	−1	1.3	−1.2
2021/11/12	−31.1	239.2	81	0.7	0.7	0.3
2021/11/15	−30.9	238.9	79.9	0.2	−0.3	−1.1
2021/11/18	−30.4	239.7	81	0.5	0.8	1.1
2021/11/24	−31	239.6	80.9	−0.6	−0.1	−0.1
2021/11/26	−31.9	238.3	82	−0.9	−1.3	1.1
2021/11/29	−32.6	238.7	81.7	−0.7	0.4	−0.3
2021/12/3	−32.5	240	80.8	0.1	1.3	−0.9
2021/12/6	−32.1	239.5	80.2	0.4	−0.5	−0.6
2021/12/13	−32.6	240	79.9	−0.5	0.5	−0.3
2021/12/17	−33.9	239.5	79.6	−1.3	−0.5	−0.3
2021/12/20	−35.1	239.8	79.4	−1.2	0.3	−0.2
2021/12/24	−33.9	240	79.9	1.2	0.2	0.5
2021/12/31	−33	239.2	79.5	0.9	−0.8	−0.4
2022/1/5	−32.1	239.8	80.2	0.9	0.6	0.7
2022/1/10	−31.4	240.6	79.9	0.7	0.8	−0.3
2022/1/17	−30.4	239.5	79.6	1	−1.1	−0.3
2022/1/22	−29.6	240	80	0.8	0.5	0.4
2022/1/26	−29.1	240.6	79.7	0.5	0.6	−0.3
2022/2/8	−30	241.2	79.3	−0.9	0.6	−0.4
2022/2/17	−29.6	240.6	79.7	0.4	−0.6	0.4
2022/2/25	−29.1	241.2	80	0.5	0.6	0.3
2022/2/28	−30.2	242.2	80.8	−1.1	1	0.8

续表

监测日期（年/月/日）	累计变化量（mm）			相对上一次变化量（mm）		
	X	Y	H	X	Y	H
2022/3/7	−31	241.2	80.3	−0.8	−1	−0.5
2022/3/14	−32	242.4	81.2	−1	1.2	0.9
2022/3/17	−33	243.3	81.8	−1	0.9	0.6
2022/3/21	−34	244.4	82.6	−1	1.1	0.8
2022/3/27	−33	245.3	83.1	1	0.9	0.5
2022/3/31	−32.5	244.5	82.8	0.5	−0.8	−0.3
2022/4/1	−31.6	245.3	83.2	0.9	0.8	0.4
2022/4/6	−32.9	246.1	80.4	−1.3	0.8	−2.8

南明河壹号场地内 JC30 整体情况监测表 表 9.2-3

监测日期（年/月/日）	累计变化量（mm）			相对上一次变化量（mm）		
	X	Y	H	X	Y	H
2021/8/14	−1.2	−0.9	−0.7	−1.2	−0.9	−0.7
2021/8/15	5.1	−3.5	0.5	6.3	−2.6	1.2
2021/8/16	17.8	−5.3	1.1	12.7	−1.8	0.6
2021/8/17	31.9	−7.6	1.4	14.1	−2.3	0.3
2021/8/18	57.5	−15.4	3.6	5.8	0	0.9
2021/8/19	70.8	−19.2	6.4	3.7	−1.7	1.9
2021/8/20	77.4	−18.6	7.5	1.6	0.4	1
2021/8/21	79.6	−19	8.6	2.2	−0.4	1.1
2021/8/22	82.3	−19.9	8.9	2.7	−0.9	0.3
2021/8/23	88.3	−19	8.5	6	0.9	−0.4
2021/8/24	96.5	−22.3	10.5	1.7	−0.9	0.5
2021/8/25	101.1	−24.2	11	4.6	−1.9	0.5
2021/8/26	105.7	−24.8	10.6	4.6	−0.6	−0.4
2021/8/27	111.3	−25.8	11.7	5.6	−1	1.1
2021/8/28	117.1	−26.6	13.1	5.8	−0.8	1.4
2021/8/29	122.2	−26	12.7	5.1	0.6	−0.4
2021/8/30	126	−27.8	14.1	3.8	−1.8	1.4
2021/8/31	131.5	−29	15.5	5.5	−1.2	1.4
2021/9/1	134.7	−29	15.3	3.2	0	−0.2
2021/9/2	138	−29.6	14.7	3.3	−0.6	−0.6
2021/9/3	139.9	−29.8	14.9	1.9	−0.2	0.2
2021/9/4	139.8	−29.7	14.4	−0.1	0.1	−0.5
2021/9/5	141	−30.6	14.8	1.2	−0.9	0.4
2021/9/6	139.6	−29.3	15.1	−1.4	1.3	0.3
2021/9/7	140.7	−29.9	14.5	1.1	−0.6	−0.6

续表

监测日期（年/月/日）	累计变化量（mm）			相对上一次变化量（mm）		
	X	Y	H	X	Y	H
2021/9/8	140.8	−29	14.5	0.1	0.9	0
2021/9/9	141	−28.5	15.2	0.2	0.5	0.7
2021/9/10	141.8	−27.7	15.8	0.8	0.8	0.6
2021/9/11	142.3	−27.3	16.6	0.5	0.4	0.8
2021/9/12	142.9	−28.6	17.1	0.6	−1.3	0.5
2021/9/13	144.5	−29.9	16.3	1.6	−1.3	−0.8
2021/9/14	145.8	−31.1	16.8	1.3	−1.2	0.5
2021/9/15	147.7	−29.7	17.3	1.9	1.4	0.5
2021/9/16	147.1	−29.9	16.5	−0.6	−0.2	−0.8
2021/9/17	148	−30.6	17.5	0.9	−0.7	1
2021/9/18	148	−30.6	17.5	0.9	−0.7	1
2021/9/22	147	−29.4	18	−1	1.2	0.5
2021/9/23	148.9	−29.4	16.8	1.9	0	−1.2
2021/9/26	148.4	−29.4	17.5	−0.5	0	0.7
2021/9/28	149	−28.3	17.8	0.6	1.1	0.3
2021/9/30	150	−29	17.4	1	−0.7	−0.4
2021/10/3	150.4	−28.5	18.1	0.4	0.5	0.7
2021/10/8	151.6	−29.8	18.4	1.2	−1.3	0.3
2021/10/11	152.9	−30.5	18.2	1.3	−0.7	−0.2
2021/10/15	154.3	−31.6	18.7	1.4	−1.1	0.5
2021/10/18	154	−30.4	18.2	−0.3	1.2	−0.5
2021/10/22	155	−29.6	17.8	1	0.8	−0.4
2021/10/25	157.5	−30.9	18.9	0.8	−0.3	0.4
2021/10/29	158.9	−31.6	19.4	1.4	−0.7	0.5
2021/11/1	160.2	−31.7	19.4	1.3	−0.1	0
2021/11/5	160.5	−32.5	18.7	0.3	−0.8	−0.7
2021/11/9	160.7	−31.8	17.9	0.2	0.7	−0.8
2021/11/12	161.2	−32	17.7	0.5	−0.2	−0.2
2021/11/15	160.3	−31	18.4	−0.9	1	0.7
2021/11/18	160.4	−30.6	18.8	0.1	0.4	0.4
2021/11/24	161.2	−31.1	18.1	0.8	−0.5	−0.7
2021/11/26	160.6	−31	18.5	−0.6	0.1	0.4
2021/11/29	160.6	−30.7	18.1	0	0.3	−0.4
2021/12/3	159.9	−30.3	18.3	−0.7	0.4	0.2
2021/12/6	160.4	−30.6	17.7	0.5	−0.3	−0.6
2021/12/13	160.4	−29.6	18.1	0	1	0.4

监测日期（年/月/日）	累计变化量（mm）			相对上一次变化量（mm）		
	X	Y	H	X	Y	H
2021/12/17	160.4	−30.6	17.2	0	−0.9	0.4
2021/12/20	160.7	−29.7	18	0.3	0.9	0.8
2021/12/24	161.7	−30.8	17.5	1	−1.1	−0.5
2021/12/31	162.3	−31.1	17.5	0.6	−0.3	0
2022/1/5	161.3	−30.3	18.3	−1	0.8	0.8
2022/1/10	161.1	−30.4	18.4	−0.2	−0.1	0.1
2022/1/17	161.5	−31.1	18	0.4	−0.8	−0.4
2022/1/22	161.4	−30.6	18.6	−0.1	0.6	0.6
2022/1/26	161.2	−30.9	17.9	−0.2	−0.3	−0.7
2022/2/8	161.6	−30.5	17.5	0.4	0.4	−0.4
2022/2/17	162.1	−31.5	18.4	0.5	−1	0.9
2022/2/25	162.1	−30.8	17.9	0	0.7	−0.5
2022/2/28	162.6	−29.8	18.1	0.5	1	0.2
2022/3/7	163.8	−30.6	17.8	1.2	−0.8	−0.3
2022/3/14	163.6	−29.3	18.5	−0.2	1.3	0.7
2022/3/17	163.2	−29.6	17.5	−0.4	−0.3	−1
2022/3/21	163.8	−28.2	18.4	0.6	1.4	0.9
2022/3/27	164.3	−27	17.3	0.5	1.2	−1.1
2022/3/31	164.7	−26.5	18.2	0.4	0.5	0.9
2022/4/1	165.5	−27.7	17.9	0.8	−1.2	−0.3
2022/4/6	164.4	−23.3	18.9	−1.1	4.4	1
2022/4/12	164.5	−24	19.3	0.1	−0.7	0.4
2022/4/15	165.1	−27.9	19.8	0.6	−3.9	0.5
2022/4/22	166	−28.3	21.2	0.9	−0.4	1.4
2022/4/25	166.7	−30.2	20.1	0.7	−1.9	−1.1
2022/4/27	166.4	−28.8	20.1	−0.3	1.4	0
2022/4/28	167.5	−29.6	20.6	1.1	−0.8	0.5
2022/5/5	168.6	−28.5	20.1	1.1	1.1	−0.5
2022/5/10	167.3	−29.8	20.5	−1.3	−1.3	0.4
2022/5/13	167.1	−30.6	20.4	−0.2	−0.8	−0.1
2022/5/16	167.8	−30.8	21.3	0.7	−0.2	0.9

南明河壹号小学西北侧深层监测表（CX1 孔）　　　　表 9.2-4

深度（m）	相对上一次变化量（mm）	累计变化量（mm）
0.5	0.12	3.79
1	0.2	0.24
1.5	0.22	−1.74

深度（m）	相对上一次变化量（mm）	累计变化量（mm）
2	0.32	−3.3
2.5	0.28	−2.78
3	0.25	−1.78
3.5	0.3	1.39
4	0.3	2.22
4.5	0.28	2.6
5	0.29	2.39
5.5	0.28	1.38
6	0.28	0.1
6.5	0.28	−0.38
7	0.3	−0.3
7.5	0.29	−0.41
8	0.27	−0.22
8.5	0.25	−0.37
9	0.21	−0.31
9.5	0.2	−0.64
10	0.19	−0.56
10.5	0.2	−0.31
11	0.14	−0.12
11.5	0.1	−0.12
12	0.07	−0.37
12.5	0.06	−0.57
13	0.05	−0.47
13.5	0.04	−0.29
14	0	−0.38
14.5	0.02	−0.4
15	0.07	−0.47
15.5	0.11	−0.03
16	0.02	−0.25

南明河壹号小学西北侧深层监测表（CX2 孔）　　　　　表 9.2-5

深度（m）	相对上一次变化量（mm）	累计变化量（mm）
0.5	0.15	3.79
1	0.12	0.24
1.5	0.1	−1.74
2	0.07	−3.3

深度（m）	相对上一次变化量（mm）	累计变化量（mm）
2.5	0.09	−2.78
3	0.12	−1.78
3.5	0.15	1.39
4	0.17	2.22
4.5	0.17	2.6
5	0.2	2.39
5.5	0.2	1.38
6	0.05	0.1
6.5	0.05	−0.38
7	0.05	−0.3
7.5	0.05	−0.41
8	0.04	−0.22
8.5	−0.07	−0.37
9	−0.06	−0.31
9.5	−0.07	−0.64
10	−0.05	−0.56
10.5	−0.05	−0.31
11	−0.05	−0.12
11.5	−0.03	−0.12
12	−0.06	−0.37
12.5	−0.05	−0.57
13	0.01	−0.47
13.5	0.05	−0.29
14	0.1	−0.38
14.5	0.07	−0.4
15	0.08	−0.47
15.5	0.05	−0.03
16	0.01	−0.25
16.5	−0.02	0.22
17	−0.03	0.04

南明河壹号小学西北侧深层监测表（CX4 孔）　　　　　表 9.2-6

深度（m）	相对上一次变化量（mm）	累计变化量（mm）
0.5	−1.5	−4.04
1	−1.43	−4.3
1.5	−1.36	−4.76

续表

深度（m）	相对上一次变化量（mm）	累计变化量（mm）
2	−1.28	−4.75
2.5	−1.26	−5.3
3	−1.22	−6.02
3.5	−1.37	−6.31
4	−1.34	−5.83
4.5	−1.32	−4.81
5	−1.27	−3.68
5.5	−1.28	−2.62
6	−1.26	−2.01
6.5	−1.24	−1.68
7	−1.21	−1.81
7.5	−1.17	−2.1
8	−1.1	−2.17
8.5	−1.01	−1.31
9	−0.95	−0.48
9.5	−0.92	−0.01
10	−0.92	−0.27
10.5	−0.9	−0.5
11	−0.86	−0.71
11.5	−0.85	−1.02
12	−0.79	−1.32
12.5	−0.78	−1.57
13	−0.74	−1.62
13.5	−0.68	−1.43
14	−0.67	−1.12
14.5	−0.63	−0.94
15	−0.6	−0.66
15.5	−0.56	−0.38
16	−0.59	−0.42
16.5	−0.58	−0.26
17	−0.54	−0.09
17.5	−0.52	−0.1
18	−0.48	0.34
18.5	−0.46	0.22
19	−0.42	0.03
19.5	−0.46	−0.06
20	−0.5	−0.45

深度（m）	相对上一次变化量（mm）	累计变化量（mm）
20.5	−0.41	−0.1
21	−0.34	0.09
21.5	−0.26	0.3
22	−0.08	0.81

南明河壹号小学西北侧深层监测表（CX7孔）   表 9.2-7

深度（m）	相对上一次变化量（mm）	累计变化量（mm）
0.5	1.1	2.12
1	1.01	2.38
1.5	1.11	1.6
2	1.17	1.16
2.5	0.59	1.12
3	0.53	1.09
3.5	0.54	1.19
4	0.49	1.39
4.5	0.42	1.27
5	0.39	1.05
5.5	0.32	0.83
6	0.32	0.67
6.5	0.33	0.46
7	0.37	0.21
7.5	0.36	−0.09
8	0.35	−0.33
8.5	0.29	−0.42
9	0.26	−0.35
9.5	0.24	−0.06
10	0.25	0.38
10.5	0.21	0.85
11	0.22	1.15
11.5	0.18	1.14
12	0.15	1.05
12.5	0.14	1.04
13	0.13	1.04
13.5	0.12	1
14	0.11	0.94
14.5	0.11	0.94
15	0.13	0.94
15.5	0.11	0.93

深度（m）	相对上一次变化量（mm）	累计变化量（mm）
16	0.11	0.89
16.5	0.13	0.92
17	0.12	0.78
17.5	0.12	0.71
18	0.28	0.99
18.5	0.17	0.42
19	0.04	−0.6
19.5	−0.02	−2.23
20	0.03	−2.29
20.5	0.01	−0.59
21	−0.03	−0.22
21.5	−0.04	0.13
22	−0.05	0.13
22.5	−0.01	0.38
23	−0.01	1.39
23.5	0.01	1.94
24	−0.01	0.25
24.5	0.01	0.03
25	−0.07	0.24

9.3 监测数据统计整理

数据分析方法是指用于边坡位移监测数据分析的常用方法，如趋势分析、周期性分析、统计分析等。趋势分析是通过对边坡位移数据进行统计和分析，了解其随时间变化的趋势和规律。常用的趋势分析方法包括线性回归分析、指数平滑法、多项式拟合等。这些方法可以提取出边坡位移的长期趋势和周期性变化，为评估边坡稳定性提供依据。周期性分析是针对边坡位移数据中存在的周期性变化进行的分析。常用的周期性分析方法包括傅里叶变换、小波分析等。这些方法可以将边坡位移信号分解为不同频率的成分，并反映出其周期性变化的特征。周期性分析结果可以帮助我们更好地理解边坡位移的变化规律，并有助于进行预测和预警。统计分析是基于边坡位移数据的分布和变异特征，对边坡稳定性进行评估的一种方法。常用的统计分析方法包括方差分析、回归分析、协方差分析等。这些方法可以通过统计学的手段，探讨边坡位移数据之间的关系和变异特征，从而为边坡稳定性评估提供依据。以上所述的趋势分析、周期性分析和统计分析等方法是用于边坡位移监测数据分析的常用方法。在实际应用中，还需要根据具体情况选择适当的分析方法，结合其他监测数据和地质信息，全面评估边坡稳定性和预测地质灾害发展趋势。依托的红岩地块的监测数据采用了趋势分析和统计分析两种分析方式对监测数据进行整理汇总（图 9.3-1～图 9.3-32）。

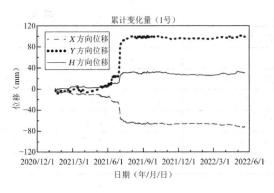
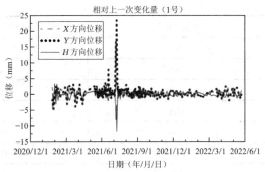

图 9.3-1　JC1 监测点位移监测图

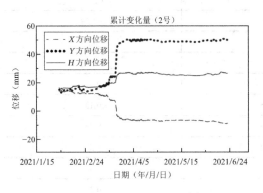
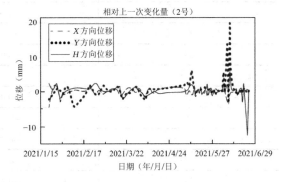

图 9.3-2　JC2 监测点位移监测图

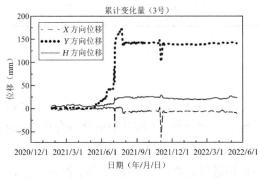
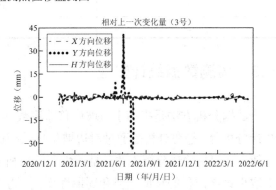

图 9.3-3　JC3 监测点位移监测图

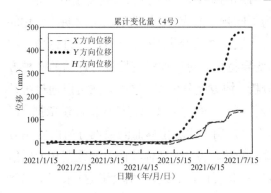
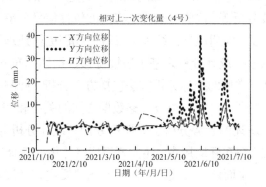

图 9.3-4　JC4 监测点位移监测图

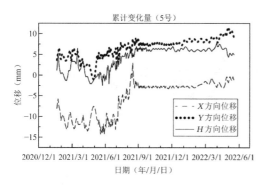
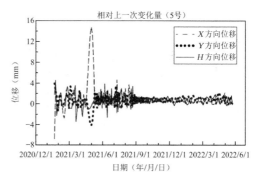

图 9.3-5 JC5 监测点位移监测图

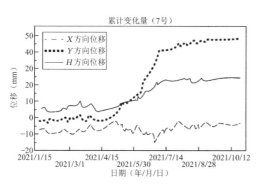
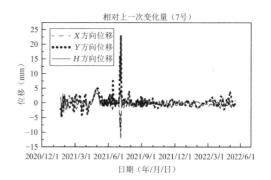

图 9.3-6 JC7 监测点位移监测图

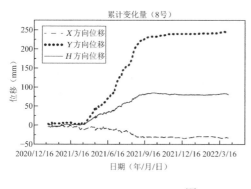
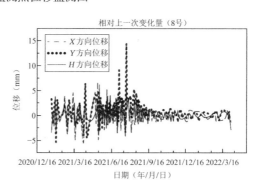

图 9.3-7 JC8 监测点位移监测图

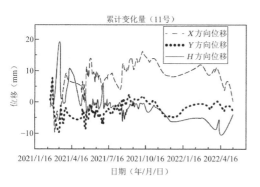
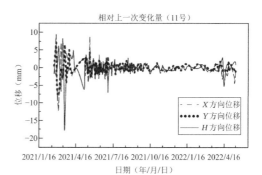

图 9.3-8 JC11 监测点位移监测图

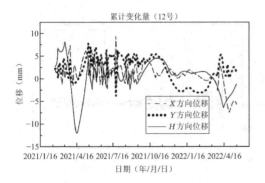
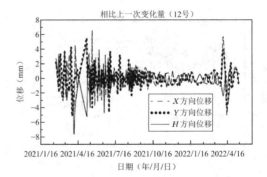

图 9.3-9　JC12 监测点位移监测图

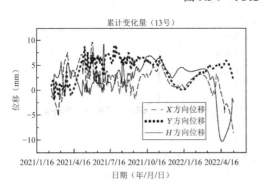
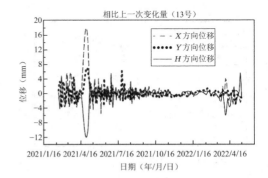

图 9.3-10　JC13 监测点位移监测图

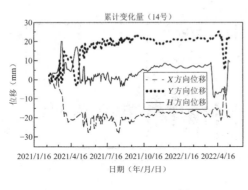
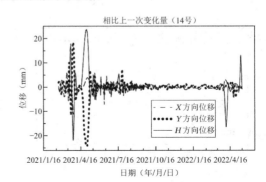

图 9.3-11　JC14 监测点位移监测图

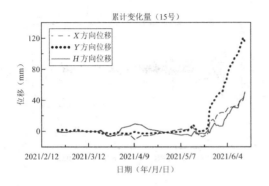
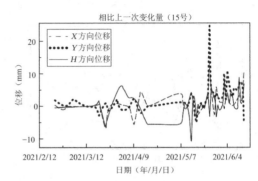

图 9.3-12　JC15 监测点位移监测图

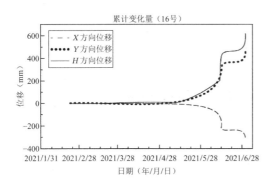

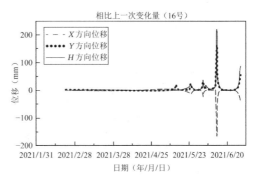

图 9.3-13　JC16 监测点位移监测图

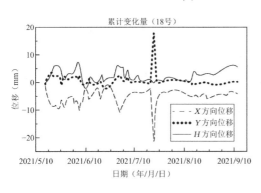

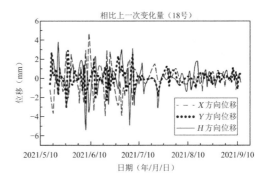

图 9.3-14　JC18 监测点位移监测图

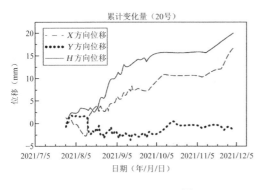

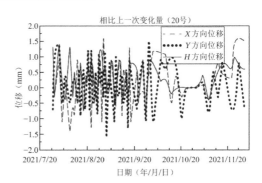

图 9.3-15　JC20 监测点位移监测图

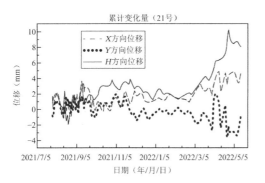

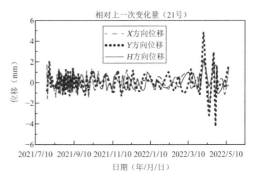

图 9.3-16　JC21 监测点位移监测图

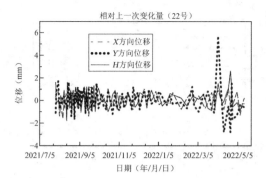

图 9.3-17　JC22 监测点位移监测图

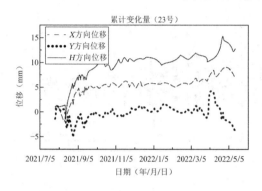
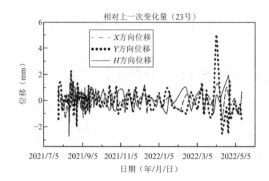

图 9.3-18　JC23 监测点位移监测图

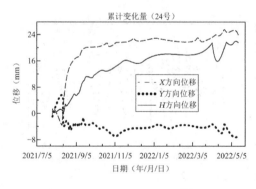
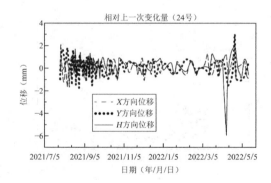

图 9.3-19　JC24 监测点位移监测图

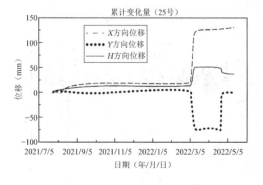
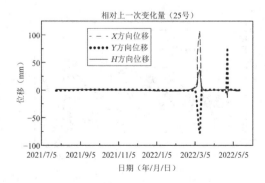

图 9.3-20　JC25 监测点位移监测图

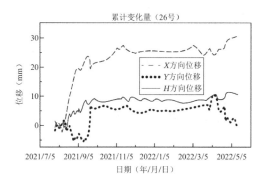
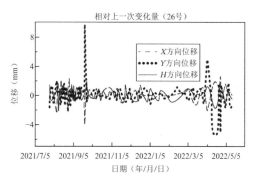

图 9.3-21　JC26 监测点位移监测图

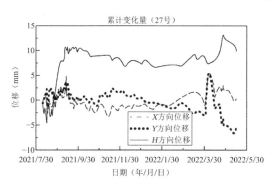
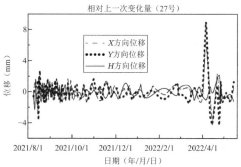

图 9.3-22　JC27 监测点位移监测图

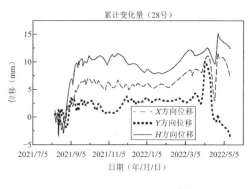
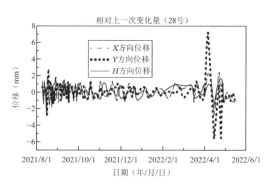

图 9.3-23　JC28 监测点位移监测图

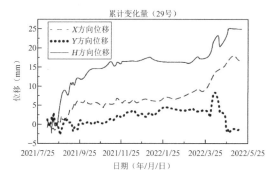
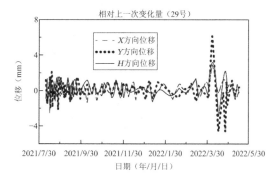

图 9.3-24　JC29 监测点位移监测图

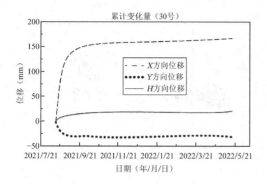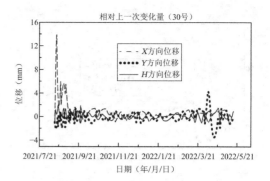

图 9.3-25　JC30 监测点位移监测图

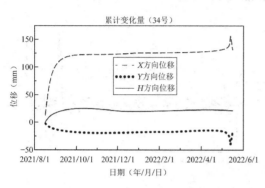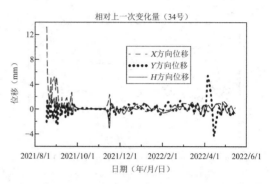

图 9.3-26　JC34 监测点位移监测图

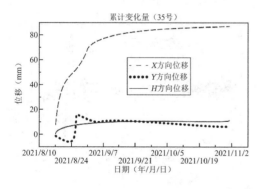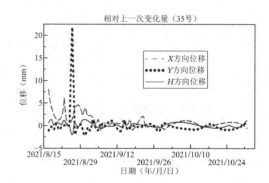

图 9.3-27　JC35 监测点位移监测图

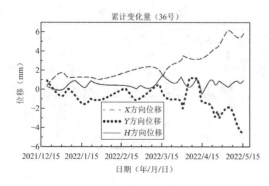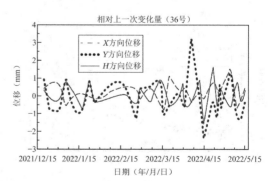

图 9.3-28　JC36 监测点位移监测图

 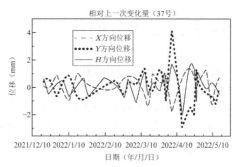

图 9.3-29　JC37 监测点位移监测图

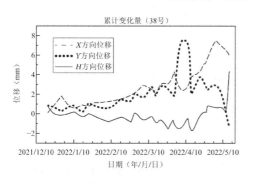 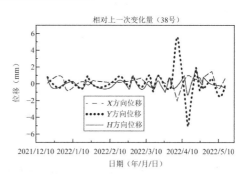

图 9.3-30　JC38 监测点位移监测图

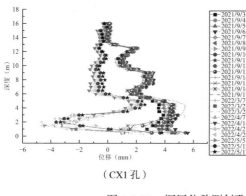 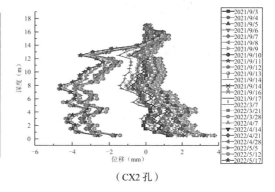

（CX1 孔）　　　　　　　　　　　　　　（CX2 孔）

图 9.3-31　深层位移测斜孔 CX1 孔和 CX2 孔监测变化趋势

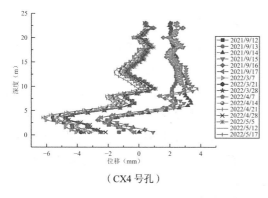 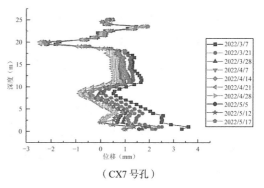

（CX4 号孔）　　　　　　　　　　　　　（CX7 号孔）

图 9.3-32　深层位移测斜孔 CX4 孔和 CX7 孔监测变化趋势

9.4 监测数据结果分析

9.4.1 整体位移数据结果分析

分时段整理的整体位移数据。图 9.4-1 是 2021 年 1 月 21 日至 2021 年 1 月 30 日随时间变化曲线图。根据图 9.4-1 分析判断，场地内整体变化不大，单期变化未超限，累计值未超限。经巡视场地内未发现新裂缝。

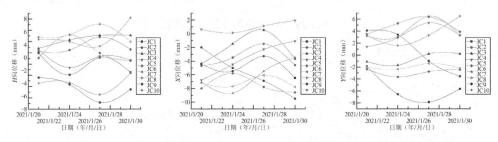

图 9.4-1 2021 年 1 月 21 日至 2021 年 1 月 30 日随时间变化曲线图

图 9.4-2 是 2021 年 1 月 30 日至 2021 年 2 月 27 日随时间变化曲线图。根据图 9.4-2 可知，因 2021 年 2 月 25 日观测数据变化较大，经复核，2 月 25 日测量结果有误，以本次测量结果为准。根据 2021 年 1 月 30 日至 2021 年 2 月 27 日监测数据与曲线图分析判断，JC1～JC10 监测点相较上期变化较小；JC11 监测点相较上期变化较大，请施工注意安全；JC12～JC14 监测点相较上期变化较小。JC6 点旁，临时售楼部位置出现 3 条裂缝，从上往下位移分别达到 12cm、8cm、5cm。

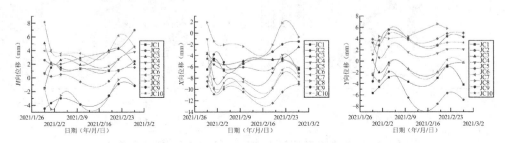

图 9.4-2 2021 年 1 月 30 日至 2021 年 2 月 27 日随时间变化曲线图

图 9.4-3 是 2021 年 2 月 27 日至 2021 年 3 月 31 日随时间变化曲线图。根据 2021 年 2 月 27 日至 2021 年 3 月 31 日监测数据与曲线图分析判断，JC1～JC5 监测点相较上期变化较小；JC6 监测点因被碰动，所以本次数据较大；JC7～JC10 监测点相较上期变化较小；JC11 监测点有继续变化趋势，变化值为 X 向 + 3.20mm，Y 向 + 2.10mm，高程为 0.00mm，但累计值与单期变化值都未达到预警值；JC12～JC14 监测点相较上期变化较小。经巡视，1 号裂缝被覆盖后仍继续增大，现最宽处达到 20cm；2 号裂缝有继续垮塌趋势；3 号裂缝部分由于施工已经垮塌。1 号裂缝挨山体方向新产生一条裂缝（4 号），最宽处达 2cm；大边坡施工便道外沿有 2 条新裂缝产生，最宽处约为 2cm；土方运出道路外沿、1～4 号楼钢筋加工场地上方覆土发现一条裂缝，最宽处约为 7cm。

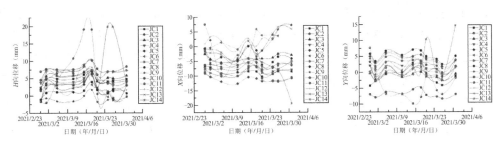

图 9.4-3　2021 年 2 月 27 日至 2021 年 3 月 31 日随时间变化曲线图

图 9.4-4 是 2021 年 3 月 31 日至 2021 年 4 月 18 日随时间变化曲线图。根据 2021 年 3 月 31 日至 2021 年 4 月 18 日监测数据与曲线图分析判断，JC1～JC5 监测点相较上期变化较小；JC6 监测点已被掩埋；JC7～JC10 监测点相较上期变化较小；JC11 监测点本期数据变化较小；JC12～JC13 监测点相较上期变化较小；JC14～JC16 监测点本期数据变化较小。经巡视，1 号、2 号、3 号、4 号裂缝由于施工原因已被挖，现无法观察。大边坡施工便道外沿有 2 条新裂缝产生，最宽处约 2cm；土方运出道路外沿、1～4 号楼钢筋加工场地上方覆土发现一条裂缝，最宽处约 7cm。

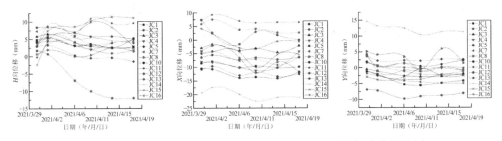

图 9.4-4　2021 年 3 月 31 日至 2021 年 4 月 18 日随时间变化曲线图

图 9.4-5 是 2021 年 4 月 18 日至 2021 年 5 月 31 日随时间变化曲线图。根据 2021 年 4 月 18 日至 2021 年 5 月 31 日监测数据与曲线图分析判断，JC1～JC4 监测点相较上期变化较小；JC5 监测点相较上期变化较大；JC6 监测点已被掩埋；JC7 监测点相较上期变化较小；JC8 监测点相较上期变化较大；JC9 监测点已被掩埋；JC10 监测点已被掩埋；JC11～JC16 监测点本期数据变化较大；JC17 监测点该位置正在施工，扰动较大，故数据变化较大。经巡视，1 号、2 号、3 号、4 号裂缝由于施工原因已被挖，现无法观察。大边坡施工便道外沿裂缝已被掩埋；土方运出道路外沿、1～4 号楼钢筋加工场地上方覆土处裂缝已被掩埋；大边坡顶处产生一条新裂缝。

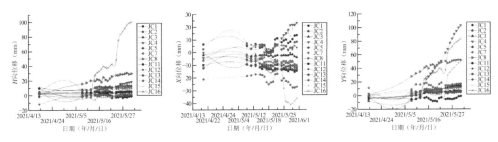

图 9.4-5　2021 年 4 月 18 日至 2021 年 5 月 31 日随时间变化曲线图

图 9.4-6 是 2021 年 5 月 31 日至 2021 年 6 月 30 日随时间变化曲线图。根据 2021 年 5 月 31 日至 2021 年 6 月 30 日监测数据与曲线图分析判断，JC1、JC3 监测点相较上期变化较小；JC2 监测被遮挡，故本期无法观测；JC4 监测点本期变化较大且累计值已超限；JC5、JC7 监测点相较上期变化较小；JC8 监测点本期继续变化；JC11～JC14 监测点本期数据变化较小；JC15 监测点由于施工原因现已无法观测，但前期累计值已超限。JC16 监测点本期变化较大且前期累计值已超限。经巡视，JC4 监测点和 JC16 监测点附近区域大面积开裂。

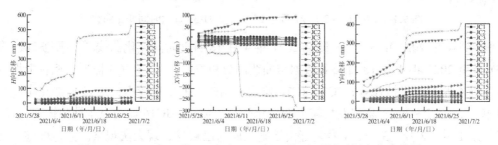

图 9.4-6　2021 年 5 月 31 日至 2021 年 6 月 30 日随时间变化曲线图

图 9.4-7 是 2021 年 6 月 30 日至 2021 年 7 月 30 日随时间变化曲线图。根据 2021 年 6 月 30 日至 2021 年 7 月 30 日监测数据与曲线图分析判断，JC1、JC3 监测点本期继续变化且前期累计值已超限；JC4 监测点由于施工原因现已无法观测，但前期累计值已超限；JC5、JC7 监测点相较上期变化较小；JC8 监测点本期继续变化；JC11～JC14 监测点本期数据变化较小；JC18 监测点本期变化较小；JC20～JC26 监测点本期变化较小。经巡视，场地内未发现新裂缝。

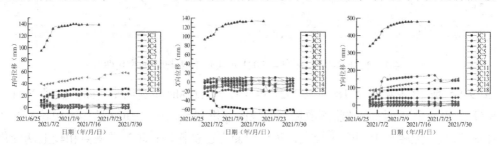

图 9.4-7　2021 年 6 月 30 日至 2021 年 7 月 30 日随时间变化曲线图

图 9.4-8 是 2021 年 7 月 30 日至 2021 年 8 月 30 日随时间变化曲线图。根据 2021 年 7 月 30 日至 2021 年 8 月 30 日监测数据与曲线图分析判断，JC1、JC3 监测点本期继续变化且前期累计值已超限；JC5、JC7 监测点相较上期变化较小；JC8 监测点本期继续变化；JC11～JC14 监测点本期数据变化较小；JC18 监测点本期变化较小；JC20～JC25 监测点本期变化较小；JC26 监测点本期变化较大；JC27～JC29 监测点本期变化较小；JC30～JC35 监测点本期变化较大。

图 9.4-9 是 2021 年 8 月 30 日至 2021 年 9 月 30 日随时间变化曲线图。根据 2021 年 8 月 30 日至 2021 年 9 月 30 日监测数据与曲线图分析判断，JC1、JC3 监测点本期继续变化且前期累计值已超限；JC5、JC7 监测点相较上期变化较小；JC8 监测点本期继续变化且前期累计值已超限；JC11～JC14 监测点本期数据变化较小；JC18 监测点因售楼部施工被遮挡，已无法观测；JC20～JC25 监测点本期变化较小；JC26 监测点因被碰动，故本期数据变

化较大；JC27～JC29 监测点本期变化较小；JC30～JC31 监测点本期继续变化且前期累计值已超限；JC32～JC33 监测点因现场土方回填已被掩埋，但前期累计值已超限；JC34 监测点因被碰动，故本期无法观测；JC35 监测点本期继续变化且前期累计值已超限。

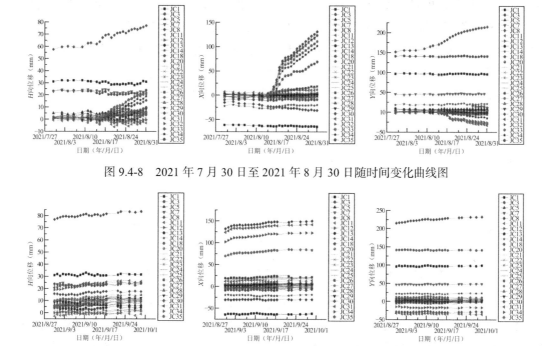

图 9.4-8　2021 年 7 月 30 日至 2021 年 8 月 30 日随时间变化曲线图

图 9.4-9　2021 年 8 月 30 日至 2021 年 9 月 30 日随时间变化曲线图

图 9.4-10 是 2021 年 9 月 30 日至 2021 年 10 月 29 日随时间变化曲线图。根据 2021 年 9 月 30 日至 2021 年 10 月 29 日监测数据与曲线图分析判断，JC1、JC3 监测点本期继续变化且前期累计值已超限；JC5、JC7 监测点相较上期变化较小；JC8 监测点本期继续变化且前期累计值已超限；JC11～JC14 监测点本期数据变化较小；JC18 监测点因售楼部施工被遮挡，已无法观测；JC20～JC25 监测点本期变化较小；JC26 监测点因被碰动，故本期数据变化较大；JC27～JC29 监测点本期变化较小；JC30～JC31 监测点本期继续变化且前期累计值已超限；JC32～JC33 监测点因现场土方回填已被掩埋，但前期累计值已超限；JC34 监测点因被碰动，故本期无法观测；JC35 监测点本期继续变化且前期累计值已超限。

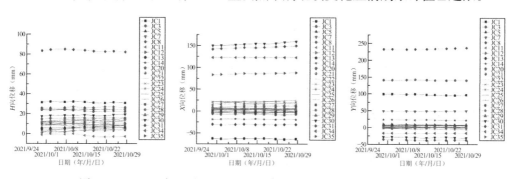

图 9.4-10　2021 年 9 月 30 日至 2021 年 10 月 29 日随时间变化曲线图

图 9.4-11 是 2021 年 10 月 29 日至 2021 年 11 月 29 日随时间变化曲线图。根据 2021 年 10 月 29 日至 2021 年 11 月 29 日监测数据与曲线图分析判断，JC1、JC3 监测点本期继续变化且前期累计值已超限；JC5 监测点相较上期变化较小；JC8 监测点本期继续变化且前期累计值已超限；JC11~JC14 监测点本期数据变化较小；JC20~JC25 监测点本期变化较小；JC26 监测点本期继续变化且前期累计值已超限；JC27~JC29 监测点本期变化较小；JC30 监测点本期继续变化且前期累计值已超限；JC31 监测点因被碰动，故本期无法观测，但前期累计值已超限；JC34 监测点因被碰动，故本期数据变化较大，且前期累计值已超限；JC35 监测点因被碰动，故本期无法观测，但前期累计值已超限。

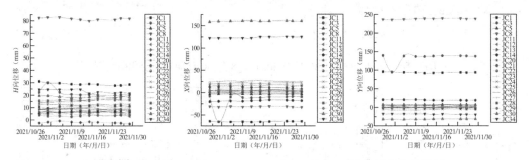

图 9.4-11　2021 年 10 月 29 日至 2021 年 11 月 29 日随时间变化曲线图

图 9.4-12 是 2021 年 11 月 29 日至 2021 年 12 月 31 日随时间变化曲线图。根据 2021 年 11 月 29 日至 2021 年 12 月 31 日监测数据与曲线图分析判断，JC1、JC3 监测点本期继续变化且前期累计值已超限；JC5 监测点相较上期变化较小；JC8 监测点本期继续变化且前期累计值已超限；JC11~JC14 监测点本期数据变化较小；JC21~JC29 监测点本期变化较小；JC30~JC31 监测点本期继续变化且前期累计值已超限；JC34 监测点本期数据变化较小，但前期累计值已超限；JC36~JC38 监测点本期数据变化较小。

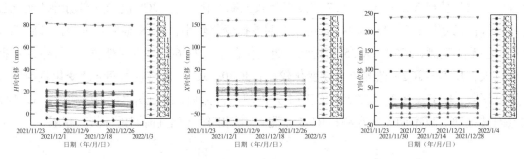

图 9.4-12　2021 年 11 月 29 日至 2021 年 12 月 31 日随时间变化曲线图

图 9.4-13 是 2021 年 12 月 31 日至 2022 年 1 月 26 日随时间变化曲线图。根据 2021 年 12 月 31 日至 2022 年 1 月 26 日监测数据与曲线图分析判断，JC1、JC3 监测点本期继续变化且前期累计值已超限；JC5 监测点相较上期变化较小；JC8 监测点本期继续变化且前期累计值已超限；JC11~JC14 监测点本期数据变化较小；JC21~JC29 监测点本期变化较小；JC30~JC31 监测点本期继续变化且前期累计值已超限；JC34 监测点本期数据变化较小，但前期累计值已超限；JC36~JC43 监测点本期数据变化较小。

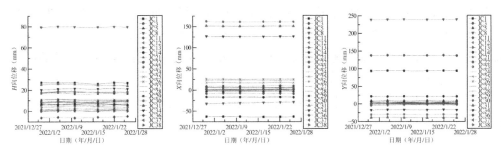

图 9.4-13　2021 年 12 月 31 日至 2022 年 1 月 26 日随时间变化曲线图

　　图 9.4-14 是 2022 年 1 月 26 日至 2022 年 2 月 28 日随时间变化曲线。根据 2022 年 1 月 26 日至 2022 年 2 月 28 日监测数据与曲线图分析判断，JC1、JC3 监测点本期继续变化且前期累计值已超限；JC5 监测点相较上期变化较小；JC8 监测点本期继续变化且前期累计值已超限；JC11～JC14 监测点本期数据变化较小；JC21～JC23、JC26～JC29 监测点本期变化较小；JC24～JC25 监测点因棱镜被碰动，故本期无法观测；JC30～JC31 监测点本期继续变化且前期累计值已超限；JC34 监测点本期数据变化较小，但前期累计值已超限；JC36～JC43 监测点本期数据变化较小。

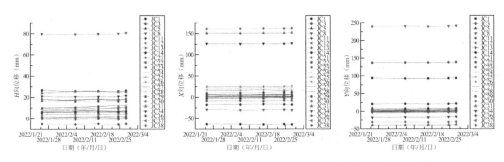

图 9.4-14　2022 年 1 月 26 日至 2022 年 2 月 28 日随时间变化曲线图

　　图 9.4-15 是 2022 年 2 月 28 日至 2022 年 3 月 31 日随时间变化曲线图。根据 2022 年 2 月 28 日至 2022 年 3 月 31 日监测数据与曲线图分析判断，JC1、JC3 监测点本期继续变化且前期累计值已超限；JC5 监测点相较上期变化较小；JC8 监测点本期继续变化且前期累计值已超限；JC11～JC14 监测点本期数据变化较小；JC21～JC29 监测点本期变化较小；JC30～JC31 监测点本期继续变化且前期累计值已超限；JC34 监测点本期数据变化较小，但前期累计值已超限；JC36～JC38、JC40～JC43 监测点本期数据变化较小；JC39 监测点数据持续变化。

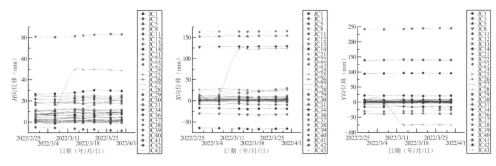

图 9.4-15　2022 年 2 月 28 日至 2022 年 3 月 31 日随时间变化曲线图

图 9.4-16 是 2022 年 3 月 31 日至 2022 年 4 月 28 日随时间变化曲线图。根据 2022 年 3 月 31 日至 2022 年 4 月 28 日监测数据与曲线图分析判断，JC1、JC3 监测点本期继续变化且前期累计值已超限；JC5 监测点相较上期变化较小；JC11～JC14 监测点本期数据变化较小；JC21～JC29 监测点本期变化较小；JC30～JC31 监测点本期继续变化且前期累计值已超限；JC34 监测点本期数据变化较小，但前期累计值已超限；JC36～JC38、JC40～JC45 监测点本期数据变化较小；JC39 监测点数据变化较大。

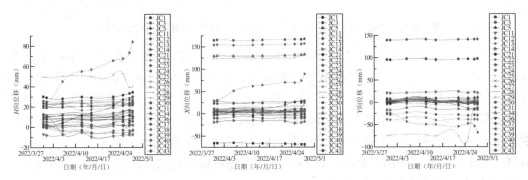

图 9.4-16　2022 年 3 月 31 日至 2022 年 4 月 28 日随时间变化曲线图

图 9.4-17 是 2022 年 4 月 28 日至 2022 年 5 月 16 日随时间变化曲线图。根据 2022 年 4 月 28 日至 2022 年 5 月 16 日监测数据与曲线图分析判断，JC1、JC3 监测点本期变化较小但前期累计值已超限；JC5 监测点相较上期变化较小；JC11～JC14 监测点本期变化相对较小；JC21～JC29 监测点本期变化较小；JC30～JC31 监测点本期继续变化且前期累计值已超限；JC34 监测点本期数据变化较小，但前期累计值已超限；JC36～JC38、JC40～JC45 监测点本期数据变化较小；JC39 监测点已被破坏，前期累计值已超限。

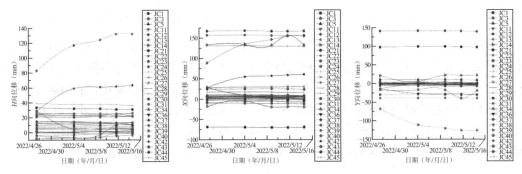

图 9.4-17　2022 年 4 月 28 日至 2022 年 5 月 16 日随时间变化曲线图

9.4.2　深层位移监测结果分析

结合图 9.3-31、图 9.3-32 的成果可知：

从 2021 年 9 月 2 日至 2021 年 9 月 3 日深层监测数据与曲线图分析，CX1 孔因为正在施工，扰动较大，故本次数据里上部变化较大；CX2 孔本次数据变化较小；CX3 孔因土方回填被掩埋，开始观测。

从 2021 年 9 月 3 日至 2021 年 9 月 4 日深层监测数据与曲线图分析，CX1 孔因为正在施工，扰动较大，故本次数据里上部变化较大；CX2 孔本次数据变化较小；CX3 孔因现场正在施工，故目前无法观测。

从 2021 年 9 月 4 日至 2021 年 9 月 10 日深层监测数据与曲线图分析，CX1 因为正在施工，扰动较大，故本次数据里上部变化较大；CX2 孔本次数据变化较小；CX3 孔因现场施工导致管体堵塞，故无法观测。

从 2021 年 9 月 10 日至 2021 年 9 月 12 日深层监测数据与曲线图分析，CX1 孔因为正在施工，扰动较大，故本次数据里上部变化较大；CX2 孔本次数据变化较小；CX4 孔实际下管 30m，但测斜仪只能实测到 23m。

从 2021 年 9 月 12 日至 2021 年 9 月 13 日深层监测数据与曲线图分析，CX1 孔因为正在施工，扰动较大，故本次数据里上部变化较大；CX2 孔本次数据变化较小；CX4 孔因下雨积水被掩埋，故目前无法观测。

从 2021 年 9 月 13 日至 2021 年 9 月 14 日深层监测数据与曲线图分析，CX1 孔本次数据变化较小；2 号孔本次数据变化较小；CX4 孔本次数据变化较小。

从 2021 年 9 月 14 日至 2021 年 9 月 15 日深层监测数据与曲线图分析，CX1 孔本次数据变化较小；2 号孔本次数据变化较小；CX4 孔因接管、土方回填，故本次数据变化较大。

从 2021 年 9 月 15 日至 2021 年 9 月 17 日深层监测数据与曲线图分析，CX1 孔本次数据变化较小；2 号孔本次数据变化较小；CX4 孔本次数据变化较小。

从 2022 年 2 月 28 日至 2022 年 5 月 17 日深层监测数据与曲线图分析，CX1 孔本次数据变化较小；2 号孔本次数据变化较小；CX4 孔本次数据变化较小；CX7 孔本次数据变化较小。

9.5　基于监测反馈的安全性评价

为了充分了解红岩地块施工期间的变形过程，自 2021 年 1 月起，在工程区域前后布设了 45 个监测点进行变形监测。通过对 2021 年 1 月 21 日至 2022 年 5 月 16 日期间的监测数据进行分析，可以得出以下认识。

在此期间，JC6、JC17、JC19 监测点报废无监测数据，JC31 监测点在 2021 年 11 月 5 日至 2021 年 12 月 17 日之间数据无变动后又正常运行。JC9、JC10、JC15、JC2、JC16、JC4、JC32、JC33、JC18、JC7、JC35、JC20 和 JC8 监测点在 2021 年 4 月至 2022 年 4 月间相继失效。为了保障监测数据的广泛性和有效性，在 2021 年 2 月新增了 22 个监测点，共计新增监测点位 35 次。

根据所有监测点位移数据统计趋势的分析，可以发现红岩地块呈现了三类不同的变形趋势。观察东侧监测点位 JC1 的变化趋势，起初整体变形仍处于变形范围内，但在 2021 年 7 月 3 日到 2021 年 7 月 12 日期间，该地区出现了变形突变。类似的曲线变化图也在 JC3 处观测到，这表明当时该地块发生了扰动变形。通过查询当地对应时间的天气情况发现，2021 年 7 月 2 日南明区出现了 47.98mm 的降雨量，而整个 7 月的降雨量为 100.2mm。可见，7 月 2 日的降雨量几乎达到了整个月降雨量的一半。因此，推测是早期强降雨导致了不久后的突然变形。分析 JC8 和 JC30 的监测曲线图可以发现，降雨引起的影响从东到西逐渐减小。趋势也由突变转为缓慢变化，最后趋于稳定。

综上所述，红岩地块的未开挖形态稳定性良好，采用数值模拟的手段对比分析确定开挖过程中的分级开挖方案和监测反馈是十分必要的。考虑到该地区类似工程建设需求，为确保施工安全，采用数值模拟的方法进行比较分析，以确定开挖过程中的分级开挖方案，这将有助于预测不同开挖阶段对边坡稳定性的影响，并有助于制定相应的措施来保证工程的顺利进行。

参 考 文 献

[1] 冯夏庭. 智能岩石力学导论[M]. 北京: 科学出版社, 2000.

[2] 张倬元, 王士天, 王兰生. 工程地质分析原理[M]. 北京: 地质出版社, 1981.

[3] 朱云福. 基于三维激光扫描数据的岩体结构面识别方法研究及系统研制[D]. 北京: 中国地质大学(北京), 2012.

[4] 宋胜武, 严明. 一种基于稳定性评价的岩质边坡坡体结构分类方法[J]. 工程地质学报, 2011, 19(1): 6-10.

[5] 刘子侠. 基于数字近景摄影测量的岩体结构面信息快速采集的研究应用[D]. 长春: 吉林大学, 2009.

[6] 顾金钟. 岩石高边坡稳定性的静力和动力分析[D]. 南京: 南京理工大学, 2007.

[7] 杨涛, 张忠平, 马惠民. 多层复杂滑坡的稳定性分析与支护选择[J]. 岩石力学与工程学报, 2007, 26(S2): 4189-4194.

[8] 王浩. 高速公路岩质高边坡稳定性研究[D]. 长沙: 湖南大学, 2007.

[9] 王凤艳. 数字近景摄影测量快速获取岩体裂隙信息的工程应用[D]. 长春: 吉林大学, 2006.

[10] 王恭先. 滑坡防治中的关键技术及其处理方法[J]. 岩石力学与工程学报, 2005, 24(21): 20-29.

[11] 郝立新, 陈伟明, 马宁. 岩质边坡坡体结构分类及其工程意义[J]. 公路工程, 2014, 39(3): 19-24.

[12] 周德培, 钟卫, 杨涛. 基于坡体结构的岩质边坡稳定性分析[J]. 岩石力学与工程学报, 2008, 27(4): 687-695.

[13] 朱虹宇. 垫邻高速公路岩质高边坡稳定性与生态防护技术研究[D]. 西安: 长安大学, 2008.

[14] 钟卫. 高地应力区复杂岩质边坡开挖稳定性研究[D]. 成都: 西南交通大学, 2009.

[15] 王云. 高挖边坡稳定性与生态防护技术研究[D]. 西安: 长安大学, 2012.

[16] Goodman R E. Methods of geological engineering in discontinuous rocks[M]. New York: West Publishing Company, 1976.

[17] Goodman R E, Shi G H. Block theory and its application to rock engineering[M]. New Jersey: Prentice Hall Incorporation, 1985.

[18] 王彦东. 岩质高边坡关键块体的确定及稳定性评价研究——以汤屯高速公路为例[D]. 成都: 成都理工大学, 2007.

[19] Blackwood R L. Block theory and its application to rock engineering[J]. Engineering Geology, 1988, 26(1): 103-105.

[20] Wibowo J L. Consideration of secondary blocks in key-block analysis[J]. International Journal of Rock Mechanics and Mining Sciences, 1997, 34(3-4): 333.

[21] Bafghi A R Y, Verdel T. The key-group method[J]. International Journal for Numerical and Analytical Methods in Geomechanics, 2003, 27(6): 495-511.

[22] 郭建峰, 傅鹤林, 周宁. 块体理论在潜在崩塌体稳定性分析中的应用[J]. 中国地质灾害与防治学报, 2006, 17(3): 14-17.

[23] 安玉科, 佴磊. 关键块体系统锚固法在加固边坡危岩中的应用[J]. 吉林大学学报(地球科学版), 2011, 41(3): 764-770.

[24] Fu G Y, Ma G W. Extended key block analysis for support design of blocky rock mass[J]. Tunnelling and Underground Space Technology, 2014, 41: 1-13.

[25] Zhang Q H, Wu A Q, Zhang L J. Statistical analysis of stochastic blocks and its application to rock support[J]. Tunnelling and Underground Space Technology, 2014, 43: 426-439.

[26] Zheng J, Kulatilake P H S W, Shu B, et al. Probabilistic block theory analysis for a rock slope at an open pit mine in USA[J]. Computers and Geotechnics, 2014, 61: 254-265.

[27] 邬爱清, 张奇华. 岩石块体理论中三维随机块体几何搜索[J]. 水利学报, 2005, 36(4): 426-432.

[28] 余先华, 聂德新. 岩质边坡确定性块体稳定性的研究[J]. 水土保持研究, 2007, 14(3): 180-181+185.

[29] 张奇华, 邬爱清. 边坡及洞室岩体的全空间块体拓扑搜索研究[J]. 岩石力学与工程学报, 2008, 27(10): 2072-2078.

[30] 张勇, 魏玉峰, 聂德新, 等. 岩质边坡关键块体的搜索方法及工程应用[J]. 工程地质学报, 2010, 18(3): 320-324.

[31] 王述红, 张航, 张艳桥, 等. 随机结构面切割岩质边坡空间块体模型及关键块体分析[J]. 东北大学学报(自然科学版), 2011, 32(3): 431-434.

[32] 杨超, 徐光黎, 赖方军, 等. 节理岩质边坡随机块体搜索的一种简便方法[J]. 长江科学院院报, 2013, 30(9): 69-74.

[33] 朱杰. 节理岩体边坡的关键块体失稳概率和可靠度研究[D]. 南京: 河海大学, 2006.

[34] Siad L, Megueddem M. Stability analysis of jointed rock slope[J]. Mechanics Research Communications, 1998, 25(6): 661-670.

[35] 贺续文, 刘忠, 廖彪, 等. 基于离散元法的节理岩体边坡稳定性分析[J]. 岩土力学, 2011, 32(7): 2199-2204.

[36] 徐廷甫, 尹志明, 邓月华. 地下采动条件下顺层岩质边坡稳定性分析[J]. 地下空间与工程学报, 2011, 7(6): 1241-1245+1262.

[37] 熊立勇, 肖泽林. 岩质边坡楔体破坏的极限平衡分析[J]. 公路工程, 2012, 37(5): 183-185+190.

[38] 卢海峰, 刘泉声, 陈从新. 反倾岩质边坡悬臂梁极限平衡模型的改进[J]. 岩土力学, 2012, 33(2): 577-584.

[39] 陈建宏, 钟福生, 陈定坤. 平面滑动型岩质边坡极限平衡分析的上下限法[J]. 中南大学学报(自然科学版), 2013, 44(8): 3310-3315.

[40] 段永伟, 胡修文, 吁燃, 等. 顺层岩质边坡稳定性极限平衡分析方法比较研究[J]. 长江科学院院报, 2013, 30(12): 65-68+73.

[41] 郑允, 陈从新, 朱玺玺, 等. 地震作用下岩质边坡倾倒破坏分析[J]. 岩土力学, 2014, 35(4): 1025-1032+1040.

[42] 林杭, 曹平, 李江腾, 等. 层状岩质边坡破坏模式及稳定性的数值分析[J]. 岩土力学, 2010, 31(10): 3300-3304.

[43] 魏翠玲, 吕博. 含硬性贯通结构面的岩质边坡稳定性研究[J]. 河北工程大学学报(自然科学版), 2012, 29(4): 9-12.

[44] 王宇, 李晓, 王梦瑶, 等. 反倾岩质边坡变形破坏的节理有限元模拟计算[J]. 岩石力学与工程学报, 2013, 32(S2): 3945-3953.

[45] 宋杰, 胡辉, RAFIG Azzam. 基于 LiDAR 技术的节理岩质边坡有限元分析[J]. 岩石力学与工程学报, 2013, 32(S2): 3972-3978.

[46] 李少华, 刘倩, 郭彦雪. 含软弱结构面岩质边坡时效稳定性影响因素的数值模拟分析[J]. 山东科技大学学报(自然科学版), 2014, 33(1): 75-84.

[47] 阎石, 杜海涛, 于琦乐, 等. 顺层岩质高边坡的静力稳定性安全评价[J]. 防灾减灾工程学报, 2014, 34(4): 407-414.

[48] 李馨馨, 徐青, 王书法. 节理岩质边坡稳定性分析及其工程应用[J]. 武汉大学学报(工学版), 2014, 47(2): 171-176.

[49] 许军. 爆破荷载作用下岩质边坡动力稳定性分析[J]. 工程勘察, 2014, 42(7): 6-10+98.

[50] 杨秀贵, 仇淼, 冯一鸣. 顺层岩质边坡隧道开挖稳定性数值模拟[J]. 辽宁工程技术大学学报(自然科学版), 2013, 32(7): 880-885.

[51] Hatzor Y H, Arzi A A, Zaslavsky Y, et al. Dynamic stability analysis of jointed rock slopes using the DDA method: King Herod's Palace, Masada, Israel[J]. International Journal of Rock Mechanics and Mining Sciences, 2004, 41(5): 813-832.

[52] Choi S O, Chung S K. Stability analysis of jointed rock slopes with the Barton-Bandis constitutive model in UDEC[J]. International Journal of Rock Mechanics and Mining Sciences, 2004, 41: 581-586.

[53] Kim W B, Yang H S. Discrete element analysis on failure behavior of jointed rock slope[J]. Geosystem Engineering, 2005, 8(2): 51-56.

[54] 李连崇, 唐春安, 邢军, 等. 节理岩质边坡变形破坏的 RFPA 模拟分析[J]. 东北大学学报, 2006, 27(5): 559-562.

[55] 赵红亮, 朱焕春, 朱永生, 等. UDEC 及其在岩质高边坡稳定性分析中的应用[J]. 四川大学学报(工程科学版), 2007, 39(增): 192-196.

[56] 巨能攀, 赵建军, 黄润秋, 等. 基于 3DEC 的边坡块体稳定性分析[J]. 辽宁工程技术大学学报(自然科学版), 2009, 28(6): 925-928.

[57] He L, An X M, Ma G W, et al. Development of three-dimensional numerical manifold method for jointed rock slope stability analysis[J]. International Journal of Rock Mechanics and Mining Sciences, 2013, 64: 22-35.

[58] 王培涛, 杨天鸿, 朱立凯, 等. 基于 PFC2D 岩质边坡稳定性分析的强度折减法[J]. 东北大学学报(自然科学版), 2013, 34(1): 127-130.

[59] An X, Ning Y, Ma G, et al. Modeling progressive failures in rock slopes with non-persistent joints using the numerical manifold method[J]. International Journal for Numerical and Analytical Methods in Geomechanics, 2014, 38(7): 679-701.

[60] Wang C, Tannant D D, Lilly P A. Numerical analysis of the stability of heavily jointed rock slopes using PFC2D[J]. International Journal of Rock Mechanics and Mining Sciences, 2003, 40(3): 415-424.

[61] 重庆市住房和城乡建设委员会. 地质灾害防治工程设计标准: DBJ50/T-029—2019[S]. 2019.

[62] 陈洪凯, 唐红梅. 长江三峡水库区危岩分类及宏观判据研究[J]. 中国地质灾害与防治学报, 2005, 16(4): 57-61+82.

[63] 胡厚田. 崩塌与落石[M]. 北京: 中国铁道出版社, 1989.

[64] 王根龙, 叶万军, 伍法权, 等. 崩滑地质灾害稳定性评价方法研究[M]. 上海: 上海交通大学出版社, 2013.

[65] 朱大鹏, 邓清禄, 晏鄂川. 基于 RBF-Markov 串联模型的危岩裂缝变形预测[J]. 长江科学院院报, 2008, 25(5): 166-170.

[66] 伍仁杰, 陈洪凯. 卡尔曼滤波模型在危岩变形预测中的应用[J]. 重庆工商大学学报(自然科学版),

2013, 30(5): 1-4.

[67] 王洪兴, 唐辉明, 陈聪. 指数趋势模型在斜坡变形位移预测中的应用[J]. 岩土力学, 2004, 25(5): 808-810.

[68] 王高峰, 王洪德, 薛星桥, 等. 重庆巫山县望霞危岩体破坏及变形失稳预测[J]. 中国地质灾害与防治学报, 2012, 23(1): 15-21.

[69] 张玉萍, 唐红梅. 危岩变形的灰色预测方法及应用[J]. 重庆交通大学学报(自然科学版), 2008, 27(1): 85-90.

[70] 彭正明, 王腾军, 曹冬冬, 等. GM(1, 1)模型的改进及其在变形预测中的应用[J]. 地球科学与环境学报, 2012, 34(4): 102-106.

[71] 陈洪凯, 唐红梅, 王蓉. 三峡库区危岩稳定性计算方法及应用[J]. 岩石力学与工程学报, 2004, 23(4): 614-619.

[72] 陈佳, 彭社琴, 刘根亮. 基于极限分析上限法的危岩体崩塌稳定性分析[J]. 河南理工大学学报(自然科学版), 2009, 28(2): 180-184.

[73] 陈洪凯, 鲜学福, 唐红梅. 危岩稳定性断裂力学计算方法[J]. 重庆大学学报, 2009, 32(4): 434-437+452.

[74] 王林峰, 陈洪凯, 唐红梅, 等. 地震作用下坠落式危岩稳定性分析[J]. 地下空间与工程学报, 2013, 9(5): 1191-1196.

[75] 王林峰, 陈洪凯, 唐红梅. 基于断裂力学的危岩稳定可靠度优化求解[J]. 中国公路学报, 2013, 26(1): 51-57.

[76] 欧武涛, 王伟. 层次分析法在危岩稳定性评价中的应用: 以重庆市渝北区老岩危岩为例[J]. 重庆交通大学学报(自然科学版), 2011, 30(S1): 650-651 +696.

[77] 赵航. 炮弹冲击作用下危岩稳定性分析[D]. 重庆: 重庆交通大学, 2011.

[78] 王林峰. 复杂岩体边坡损伤断裂破坏机制[D]. 重庆: 重庆交通大学, 2012.

[79] Heim A. Zur Frage der Gebirgs-und Gesteinsfestigkeit[M]. Bauztg: Verlag nicht ermittelbar, 1908.

[80] Hast N. The state of stresses in the upper part of the earth's crust[J]. Engineering Geology, 1967, 2(1): 5-17.

[81] Worotnicki G, Walton R. Triaxial'hollow inclusion'gauges for determination of rock stresses in situ[J]. International Journal of Rock Mechanics and Mining Sciences and Geomechanics Abstracts, 1976, 13(10): 124-125.

[82] Herget G. Stresses in rock[M]. Rotterdam: A. A. Balkema, Brookfeild, 1988.

[83] Hoek E, Bray J W. Rock slope engineering[M]. London: Institution of Mining and Metallurgy, 1981.

[84] Brown E T, Hoek E. Trends in relationships between measured in-situ stresses and depth[J]. International Journal of Rock Mechanics and Mining Sciences and Geomechanics Abstracts, 1978, 15(4): 211-215.

[85] Haimson B, Fairhurst C. In-situ stress determination at great depth by means of hydraulic fracturing[C]. In: The 11th US Symposium on rock mechanics (USRMS), American Rock Mechanics Association, 1969.

[86] Sjöberg J. Analysis of large scale rock slopes[D]. Luleå: Luleå Tekniska Universitet, 1999.

[87] Morgenstern N R. The influence of groundwater on stability[C]. In: Proceedings of the First International Conference on Stability in Open Pit Mining, Vancouver, New York: Society of Mining Engineers, AIME, 1971: 65-81.

[88] Saeidi O, Stille H, Torabi S R. Numerical and analytical analyses of the effects of different joint and grout properties on the rock mass groutability[J]. Tunnelling and Underground Space Technology, 2013, 38: 11-25.

[89] 孙广忠. 岩体结构力学[M]. 北京: 科学出版社, 1988.

[90] Louis C. A study of groundwater flow in jointed rock and its influence on the stability of rock mass[R]. London: Imperial College Rock Mechanics Report, 1969.

[91] Nordlund E, Radberg G, Jing L. Determination of failure modes in jointed pillars by numerical modelling[C]. In: Proceedings of Conference on Fractured and Jointed Rock Masses, Lake Tahoe, 1992: 423-429.

[92] Agliardi F, Crosta G, Zanchi A. Structural constraints on deep-seated slope deformation kinematics[J]. Engineering Geology, 2001, 59(1-2): 83-102.

[93] Barton N. The shear strength of rock and rock joints[J]. International Journal of Rock Mechanics and Mining Sciences and Geomechanics Abstracts, 1976, 13(9): 255-279.

[94] Einstein H H. Modern developments in discontinuity analysis-the persistence-connectivity problem[C]. In: Rock Testing and Site Characterization, Pergamon, 1993: 193-213.

[95] Einstein H H, Veneziano D, Baecher G B, et al. The effect of discontinuity persistence on rock slope stability[J]. International Journal of Rock Mechanics and Mining Sciences and Geomechanics Abstracts, 1983, 20(5): 227-236.

[96] Savilahti T, Nordlund E, Stephansson O. Shear box testing and modelling of joint bridges[C]. In: International Symposium on Rock Joints, Netherlands, 1990: 295-300.

[97] Hoek E, Brown E T. Underground excavations in rock[M]. London: Institution of Mining and Metallurgy, 1980.

[98] Bieniawski Z T. The effect of specimen size on compressive strength of coal[J]. International Journal of Rock Mechanics and Mining Sciences and Geomechanics Abstracts, 1968, 5(4): 325-335.

[99] Cunha A P D. Scale effects in rock engineering-an overview of the Loen Workshop and other recent papers concerning scale effects[J]. Nihon Heikatsukin Gakkai Zasshi, 1993, 19(5): 383-395.

[100] Krauland N, Söder P, Agmalm G. Determination of rock mass strength by rock mass classification-some experiences and questions from Boliden mines[J]. International Journal of Rock Mechanics and Mining Sciences and Geomechanics Abstracts. Pergamon, 1989, 26(1): 115-123.

[101] Hoek E, Brown E T. Practical estimates of rock mass strength[J]. International Journal of Rock Mechanics and Mining Sciences, 1997, 34(8): 1165-1186.

[102] Azarfar B, Ahmadvand S, Sattarvand J, et al. Stability analysis of rock structure in large slopes and open-pit mine: numerical and experimental fault modeling[J]. Rock Mechanics and Rock Engineering, 2019, 52: 4889-4905.

[103] Sjöberg J, Notstrom U. Slope stability at Aitik[C]. In: Slope Stability in Surface Mining, Littleton, Colorado, USA, 2001: 203-212.

[104] Coates D F. Pit slope manual[M]. Canmet: Canada Centre for Mineral and Energy Technology, 1977.

[105] Cruden D M. The limits to common toppling[J]. Canadian Geotechnical Journal, 1989, 26(4): 737-742.

[106] Goodman R E, Bray J W. Toppling of rock slopes[C]. In: Rock Engineering for Foundations and Slopes, ASCE Specialty Conference, 1976: 201-234.

[107] Freitas M H D, Waters R J. Some field examples of toppling failure[J]. Géotechique, 1973, 23(4): 495-514.

[108] 王兰生, 李天斌, 赵其华, 等. 浅生时效构造与人类工程活动[M]. 北京: 地质出版社, 1994.

[109] Glawe U. Analysis of failure mechanisms for a large scale slope movement[D]. London: Imperial College of Science and Technology, 1991.

[110] Daly S, Munro K, Stacy P F. Pit slope stability studies for the Lornex open pit[C]. In: Geotechnical Stability in Surface Mining, CRC Press, 2022: 371-371.

[111] Pritchard M A, Savigny K W, Evans S G. Toppling and deep-seated landslides in natural slopes[C]. In: Mechanics of Jointed and Faulted Rock, CRC Press, 2020: 937-943.

[112] Board M, Chacon E, Varona P, et al. Comparative analysis of toppling behaviour at Chuquicamata open-pit mine, Chile[C]. In: Transactions of the Institution of Mining and Metallurgy, Section A, Mining Industry, 1996: 11-21.

[113] Orr C M, Swindells C F, Windsor C R. Open pit toppling failures: Experience versus analysis[C]. In: International Conference on Computer Methods and Advances in Geomechanics, 1991: 505-510.

[114] Martin D C. Deformation of open pit mine slopes by deep-seated toppling[J]. International Journal of Surface Mining, Reclamation and Environment, 1990, 4: 153-164.

[115] Kieffer D S. Rock slumping: A compound failure mode of jointed hard rock slopes[D]. Berkeley: University of California at Berkeley, 1998.

[116] Zischinsky U. Study of the deformation of high slopes[C]. In: Proceedings of the First International Conference on Rock Mechanics, Lisbon, 1996: 179-185.

[117] Piteau D R, Martin D C. Mechanics of rock slope failure[C]. In: Proceedings of the Third International Conference on Stability in Surface Mining, Vancouver, 1982: 113-169.

[118] Nilsen B. Flexural buckling of hard rock-a potential failure mode in high rock slopes[C]. In: Proceedings of 6th International Congress on Rock Mechanics, Montréal, 1987: 457-461.

[119] Cruden D M, Hu X Q. Topples on underdip slopes in the Highwood Pass, Alberta, Canada[J]. Quarterly Journal of Engineering Geology and Hydrogeology, 1994, 27(1): 57-68.

[120] Hu X Q, Cruden D M. Buckling deformation in the Highwood Pass, Alberta, Canada[J]. Canadian Geotechnical Journal, 1993, 30(2): 276-286.

[121] 潘家铮. 完整基岩的抗剪断强度及其在围岩稳定分析中的应用[J]. 岩土工程学报, 1984, 6(4): 1-12.

[122] 哈秋舲, 李正林. 长江三峡工程岩石边坡卸荷岩体宏观力学参数研究——永久船闸陡高边坡岩体力学研究(二)[M]. 北京: 中国建筑工业出版社, 1996.

[123] Bieniawski Z T. The geomechanics classification in rock engineering application[C]. In: Proceedings of 4th International Congress on Rock Mechanics, Montreaux, 1979: 41-48.

[124] Barton N. Rock mass classification and tunnel reinforcement selection using the Q-system[C]. In: Rock Classification Systems for Engineering Purposes, ASTM International, 1988.

[125] Hoek E. Strength of jointed rock masses[J]. Géotechnique, 1983, 33(3): 187-223.

[126] Priest S D, Brown E T. Probabilistic stability analysis of variable rock slopes[J]. International Journal of Rock Mechanics and Mining Sciences and Geomechanics Abstracts, 1983, 20(5): 159-170.

[127] Hoek E, Wood D, Shah S. A modified Hoek-Brown failure criterion for jointed rock masses[C]. In: Rock Characterization: ISRM Symposium, Eurock'92, Chester, UK, 1992: 209-214.

[128] Hoek E, Kaiser P K, Bawden W F. Support of underground excavations in hard rocks[M]. Rotterdam: A. A. Balkema, 1995.

[129] Hoek E. Strength of rock or rock masses[J]. ISRM News Journal, 1994, 20(2): 4-16.

[130] Pan X D, Hudson J D. A simplified three dimensional Hoek-Brown yield criterion[C]. In: Rock Mechanics and Power Plants, Proceeding of ISRM, 1988: 95-103.

[131] Londe P. Discussion on Paper No.20431 by R. Ucra Entitled "Determination of shear failure envelope in rock masses"[J]. Journal of Geotechnical Engineering, 1988, 114(3): 374-376.

[132] 巨广宏, 石立. 高拱坝坝基开挖卸荷理论与实践[M]. 北京: 中国水利水电出版社, 2023.

[133] Bandis S C, Barton N R, Christianson M. Application of a new numerical model of joint behaviour to rock mechanics problems[C]. In: Fundamentals of Rock Joints, Proceedings of the International symposium on Fundamentals of Rock Joints, Bjorkliden, 1985: 345-356.

[134] 聂德新, 符文熹, 任光明, 等. 天然围压下软弱层带的工程特性及当前研究中存在的问题分析[J]. 工程地质学报, 1999, 7(4), 298-302.

[135] Müller G. Diagenesis in argillaceous sediments[C]. In: Developments in Sedimentology, Elsevier, 1967: 127-177.

[136] El-Naqa A. Rock mass characterisation of Wadi Mujib dam site, Central Jordan[J]. Engineering Geology, 1994, 38(1-2): 81-93.

[137] Serafim J L, Pereira J P. Considerations on the geomechanical classification of Bieniawski[C]. In: Proceedings of the International Symposium on Engineering Geology and Underground Construction, Lisbon, 1983.

[138] Shimizu N, Kakihara H, Terato H, et al. A back analysis method using measured displacements for predicting deformational behavior of discontinuous rock mass[J]. Doboku Gakkai Ronbunshu, 1996, 547: 11-22.

[139] 安欧. 构造应力场[M]. 北京: 地震出版社, 1992.

[140] Slimak S A, Ljumovic G R, Lokin P M, et al. Determination of discontinuous rock mass properties by seismo-acoustic methods[C]. ISRM Congress, ISRM, 1991.

[141] Budiansky B, O'connell R J. Elastic moduli of a cracked solid[J]. International journal of Solids and Structures, 1976, 12(2): 81-97.

[142] Bandis S C. Engineering properties and characterization of rock discontinuities[C]. In: Comprehensive Rock Engineering, Principles, Practice and Projects, Oxford, 1992: 153-183.

[143] Bandis S C, Lumsden A C, Barton N R. Fundamentals of rock joint deformation[J]. International Journal of Rock Mechanics and Mining Sciences and Geomechanics Abstracts, 1983, 20(6), 249-268.

[144] Swan G. Stiffness and associated jointed properties of rock[C]. In: Application of Rock Mechanics to Cut and Fill Mining, Luleca, 1980: 169-178.

[145] Oberti G, Bavestrello F, Rossi P P, et al. Rock mechanics investigations, design and construction of the Ridracoli dam[J]. Rock Mechanics and Rock Engineering, 1986, 19: 113-142.

[146] 符文熹. 地应力环境场下岩体的变形特性及预测研究[D]. 成都: 成都理工大学, 2000.

[147] Cundall P A. A computer model for simulating progressive large scale movements in blocky rock systems[C]. In: Proceedings of the Symposium of the International Society for Rock Mechanics, Nancy, France, 1971: 2-8.

[148] 王勖成. 有限单元法[M]. 北京: 清华大学出版社, 2003.

[149] Serrano A, Olalla C. Ultimate bearing capacity of rock masses based on thc modified Hock-Brown critcrion[J]. Intcrnational Journal of Rock Mechanics and Mining Scicnces, 2000, 37: 1013-1018.

[150] Serrano A, Olalla C. Allowable bearing capacity of rock foundations using a non-linear failure criterium[J]. International Journal of Rock Mechanics and Mining Sciences and Geomechanics Abstracts, 1996, 33(4): 327-345.

[151] Griffiths D V, Lane P A. Slope stability analysis by finite elements[J]. Géotechnique, 1999, 49(3): 387-403.

[152] Zienkiewicz O C, Humpheson C, Lewis R W. Discussion: associated and non-associated visco-plasticity and plasticity in soil mechanics[J]. Géotechnique, 1977, 27(1): 101-102.

[153] Dawson E M, Roth W H, Drescher A. Slope stability analysis by strength reduction[J]. Géotechnique, 1999, 49(6): 835-840.

[154] Matsui T, San K C. Finite element slope stability analysis by shear strength reduction technique[J]. Soils and Foundations, 1992, 32(1): 59-70.

[155] Cheng Y M, Lansivaara T, Wei W B. Two-dimensional slope stability analysis by limit equilibrium and strength reduction methods[J]. Computers and Geotechnics, 2007, 34(3): 137-150.

[156] Liu S Y, Shao L T, Li H J. Slope stability analysis using the limit equilibrium method and two FEMS[J]. Computers and Geotechnics, 2015, 63: 291-298.

[157] Zheng H, Sun G, Liu D. A practical procedure for searching critical slip surfaces of slopes based on the strength reduction technique[J]. Computers and Geotechnics, 2009, 36(1): 1-5.

[158] Li L C, Tang C A, Zhu W C, et al. Numerical analysis of slope stability based on the gravity increase method[J]. Computers and Geotechnics, 2009, 36(7): 1246-1258.

[159] 陈锡栋, 杨婕, 赵晓栋, 等. 有限元法的发展现状及应用[J]. 中国制造业信息化, 2010, 39(11): 6-8+12.

[160] Donald I, Chen Z Y. Slope stability analysis by the upper bound approach: fundamentals and methods[J]. Canadian Geotechnical Journal. 1997, 34(6): 853-862.

[161] Ugai K. A method of calculation of total safety factor of slope by elasto-plastic FEM[J]. Soils and Foundations, 1989. 29(2): 190-195.

[162] 赵尚毅, 郑颖人, 张玉芳. 有限元强度折减法中边坡失稳的判据探讨[J]. 岩土力学, 2005, 26(2): 332-336.

[163] 沈珠江. 当前土力学研究中的几个问题[J]. 岩土工程学报, 1986, 8(5): 1-8.

[164] 郑颖人, 赵尚毅, 孔位学, 等. 极限分析有限元法讲座——Ⅰ岩土工程极限分析有限元法[J]. 岩土力学, 2005, 26(1): 163-168.

[165] 王兆清, 李淑萍. 多边形单元网格自动生成技术[J]. 中国图象图形学报, 2007, 12(7): 1307-1311.

[166] 王从锋, 张培文. 有限元强度折减法在三峡库区某边坡开挖稳定性分析中的应用[J]. 三峡大学学报(自然科学版), 2011, 33(4): 22-25.

[167] 官经伟, 周宜红, 严新军, 等. 基于温控参数折减有限元法的水库进水塔-地基结构稳定分析[J]. 四川大学学报(工程科学版), 2011, 43(4): 21-26.

[168] Zheng H, Li C G, Li Z F, et al. Finite elemrnt method for soloving the factor of safety[J]. Chinese Journal of Geotechnical Engineering, 2002, 24(5): 626-628.

[169] Wu D H, Sze K Y, Lo S H. Two- and three-dimensional transition element families for adaptive refinement analysis of elasticity problems[J]. International Journal for Numerical Methods in Engineering, 2009, 78(5): 587-630.

[170] Meng Q X, Wang H L, Xu W Y, et al. Multiscale strength reduction method for heterogeneous slope using hierarchical FEM/DEM modeling[J]. Computers and Geotechnics, 2019, 115: 103164.

[171] Si J H, Jian Z, Chen X. Application of strength reduction FEM in anti-sliding stability at dam foundation[C]. In: World Congress on Computer Science and Information Engineering, IEEE, 2009.

[172] 杜明庆, 王旭春, 王宁. 基于ABAQUS强度折减法的边坡稳定性分析[J]. 青岛理工大学学报, 2012, 33(4): 10-14.

[173] 杜聪. 基于ABAQUS强度折减法的边坡稳定性分析[J]. 交通科学与工程, 2018, 34(2): 31-34+90.

[174] 侯玲, 薛海斌, 周泽华, 等. 基于ABAQUS二次开发平台的边坡有限元强度折减法研究[J]. 西安理工大学学报, 2016, 32(4): 449-454+499.

[175] Dyson P A, Tolooiyan A. Optimisation of strength reduction finite element method codes for slope stability analysis[J]. Innovative Infrastructure Solutions, 2018, 3(1): 1-12.

[176] Aziz K. Reservoir simulation grids: opportunities and problems[J]. Journal of Petroleum Technology, 2019, 45(7): 658-663.

[177] 罗滔, Ooi E T, Chan A H C, 等. 一种模拟堆石料颗粒破碎的离散元-比例边界有限元结合法[J]. 岩土力学, 2017, 38(5): 1463-1471.

[178] Huang Y J, Yang Z J, Liu G H, et al. An efficient FE-SBFE coupled method for mesoscale cohesive fracture modelling of concrete[J]. Computational Mechanics, 2016, 58(4): 635-655.

[179] Yang Z J, Wang X F, Yin D S, et al. A non-matching finite element-scaled boundary finite element coupled method for linear elastic crack propagation modelling[J]. Computers and Structures, 2015, 153: 126-136.

[180] Natarajan S, Ooi T, Chiong I, et al. Convergence and accuracy of displacement based finite element formulations over arbitrary polygons: Laplace interpolants, strain smoothing and scaled boundary polygon formulation[J]. Finite Elements in Analysis Design, 2014, 85: 101-122.

[181] 钟红, 暴艳利, 等. 基于多边形比例边界有限元的重力坝裂缝扩展过程模拟[J]. 水利学报, 2014, 45(S1): 30-37.

[182] 冯卫星. 单元形状对有限元法计算精度的影响[J]. 石家庄铁道学院学报, 1987, 1(3): 58-62.

[183] Chen K, Zou D, Kong X, et al. A novel nonlinear solution for the polygon scaled boundary finite element method and its application to geotechnical structures[J]. Computers and Geotechnics, 2017, 82: 201-210.

[184] Ooi E T, Man H, Natarajan S, et al. Adaptation of quadtree meshes in the scaled boundary finite element method for crack propagation modelling[J]. Engineering Fracture Mechanics, 2015, 144: 101-117.

[185] Ooi E T, Song C, Tin-Loi F. A scaled boundary polygon formulation for elasto-plastic analyses[J]. Computer Methods in Applied Mechanics and Engineering, 2014, 268: 905-937.

[186] Wolf J P, Darbre G R. Dynamic-stiffness matrix of soil by the boundary-element method: Embedded foundation[J]. Earthquake Engineering and Structural Dynamics, 1984, 12(3): 401-416.

[187] Zhao M, Wang X, Wang P, et al. Seismic water-structure interaction analysis using a modified SBFEM and FEM coupling in a frequency domain[J]. Ocean Engineering, 2019, 189: 106374.

[188] Liu G R. A generalized gradient smoothing technique and the smoothed bilinear form for galerkin formulation of a wide class of computational methods[J]. International Journal of Computational Methods, 2011, 81(9): 1127-1156.

[189] 马玉娥, 陈鹏程, 郭雯, 等. 基于光滑有限元法的热-弹相场断裂研究[J]. 固体力学学报, 2023, 44(3): 346-354.

[190] 戴前伟, 孔重阳, 雷轶, 等. 基于光滑有限单元法的土石坝无压渗流场数值模拟[J]. 水资源与水工程学报, 2021, 32(5): 194-201.

[191] Dolbow J. An extended finite element method with discontinuous enrichment for applied mechanics[D]. Evanston: Northwestern University, 1999.

[192] Belytschko T, Black T. Elastic crack growth in finite elements with minimal remeshing[J]. International Journal for Numerical Methods in Engineering, 1999, 45(5): 601-620.

[193] Moes N, Dolbow J, Belytschko T. A finite element method for crack growth without remeshing[J]. International Journal for Numerical Methods in Engineering, 1999, 46(1): 131-150.

[194] 郑安兴, 罗先启, 沈辉. 危岩主控结构面变形破坏的扩展有限元法模拟分析[J]. 岩土力学, 2013, 34(8): 2371-2377.

[195] 王恒. 基于扩展有限元的边坡渐进破坏过程模拟研究[D]. 沈阳: 沈阳建筑大学, 2019.

[196] Gao W, Chen X, Wang X, et al. Novel strength reduction numerical method to analyse the stability of a fractured rock slope from mesoscale failure[J]. Engineering with Computers, 2020, 37(4): 1-17.

[197] Zhou X P, Chen J. Extended finite element simulation of step-path brittle failure in rock slopes with non-persistent en-echelon joints[J]. Engineering Geology, 2019, 250: 65-88.

[198] 常建梅, 宋思纹. 基于扩展有限元法的边坡稳定分析[J]. 图学学报, 2017, 38(1): 128-131.

[199] 邓帮, 李旋. 基于弹塑性扩展有限元的裂隙边坡稳定性分析[J]. 山西建筑, 2018, 44(6): 74-76.

[200] Chang J M, Song S W, Feng H P. Analysis of loess slope stability considering cracking and shear failures[J]. Journal of Failure Analysis and Prevention, 2016, 16: 982-989.

[201] Shi L, Bai B, Li X H. Implementation of the critical unstable condition in extended finite-element analysis to calculate the safety factor of a predefined slip surface[J]. International Journal of Geomechanics, 2019, 19(3): 04018200.

[202] Wang X G, Yu P, Yu J L, et al. Simulated crack and slip plane propagation in soil slopes with embedded discontinuities using XFEM[J]. International Journal of Geomechanics, 2018, 18(12): 04018170.

[203] Oñate E, Idelsohn S R, Del Pin F, et al. The particle finite element method—An overview[J]. International Journal of Computational Methods, 2004, 1(2): 267-307.

[204] Meng J, Mattsson H, Laue J, et al. Large deformation failure analysis of slopes using the smoothed particle finite element method[C]. In: IOP Conference Series: Earth and Environmental Science, IOP Publishing, 2021.

[205] Jin Y F, Yuan W H, Yin Z Y, et al. An edge-based strain smoothing particle finite element method for large deformation problems in geotechnical engineering[J]. International Journal for Numerical and Analytical Methods in Geomechanics, 2020, 44(7): 923-941.

[206] Jia X C, Zhang W, Wang X H, et al. Numerical analysis of an explicit smoothed particle finite element method on shallow vegetated slope stability with different root architectures[J]. Sustainability, 2022, 14(18): 11272.

[207] Lakes R. Materials with structural hierarchy[J]. Nature, 1993, 361(6412): 511-515.

[208] Hou T Y, Wu X H, Cai Z. Convergence of a multiscale finite element method for elliptic problems with rapidly oscillating coefficients[J]. Mathematics of Computation, 1999, 68(227): 913-943.

[209] Hou T Y, Wu X H. A multiscale finite element method for elliptic problems in composite. materials and porous media[J]. Journal of Computational Physics, 1997, 134(1): 169-189.

[210] Nardini D, Brebbia C A. A new approach to free vibration analysis using boundary elements[J]. Applied Mathematical Modelling, 1983, 7(3): 157-162.

[211] Ord A. Mechanical controls on dilatant shear zones[J]. Geological Society of London Special Publications, 1990, 54(1): 183-192.

[212] Kulatilake P, Malama B, Wang J. Physical and particle flow modeling of jointed rock block behavior under uniaxial loading[J]. International Journal of Rock Mechanics and Mining Sciences, 2001, 38(5): 641-657.

[213] Crisfield M A. A consistent co-rotational formulation for non-linear, three-dimensional, beam-elements[J]. Computer Methods in Applied Mechanics and Engineering, 1990, 81(2): 131-150.

[214] 中华人民共和国住房和城乡建设部. 建筑抗震设计标准: GB/T 50011—2010(2024 年版)[S]. 北京: 中国建筑工业出版社, 2024.

[215] 中华人民共和国国家质量监督检验检疫总局. 中国地震动参数区划图: GB 18306—2015[S]. 北京:

中国标准出版社, 2015.

[216] 中华人民共和国建设部. 岩土工程勘察规范: GB 50021—2001(2009 年版)[S]. 北京: 中国建筑工业出版社, 2009.

[217] 中华人民共和国住房和城乡建设部. 建筑边坡工程技术规范: GB 50330—2013[S]. 北京: 中国建筑工业出版社, 2014.

[218] 中华人民共和国住房和城乡建设部. 建筑地基基础设计规范: GB 50007—2011[S]. 北京: 中国建筑工业出版社, 2012.

[219] 贵州省住房和城乡建设厅. 贵州省建筑岩土工程技术规范: DB52/T046—2018[S]. 2018.

[220] 中华人民共和国住房和城乡建设部. 工程测量规范: GB 50026—2020[S]. 北京: 中国计划出版社, 2020.